高等学校通信工程专业"十二五"规划教材

计算机通信网络安全

王国才　施荣华　主编

U0310334

中国铁道出版社

CHINA RAILWAY PUBLISHING HOUSE

内 容 简 介

本书较系统地讲述了计算机通信网络安全的基本技术及其原理和应用。全书共分为 10 章，具体内容包括网络安全概论、网络安全保密、网络安全认证、网络安全协议、网络安全访问、网络安全扫描、网络入侵检测、网络信息保护、网络设备安全及网络安全工程应用等，每章后均附有习题。

本书在介绍计算机通信网络安全的定义和安全体系结构后，以网络安全的保密技术作为基础，逐步介绍网络安全技术，力求基本原理与实际应用相结合。以实现条理清楚，便于读者对网络安全原理的理解及应用。

本书适合作为高等学校信息与通信类专业本科生和研究生网络安全课程的教材，也可作为从事计算机通信网络和信息安全工程技术人员学习、研究的参考书。

图书在版编目（CIP）数据

计算机通信网络安全/王国才，施荣华主编. —北京：中国铁道出版社，2016.9
高等学校通信工程专业"十二五"规划教材
ISBN 978-7-113-21485-2

Ⅰ．①计… Ⅱ．①王… ②施… Ⅲ．①计算机通信网－安全技术－高等学校－教材 Ⅳ．①TN915.08

中国版本图书馆 CIP 数据核字（2016）第 030569 号

书　　名：计算机通信网络安全
作　　者：王国才　施荣华　主编

策　　划：曹莉群　周海燕		读者热线：（010）63550836
责任编辑：周海燕　鲍　闻		
封面设计：一克米工作室		
责任校对：汤淑梅		
责任印制：郭向伟		

出版发行：中国铁道出版社（100054，北京市西城区右安门西街 8 号）
网　　址：http://www.51eds.com
印　　刷：中国铁道出版社印刷厂
版　　次：2016 年 9 月第 1 版　　　　2016 年 9 月第 1 次印刷
开　　本：787 mm×1 092 mm　1/16　印张：21.5　字数：512 千
书　　号：ISBN 978-7-113-21485-2
定　　价：45.00 元

高等学校通信工程专业"十二五"规划教材

在社会信息化的进程中，信息已成为社会发展的重要资源，现代通信技术作为信息社会的支柱之一，在社会发展、经济建设方面，起着重要的核心作用。信息的传输与交换的技术即通信技术得到了快速的发展，通信技术是信息科学技术发展迅速并极具活力的一个领域，尤其是数字移动通信、光纤通信、射频通信、网络通信使人们在传递信息和获得信息方面达到了前所未有的便捷程度。通信技术在国民经济各部门、国防工业及日常生活中得到了广泛的应用，通信产业正在蓬勃发展。随着通信产业的快速发展和通信技术的广泛应用，社会对通信人才的需求在不断增加。通信工程（也作电信工程，旧称远距离通信工程、弱电工程）是电子工程的一个重要分支，电子信息类子专业，同时也是其中一个基础学科。该学科关注的是通信过程中的信息传输和信号处理的原理和应用。本专业学习通信技术、通信系统和通信网等方面的知识，能在通信领域从事研究、设计、制造、运营及在国民经济各部门和国防工业从事开发、应用通信技术与设备。

社会经济发展不仅对通信工程专业人才有十分强大的需求，同样通信工程专业的建设与发展也对社会经济发展产生重要影响。通信技术发展的国际化，将推动通信技术人才培养的国际化。目前，世界上有 3 项关于工程教育学历互认的国际性协议，签署时间最早、缔约方最多的是《华盛顿协议》，也是世界范围知名度最高的工程教育国际认证协议。2013 年 6 月 19 日，在韩国首尔召开的国际工程联盟大会上，《华盛顿协议》全会一致通过接纳中国为该协议签约成员，中国成为该协议组织第 21 个成员。标志着中国的工程教育与国际接轨。通信工程专业积极采用国际化的标准，吸收先进的理念和质量保障文化，对通信工程教育改革发展、专业建设，进一步提高通信工程教育的国际化水平，持续提升通信工程教育人才培养质量具有重要意义。

为此，中南大学信息科学与工程学院启动了通信工程专业的教学改革和课程建设，以及 2016 版通信工程专业培养方案，与中国铁道出版社在近期联合组织了一系列通信工程专业的教材研讨活动。他们以严谨负责的态度，认真组织教学一线的教师、专家、学者和编辑，共同研讨通信工程专业的教育方法和课程体系，并在总结长期的通信工程专业教学工作的基础上，启动了"高等院校通信工程专业系列教材"的编写工作，成立了高等院校通信工程专业系列教材编委会，由中南大学信息科学与工程学院主管教学的副院长施荣华教授、中南大学信息科学与工程学院电子与通信工程系李宏教授担任主任，邀请国家教学名师、国防科技大学邹逢兴教授担任主审。力图编写一套通信工程专业的知识结构简明完整的、符合工程认证教育的教材，相信可以对全国的高等院校通信工程专业的建设起到很好的促进作用。

本系列教材拟分为三期，覆盖通信工程专业的专业基础课程和专业核心课程。教材内容覆盖和知识点的取舍本着全面系统、科学合理、注重基础、注重实用、知识宽泛、关注发展的原则，比较完整地构建通信工程专业的课程教材体系。第一期包括以下教材：

《信号与系统》《信息论与编码》《网络测量》《现代通信网络》《通信工程导论》《计算机通信网络安全》《北斗卫星通信》《射频通信系统》《数字图像处理》《嵌入式通信系统》《通信原理》《通信工程应用数学》《电磁场与微波技术》《电磁场与电磁波》《现代通信网络管理》《微机原理与接口技术》《微机原理与接口技术实验指导》。

本套教材如有不足之处，请各位专家、老师和广大读者不吝指正。希望通过本套教材的不断完善和出版，为我国计算机教育事业的发展和人才培养做出更大贡献。

高等学校通信工程专业"十二五"规划教材编委会
2015 年 7 月

前　言

　　Internet 是一个覆盖全球的计算机通信网络，为当今信息时代的人们在全世界范围内的信息交流铺设了四通八达的"高速公路"。Internet 改变了人们的工作方式、生活方式和联系方式。Internet 在为人们带来巨大便利的同时，也隐藏着巨大的风险，有些风险已经造成了巨大的损失，这就是说，计算机通信网络的安全问题是十分严峻的，是迫切需要解决的。

　　本书内容共分为 10 章。第 1 章为网络安全概论，主要讲述计算机通信网络安全的定义和解决网络安全问题的基本思路，包括网络安全的重要性、网络安全的实质与网络不安全的客观性，以及解决网络安全问题的总体思路：网络安全体系结构、网络安全的非技术问题。第 2 章为网络安全保密，主要讲述实现保密的基础理论和常用方法。介绍密码学的基本术语后，介绍对称密码体制中的常用密码算法 DES、AES，非对称密码体制中的 RSA 算法、ElGamal 加密算法和椭圆曲线（ECC）密码体制，以及密码算法的应用模式和密钥管理、密钥分发、密钥托管等，还介绍了量子密码的概念。第 3 章为网络安全认证，介绍认证所需要应用的 MD-5、SHA 等杂凑函数，RSA 数字签名算法、ElGamal 数字签名、Schnorr 数字签名等数字签名算法，消息认证方法，身份认证方法、公钥基础设施等，也介绍了实现网络安全认证的方法。第 4 章为网络安全协议，讲述保证网络中通信各方安全地交换信息的方法，介绍安全协议的概念和执行方式，介绍了几个典型的应用协议，如 Kerberos 认证等身份认证协议、SET（Secure Electronic Transcation，安全电子交易协议）等电子商务协议、传输层安全通信的 SSL 协议、网络层安全通信的 IPSec 协议，还有 BAN 逻辑等安全协议的形式化证明方法。第 5 章为网络安全访问，主要讲述网络中实现网络资源共享安全的方法，介绍安全访问时常用口令的选择与保护方法，访问控制技术与安全审计技术，以及防火墙技术、VPN 技术和网络隔离技术。第 6 章为网络安全扫描，介绍网络安全扫描的概念、常见的扫描技术及其原理、安全扫描器的设计与应用，还介绍了反扫描技术。第 7 章为网络入侵检测，讲述网络中的不安全操作，介绍网络中常见的不安全操作，包括黑客攻击、病毒感染等，以及入侵检测的原理、方法，入侵检测系统的设计方法，检测出入侵后的响应方法，以及计算机取证和密网技术。第 8 章为网络信息保护，主要讲述保证网络信息的可用性技术，介绍保障传输和存储的信息的可用性，以及保护数字产品的版权问题、信息被破坏后的恢复技术，包括信息隐藏、盲签名、数字水印、数据库的数据备份与数据恢复。第 9 章为网络设备安全，介绍了保证网络中各种硬件设备正常运行的相关因素，介绍网络设备安全的有关技术，主要包括保证网络设备运行环境的物理安全，以及网络设备配置安全的技术，如交换机的安全配置技术、路由器的安全配置技术、操作系统的安全配置技术以及 Web 服务器的安全配置和管理技术；还介绍了可信计算平台的概念和方法，以构建真正安全的网络设备。第 10 章为网络安全工程应用，主要讲述应用网络安全技术建设安全的网络信息系统的一般方法，介绍网络安全工程的基本概念和信息系统建设的方法，从网络安全需求分析开始建设一个安全的网络信息系统的一般过程及其基本方法。

本书具有以下特点：

（1）在介绍计算机通信网络安全基本思路后，以网络安全的保密技术为基础，逐步介绍网络安全技术，以求条理清楚，便于读者对网络安全原理的理解。

（2）力求基本原理与实际应用相结合。

本书适合作为高等学校信息与通信类专业本科生和研究生计算机通信网络与信息安全课程的教材，教学中可以根据具体情况对书中的内容进行适当取舍。本书也可作为从事计算机通信网络和信息安全工程技术人员学习、研究的参考书。

本书由王国才、施荣华主编，主要编写人员分工如下：提纲由施荣华和王国才商议，各章由王国才撰写，施荣华修订，国防科技大学邹逢兴教授主审。参加编写的还有柯福送、王芳、刘美兰、陈思、陈再来。康松林、杨政宇对本书的编写提供了很多宝贵的建议，中国铁道出版社的有关负责同志对本书的出版给予了大力支持，并提出了很多宝贵意见，本书在编写过程中参考了大量国内外计算机网络文献资料，在此，谨向这些作者及为本书出版付出辛勤劳动的同志一并表示感谢！

本书凝聚了编写人员多年的计算机通信网络安全方面的教学经验和应用经验，由于编者水平所限，书中难免存在不足和疏漏之处，殷切希望广大读者批评指正。

编　者
2016 年 1 月

目　录

第 1 章　网络安全概论

网络安全事关网络的正常运行和正常使用。本章介绍网络安全的基本问题，包括网络安全的重要性，网络安全的实质与网络不安全的客观性，以及解决网络安全问题的总体思路——网络安全体系结构、网络安全的非技术问题。

1.1　网络安全问题的提出

我们经常在媒体上看到有关网络安全事件的报道，比如某大型网站遭到黑客攻击、某种新型病毒破坏网络系统、犯罪分子利用通信网络诈骗钱财等。无疑，网络的正常运行和正常使用存在着非常多的威胁。

Norton 有关安全威胁的有用信息列出了 20 项，具体如下：

① 偷渡式下载：偷渡式下载是一种计算机代码，它利用 Web 浏览器中的软件错误使浏览器执行攻击者希望的操作，例如运行恶意代码、使浏览器崩溃或读取计算机中的数据。可被浏览器攻击利用的软件错误也称为漏洞。

② 网页仿冒攻击：当攻击者冒充受信任的公司来显示网页或发送电子邮件时，即发生网页仿冒攻击。这些网页或电子邮件要求不知情的客户提供敏感信息。这种网站通常被叫作"钓鱼网站"。

③ 间谍软件：间谍软件是跟踪个人身份信息或保密信息并将这些信息发送给第三方的任何软件包。

④ 病毒：病毒是一种恶意代码或恶意软件，通常由其他计算机通过电子邮件、下载和不安全网站进行传播。

⑤ 通过启发方式检测到的病毒：通过启发方式检测到的病毒是根据病毒表现的恶意行为发现的。这些行为可能包括企图窃取个人的密码或信用卡号等敏感信息。

⑥ 蠕虫：蠕虫是另一种类型的恶意代码或恶意软件，主要目标是向其他容易受到攻击的计算机系统进行传播。它通常通过电子邮件、即时消息或其他某种服务向其他计算机发送其副本而进行传播。

⑦ 未经请求的浏览器更改：未经请求的浏览器更改是指网站或程序在未经用户同意的情况下更改 Web 浏览器的行为或设置。这可能导致主页或搜索页更改为其他网站，通常是为

了向用户提供广告或其他不需要的内容而设计的网站。

⑧ 可疑的浏览器更改：网站企图修改可信网站的列表。网站可能企图在未经用户同意的情况下，使用户的 Web 浏览器自动下载和安装可疑应用程序。

⑨ 拨号程序：拨号程序是可以更改调制解调器配置以拨打高成本的收费电话或请求付费以访问特定内容的任何软件包。此类攻击的结果是，电话线所有者为从未授权的服务付费。

⑩ 跟踪工具：跟踪软件是跟踪系统活动、收集系统信息或跟踪客户习惯并将这些信息转发给第三方组织的任何软件包。此类程序所收集的信息既非个人身份信息也非保密信息。

⑪ 黑客工具：黑客工具是一些程序，黑客或未经授权的用户可利用它们来发起攻击，对 PC 进行不受欢迎的访问，或者对 PC 执行指纹识别。系统或网络管理员可以出于合法目的使用某些黑客工具，但黑客工具提供的功能也可能被未经授权的用户滥用。

⑫ 玩笑程序：玩笑程序是一种可更改或中断计算机的正常行为，从而导致全面的混乱或损害的程序。玩笑程序被设计用于执行各种操作，例如随意打开 PC 的 CD 或 DVD 驱动器。

⑬ 安全风险：安全风险是一种条件，计算机在这种条件下更容易遭到攻击。当合法程序包含可导致用户计算机安全性降低的错误时，即产生这种条件。这些错误通常是无意的。使用此类程序会增加 PC 受到攻击的风险。

⑭ 可疑应用程序：可疑应用程序是指其行为可能会给计算机带来风险的应用程序。此类程序的行为已经过检查，并确定它们属于不需要和恶意的行为。

⑮ 互联网域名抢注：域名抢注是指获取站点名称以试图使用户相信经营该站点的组织的身份。域名抢注利用欺骗性手段来模仿可信品牌或以某种其他方式迷惑用户。相似域名抢注是一种使用名称拼写变体的互联网域名抢注形式。

⑯ 很难卸载的程序：这些程序很难卸载。卸载这些程序时会保留文件和注册表项，注册表项会导致文件在卸载程序后仍会运行。

⑰ 计算机威胁：直接加载到用户计算机并可能对计算机造成伤害，如病毒和蠕虫等。

⑱ 身份威胁：试图从用户计算机中盗窃个人信息的项目，如间谍软件或击键记录程序等。

⑲ 电子商务安全威胁：可疑的电子商务活动，如销售盗版商品。

⑳ 讨厌因素：不一定造成危害但是令人反感的项目，如玩笑程序或仿冒网站。

此外，一些新的攻击方式也不断产生。近年来出现的攻击方式有：

数字勒索：黑客试图利用受害者的重要信息勒索受害者。例如，黑客通常会从受害者的计算机中窃取文件或照片进行加密，并要求受害者支付金钱，以解锁他们的文件。

复杂的攻击：黑客发动更具目标性和选择性的攻击。例如，黑客会将恶意软件隐藏在其他软件的升级中，并等待用户安装升级。这意味着，企业会在不知情的情况下自行安装恶意软件。

社交媒体链接：社交媒体平台上的黑客活动也越来越频繁。黑客冒充好友在社交媒体上分享视频或其他内容，而其中附带指向恶意网站的链接。而人们很容易去点击好友发布的内容。

"点赞劫持"：通过虚假的"点赞"按钮，黑客会欺骗人们点击某一网站，从而安装恶意软件，并在受害者的消息流中发布更新，从而传播这样的攻击。

尽管目前学术界对网络安全威胁的分类没有统一的认识，但是，总体上可以分为人为因素和非人为因素两大类。

1．人为因素

人为因素造成的网络安全事件是很多的。黑客攻击、计算机犯罪以及网络安全管理缺失是引起网络安全问题至关重要的因素。

（1）黑客攻击与计算机犯罪

"黑客"一词，是英文 hacker 的音译，而 hacker 这个单词源于动词 hack，在英语中有"乱砍、劈"之意，还有一层意思是"受雇从事艰苦乏味工作的文人"。hack 的一个引申的意思是指"干了一件非常漂亮的事"。在 20 世纪 50 年代麻省理工学院的实验室里，hacker 有"恶作剧"的意思。

他们精力充沛，热衷于解决难题，这些人多数以完善程序、完善网络为己任，遵循计算机使用自由、资源共享、源代码公开、不破坏他人系统等精神，从某种意义上说，他们的存在成为计算机发展的一股动力。可见，黑客这个称谓在早期并无贬义。20 世纪 60 年代，黑客代指独立思考、奉公守法的计算机迷。他们利用分时技术允许多个用户同时执行多道程序，扩大了计算机及网络的使用范围。20 世纪 70 年代，黑客们也发明了一些侵入计算机系统的基本技巧，如破解口令（Password Cracking）、开天窗（Trapdoor）等。

但是，并不是所有的网络黑客都遵循相同的原则。有些黑客，他们没有职业道德的限制，坐在计算机前，试图非法进入他人的计算机系统，窥探别人在网络上的秘密。他们可能会把得到的军事机密卖给他人获取报酬；也可能在网络上截取商业秘密要挟他人；或者盗用电话号码，使电话公司和客户蒙受巨大损失；也有可能盗用银行账号进行非法转账等。

网络犯罪也主要是这些人着手干的，可以说，网络黑客已成为计算机安全的一大隐患。这种黑客已经违背了早期黑客的传统，称为"骇客"（英文 Cracker 的音译），就是"破坏者"的意思。骇客具有与黑客同样的本领，只不过在行事上有本质的差别。他们之间的根本区别是：黑客搞建设，骇客搞破坏。现在，人们已经很难区分所谓恶意和善意的黑客了。黑客的存在，不再是一个纯技术领域的问题，而是一个有着利益驱使、违背法律道德的社会问题。

根据我国有关法律的规定，计算机犯罪的概念可以有广义和狭义之分。广义的计算机犯罪是指行为人故意直接对计算机实施侵入或破坏，或者利用计算机实施有关金融诈骗、盗窃、贪污、挪用公款、窃取国家秘密或其他犯罪行为的总称；狭义的计算机犯罪仅指行为人违反国家规定，故意侵入国家事务、国防建设、尖端科学技术等计算机信息系统，或者利用各种技术手段对计算机信息系统的功能及有关数据、应用程序等进行破坏，制作、传播计算机病毒，影响计算机系统正常运行且造成严重后果的行为。

现在计算机犯罪呈现高智商、高学历、隐蔽性强和取证难度大等特点，这使得计算机犯罪刑侦取证技术已发展成为网络安全的又一研究分支。

（2）网络安全管理缺失

目前，网络安全事件有快速蔓延之势，大部分事件背后的真正原因在于利益的驱使和内部管理的缺失。在许多企业和机关单位，存在的普遍现象是：缺少系统安全管理员，特别是高素质的网络管理员；缺少网络安全管理的技术规范；缺少定期的安全测试与检查，更缺少安全监控。因此，网络安全不是一个纯粹的技术问题，加强预防、监测和管理非常重要。

人为因素的威胁分为无意识的威胁和有意识的威胁两种。无意识的威胁是指因管理的疏忽或使用者的操作失误而造成的信息泄露或破坏。有意识的威胁是指行为人主观上恶意攻击信息系统或获取他人秘密资料，客观上造成网络系统出现故障或运行速度减慢，甚至系统瘫痪的后果。有意识的威胁又分为内部攻击和外部攻击。外部攻击又可分为主动攻击和被动攻击。

2．非人为因素

非人为因素的威胁包括自然灾害、系统故障和技术缺陷等。自然灾害包括地震、雷击、洪水等，可直接导致物理设备的损坏或零部件故障，这类威胁具有突发性、自然性和不可抗拒性等特点。自然灾害还包括环境的干扰，如温度过高或过低、电压异常波动、电磁辐射干扰等，这些情况都可能造成系统运行的异常或破坏系统。系统故障指因设备老化、零部件磨损而造成的威胁。技术缺陷指因受技术水平和能力的限制而造成的威胁，如操作系统漏洞、应用软件瑕疵等。

网络安全威胁的分类如图 1-1 所示。

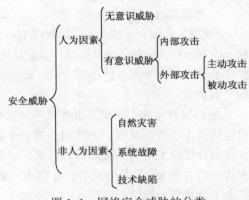

图 1-1　网络安全威胁的分类

1.2　网络不安全的原因

引起网络不安全的原因有内因和外因之分。外因是网络的外部威胁，内因是指网络系统的自身缺陷与脆弱性。网络系统的自身缺陷与脆弱性体现在网络设计并未考虑安全问题造成的隐患、系统漏洞、协议的开放性。

1.2.1　网络安全的隐患

计算机网络的根本目的在于资源共享，通信网络是实现网络资源共享的途径，例如 Internet 的前身 ARPANET 及第一个公用数据网 X.25 网，目的在于实现资源共享和信息交换，并没有把网络的安全作为一个重要因素来考虑。随着 Internet 的广泛应用，特别是电子商务的应用，这种共享应用不能满足安全服务的需要，再加上商业信息时常被非法窃取、篡改、伪造或删除，因此，Internet 受到的威胁不可避免。Internet 的安全隐患主要体现在下列几方面：

（1）Internet 是一个开放的、无控制机构的网络，黑客（Hacker）经常会侵入网络中的计算机系统，或窃取机密数据和盗用特权，或破坏重要数据，或使系统功能得不到充分发挥直至瘫痪。

（2）Internet 的数据传输是基于 TCP/IP 通信协议进行的，没有考虑传输的信息会不会被窃取。

（3）在计算机上存储、传输和处理的电子信息，还没有像传统的邮件通信那样进行信封保护和签字盖章。信息的来源和去向是否真实，内容是否被改动，以及是否已被泄露等，在应用层支持的服务协议中是凭着君子协定来维系的。

（4）电子邮件存在着被拆看、误投和伪造的可能性。使用电子邮件来传输重要机密信息

计算机通信网络安全

存在着很大的危险。

（5）计算机病毒通过 Internet 的传播给上网用户带来极大的危害，病毒可以使计算机和通信网络系统瘫痪、数据和文件丢失。在网络上传播病毒可以通过公共匿名 FTP 文件传送，也可以通过邮件和邮件的附加文件传播。

1.2.2　系统漏洞

系统漏洞包括设计缺陷和后门，后门通常是由操作系统开发者设置的，这样其就能在用户失去对系统的所有访问权时仍能进入系统，这就像汽车上的安全门一样，平时不用，在发生灾难或正常门被封的情况下，人们可以使用安全门逃生。设计缺陷是设计时考虑不周而使得攻击者有机可乘。例如，现在很多计算机操作系统和数据库管理系统（DBMS）都有漏洞。

1．计算机操作系统漏洞引起的脆弱性

目前常用的操作系统 Windows 2000/XP/2003/7/8/10、UNIX、Linux 等都存在不少漏洞。

首先，无论哪一种操作系统，其体系结构本身就是一种不安全的因素。系统支持继承和扩展能力便给自身留下了一个漏洞，操作系统的程序可以动态连接，包括 I/O 的驱动程序与系统服务都可以用打补丁的方法升级和进行动态连接，这种方法虽然给系统的扩展和升级提供了方便，但同时也会被黑客利用，这种使用打补丁与渗透开发的操作系统是不可能从根本上解决安全问题的。

其次，系统支持在网络上传输文件，这也为病毒和黑客程序的传播提供了方便。系统支持创建进程，特别是支持在网络的结点上进行远程的创建与激活，被创建的进程还具有继续创建进程的权限，这样黑客可以利用这一点进行远程控制并实施破坏行为。

再者，系统存在超级用户，如果入侵者得到了超级用户口令，则整个系统将完全受控于入侵者。

2．数据库管理系统漏洞引起的脆弱性

数据库管理系统在操作系统平台上都是以文件形式管理数据库的，入侵者可以直接利用操作系统的漏洞来窃取数据库文件，或直接利用操作系统工具非法伪造、篡改数据库文件内容。因此，DBMS 的安全必须与操作系统的安全配套，这无疑是 DBMS 先天的不足。

3．协议的设计缺陷引起的脆弱性

在网络的结点上可以进行远程进程的创建与激活，而且被创建的进程还具有继续创建进程的权限，这种远程访问功能使得各种攻击无须到现场就能得手。TCP/IP 是在可信环境下为网络互连专门设计的，但其缺乏安全措施的考虑。TCP 连接可能被欺骗、截取、操纵；IP 层缺乏认证和保密机制。UDP 易受 IP 源路由和拒绝服务的攻击。FTP、SMTP、NFS 等协议也存在许多漏洞。在应用层，普遍存在认证、访问控制、完整性、保密性等安全问题。

1.2.3　协议的开放性

通信网络的互连基于公开的通信协议。例如，只要符合通信协议，任何计算机都可以接入 Internet。

网络间的连接是基于主机上实体的彼此信任的，而彼此信任的原则在大规模的网络使用时难以保证系统的漏洞不被黑客利用。

总之，导致网络不安全的根本原因是系统漏洞、协议的开放性和人为因素。人为因素包

括黑客攻击、计算机犯罪和网络安全管理缺失。网络的管理制度和相关法律法规的不完善也是导致网络不安全的重要因素。

1.3　网络安全的含义

1.3.1　网络安全的概念

网络安全，通常指计算机网络的安全，实际上也可以指计算机通信网络的安全。计算机通信网络是将若干台具有独立功能的计算机通过通信设备及传输媒体互连起来，在通信软件的支持下，实现计算机间的信息传输与交换的系统。而计算机网络是指以共享资源为目的，利用通信手段把地域上相对分散的若干独立的计算机系统、终端设备和数据设备连接起来，并在协议的控制下进行数据交换的系统。计算机网络的根本目的在于资源共享，通信网络是实现网络资源共享的途径，因此，计算机网络是安全的，相应的计算机通信网络也必须是安全的，应该能为网络用户实现信息交换与资源共享。下文中，网络安全既指计算机网络安全，又指计算机通信网络安全。

安全的基本含义：客观上不存在威胁，主观上不存在恐惧。即客体不担心其正常状态受到影响。可以把网络安全定义为：一个网络系统不受任何威胁与侵害，能正常地实现资源共享功能。

要使网络能正常地实现资源共享功能，首先要保证网络的硬件、软件能正常运行，然后要保证数据信息交换的安全。从前面两节可以看到，由于资源共享的滥用，导致了网络的安全问题。因此网络安全的技术途径就是要实行有限制的共享。

1．网络安全的相对概念

从用户（个人或企业）的角度来讲，其希望：

（1）在网络上传输的个人信息（如银行账号和上网登录口令等）不被他人发现，这就是用户对网络上传输的信息具有保密性的要求。

（2）在网络上传输的信息没有被他人篡改，这就是用户对网络上传输的信息具有完整性的要求。

（3）在网络上发送的信息源是真实的，不是假冒的，这就是用户对通信各方提出的身份认证的要求。

（4）信息发送者对发送过的信息或完成的某种操作是承认的，这就是用户对信息发送者提出的不可否认的要求。

从网络运行和管理者的角度来讲，其希望本地信息网正常运行，正常提供服务，不受网外攻击，未出现计算机病毒、非法存取、拒绝服务、网络资源非法占用和非法控制等威胁。

从安全保密部门的角度来讲，其希望对非法的、有害的、涉及国家安全或商业机密的信息进行过滤和防堵，避免通过网络泄露关于国家安全或商业机密的信息，避免对社会造成危害，对企业造成经济损失。

从社会教育和意识形态的角度来讲，应避免不健康内容的传播，正确引导积极向上的网络文化。

2．网络安全的狭义解释

网络安全在不同的应用环境下有不同的解释。针对网络中的一个运行系统而言，网络安全就是指信息处理和传输的安全。它包括硬件系统的安全、可靠运行，操作系统和应用软件的安全，数据库系统的安全，电磁信息泄露的防护等。狭义的网络安全，侧重于网络传输的安全。

3．网络安全的广义解释

网络传输的安全与传输的信息内容有密切的关系。信息内容的安全即信息安全，包括信息的保密性、真实性和完整性。

广义的网络安全是指网络系统的硬件、软件及其系统中的信息受到保护。它包括系统连续、可靠、正常地运行，网络服务不中断，系统中的信息不因偶然的或恶意的行为而遭到破坏、更改或泄露。

其中的信息安全需求，是指通信网络给人们提供信息查询、网络服务时，保证服务对象的信息不受监听、窃取和篡改等威胁，以满足人们最基本的安全需要（如隐秘性、可用性等）的特性。

网络安全侧重于网络传输的安全，信息安全侧重于信息自身的安全，可见，这与其所保护的对象有关。

由于网络是信息传递的载体，因此信息安全与网络安全具有内在的联系，凡是网上的信息必然与网络安全息息相关。信息安全的含义不仅包括网上信息的安全，而且包括网下信息的安全。现在谈论的网络安全，主要是是指面向网络的信息安全，或者是网上信息的安全。

1.3.2 网络信息分类

网络通信具有全程全网联合作业的特点。就通信而言，它由五大部分组成：传输和交换；网络标准、协议和编码；通信终端；通信信源；人员。这五大部分都会遭到严重的威胁和攻击，都会成为对网络和信息的攻击点。而在网络中，保障信息安全是网络安全的核心。网络中的信息可以分成用户信息和网络信息两大类。

1．用户信息

在网络中，用户信息主要指面向用户的话音、数据、图像、文字和各类媒体库的信息，它大致有以下几种：

（1）一般性的公开信息：如正常的大众传媒信息、公开性的宣传信息、大众娱乐信息、广告性信息和其他可以公开的信息。

（2）个人隐私信息：如纯属个人隐私的民用信息，应保障用户的合法权益。

（3）知识产权保护的信息：如按国际上签订的《建立世界知识产权组织公约》第二条规定的保护范围，应受到相关法律保护。

（4）商业信息：包括电子商务、电子金融、证券和税务等信息。这种信息包含大量的财和物，是犯罪分子攻击的重要目标，应采取必要措施进行安全防范。

（5）不良信息：主要包括涉及政治、文化和伦理道德领域的不良信息，还包括称为"信息垃圾"的无聊或无用信息，应采取一定措施过滤或清除这种信息，并依法打击犯罪分子和犯罪集团。

（6）攻击性信息：它涉及各种人为的恶意攻击信息，如国内外的"黑客"攻击、内部和外部人员的攻击、计算机犯罪和计算机病毒信息。这种针对性的攻击信息危害很大，应当重点进行安全防范。

（7）保密信息：按照国家有关规定，确定信息的不同密级，如秘密级、机密级和绝密级。这种信息涉及政治、经济、军事、文化、外交等各方面的秘密信息，是信息安全的重点，必须采取有效措施给予特殊的保护。

2．网络信息

在网络中，网络信息与用户信息不同，它是面向网络运行的信息。网络信息是网络内部的专用信息。它仅向通信维护和管理人员提供有限的维护、控制、检测和操作层面的信息资料，其核心部分仍不允许随意访问。

特别应当指出，当前对网络的威胁和攻击不仅是为了获取重要的用户机密信息，得到最大的利益，还把攻击的矛头直接指向网络本身。除对网络硬件攻击外，还会对网络信息进行攻击，严重时能使网络陷于瘫痪，甚至危及国家安全。

网络信息主要包括以下几种：

（1）通信程序信息：由于程序的复杂性和编程的多样性，而且常以人们不易读懂的形式存在，所以在通信程序中很容易预留下隐藏的缺陷、病毒、隐蔽通道和植入各种攻击信息。

（2）操作系统信息：在复杂的大型通信设备中，常采用专门的操作系统作为其硬件和软件应用程序之间的接口程序模块。它是通信系统的核心控制软件。由于某些操作系统的安全性不完备，会招致潜在的入侵，如非法访问、访问控制的混乱、不完全的中介和操作系统缺陷等。

（3）数据库信息：在数据库中，既有敏感数据又有非敏感数据，既要考虑安全性又要兼顾开放性和资源共享。所以，数据库的安全性，不仅要保护数据的机密性，重要的是必须确保数据的完整性和可用性，即保护数据在物理上、逻辑上的完整性和元素的完整性，并在任何情况下，包括灾害性事故后，都能提供有效的访问。

（4）通信协议信息：协议是两个或多个通信参与者（包括人、进程或实体）为完成某种功能而采取的一系列有序步骤，使得通信参与者协调一致地完成通信联系，实现互连的共同约定。通信协议具有预先设计、相互约定、无歧义和完备的特点。

在各类网络中已经制定了许多相关的协议。如在保密通信中，仅仅进行加密并不能保证信息的机密性，只有正确地进行加密，同时保证协议的安全才能实现信息的保密。然而，协议的不够完备，会给攻击者以可乘之机，造成严重的恶果。

（5）电信网的信令信息：在网络中，信令信息的破坏可导致网络的大面积瘫痪。为信令网的可靠性和可用性，全网应采取必要的冗余措施，以及有效的调度、管理和再组织措施，以保证信令信息的完整性，防止人为或非人为的篡改和破坏，防止对信令信息的主动攻击和病毒攻击。

（6）数字同步网的定时信息：我国的数字同步网采用分布式多地区基准钟（LPR）控制的全同步网。LPR 系统由铷钟加装两部全球定位系统（GPS）组成，或由综合定时供给系统 BITS 加上 GPS 组成。在北京、武汉、兰州三地设立全国的一级标准时钟（PRC），采用铯钟组定时作为备用基准，GPS 作为主用基准。为防止 GPS 在非常时期失效或基准精度下降，应加强集中检测、监控、维护和管理，确保数字同步网的安全运行。

（7）网络管理信息：网络管理系统是涉及网络维护、运营和管理信息的综合管理系统。它集高度自动化的信息收集、传输、处理和存储于一体，集性能管理、故障管理、配置管理、计费管理和安全管理于一身，对于最大限度地利用网络资源、确保网络的安全具有重要意义。安全管理主要包括系统安全管理、安全服务管理、安全机制管理、安全事件处理管理、安全审计管理和安全恢复管理等内容。

1.3.3　网络安全的属性

在美国国家信息基础设施（NII）的文献中，明确给出安全的五个属性：保密性、完整性、可用性、可控性和不可抵赖性。这五个属性适用于国家信息基础设施的教育、娱乐、医疗、运输、国家安全、电力供给及通信等广泛领域。

1．保密性

保密性是指网络中的信息不被非授权实体（包括用户和进程等）获取与使用。这些信息不仅包括国家机密，也包括企业和社会团体的商业机密和工作机密，还包括个人信息。人们在应用网络时很自然地要求网络能提供保密性服务，而被保密的信息既包括在网络中传输的信息，也包括存储在计算机系统中的信息。就像电话可以被窃听一样，网络传输信息也可以被窃听，解决的办法就是对传输信息进行加密处理。存储信息的机密性主要通过访问控制来实现，不同用户对不同数据拥有不同的权限。

2．完整性

完整性是指数据未经授权不能进行改变的特性，即信息在存储或传输过程中保持不被修改、不被破坏和丢失的特性。数据的完整性是指保证计算机系统上的数据和信息处于一种完整和未受损害的状态，这就是说数据不会因为有意或无意的事件而被改变或丢失。除了数据本身不能被破坏外，数据的完整性还要求数据的来源具有正确性和可信性，也就是说需要首先验证数据是真实可信的，然后再验证数据是否被破坏。影响数据完整性的主要因素是人为的蓄意破坏，也包括设备的故障和自然灾害等因素对数据造成的破坏。

3．可用性

可用性是指对信息或资源的期望使用能力，即可授权实体或用户访问并按要求使用信息的特性。简单地说，就是保证信息在需要时能为授权者所用，防止由于主客观因素造成的系统拒绝服务。例如，网络环境下的拒绝服务、破坏网络和有关系统的正常运行等都属于对可用性的攻击。Internet 蠕虫就是依靠在网络上大量复制并且传播，占用大量 CPU 处理时间，导致系统越来越慢，直到网络发生崩溃，用户的正常数据请求不能得到处理，这就是一个典型的"拒绝服务"攻击。当然，数据不可用也可能是由软件缺陷造成的，如微软的 Windows 总是有缺陷被发现。

4．可控性

可控性是人们对信息的传播路径、范围及其内容所具有的控制能力，即不允许不良内容通过公共网络进行传输，使信息在合法用户的有效掌控之中。

5．不可抵赖性

不可抵赖性也称不可否认性。在信息交换过程中，确信参与方的真实同一性，即所有参与者都不能否认和抵赖曾经完成的操作和承诺。简单地说，就是发送信息方不能否认发送过信息，信息的接收方不能否认接收过信息。利用信息源证据可以防止发信方否认已发送过信息，利用接收证据可以防止接收方事后否认已经接收到信息。数据签名技术是解决不可否认性的重要手段之一。

1.4　网络安全体系结构

通信网络安全是一个完整、系统的概念，它既是一个理论问题，又是一个工程实践问题。由于通信网络的开放性、复杂性和多样性，使得网络安全系统需要一个完整的、严谨的体系结构来保证。为了使复杂的网络安全系统问题简化，更好地解决与工程相关的问题，引入网络安全体系结构这一概念，对于网络安全工程方案设计具有非常重要的指导意义。研究网络安全体系结构的目的是解决安全服务的逻辑结构和功能分配问题，用层次清晰的结构化的方法，将安全功能按安全对象划分出若干层次，处于高层次的系统仅是利用较低层次的系统提供的接口和功能，不需要了解低层实现该功能所采用的算法和协议；较低层次也是使用从高层系统传来的参数，也不需要了解高层实现该功能所采用的算法和协议，这就是层次间的无关性。因为有了这种无关性，层次间的每个模块可以用一个新的模块取代，只要新的模块与旧的模块具有相同的功能和接口，即使它们使用的算法和协议都不同，也能很好地工作，所以分层结构和网络安全体系结构并不关心各层的安全功能是如何实现，换句话说，它只是从安全功能层面上描述网络安全系统的结构，而不涉及每层硬件和软件的组成，也不涉及这些硬件和软件的实现，是个抽象的逻辑功能框架。

下面分别介绍 OSI 安全体系结构、TCP/IP 安全体系结构。

1.4.1　OSI 安全体系结构

目前，人们对于网络的安全体系结构缺乏统一的认识，比较有影响的是国际标准化组织（ISO）对网络的安全提出了一个抽象的体系结构，这对网络系统的研究具有指导意义，但距网络安全的实际需求仍有较大的差距。

ISO 制定了开放系统互连参考模型（Open System Interconnection Reference Model，OSI 模型），它成为研究、设计新的通信网络系统和评估改进现有系统的理论依据，是理解和实现网络安全的基础。OSI 安全体系结构是在分析对开放系统的威胁和其脆弱性的基础上提出来的。

1989 年 2 月 15 日颁布的 ISO 7498-2 标准，确立了基于 OSI 参考模型的七层协议之上的安全体系结构，1995 年 ISO 在此基础上对其进行修正，颁布了 ISO GB/T 9387.2—1995 标准，即五大类安全服务、八大种安全机制和相应的安全管理标准。

OSI 网络安全体系结构如图 1-2 所示。

1．五大类安全服务

五大类安全服务包括认证（鉴别）服务、访问控制服务、数据保密性服务、数据完整性服务和抗否认性服务。

（1）认证（鉴别）服务：提供对通信中对等实体和数据来源的认证（鉴别）。

（2）访问控制服务：用于防止未授权用户非法使用系统资源，包括用户身份认证和用户权限确认。

（3）数据保密性服务：为防止网络各系统之间交换的数据被截获或被非法存取而泄密，提供机密保护。同时，对有可能通过观察信息流就能推导出信息的情况进行防范。

（4）数据完整性服务：用于阻止非法实体对交换数据的修改、插入、删除及在数据交换过程中的数据丢失。

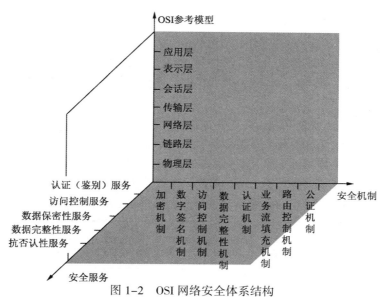

图 1-2　OSI 网络安全体系结构

（5）抗否认性服务：用于防止发送方在发送数据后否认发送和接收方在收到数据后否认收到或伪造数据的行为。

2．八大种安全机制

八大种安全机制包括加密机制、数字签名机制、访问控制机制、数据完整性机制、认证机制、业务流填充机制、路由控制机制、公证机制。

（1）加密机制：是确保数据安全性的基本方法，在 OSI 安全体系结构中应根据加密所在的层次及加密对象的不同，而采用不同的加密方法。

（2）数字签名机制：是确保数据真实性的基本方法，利用数字签名技术可进行用户的身份认证和消息认证，它具有解决收、发双方纠纷的能力。

（3）访问控制机制：从计算机系统的处理能力方面对信息提供保护。访问控制按照事先确定的规则决定主体对客体的访问是否合法，当一主体试图非法使用一个未经授权的资源时，访问控制将拒绝，并将这一事件报告给审计跟踪系统，审计跟踪系统将给出报警并记录日志档案。

（4）数据完整性机制：破坏数据完整性的主要因素有数据在信道中传输时受信道干扰影响而产生错误，数据在传输和存储过程中被非法入侵者篡改，计算机病毒对程序和数据的传染等。纠错编码和差错控制是对付信道干扰的有效方法。对付非法入侵者主动攻击的有效方法是报文认证，对付计算机病毒有各种病毒检测、杀毒和免疫方法。

（5）认证机制（鉴别交换）：在通信网络中认证主要有用户认证、消息认证、站点认证和进程认证等，可用于认证的方法有已知信息（如口令）、共享密钥、数字签名、生物特征（如指纹）等。

（6）业务流填充机制：攻击者通过分析网络中某一路径上的信息流量和流向来判断某些事件的发生，为了对付这种攻击，一些关键站点间在无正常信息传送时，持续传送一些随机数据，使攻击者不知道哪些数据是有用的，哪些数据是无用的，从而挫败攻击者的信息流分析。

（7）路由控制机制：在大型通信网络中，从起点到目的地往往存在多条路径，其中有些路径是安全的，有些路径是不安全的，路由控制机制可根据信息发送者的申请选择安全路径，以确保数据安全。

（8）公证机制：在大型通信网络中，并不是所有的用户都是诚实可信的，同时也可能由于设备故障等技术原因造成信息丢失、延迟等，用户之间很可能引起责任纠纷。为了解决这个问题，就需要有一个各方都信任的第三方提供公证仲裁，仲裁数字签名技术就是这种公证机制的一种技术支持。

3．安全服务、安全机制和 OSI 参考模型各层关系

安全服务、安全机制和 OSI 参考模型各层关系如表 1-1 所示，其中 Y 表示相关。例如对等实体鉴别（即对等实体认证）服务，可以应用加密、数字签名、鉴别交换、路由控制、公正机制实现，网络层、传输层、应用层都可以提供对等实体认证服务。

表 1-1　安全服务、安全机制和 OSI 参考模型各层关系

安全机制 安全服务	加密	数字 签名	访问 控制	数据 完整	鉴别 交换	业务 填充	路由 控制	公证	应当在标准中结合 该项安全服务的 OSI 协议层
对等实体鉴别	Y	Y	·	·	Y	·	·	·	3，4，7
数据源签别	Y	Y	·	·	·	·	·	·	3，4，7
访问控制服务	·	·	Y	·	·	·	·	·	3，4，7
连接保密性	Y	·	·	·	·	·	Y	·	1，2，3，4，7
无连接保密性	Y	·	·	·	·	·	Y	·	2，3，4，7
选择字段保密性	Y	·	·	·	·	·	·	·	7
业务流保密性	Y	·	·	·	·	Y	Y	·	1，3，7
带恢复的连接完整性	Y	·	·	Y	·	·	·	·	4，7
不带恢复的连接完整性	Y	·	·	Y	·	·	·	·	3，4，7
选择字段连接完整性	Y	Y	·	Y	·	·	·	·	7
无连接完整性	Y	Y	·	Y	·	·	·	·	3，4，7
选择字段无连接完整性	Y	Y	·	Y	·	·	·	·	7
带数据源证明的不可否认	·	Y	·	Y	·	·	·	Y	7
带递交证明的不可否认	·	Y	·	Y	·	·	·	Y	7

1.4.2　TCP/IP 安全体系结构

TCP/IP 的安全体系建立在 TCP/IP 参考模型上。在四层上分别增加安全措施。各层协议及其安全协议如图 1-3 所示。

1．网络接口层安全

网络接口层大致对应 OSI 的数据链路层和物理层，它负责接收 IP 数据包，并通过具体的网络传输数据包。网络接口层的安全通常是由具体的物理网络确保。

Kerberos	S/MIME	PGP	SET	应用层
FTP	SMIP		HTTP	
SSL或TLS				
UDP	TCP			传输层
IP/IPSec				网际层
				网络接口层

图 1-3　TCP/IP 网络安全体系框架

2．网际层安全

网际层的功能是负责数据包的路由选择，保证数据包能顺利到达目的地。因此，为了防止 IP 欺骗、源路由攻击等，在网际层实施 IP 认证机制；为了确保路由表不被篡改，还可

实施完整性机制。新一代的互联网协议 IPv6 在网络层提供了两种安全机制，即认证头（Authentication Header，AH）协议和封装安全负荷（Encapsulating Security Payload，ESP）协议，这两个协议确保在 IP 层实现安全目标。IPSec 是 "IP Security" 的缩写，指 IP 层安全协议，这是 Internet 工程任务组（Internet Engineering Task Force，IETF）公开的一个开放式协议框架，是在 IP 层为 IP 业务提供安全保证的安全协议标准。

3．传输层安全

传输层的功能是负责实现源主机和目的主机上的实体之间的通信，用于解决端到端的数据传输问题。它提供了两种服务：一种是可靠的、面向连接的服务（由 TCP 协议完成）；一种是无连接的数据报服务（由 UDP 协议完成）。传输层安全协议确保数据安全传输，常见的安全协议有安全套接层（Security Socket Layer，SSL）协议和传输层安全（Transport Layer Security，TLS）协议。

SSL 协议是 Netscape 公司于 1996 年推出的安全协议，首先被应用于 Navigator 浏览器中。该协议位于 TCP 协议和应用层协议之间，通过面向连接的安全机制，为网络应用客户/服务器之间的安全通信提供了可认证性、保密性和完整性的服务。目前大部分 Web 浏览器（如 Microsoft 的 IE 等）和 NT IIS 都集成了 SSL 协议。后来，该协议被 IETF 采纳，并进行了标准化，称为 TLS 协议。

4．应用层安全

应用层的功能是负责直接为应用进程提供服务，实现不同系统的应用进程之间的相互通信，完成特定的业务处理和服务。应用层提供的服务有电子邮件、文件传输、虚拟终端和远程登录等。网络层的安全协议为网络传输和连接建立安全的通信信道，传输层的安全协议保障传输的数据可靠、安全地到达目的地，但无法根据所传输的不同内容的安全需求予以区别对待。灵活处理具体数据不同的安全需求方案就是在应用层建立相应的安全机制。

例如，一个电子邮件系统可能需要对所发出的信件的个别段落实施数字签名，较低层的协议提供的安全功能不可能具体到信件的段落结构。在应用层提供安全服务采取的做法是对具体应用进行修改和扩展，增加安全功能。例如：IETF 规定了私用强化邮件 PEM 来为基于 SMTP 的电子邮件系统提供安全服务；免费电子邮件系统 PGP 提供了数字签名和加密的功能；S-HTTP 是 Web 上使用的超文本传输协议的安全增强版本，提供了文本级的安全机制，每个文本都可以设置成保密/数字签名状态。

1.4.3　网络安全体系结构的实施

从工程实施来看，网络的建设可以划分为网络基础设施、应用支撑平台、应用系统等方面的组织建设。网络安全体系结构的划分如表 1-2 所示。

表 1-2　网络安全体系结构

网 络 部 件	安 全 模 块	主要安全功能
应用系统	应用系统安全	数据完整性、防抵赖 用户身份认证与授权
应用支撑平台	信息平台安全	数据存储安全　数据库安全　数据备份 信息内容审查　数据加密
	系统安全	操作系统安全　防病毒　备份应急

网 络 部 件	安 全 模 块	主要安全功能
网络基础设施	通信安全	通信保密、访问控制、入侵检测
	物理安全	硬件设备、环境等设备安全
安 全 支 撑 平 台		

安全支撑平台：安全系统结构的底层，类似 OSI 参考模型的物理传输介质层，是系统安全信息的载体，它主要包括私钥算法库、公钥算法库、Hash 函数库、密钥生成程序、随机数生成程序等信息的安全算法库；包括用户口令和密钥，安全管理参数及权限，系统当前运行状态等信息的安全信息库和包括安全服务操作界面和安全信息管理界面等信息的用户接口界面。

物理安全：物理安全是网络系统安全运行的前提，涉及环境安全、设备安全、媒体安全三个部分，分别针对信息系统所在环境、所用设备、信息载体进行安全保护。主要防止物理通路的损坏，物理通路的窃听和对物理通路的攻击。

通信安全：通信安全保证网络只给被授权的合法客户提供的授权服务，主要是保证网络路由正确，避免被拦截或监听。对于大型的计算机网络。网络拓扑非常复杂。通常采用加密、包过滤、身份认证、入侵检测与实时监控等技术手段。

操作系统的安全：保证客户数据和操作系统的访问控制安全，并能对该操作系统上的应用进行审计。要求配置的操作系统具有足够的安全等级，能支撑用户权限管理和访问控制的安全需求，防止非法用户的入侵；能够按照制订的安全审计计划进行审计处理，包括审计日志和对违规事件的处理。

应用支撑平台的安全：应用平台是指建立在网络系统之上的应用服务软件，如数据库服务器、电子邮件服务器、Web 服务器等，各种服务器管理系统本身能达到与操作系统安全等级相当的级别，特别是数据库服务器，应具有对主体（人、进程）识别和对客体（数据表、数据分片）进行标注，划分安全级别和范畴，实现由系统对主客体之间的访问关系进行强制性控制的能力；具有增强的口令使用方式限制；对有关数据库安全的事件进行跟踪、记录、报警和处理的能力等安全特征。由于应用平台的系统非常复杂，除了要求应用服务器具备自身的安全服务外，通常还要采用其他多种技术手段来增强应用平台的安全性。

应用系统的安全：应用系统完成网络系统的最终目的——为用户服务，应用系统安全设施的安装与系统的设计和实现关系密切。例如，应用系统要利用平台提供的服务来保证基本安全，如通信内容安全、通信双方的认证和审计等，就必须根据这些服务的接口、协议在应用程序中开发调用这些服务的模块。

1.5 网络安全的非技术性问题

1.5.1 网络安全的非技术性问题

许多人一提到网络安全，自然会联想到密码、黑客、病毒等专业技术问题。实际上，网络安全不仅涉及这些技术问题，还涉及法律、政策和管理问题。

技术问题虽然是最直接的保证网络安全的手段，但离开了法律、政策和管理的基础，纵有最先进的技术，网络安全也得不到保障。

1．网络安全与政治

十多年来，电子政务发展迅速，政府网站代表着一个国家或一个地区的形象。

电子政务中政府网络安全的实质是由于计算机信息系统作为国家政务的载体和工具而引发的信息安全。电子政务中的政府网络信息安全是国家安全的重要内容，是保障国家信息安全不可或缺的组成部分。由于互联网发展在地域上极不平衡，信息强国对于信息弱国已经形成了战略上的"信息位势差"。"信息疆域"不再是以传统的地缘、领土、领空、领海来划分的，而是以带有政治影响力的信息辐射空间来划分的。

2．网络安全与经济

随着信息化程度的提高，国民经济和社会运行对信息资料和信息基础设施的依赖程度越来越高。然而，我国计算机犯罪的增长速度远远超过了传统意义犯罪的增长速度。据统计，我国受到影响的计算机总量达到 36 万台，经济损失达到 12 亿元。2008 年公安部网监局调查了 7 起销售网络木马程序案件，每起案件的木马销售获利均超过 1 000 万元。据公安机关的估算，7 起案件实施的网络盗窃均获利 20 亿元以上。

3．网络安全与文化

文化是一个国家民族精神和智慧的长期积淀和凝聚，是民族振兴发展的价值体现。在不同文化相互交流的过程中，一些国家为了达到经济和政治上的目的，不断推行"文化殖民"政策，形成了日益严重的"文化帝国主义"倾向。同时，互联网上散布着一些虚假信息、有害信息，包括网络色情、赌博等不健康的信息，对青少年的价值观、文化观造成了严重的负面影响。

4．网络安全与法律

要使网络安全运行、数据安全传递，仅仅靠人们的良好愿望和自觉意识是不够的，需要必要的法律建设，以法制来强化网络安全。这主要涉及网络规划与建设的法律问题、网络管理与经营的法律问题、用户（自然人或法人）数据的法律保护、电子资金划转的法律认证、计算机犯罪与刑事立法、计算机证据的法律效力等。

法律是网络安全的防御底线，也是维护安全的最根本保障，任何人都必须遵守，带有强制性。不难设想，若通信网络领域没有法制建设，那么网络的规划与建设必然是混乱的，网络将没有规范、协调的运营管理，数据将得不到有效的保护，电子资金的划转将产生法律上的纠纷，黑客将受不到任何惩罚。但是，有了相关法律的保障，并不等于安全问题就解决了，还需要相应的配套政策，才能使保障网络安全的措施具有可操作性。

5．网络安全与管理

"三分技术，七分管理"。在网络威胁多样化的时代，单纯追求技术方面的防御措施是不能全面解决网络安全问题的，通信网络管理制度是网络建设的重要方面。网络安全的管理包括三个层次的内容：组织建设、制度建设和人员意识。组织建设是指有关安全管理机构的建设，也就是说，要建立健全安全管理机构。

网络安全的管理包括安全规划、风险管理、应急计划、安全教育培训、安全系统评估、安全认证等多方面的内容，只靠一个机构是无法解决这些问题的，因此应在各网络安全管理机构之间，依照法律法规的规定建立相关的安全管理制度，明确职责，责任到人，规范行为，保证安全。

明确了各机构的职责后，还需要建立切实可行的规章制度，如对从业人员的管理，需要解决任期有限、职责隔离和最小权限的问题。

有了组织机构和相应的制度，还需要加强人员意识的培养。通过进行网络安全意识的教育和培训，增强全民的网络安全意识和法制观念，以及对网络安全问题的重视，尤其是对主管计算机应用工作的领导和计算机系统管理员、操作员要通过多种渠道进行计算机及网络安全法律法规和安全技术知识培训与教育，使主管领导增强计算机及网络安全意识，使计算机应用人员掌握计算机及网络安全知识，知法、懂法、守法。

1.5.2 网络安全的综合性

目前出现的许多网络安全问题，从某种程度上讲，可以说是由技术上的原因造成的，因此，对付攻击也最好采用技术手段。例如：加密技术用来防止公共信道上的信息被窃取；完整性技术用来防止对传输或存储的信息进行篡改、伪造、删除或插入的攻击；认证技术用来防止攻击者假冒通信方发送假信息；数字签名技术用于防否认和抗抵赖。

综合网络安全的非技术问题，网络安全的综合性结构应包括以下四个层面：安全技术层、安全管理层、社会环境层和政策法规层。

安全技术层主要包括信息加密、认证鉴别、数字签名、访问控制、信息完整、业务填充、路由控制、压缩过滤、公证审计、协议标准、设备安全、安全检测、安全评估、应急处理等。

安全管理层主要包括密钥管理、系统安全管理、安全服务管理、安全机制管理、安全事件处理管理、安全审计管理、安全恢复管理、安全组织管理、安全制度管理、人事安全管理等。

社会环境层主要包括安全意识教育、道德品质教育、安全规章制度、大众媒体宣传、表扬奖惩制度、安全知识普及等。

政策法规层主要包括引进、采购和入网政策上的安全性要求，制定各项安全政策和策略、制定安全法规和条例，打击国内外的犯罪分子，依法保障网络和信息的安全等。

综上所述，网络和信息的安全涉及的四个层面是相辅相成的有机整体，任何环节的失误都有可能带来严重的后果。除采取各种安全技术外，还必须有完善的安全管理（包括技术的、行政的管理）和良好的社会环境，以及必备的政策法规保障。安全政策法规是保障网络和信息安全的重要防线，是对企图破坏者的一种威慑力量，是保障安全的有力武器。对于恶意攻击和破坏，安全技术措施、安全管理和社会环境固然可以限制和减少危害，但仍不足以根除，还必须依赖法律保障。这四个层面的安全措施必须进一步完善和强化。

不论采取何种安全措施，一个公用的通信网络系统很难保证不会受到计算机病毒、黑客的攻击。那么，什么样的通信网络系统才算是安全的系统？

（1）严格意义下的安全性。无危为安，无损为全。安全就是指人和事物没有危险，不受威胁，完好无损。对人而言，安全就是使人的身心健康免受外界因素干扰和威胁的一种状态，也可看作是人和环境的一种协调平衡状态。一旦打破这种平衡，安全就不存在了。据此原则，现实生活中，安全实际上是一个不可能达到的目标，通信网络也不例外。事实上，即使采取必要的网络保护措施，网络系统也会出现故障和威胁，从这个角度讲，通信网络的绝对安全是不可能实现的。

（2）适当的安全性。适当的安全性，是通信网络世界理性的选择，也是网络环境现存的状态。从经济利益的角度来讲，所谓适当的安全，是指安全性的选择应建立在所保护的资源和服务的收益预期大于为之付出的代价的基础之上，或者说，我们采取控制措施所降低的风险损失要大于付出的代价，如果代价大于损失就没有必要了。因此，面对这个有缺陷的网络，采取安全防护措施是必要的，但应权衡得失，不能矫枉过正。

习　　题

1. 网络安全受到的威胁有人为因素威胁和非人为因素威胁，非人为因素威胁包括哪些？
2. 网络安全的实质是什么？
3. 导致网络不安全的根本原因是什么？
4. OSI 安全体系结构中，五大类安全服务是哪些？
5. 网络安全的技术性问题有哪些？非技术性问题又有哪些？
6. 如何理解"三分技术，七分管理"的理念？
7. 简单分析导致网络不安全的原因。
8. 简述网络安全保障体系框架。
9. 列举两个例子说明信息安全与经济的联系。

第 2 章　网络安全保密

保密是网络安全的基本要求。应用密码的目的就是保密。本章首先介绍密码学的基本术语，然后介绍对称密码体制中的常用密码算法 DES、AES，非对称密码体制中的 RSA 算法、ElGamal 加密算法和椭圆曲线（ECC）密码体制，以及密码算法的应用模式和密钥的管理、密钥分发、密钥托管等。本章还将介绍量子密码的概念。

2.1　密码学概论

2.1.1　密码学术语

人类早在远古时期就有了相互隐瞒信息的想法，应用文字的代替和移位，实现用文字秘密传递信息。

密码学（Cryptology）研究进行保密通信和如何实现信息保密的问题，具体指通信保密传输和信息存储加密等。它以认识密码变换的本质、研究密码保密与破译的基本规律为对象，主要以可靠的数学方法和理论为基础，对解决信息安全中的机密性、数据完整性、认证和身份识别，对信息的可控性及不可抵赖性等问题提供系统的理论、方法和技术。简单地说，密码是按特定的法则编成用以对通信双方的信息进行明密变换的符号序列。

密码学包括两个分支：密码编码学（Cryptography）和密码分析学（Cryptanalyst）。密码编码学研究怎样编码，以及如何对消息进行加密；密码分析学研究如何对密文进行破译。

下面是密码学中一些常用的术语：

明文（Message）：指待加密的信息，用 M 或 P 表示。明文可能是文本文件、位图、数字化存储的语音流或数字化的视频图像的比特流等。明文的集合构成明文空间，记为 $S_M=\{M\}$。

密文（Ciphertext）：指明文经过加密处理后的形式，用 C 表示。密文的集体构成密文空间，记为 $S_C=\{C\}$。

密钥（Key）：指用于加密或解密的参数，用 K 表示。密钥的集合构成密钥空间，记为 $S_K=\{K\}$。

加密（Encryption）：指用某种方法伪装消息以隐藏它的内容的过程。

加密算法（Encryption Algorithm）：指将明文变换为密文的变换函数，通常用 E 表示，即

$E{:}S_M{\rightarrow}S_C$，表示为 $C=E_K(M)$。

解密（Decryption）：指把密文转换成明文的过程。

解密算法（Decryption Algorithm）：指将密文变换为明文的变换函数，通常用 D 表示，即 $D{:}S_C$
$\rightarrow S_M$，表示为 $M=D_k(C)$。

密码分析（Cryptanalysis）：指截获密文者试图通过分析截获的密文从而推断出原来的明文或密钥的过程。

密码分析员（Cryptanalyst）：指从事密码分析的人。

被动攻击（Passive Attack）：指对一个保密系统采取截获密文并对其进行分析和攻击。这种攻击对密文没有破坏作用。

主动攻击（Active Attack）：指攻击者非法侵入一个密码系统，采用伪造、修改、删除等手段向系统注入假消息进行欺骗。这种攻击对密文具有破坏作用。

密码体制：即由明文空间 S_M、密文空间 S_C、密钥空间 S_K、加密算法 E 和解密算法 D 构成的五元组$\{S_M,S_C,S_K,E,D\}$。实际上，密码体制可以理解为一个密码方案，这里特别强调了一个"密码方案"概念的完整性。通常所说的密码方案，一定要包含这五个组成部分。对于一个密码体制而言，如果加密密钥和解密密钥相同，则称为对称密码体制或单钥密码体制，否则称其为非对称密码体制或双钥密码体制。

密码系统（Cryptosystem）：指用于加密和解密的系统。加密时，系统输入明文和加密密钥，加密变换后，输出密文；解密时，系统输入密文和解密密钥，解密变换后，输出明文。一个密码系统由信源、加密变换、解密变换、信宿和攻击者组成，如图 2-1 所示。密码系统强调密码方案的实际应用，通常应当是一个包含软硬件的系统。从图 2-1 可以看出，密码系统也是一个保密通信系统。

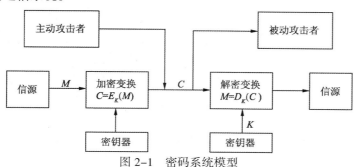

图 2-1　密码系统模型

密码系统的安全性取决于密钥，而不是密码算法，即密码算法要公开。这是荷兰密码学家 Kerckhoff 于 1883 年在名著《军事密码学》中提出的基本假设。被称为柯克霍夫（Kerckhoffs）原则。遵循这个假设的好处如下：

（1）它是评估算法安全性唯一可用的方式。因为如果密码算法保密，密码算法的安全强度就无法进行评估。

（2）防止算法设计者在算法中隐藏后门。因为算法被公开后，密码学家可以研究分析其是否存在漏洞，同时也接受攻击者的检验。

（3）有助于推广使用。当前网络应用十分普及，密码算法的应用不再局限于传统的军事领域，只有公开使用，密码算法才可能被大多数人接受并使用。同时，对用户而言，只须掌握密钥就可以使用了，非常方便。

从这个方面来说，现代密码学是从 1949 年开始的，由于计算机的出现，算法的计算变得十分复杂，因此算法的保密性不再依赖于算法，而是密钥。

2.1.2　密码分析

信息截收者在不知道解密密钥及通信者所采用的加密体制的细节条件下，对密文进行分析，试图获取机密信息。研究分析解密规律的科学称作密码分析学。密码分析在外交、军事、公安、商业等方面都具有重要作用，也是研究历史、考古、古语言学和古乐理论的重要手段之一。

密码分析和密码设计是相互对立、相互依存的。伴随着对任何一种密码的分析，分析者千方百计从该密码算法中寻找漏洞和缺陷，进而进行攻击。密码设计是利用数学来构造密码。密码分析者拥有的资源如表 2-1 所示，密码分析除了依靠数学、工程背景、语言学等知识外，还要靠经验、统计、测试、眼力、直觉判断能力等，有时还得靠点运气。

表 2-1　攻击密码的类型

攻 击 类 型	攻击者拥有的资源
唯密文攻击	加密算法，截获的部分密文
已知明文攻击	加密算法，截获的部分密文和相应的明文
选择明文攻击	加密算法，加密黑盒子，可加密任意明文得到相应的密文
选择密文攻击	加密算法，解密黑盒子，可解密任意密文得到相应的明文

密码分析方法可以分为两大类：穷举破译法和分析法。穷举破译法对截收的密报依次用各种可能的密钥进行尝试，直至得到有意义的明文；或在不变密钥的条件下，对所有可能的明文加密直至得到与截获密报一致为止，此法又称为完全试凑法（Completetrial-and-error Method）。只要有足够多的计算时间和存储容量，原则上穷举法总是可以成功的，因为密钥空间、明文空间、密文空间都是有限的。但实际中，任何一种能保障安全要求的实用密码都会设计得使这一方法在实际上是不可行的。

分析法分为确定性分析法和统计分析法。确定性分析法利用一个或几个已知量（如已知密文或明文–密文对）用数学关系式表示出所求未知量（如密钥等）。已知量和未知量的关系视加密和解密算法而定，寻求这种关系是确定性分析法的关键步骤。而统计分析法利用明文的已知统计规律进行破译，密码破译者对截收的密文进行统计分析，总结出其间的统计规律，并与明文的统计规律进行对照比较，从中提取出明文和密文之间的对应或变换信息。

2.2　对称密码体制

对称密码体制对于大多数算法而言，解密算法是加密算法的逆运算，加密密钥和解密密钥相同，满足关系：$M=D_K(C)=D_K(E_K(M))$。

对称密码体制的开放性差，要求通信双方在通信之前商定一个共享密钥，彼此必须妥善保管。

对称密码体制分为两类：一类是对明文的单个位（或字节）进行运算的算法，称为序列密码算法，也称为流密码算法（Stream Cipher）；另一类算法是把明文信息划分成不同的块(或组)结构，分别对每个块（或组）进行加密和解密，称为分组密码算法（Block Cipher）。

2.2.1 序列密码

序列密码是将明文划分成单个位（如数字 0 或 1）作为加密单位产生明文序列，然后将其与密钥流序列逐位进行模 2 加运算，用符号表示为 ⊕，其结果作为密文的方法。加密过程如图 2-2 所示。

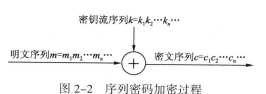

图 2-2　序列密码加密过程

加密算法：

$$c_i=m_i+k_i \pmod 2$$

解密算法：

$$m_i=c_i+k_i \pmod 2$$

例如，设明文序列 M 是一串二进制数据，$M=(1010110011110000111111101)_2$，密钥 $K=(1111000011110000111110010)_2$，则

加密过程：

$$C=M+K \pmod 2=(0101110000000000000001111)_2$$

解密过程：

$$M=C+K \pmod 2=(1010110011110000111111101)_2$$

序列密码分为同步序列密码和自同步序列密码两种。

同步序列密码要求发送方和接收方必须是同步的，在同样的位置用同样的密钥才能保证正确地解密。如果在传输过程中密文序列有被篡改、删除、插入等错误导致同步失效，则不可能成功解密，只能通过重新同步来实现解密、恢复密文。在传输期间，一个密文位的改变只影响该位的恢复，不会对后继位产生影响。

自同步序列密码的密钥的产生与密钥和已产生的固定数量的密文位有关，因此，密文中产生的一个错误会影响到后面有限位的正确解密。所以，自同步密码的密码分析比同步密码的密码分析更加困难。

序列密码具有实现简单、便于硬件计算、加密与解密处理速度快、低错误（没有或只有有限位的错误）传播等优点，但同时也暴露出对错误的产生不敏感的缺点。目前，公开的序列密码主要有 RC4、SEAL 等。

序列密码的安全强度依赖于密钥流产生器所产生的密钥流序列的特性，关键是密钥生成器的设计及收发两端密钥流产生的同步技术。产生密钥流序列的方法很多，常见的方法有伪随机序列生成方法、线性同余法、线性反馈移位寄存器、非线性反馈移位寄存器、有限自动机和混沌密码等。

1．伪随机序列

在序列密码中，一个好的密钥流序列应该满足：具有良好的伪随机性，如极大的周期、极大的线性复杂度、序列中 0 和 1 的分布均匀；产生的算法简单；硬件实现方便。

产生密钥流序列的一种简单方法是使用自然现象随机生成，如电阻器的热噪声、公共场所的噪声源等。还有一种方法是使用软件以简单的数学函数来实现，如标准 C 语言库函数中的 rand()函数，它可以产生 0～65 535 的任何一个整数，以此作为"种子"输入，随后再产生比特流。rand()建立在一个线性同余生成器的基础上，如 $k_n=ak_{n-1}+b \pmod m$, k_0 作为初始值，a、b 和 m 都是整数。但这只能作为以实验为目的的例子，不能满足密码学意义上的要求。

产生伪随机数的一个不错的选择是使用数论中的难题。最常用的是 BBS 伪随机序列生成器。首先产生两个大素数 p 和 q，且 $p=q=3 \pmod 4$，设 $n=pq$，并选择一个随机整数 x，x 与 n 是互素的，且设初始输入 $x_0=x^2 \pmod n$，BBS 通过如下过程产生一个随机序列 b_1, b_2, $\cdots$。

（1）$x_j=x_{j-1}^2 \pmod n$；

（2）b_j 是 x_j 的最低有效位。

例如，设 $p=24\ 672\ 462\ 467\ 892\ 469\ 787$ 和 $q=396\ 736\ 894\ 567\ 834\ 589\ 803$，则

$$n=978\ 847\ 614\ 085\ 311\ 079\ 416\ 885\ 521\ 741\ 371\ 5781\ 961$$

令 $x=87\ 324\ 564\ 788\ 847\ 834\ 901\ 3$，则初始输入

$$x_0=x^2 \bmod n=8\ 845\ 298\ 710\ 478\ 780\ 097\ 089\ 917\ 746\ 010\ 122\ 863\ 172$$

$x_1, x_2, \cdots, x_8$ 的值分别如下：

$x_1=7\ 118\ 894\ 281\ 131\ 329\ 522\ 745\ 962\ 455\ 498\ 123\ 822\ 408$

$x_2=3\ 145\ 174\ 608\ 888\ 893\ 164\ 151\ 380\ 152\ 060\ 704\ 518\ 227$

$x_3=4\ 898\ 007\ 782\ 307\ 156\ 233\ 272\ 233\ 185\ 574\ 899\ 430\ 355$

$x_4=3\ 935\ 457\ 818\ 935\ 112\ 922\ 347\ 093\ 546\ 189\ 672\ 310\ 389$

$x_5=675\ 099\ 511\ 510\ 097\ 048\ 901\ 761\ 303\ 198\ 740\ 246\ 040$

$x_6=4\ 289\ 914\ 828\ 771\ 740\ 133\ 546\ 190\ 658\ 266\ 515\ 171\ 326$

$x_7=4\ 431\ 066\ 711\ 454\ 378\ 260\ 890\ 386\ 385\ 593\ 817\ 521\ 668$

$x_8=7\ 336\ 876\ 124\ 195\ 046\ 397\ 414\ 235\ 333\ 675\ 005\ 372\ 436$

取上述任意一个比特串，当 x 的值为奇数时，b 的值取 1，当 x 的值为偶数时，b 值取 0，故产生的随机序列 b_1, b_2, $\cdots$, $b_8=0$, 1, 1, 1, 0, 0, 0, 0。

2．线性反馈移位寄存器

通常，产生密钥流序列的硬件是反馈移位寄存器。一个反馈移位寄存器由两部分组成：移位寄存器和反馈函数，如图 2-3 所示。

移位寄存器由 n 个寄存器组成，每个寄存器只能存储一个位，在一个控制时钟周期内，根据寄存器当前的状态计算反馈函数 $f(a_1, a_2, \cdots, a_n)$ 作为下一时钟周期的内容，每次输出最右端一位 a_1，同时，寄存器中所有位都右移一位，最左端的位由反馈函数计算得到。

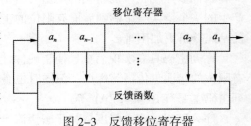

图 2-3 反馈移位寄存器

用 $a_i(t)$ 表示 t 时刻第 i 个寄存器的内容，用 $a_i(t+1)$ 表示 $a_i(t)$ 下一时刻的内容，则有移位：

$$a_i(t+1)=a_{i+1}(t) \quad (i=1,2,\cdots,n-1)$$

反馈：

$$a_n(t+1)=f(a_1(t),a_2(t),\cdots,a_n(t))$$

如果反馈函数 $f(a_1,a_2,\cdots,a_n)=k_1a_n(t)+k_2a_{n-1}(t)+\cdots+k_na_1(t)$，其中 $k_i \in \{0,1\}$，则该反馈函数是 $a_1,a_2,\cdots,a_n$ 的线性函数，对应的反馈移位寄存器称为线性反馈移位寄存器(Linear Feedback Shift

Register，LFSR）。

例如，设线性反馈移位寄存器为

$$a_i(t+1)=a_{i+1}(t) \quad (i=1，2，3，4)$$

$$a_4(t+1)=a_1(t)+a_3(t) \quad (\bmod z)$$

对应$(k_1,k_2,k_3,k_4)=(0,1,0,1)$，设初始状态为$(a_1,a_2,a_3,a_4)=$ (0,1,1,1)，各个时刻的状态如表2-2所示。

由表2-2可知，$t=6$时的状态恢复到$t=0$时的状态，且往后循环。因此，该反馈移位寄存器的周期是6，输出序列为0111100…，表中对应a_1列的状态。本例中，若反馈函数为$a_4(t+1)=a_1(t)+a_4(t)$，则周期达到15，输出序列为0110010 001111010…。对于4级线性反馈移位寄存器而言，所有可能状态为2^4=16种，除去全0状态，最大可能周期是15。对于n级线性反馈移位寄存器，不可能产生全0状态，因此，最大可能周期为2^n-1，而能够产生最大周期的LFSR是我们所需要的。关于随机序列的周期及线性复杂度的有关知识，需要读者具备一定的数学基础，本书不展开讨论。

表2-2 LFSR在不同时刻的a_1状态

t	a_4	a_3	a_2	a_1
0	1	1	1	0
1	1	1	1	1
2	0	1	1	1
3	0	0	1	1
4	1	0	0	1
5	1	1	0	0
6	1	1	1	0

选择线性反馈移位寄存器作为密钥流生成器的主要原因有：适合硬件实现；能产生大的周期序列；能产生具有良好的统计特性的序列；它的结构能够应用代数方法进行很好的分析。实际应用中，通常将多个LFSR组合起来构造非线性反馈移位寄存器，n级非线性反馈移位寄存器产生伪随机序列的周期最大可达2^n，应该尽量用最大周期的序列。

3．RC4

RC4是由麻省理工学院的RonRivest教授在1987年为RSA公司设计的一种可变密钥长度、面向字节流的序列密码。RC4是目前使用最广泛的序列密码之一，已应用于Microsoft Windows、LotusNotes和其他应用软件中，特别是应用到SSL协议和无线通信方面。

RC4算法很简单，它以一个数据表为基础，对表进行非线性变换，从而产生密码流序列。RC4包含两个主要算法：密钥调度算法（Key Scheduling Algorithm，KSA）和伪随机生成算法（PseudoRandomGenerationAlgorithm，PRGA）。

KSA的作用是将一个随机密钥(大小为40～256位)变换成一个初始置换表S。过程如下：

（1）S表中包含256个元素$S[0]\sim S[255]$，对其初始化，令$S[i]=i$，$0\leqslant i\leqslant255$。

（2）用主密钥填充字符表K，如果密钥的长度小于256字节，则依次重复填充，直至将K填满。$K=\{K[i]，0\leqslant i\leqslant255\}$。

（3）令$j=0$。

（4）对于i从0到255循环：

① $j=j+S[i]+K[i] (\bmod 256)$；

② 交换$S[i]$和$S[j]$。

PRGA的作用是从S表中随机选取元素，并产生密钥流。过程如下：

（1）$i=0$，$j=0$。

（2）$i=i+1 (\bmod 256)$。

（3）$j=j+S[i] (\bmod 256)$。

（4）交换 $S[i]$ 和 $S[j]$。

（5）$t=S[i]+S[j] \pmod{256}$。

（6）输出密钥字 $k=S[t]$。

虽然 RC4 要求主密钥 K 至少为 40 位，但为了保证安全强度，目前至少要达到 128 位。

2.2.2　分组密码

设明文消息被划分成若干固定长度的组 $m=(m_1,m_2,\cdots,m_n)$，其中 $m_i=0$ 或 1，$i=1,2,\cdots,n$，每一组的长度为 n，各组分别在密钥 $k=(k_1,k_2,\cdots,k_t)$ 的作用下变换成长度为 r 的密文分组 $c=(c_1,c_2,\cdots,c_r)$。其中 n，t，r 为正整数，可以不相等，也可以相等。分组密码的模型如图 2-4 所示。

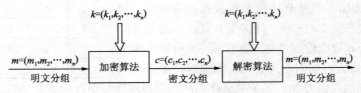

图 2-4　分组密码的模型

分组密码的本质就是由密钥 $k=(k_1,k_2,\cdots,k_t)$ 控制的从明文空间 M（长为 n 的比特串的集合）到密文空间 C（长为 r 的比特串的集合）的一个一对一映射。为了保证密码算法的安全强度，加密变换的构造应遵循下列几个原则：

（1）分组长度足够大。当分组长度 n 较小时，容易受到暴力穷举攻击，因此要有足够大的分组长度 n 来保证足够大的明文空间，避免给攻击者提供太多的明文统计特征信息。

（2）密钥量空间足够大，以抵抗攻击者通过穷举密钥破译密文或者获得密钥信息。

（3）加密变换足够复杂，以加强分组密码算法自身的安全性，使攻击者无法利用简单的数学关系找到破译缺口。

（4）加密和解密运算简单，易于实现。

分组加密算法将信息分成固定长度的二进制位串进行变换。为便于软硬件的实现，一般应选取加法、乘法、异或和移位等简单的运算，以避免使用逐比特转换。

（5）加密和解密的逻辑结构最好一致。

如果加密、解密过程的算法逻辑部件一致，那么加密、解密可以由同一部件实现，区别在于所使用的密钥不同，以简化密码系统整体结构的复杂性。

2.2.3　数据加密标准

20 世纪 60 年代末，IBM 公司开始研制计算机密码算法，在 1971 年提出了一种称为 Luciffer 的密码算法，它是当时最好的算法。1973 年美国国家标准局（NBS，现在的美国国家标准技术研究所，NIST）征求国家密码标准方案，IBM 就提交了这个算法。1977 年 7 月 15 日，该算法被正式采纳作为美国联邦信息处理标准生效，成为事实上的国际商用数据加密标准被使用，即数据加密标准（Data Encryption Standard，DES）。当时规定其有效期为 5 年，后经几次授权续用，真正有效期限长达 20 年。

在这 20 年中，DES 算法在数据加密领域发挥了不可替代的作用。进入 20 世纪 90 年代以

计算机通信网络安全

后，由于 DES 密钥长度偏短等缺陷，不断受到诸如差分密码分析（由以色列密码专家 Shamir
提出）和线性密码分析（由日本密码学家 Matsui 等人提出）等各种攻击威胁，使其安全性受
到严重的挑战，而且不断传出被专用破译机破解的消息。鉴于这种情况，美国国家保密局经
多年授权评估后认为，DES 算法已没有安全性可言。于是 NIST 决定在 1998 年 12 月以后不再
使用 DES 来保护官方机密，只推荐作为一般商业使用。1999 年又颁布新标准，并规定 DES
只能用于遗留密码系统，但可以使用 3DES 加密算法。

但不管怎样，DES 的出现推动了分组密码理论的研究，起到了促进分组密码发展的重要
作用，而且它的设计思想对掌握分组密码的基本理论和工程应用有着重要的参考价值。

DES 属于分组加密算法。在这个加密系统中，其每次加密或解密的分组大小是 64 位，所
以 DES 没有密文扩充的问题。就一般数据而言，无论明文或密文，其数据大小通常都大于 64
位。这时只有将明/密文中每 64 位当成一个分组加以切割，再对每一个分组做加/解密即可。

当切割时，若最后一个分组小于 64 位，则要在
此分组后附加“0”，直到该分组大小成为 64 位
为止。

另一方面，DES 所用的加密或解密密钥
（KEY）分组大小也是 64 位，但其中有 8 位是
奇偶校验位，所以真正起密钥作用的只有 56
位。而 DES 加密与解密所用的算法除了子密钥
的顺序不同之外，其他的部分则是完全相同的。

图 2–5 所示为 DES 全部 16 轮（Round）的
加/解密结构图，其最上方的 64 位输入分组数
据可能是明文也可能是密文，视使用者要做
加密或解密而定。加密与解密的不同之处，
仅体现在图 2–5 最右边的 16 个子密钥的使用
顺序不同，加密的子密钥顺序为 $K_1, K_2, \cdots, K_{16}$，
而解密的子密钥顺序正好相反，为 $K_{16}, K_{15}, \cdots, K_1$。

1．分组重排

首先，输入的待加密分组需按照表 2–3 的
重排次序，进行初始置换动作，打乱数据原来
的顺序后，再分成 L_0 和 R_0 两个 32 位的分组。
接着，R_0 与第一个子密钥 K_1 一起经过 f 函数运
算，所得到的 32 位的输出再与 L_0 做逐位异或

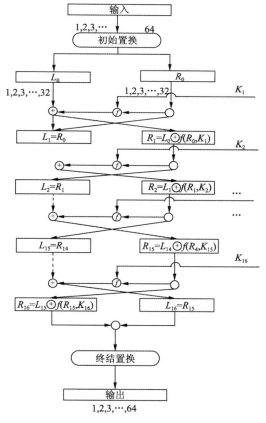

图 2–5 DES 的加密/解密结构图

（XOR）运算。其结果成为下一轮的 R_1，R_0 则
成为下一轮的 L_1，如此连续动作 16 轮。用下面的两个式子来表示其运算过程：

$$R_i = L_{i-1} \oplus f(R_{i-1}, K_i), \ i=1,2,\cdots,16$$
$$L_i = R_{i-1}$$

最后所得到的 R_{16} 与 L_{16} 不需再互换，直接连接成 64 位的分组，再按照表 2–4 的重排次
序做一次终结置换操作，得到 64 位的输出。

表 2-3 初 始 置 换

58	50	42	34	26	18	10	2
60	52	44	36	28	20	12	4
62	54	46	38	30	22	14	6
64	56	48	40	32	24	16	8
57	49	41	33	25	17	9	1
59	51	43	35	27	19	11	3
61	53	45	37	29	21	13	5
63	55	47	39	31	23	15	7

表 2-4 终 结 置 换

40	8	48	16	56	24	64	32
39	7	47	15	55	23	62	31
38	6	46	14	54	22	62	30
37	5	45	13	53	21	61	29
36	4	44	12	52	20	60	28
35	3	43	11	51	19	59	27
34	2	42	10	50	18	58	26
33	1	41	9	49	17	57	25

2．子密钥的产生

在子密钥产生过程中，输入是使用者所持有的 64 位初始密钥。初始密钥首先经过密钥置换 A，如表 2-5 所示，将 8 个奇偶校验位去掉，留下真正的 56 位密钥。接着将这 56 位密钥分成两个 28 位的分组 C_0 和 D_0，再分别经过一个循环左移函数，如表 2-6 所示，得到 C_1 与 D_1。

C_1 与 D_1 连接成 56 位数据，再按照密钥置换 B 做重排动作，如表 2-7 所示，这样就产生了子密钥 K_1。C_1 与 D_1 再分别经过一个循环左移函数得到 C_2 与 D_2 连接成 56 位数据，再按照密钥置换 B 做重排动作，这样就产生了子密钥 K_2。这样就依次生成了 K_3，K_4，…，K_{16}。需要注意的是，密钥置换 A 的输入为 64 位，输出为 56 位；而密钥置换 B 的输入为 56 位，输出为 48 位。

表 2-5 密钥置换 A

57	49	41	33	25	17	9
1	58	50	42	34	26	18
10	2	59	51	43	35	27
19	11	3	60	52	44	36
63	55	47	39	31	23	15
7	62	54	46	38	30	22
14	6	61	53	45	37	29
21	13	5	28	20	12	4

表 2-6 循环左移函数

轮数	循环左移位数	轮数	循环左移位数
1	1	9	1
2	1	10	2
3	2	11	2
4	2	12	2
5	2	13	2
6	2	14	2
7	2	15	2
8	2	16	1

表 2-7 密钥置换 B

14	17	11	24	1	5
3	28	15	6	21	10
23	19	12	4	26	8
16	7	27	20	13	2
41	52	31	37	47	55
30	40	51	45	33	48
44	49	39	56	34	53
46	42	50	36	29	32

3．DES 算法的 f 函数

f 函数是整个 DES 加密法中最重要的部分，而其中的重点又在 S 盒（Substitution Boxes）上。f 函数有两个输入数据：32 位的中间密文 R，48 位的子密钥 K。32 位的中间密文 R 先经过扩展置换 E 扩增到 48 位，如表 2-8 所示。接着，再与另一输入数据，即 48 位的子密钥 K（1）做异或（XOR）运算。所得到的结果再平均分配给 8 个 S 盒：S_1，S_2，…，S_8。每个 S 盒的输入与输出分别为 6 位与 4 位。所以经过 8 个 S 盒的替换之后，总输出数据为：$4×8=32$ 位。最后

再经压缩置换 P 缩减成 32 位的结果，这也就是 f 函数的输出了，如表 2-9 所示。

表 2-8　扩展置换 E

32	1	2	3	4	5
4	5	6	7	8	9
8	9	10	11	12	13
12	13	14	15	16	17
16	17	18	19	20	21
20	21	22	23	24	25
24	25	26	27	28	29
28	29	30	31	32	1

表 2-9　压缩置换 P

16	7	20	21
29	12	28	17
1	15	23	26
5	18	31	10
2	8	24	14
32	27	3	9
19	13	30	6
22	11	4	25

S 盒的替换方式很有意思，它把 6 位的输入最左与最右 2 位取出来当列数，而中间的 4 位当行数。假设第一个 S 盒的 S_1 的 6 个输入位数据为 $(011001)_2$，其中右边为低位，那么在 S 盒函数表中，S_1 的第 $(01)_2=1$ 列及第 $(1100)_2=12$ 行之内容就是要输出的数据。

4．DES 的安全性

DES 的安全性一直是人们关注的问题，尽管说法不一，但下列的共识基本是一致的。

（1）弱密钥

所谓的弱密钥是指在所有可能的密钥中，有某几个特别的密钥会降低 DES 的安全性，所以使用者一定要避免使用这几个弱密钥。弱密钥是由子密钥产生的过程设计不当所导致的。

从子密产生过程来看，假设某个初始密钥经过密钥置换 A 之后，使得寄存器的 C_0 和 D_0 全是"0"或全是"1"。如此一来，不管以后的每一轮中的循环左移函数如何变化，C_i 和 D_i 的内容并不会有所改变。即这样的初始密钥将会产生 16 个一模一样的子密钥，从而会大大降低 DES 的安全度。

（2）半弱密钥

除了上述的弱密钥之外，还有另外一种称为半弱密钥的初始密钥。半弱密钥所产生的子密钥只有 A 和 B 两种可能，每一种可能的子密钥刚好各出现 8 次。假设现在有两个比特串：$A=0101\cdots0101$，与 $B=1010\cdots1010$，那么无论如何对 A 或 B 做循环左移动作，其结果不是 A 就是 B。

尽管 DES 有上述弱密钥与半弱密钥的缺点，但这对于 DES 的安全性是构不成威胁的。因为 DES 所有可以选择的密钥数为：$2^{56}=72\ 057\ 594\ 037\ 927\ 936$ 个，而 DES 的弱密钥与半弱密钥的总数与 2^{56} 比起来，实在是微不足道了。

（3）S 盒的设计原则

S 盒为整个 DES 加密系统安全性的关键所在，但其设计规则与过程一直因为种种不为人知的因素所限，未被公布出来。1977 年美国国家安全局（National Security Agency）曾对此议题在第二次 DES 研讨会议上提出了 S 盒所应具备的特性，但至于如何找出真正的 S 盒，至今仍无完整的探讨文献。

（4）DES 的 16 轮（Round）

也许有人会有疑问：为什么 DES 要采用 16 轮，而不是更多或更少。Alan Konheim 已证明，超过 8 轮的 DES，其密文和明文的关系就已经是随机的了。

5．DES 算法的安全隐患

现在来看，DES 算法具有以下三点安全隐患：

（1）密钥太短。DES 的初始密钥实际长度只有 56 位，批评者担心这个密钥长度不足以抵抗穷举搜索攻击，穷举搜索攻击破解密钥最多尝试的次数为 2^{56} 次，不太可能提供足够的安全性。1998 年前只有 DES 破译机的理论设计，1998 年后出现实用化的 DES 破译机。

（2）DES 的半公开性。DES 算法中的 8 个 S 盒替换表的设计标准(指详细准则)自 DES 公布以来仍未公开，替换表中的数据是否存在某种依存关系，用户无法确认。

（3）DES 迭代次数偏少。DES 算法的 16 轮迭代次数被认为偏少，在以后的 DES 改进算法中，都不同程度地进行了提高。

6. 三重 DES 应用

针对 DES 密钥位数和迭代次数偏少等问题，有人提出了多重 DES 来克服这些缺陷，比较典型的是 2DES、3DES 和 4DES 等几种形式，实用中一般广泛采用 3DES 方案，即三重 DES。它有以下 4 种使用模式：

（1）DES-EEE3 模式：使用三个不同密钥(K_1,K_2,K_3)，采用三次加密算法。

（2）DES-EDE3 模式：使用三个不同密钥(K_1,K_2,K_3)，采用加密 – 解密 – 加密算法。

（3）DES-EEE2 模式：使用两个不同密钥($K_1=K_3,K_2$)，采用三次加密算法。

（4）DES-EDE2 模式：使用两个不同密钥($K_1=K_3,K_2$)，采用加密 – 解密 – 加密算法。

3DES 的优点：密钥长度增加到 112 位或 168 位，抗穷举攻击的能力大大增强；DES 基本算法仍然可以继续使用。

3DES 的缺点：处理速度相对较慢，因为 3DES 中共需迭代 48 次，同时密钥长度也增加了，计算时间明显增大；3DES 算法的明文分组大小不变，仍为 64 位，加密的效率不高。

2.2.4 AES

自 DES 公布的 20 多年时间里，对数据的加密基本上都是采用的数据加密标准（DES），DES 的 56 位密钥太短，虽然三重 DES 可以解决密钥长度问题，但 DES 设计主要用硬件实现。目前，在许多领域，需要针对软件实现相对有效的算法。鉴于此，1997 年 4 月，美国国家标准和技术研究所（NIST）发起征集 AES（Advanced Encryption Standard）算法的活动，并成立了 AES 工作组。1997 年 9 月 NIST 公布了征集 AES 候选算法的通告。AES 的基本要求是该算法采用对称密码体制，也即秘密密钥算法；算法采用分组密码算法，分组长度为 128 位，密钥长度为 128 位、192 位和 256 位；比三重 DES 快，至少和三重 DES 一样安全。1998 年 8 月 NIST 公布了 15 个候选算法，1999 年 4 月从 15 个算法中选出 5 个候选算法。2000 年 10 月 2 日，美国商务部长 Mineta 宣布，"Rijndael 数据加密算法"为新世纪的美国高级加密标准推荐算法。

目前通称的 AES 算法就是 "Rijndael 数据加密算法"。Rijndael 算法是比利时的两个学者 Joan Daemen 和 Vincent Rijmen 提出的。该算法依托良好的有限域/有限环数学理论基础，既高强度地隐藏信息，同时又保证了算法的可逆性，解决了加密的问题。算法的软硬件环境适应性强，密钥使用灵活，存储量较小，即便使用空间有限也有良好的性能。

下面详细介绍 Rijndael 算法的数学基础、设计的基本原理、数据加密算法的整个过程，并分析该算法抗攻击的能力。

1. 数学基础

在 AES 算法中，大多数情况下采用十六进制的数来表示数值，为区别其他进制的数值，叙述时加了引号，比如"00"表示一个字节的值00000000。

（1）GF（2^8）域

字节 b：$b_7b_6b_5b_4b_3b_2b_1b_0$，其对应的系数为 $\{0,1\}$ 的多项式：

$$b_7x^7+b_6x^6+b_5x^5+b_4x^4+b_3x^3+b_2x^2+b_1x+b_0$$

（2）加法

在多项式表示中，两个元的和是一个对应系数模 2 和的多项式。

在二进制中，加法运算是一个 Abel 群：封闭的，可交换的，可结合的，有零元（"00"）、逆元（元本身）。

（3）乘法

在多项式表示中，乘法对应多项式乘积对一个次数是 8 的既约多项式取模。在 Rijndael 里，这个既约多项式为

$$m(x)=x^8+x^4+x^3+x+1$$

乘法运算是封闭的，可结合的，可交换的，有幺元（"01"）、逆元。

对任何一个次数低于 8 的二元多项式 $b(x)$，由扩展的欧几里得算法可找到两个多项式 $a(x)$ 与 $c(x)$，使得

$$b(x)a(x)+m(x)c(x)=1$$

因此
$$a(x)\cdot b(x) \bmod m(x)=1$$
$$b^{-1}(x)=a(x) \bmod m(x)$$

即
$$a(x)\cdot(b(x)+c(x))=a(x)\cdot b(x)+a(x)\cdot c(x)（分配律）$$

以上定义了一个 GF（2^8）有限域。

（4）乘 x

一般地，$x\cdot b(x)=b_7x^8+b_6x^7+b_5x^6+b_4x^5+b_3x^4+b_2x^3+b_1x^2+b_0x$

这里，$x\cdot b(x)$ 就是上述关于 $m(x)$ 取模的结果。具体可用两步实现：先将字节 b 左移一位，然后与"1B"按位异或；这个操作定义为：$c=\text{xtime}(b)$。

一个 4B 的向量对应一个次数低于 4 的多项式，其加法运算与前面一样，下面定义乘法运算。

设
$$a(x)=a_3x^3+a_2x^2+a_1x+a_0$$
$$b(x)=b_3x^3+b_2x^2+b_1x+b_0$$
$$c(x)=a(x)b(x)$$

则
$$c(x)=c_6x^6+c_5x^5+c_4x^4+c_3x^3+c_2x^2+c_1x+b_0$$

其中
$$c_0=a_0\cdot b_0$$
$$c_1=a_1\cdot b_0\oplus a_0\cdot b_1$$
$$c_2=a_2\cdot b_0\oplus a_1\cdot b_1\oplus a_0\cdot b_2$$
$$c_3=a_3\cdot b_0\oplus a_2\cdot b_1\oplus a_1\cdot b_2\oplus a_0\cdot b_3$$
$$c_4=a_3\cdot b_1\oplus a_2\cdot b_2\oplus a_1\cdot b_3$$
$$c_5=a_3\cdot b_2\oplus a_2\cdot b_3$$
$$c_6=a_3\cdot b_3$$

显然，$c(x)$ 不再用一个 4 字节向量表示，通过对一个次数为 4 的多项式取模，可化简为一个次数低于 4 的多项式。

$m(x)=x^4+1$ 是一个简单的四次多项式，但具有特性 $x^i \bmod m(x)=x^{i \bmod 4}$，为运算带来了很大的简便。

对于 $d(x)=a(x)b(x) \bmod m(x)$，记为 $d(x)=a(x) \otimes b(x)$，写成 $d(x)=d_3x^3+d_2x^2+d_1x+d_0$，则由 m(x) 的特性，可得：

$$d_0=a_0 \cdot b_0 \oplus a_3 \cdot b_1 \oplus a_2 \cdot b_2 \oplus a_1 \cdot b_3$$
$$d_1=a_1 \cdot b_0 \oplus a_0 \cdot b_1 \oplus a_3 \cdot b_2 \oplus a_2 \cdot b_3$$
$$d_2=a_2 \cdot b_0 \oplus a_1 \cdot b_1 \oplus a_0 \cdot b_2 \oplus a_3 \cdot b_3$$
$$d_3=a_3 \cdot b_0 \oplus a_2 \cdot b_1 \oplus a_1 \cdot b_2 \oplus a_0 \cdot b_3$$

（5）※x

$$x ※ b(x)=b_3x^4+b_2x^3+b_1x^2+b_0x \bmod m(x)=b_2x^3+b_1x^2+b_0x+b_3$$

因此，※x 就对应于向量中字节的循环左移。

2．设计基本原理

该算法设计的目标有以下三点：

（1）能抗击所有的已知攻击；

（2）在广大范围平台上的快速实现和代码简洁；

（3）设计简单。

Rijndael 算法每一轮的变换由以下三层组成，每一层都实现一定的功能。

（1）线性混合层：确保多轮之上的高度扩散。

（2）非线性层：并行使用多个 S 盒，可优化最坏情况非线性特性。

（3）密钥加层：轮密钥（子密钥）简单异或到中间级状态上。

3．AES 的变换

AES 算法将明文组织成字节、数组（或矩阵），加密操作通过几个可逆的变换来进行。

（1）ByteSub 变换

ByteSub 变换是对字节进行一种非线性字节变换。这个变换是可逆的且由以下两部分组成：首先，将字节看成 GF(2^8)上的元素，按模 $m(x)$ 映射到自己的乘法逆，0 映射到自身。即把字节的值用它的乘法逆代替，其中 "00" 不变。然后，经上一步处理后的字节值进行如下定义的仿射变换：

$$
\begin{bmatrix} y_0 \\ y_1 \\ y_2 \\ y_3 \\ y_4 \\ y_5 \\ y_6 \\ y_7 \end{bmatrix}
=
\begin{bmatrix}
1 & 1 & 1 & 1 & 1 & 0 & 0 & 0 \\
0 & 1 & 1 & 1 & 1 & 1 & 0 & 0 \\
0 & 0 & 1 & 1 & 1 & 1 & 1 & 0 \\
0 & 0 & 0 & 1 & 1 & 1 & 1 & 1 \\
1 & 0 & 0 & 0 & 1 & 1 & 1 & 1 \\
1 & 1 & 0 & 0 & 0 & 1 & 1 & 1 \\
1 & 1 & 1 & 0 & 0 & 0 & 1 & 1 \\
1 & 1 & 1 & 1 & 0 & 0 & 0 & 1
\end{bmatrix}
\begin{bmatrix} x_0 \\ x_1 \\ x_2 \\ x_3 \\ x_4 \\ x_5 \\ x_6 \\ x_7 \end{bmatrix}
+
\begin{bmatrix} 0 \\ 1 \\ 1 \\ 0 \\ 0 \\ 0 \\ 1 \\ 1 \end{bmatrix}
$$

例如，字节值 00000000 经仿射变换，得 01100011。因此字节值 00000000 经 ByteSub 变换得到 01100011。在算法的实现时，可以预先将每一个字节值对应的乘法逆及其仿射变换结果计算好，即预先将 GF(2^8)上的每个元素做 ByteSub 变换保存在一个数组中，从而形成 S-box（替换盒），进行 ByteSub 变换时只需要查表操作，如表 2-10 所示，例如 240，240=15*16="F0"，从 0 起的第 240 个，通过查表，可得值是 140,即 240 经 ByteSub 变换为 140。而 0 对应 00 的值是 99，即 01100011。

从 S 盒的构造过程可以看出该 S 盒具有一定的代数结构，而 DES 中 S 盒是人为构造的。

因为仿射变换中矩阵可逆，该仿射变换也是可逆的，因此 ByteSub 变换有逆变换，该逆变换的操作也可以通过查找预先计算好的替换盒进行。ByteSub 变换的逆变换表如表 2-11 所示。

表 2-10　S 盒

—	0	1	2	3	4	5	6	7	8	9	A	B	C	D	E	F
0	99	124	119	123	242	107	111	197	48	1	103	43	254	215	171	118
1	202	130	201	125	250	89	71	240	173	212	162	175	156	164	114	192
2	183	253	147	38	54	63	247	204	52	165	229	241	113	216	49	21
3	4	199	35	195	24	150	5	154	7	18	128	226	235	39	178	117
4	9	131	44	26	27	110	90	160	82	59	214	179	41	227	47	132
5	83	209	0	237	32	252	177	91	106	203	190	57	74	76	88	207
6	208	239	170	251	67	77	51	133	69	249	2	127	80	60	159	168
7	81	163	64	143	146	157	56	245	188	182	218	33	16	255	243	210
8	205	12	19	236	95	151	68	23	196	167	126	61	100	93	25	115
9	96	129	79	220	34	42	144	136	70	238	184	20	222	94	11	219
A	224	50	58	10	73	6	36	92	194	211	172	98	145	149	228	121
B	231	200	55	109	141	213	78	169	108	86	244	234	101	122	174	8
C	186	120	37	46	28	166	180	198	232	221	116	31	75	189	139	138
E	112	62	181	102	72	3	246	14	97	53	87	185	134	193	29	158
E	225	248	152	17	105	217	142	148	155	30	135	233	206	85	40	223
F	140	161	137	13	191	230	66	104	65	153	45	15	176	84	187	22

表 2-11　ByteSub 变换的逆变换表 S_i 盒

—	0	1	2	3	4	5	6	7	8	9	A	B	C	D	E	F
0	82	9	106	213	48	54	165	56	191	64	163	158	129	243	215	251
1	124	227	57	130	155	47	255	135	52	142	67	68	196	222	233	203
2	84	123	148	50	166	194	35	61	238	76	149	11	66	250	195	78
3	8	46	161	102	40	217	36	178	118	91	162	73	109	139	209	37
4	114	248	246	100	134	104	152	22	212	164	92	204	93	101	182	146
5	108	112	72	80	253	237	185	218	94	21	70	87	167	141	157	132
6	144	216	171	0	140	188	211	10	247	228	88	5	184	179	69	6
7	208	44	30	143	202	63	15	2	193	175	189	3	1	19	138	107
8	58	145	17	65	79	103	220	234	151	242	207	206	240	180	230	115
9	150	172	116	34	231	173	53	133	226	249	55	232	28	117	223	110
A	71	241	26	113	29	41	197	137	111	183	98	14	170	24	190	27
B	252	86	62	75	198	210	121	32	154	219	192	254	120	205	90	244
C	31	221	168	51	136	7	199	49	177	18	16	89	39	128	236	95
D	96	81	127	169	25	181	74	13	45	229	122	159	147	201	156	239
E	160	224	59	77	174	42	245	176	200	235	187	60	131	83	153	97
F	23	43	4	126	186	119	214	38	225	105	20	99	85	33	12	125

（2）ShiftRow 变换

ShiftRow 变换是对数组的行进行操作，第 0 行保持不变，其他行内的字节循环移位，第 1 行移动 C_1 字节，第 2 行移动 C_2 字节，第 3 行移动 C_3 字节。C_1，C_2，C_3 依赖于分组长度 Nb，如表 2-12 所示。当 N_b=4 或 6 时，取 (C_1,C_2,C_3)=(1,2, 3)，其变换过程如图 2-6 所示。

表 2-12　不同分组长度的偏移量

N_b	C_1	C_2	C_3
4	1	2	3
6	1	2	3
8	1	3	4

m	n	o	p	…		不移动		m	n	o	p	…
j	k	l	…			循环移1字节						j
d	e	f	…			循环移2字节					d	e
w	x	y	z	…		循环移3字节				w	x	y

图 2-6　ShiftRow 对状态的行操作

（3）MixColumn 变换

MixColumn 变换是对对数据进行变换。列作为 $GF(2^8)$ 上多项式乘多项式 $c(x)$，模 $M(x) = x^4+1$，其变换后的关系如图 2-7 所示。

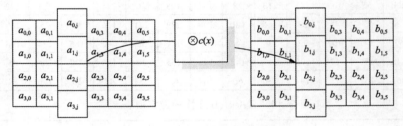

图 2-7　MixColumn 变换

多项式 $c(x)$ = '03'x^3+ '01'x^2+ '01'x+ '02'，其中系数是用十六进制表示的。令 $b(x)=c(x) \otimes a(x)$ mod (x^4+1)，由于 x^i mod $(x^4+1)= x^{i \bmod 4}$，故有

$$b_0=c_0 \cdot a_0 \oplus c_3 \cdot a_1 \oplus c_2 \cdot a_2 \oplus c_1 \cdot a_3$$
$$b_1=c_1 \cdot a_0 \oplus c_0 \cdot a_1 \oplus c_3 \cdot a_2 \oplus c_2 \cdot a_3$$
$$b_2=c_2 \cdot a_0 \oplus c_1 \cdot a_1 \oplus c_0 \cdot a_2 \oplus c_3 \cdot a_3$$
$$b_3=c_3 \cdot a_0 \oplus c_2 \cdot a_1 \oplus c_1 \cdot a_2 \oplus c_0 \cdot a_3$$

其中 c_3='03'，c_2='01'，c_1='01'，c_0='02'是 $c(x)$的系数。
b_i的计算可以写成如下的矩阵乘法形式。

$$\begin{pmatrix} b_0 \\ b_1 \\ b_2 \\ b_3 \end{pmatrix} = \begin{pmatrix} 02 & C_3 & 01 & 01 \\ 01 & C_1 & 03 & 01 \\ 01 & C_1 & 02 & 03 \\ 03 & C_1 & 01 & 02 \end{pmatrix} \begin{pmatrix} a_0 \\ a_1 \\ a_2 \\ a_3 \end{pmatrix}$$

也可以写成如下的 C 语言形式。

```
for(i = 0; i < 4; i++)
b[i] = mul(2,a[i])^ mul(3,a[(i + 1) % 4])^a[(i + 2) % 4]^a[(i + 3)%4];
```

其中，mul（x,y）表示 $x \cdot y$。

$c(x)$ 与模 x^4+1 互素，可证明上面的变换是可逆的。定义 $c(x)$ 的逆为 $d(x)$，满足：

$c(x) \otimes d(x) =$ '01'，可求出 $d(x)=$ '0B'x^3+'0D'x^2+'09'x+'0E'，逆运算可以写成如下的 C 语言形式。

```
for(i = 0; i < 4; i++)
a[i] = mul(0xe,b[i]) ^ mul(0xb,b[(i + 1) % 4])^ mul(0xd,b[(i + 2) % 4])
^ mul(0x9,b[(i + 3) % 4];
```

（4）AddRoundKey 变换

子密钥简单地与数据字节（或比特）进行 XOR 操作。子密钥的长度等于数据分组的长度。

（5）子密钥的计算

子密钥 K_i 是用密钥扩展函数从第 i−1 轮的子密钥和密钥 K_0 得到的。图 2–8 描述了密钥扩展函数。16 个字节的密钥被分成 4 组，每组 4 个字节，来进行处理。最后一组的 4 个字节由替换函数 S（这个 S 和用 F 函数进行迭代处理时的 S 是一样的）来进行替换处理。最初的 4 个字节的结果和 Rcon_i 系数相加，这个系数是与轮数相关的，它是预先定义的。最后，为了得到 K_i，把得到的 4 个字节的结果和第 i−1 轮密钥的最初 4 个字节按位相加，然后得到的结果又和第 i−1 轮密钥的下面的 4 个字节按位相加，依此类推。

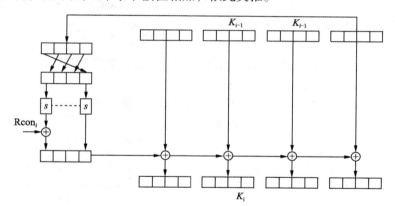

图 2–8 密钥扩展例 $N_k=4$

主密钥生成子密钥数组，$(N_r+1)*N_b$ 个字。

当 $N_k \leq 6$ 时（如 $N_k=4$ 或 6）子密钥的计算过程如下：

```
KeyExpansion(byte Key[4*Nk], word W[Nb*(Nr+1)]) {
for(i=0;i<Nk;i++)
W[i]=(Key[4*i], Key[4*i+1], Key[4*i+2], Key[4*i+3]);
for(i=Nk;i<Nb*(Nr+1);i++) {
temp=W[i-1];
if(i%Nk == 0)
temp=ByteSub(temp<<<8)^Rcon[i/Nk];
W[i]=W[i-Nk]^temp;
}; };
```

当 $N_k>6$ 时（如 $N_k=8$）子密钥的计算过程如下：

```
KeyExpansion(byte Key[4*Nk], word W[Nb*(Nr+1)]) {
for(i=0;i<Nk;i++)
W[i]=(Key[4*i], Key[4*i|+1], Key[4*i+2], Key[4*i+3]);
```

```
for(i=Nk;i<Nb*(Nr+1);i++) {
temp=W[i-1];
if(i%Nk == 0)
temp=ByteSub(temp<<<8)^Rcon[i/Nk];
else if(i%Nk == 4)
temp=ByteSub(temp<<<8);
W[i]=W[i-Nk]^temp;
}; };
```

其中 Rcon[i]定义为：

```
Rcon[i] = (RC[i],'00','00','00')
RC[1] = 1 (i.e. '01')
RC[i] = x (i.e. '02') · (RC[i-1]) = x^(i-1)
```

Rcon[i/N_k]为轮常数，其值用十六进制表示为：

```
Rcon[1]=(01,00,00,00)
Rcon[j]=((02)^(j-1),00,00,00);j=2,3,…
```

4. 算法详细描述

Rijndael 是一种具有可变分组长度和可变密钥长度的重复的分组密码。分组长度和密钥长度可独立选择为 128 位，192 位和 256 位。

（1）状态，加密密钥和轮数

算法中的状态就是中间密文。状态可看成是一个长方形的字节阵列，如图 2-9 所示，该阵列有 4 行，列数用 N_b 表示，等于分组长度除以 32。

加密密钥可看成一个有 4 行的长方形的字节排列，如图 2-10 所示，这里每个向量由该阵列对应的列组成。有时将 4 字节的向量称为一个字。

$$
\begin{array}{cccccc}
a_{0,0} & a_{0,1} & a_{0,2} & a_{0,3} & a_{0,4} & a_{0,5} \\
a_{1,0} & a_{1,1} & a_{1,2} & a_{1,3} & a_{1,4} & a_{1,5} \\
a_{2,0} & a_{2,1} & a_{2,2} & a_{2,3} & a_{2,4} & a_{2,5} \\
a_{3,0} & a_{3,1} & a_{3,2} & a_{3,3} & a_{3,4} & a_{3,5}
\end{array}
$$

图 2-9 状态的阵列

$$
\begin{array}{cccc}
k_{0,0} & k_{0,1} & k_{0,2} & k_{0,3} \\
k_{1,0} & k_{1,1} & k_{1,2} & k_{1,3} \\
k_{2,0} & k_{2,1} & k_{2,2} & k_{2,3} \\
k_{3,0} & k_{3,1} & k_{3,2} & k_{3,3}
\end{array}
$$

图 2-10 加密密钥的阵列

轮数用 N_r 表示，它取决于 N_b 和 N_k。其关系如表 2-13 所示。

表 2-13 N_r 的计算

N_r	$N_b=4$	$N_b=6$	$N_b=8$
$N_k=4$	10	12	14
$N_k=6$	12	12	14
$N_k=8$	14	14	14

（2）轮变换

轮变换由四个不同的变换组成。用伪 C 语言表示如下。

```
Round(State,RoundKey)
{
ByteSub(State);
ShiftRow(State);
MixColumn(State);
AddRoundKey(State,RoundKey);
}
```

密文的最后一轮稍微有点不同：

```
FinalRound (State，RoundKey)
{
```

```
ByteSub(State);
ShiftRow(State);
AddRoundKey(State,RoundKey);
}
```

其中 ByteSub 变换是一种非线性的字节替换，状态的每个字节独立操作。ShiftRow 变换中状态的行是在不同的偏移上循环移位。0 行不移位，1 行移 C_1 字节，2 行移位 C_2 字节，3 行移位 C_3 字节。MixColumn 变换中，状态列看成是 $GF(2^8)$ 上的多项式，并且与一个固定的多项式 $c(x)$ 的乘积取模 x^4+1。

（3）轮密钥

轮密钥是由密钥调度从加密密钥中产生的。轮密钥的长度与分组长度 N_b 相等。轮密钥与状态按位异或。这个变换表示为

```
AddRoundKey(State,RoundKey)
```

AddRoundKey 是自逆的。

（4）密钥调度

其步骤如下。

第一步，轮密钥总的比特数等于轮数加 1 再乘上分组长度。

第二步，将加密密钥扩充成扩展密钥。

第三步，轮密钥按下述方法从扩展密钥中得到：第一轮密钥由第一组 N_b 个字组成，第二轮密钥由第二组 N_b 个字组成，……，其余类推。

5．Rijndael 加密和解密算法

（1）Rijndael 加密算法

用伪 C 代码表示如下。

```
Rijndael (State,CipherKey)
{
KeyExpansion(CipherKey，ExpandedKey);
AddRoundKey(State,ExpandedKey);
For(i=1;I<N_r; I++)Round(State,ExpandedKey+N_b*I);
FinalRound(State,ExpandedKey+N_b*N_r);
}
```

（2）Rijndael 解密算法

解密算法用伪 C 代码表示如下：

```
I_Rijndael(State,CipherKey)
{
I_KeyExpansion(CipherKey,I_ExpandedKey);
AddRoundKey(State,I_ExpandedKey+N_b*N_r);
For(i=N_r-1; i>0; i--)Round (State, I_ExpandedKey+N_b*i);
FinalRound(State, I_ExpandedKey);
}
```

其中 I_KeyExpansion 的伪 C 代码；

```
I_KeyExpansion (CipherKey,I_ExpandedKey)
{
KeyExpansion (CipherKey,I_ExpandedKey);
For (i=1; i<N_r; i++ =
```

```
InvMixColumn ( I_ExpandedKey+Nb*i);
}
```

6. Rijndael 算法的优点、局限性及发展

Rijndael 算法的优点：在微机上就可以快速实现、算法设计简单、分组长度可变，以及分组长度和密钥长度都易于扩充。当然 Rijndael 算法也有其局限性：解密的实现相对比较复杂，它需要占用较多的代码，几乎不适于在智能卡上实现。AES 算法的公布标志着 DES 算法已完成了它的历史使命。由于这是非美国人提出的算法，人们使用时不再担心美国 NIST 设有后门的问题，因此，Rijndael 算法迅速在全世界被广泛采用。

2.2.5 分组密码的密码分析

自从 DES 诞生以来，分组密码的分析也有了很大的发展。归纳起来，分组密码的分析方法主要有以下几种类型：（1）穷举攻击；（2）线性分析方法；（3）差分分析方法；（4）相关密钥密码分析方法；（5）中间相遇攻击。其中线性分析方法和差分分析方法是最典型的两种分析方法。

1. 差分密码分析(Differential crypt analysis)

DES 经历了近 20 年全世界性的分析和攻击，提出了各种方法，但破译难度大都停留在 2^{55} 量级上。1991 年 Biham 和 Shamir 公开发表了差分密码分析法才使对 DES 一类分组密码的分析工作向前推进了一大步。目前这一方法是攻击迭代密码体制的最佳方法，它对多种分组密码都相当有效，相继攻破了 FEAL、LOKI、LUCIFER 等密码。此法对分组密码的研究设计也起到巨大推动作用。以差分密码分析方法攻击 DES，尚需要用 2^{47} 个选择明文和 2^{47} 次加密运算。

差分密码分析是一种攻击迭代分组密码的选择明文统计分析破译法。它不是直接分析密文或密钥的统计相关性，而是分析明文差分和密文差分之间的统计相关性。

给定一个 r 轮迭代密码，对已知 n 长明文对 X 和 X'，定义其差分为

$$\Delta X = X \oplus (X')^{-1}$$

式中，$\oplus$ 表示 n 比特组 X 的集合中定义的群运算，$(X')^{-1}$ 为 X' 在群中的逆元。

在密钥 k 作用下，第 i 轮迭代所产生的中间密文差分为

$$\Delta Y(i) = Y(i) \oplus Y'(i)^{-1}, \ 0 \leqslant i \leqslant r$$

$i=0$ 时，$Y(0)=X$，$Y'(0)=X'$，$\Delta Y(0)=\Delta X$。

$i=r$ 时，$\Delta Y=\Delta Y(r)$，$k(i)$ 是第 i 轮加密的子密钥，$Y(i)=f(Y(i-1),k(i))$。

r 轮迭代分组密码的差分序列如图 2–11 所示，由于 $X \neq X'$，因此，$\Delta Y(i) \neq e$（单位元）。每轮迭代所用子密钥 $k(i)$ 与明文统计独立，且可认为服从均匀分布。

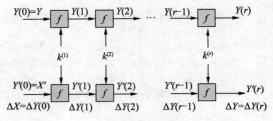

图 2–11　r 轮迭代分组密码的差分序列

差分密码分析揭示出，迭代密码中的一个轮迭代函数 f，若已知三元组 $\{\Delta Y(i-1),Y(i),Y'(i)\}$，则由 $Y(i)=f(Y(i-1),k(i))$，$Y'(i)=f(Y'(i-1),k(i))$ 不难决定该轮密钥 $k(i)$。因此轮函数 f 的密码强度不高。如果已知密文对，且有办法得到上一轮输入对的差分，则一般可决定出上一轮的子密钥（或其主要部分）。

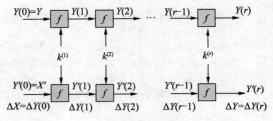

在差分密码分析中，通常选择一对具有特定差分 α 的明文，它使最后一轮输入对的差值 $\Delta Y(r-1)$ 为特定值 β 的概率很高。

差分密码分析的基本思想是在要攻击的迭代密码系统中找出某高概率差分来推算密钥。一个 i 轮差分是一 (α, β) 对，其中 α 是两个不同明文 X 和 X' 的差分，β 是密码第 i 轮输出 $Y(i)$ 和 $Y'(i)$ 之间的差分。在给定明文的差分 $\Delta X = \alpha$ 条件下，第 i 轮出现一对输出的差分为 β 的条件概率称之为第 i 轮差分概率，以 $P(\Delta Y(i)=\beta \mid \Delta X=\alpha)$ 表示。因此，r 轮迭代密码的差分分析就是寻求第 $(r-1)$ 轮差分 (α,β) 使概率 $P(\Delta Y(r-1)=\beta \mid \Delta X=\alpha)$ 的值尽可能为最大。具体过程如下：

第 1 步：随机地选择明文 X，计算 X' 使 X' 与 X 之差分为 α。

第 2 步：在密钥 k 下对 X 和 X' 进行加密得 $Y(r)$ 和 $Y'(r)$，寻求能使 $Y(r-1)=\beta$ 的所有可能的第 r 轮密钥 $K(r)$，并对各子密钥 $k_i(r)$ 计数，若选定的 $\Delta X=\alpha$，(X,X') 对在 $k_i(r)$ 下产生的 (Y,Y') 满足 $\Delta Y(r-1)=\beta$，就将相应 $k_i(r)$ 的计数增加 1。

第 3 步：重复第 2 步，直到计数的某个或某几个子密钥 $k_i(r)$ 的值，显著大于其他子密钥的计数值，这一子密钥或这一小的子密钥集可作为对实际子密钥 $K(r)$ 的分析结果。

差分密码分析方法是攻击迭代密码最有效的方法之一，在密码分析的实践中得到了推广和发展，例如截断差分密码分析、高阶差分密码分析、不可能差分密码分析、差分能量分析攻击。差分能量分析攻击的基本思想：在加密过程中要消耗能量，而消耗的能量随处理的数据不同会有微小的变化。根据这种变化确定处理的数据是 0 还是 1，从而有可能猜出加密算法中所使用的密钥。

2．线性攻击

所谓线性攻击，这是一种已知明文攻击法。1993 年，Matsui 提出以最佳线性函数逼近 S 盒输出的非零线性组合，即对已知明文 x 密文 y 和特定密钥 k，寻求线性表示式：

$$(a \cdot x)(b \cdot y)=(d \cdot k)$$

其中 (a,b,d) 是攻击参数。对所有可能密钥，此表达式以概率 $P_L \neq 1/2$ 成立。对给定的密码算法，使 $|P_L-1/2|$ 极大化。

线性密码分析的主要思想是：寻找具有最大概率的明文若干比特的异或、密钥若干比特的异或与密文之间若干比特的异或之间的线性表达式，从而破译密钥的相应比特。为此对每一 S 盒的输入和输出之间构造统计线性路径，并最终扩展到整个算法。

首先，用一个表达式来与明文 $P(i1),P(i2),\cdots,P(ij)$，密文 $C(j1),C(j2),\cdots,C(jb)$，以及密钥 $K(k1),K(k2),\cdots,K(ke)$ 的某些比特相联系，把 $P(i1)...P(ij)$ 记 $P[xp]$，把单次线性逼近记作 $P[xp]^\frown C[xc]=K[Xk]$，该式成立的概率值为 $p=1/2+\&$，$\&>0$。

线性密码分析算法：假设 $P[xa]^\frown C[xe]=K[xk]$，正好具有概率 $P_L=1/2+£$。

第一步：令 T 是能使 $P[xa]^\frown C[xe]=K[xk]$ 左边等于 0 的明文密文对的数量，令 N 是明文/密文对的总量。

第二步：若 $T>N/2$，则推测 $K[xk]=0$；否则推测 $K[xk]=1$。

以此方法攻击 DES 的情况如下：PA-RISC/66MHz 工作站，对 8 轮 DES 可以用 2^{21} 个已知明文在 40 s 内破译；对 12 轮 DES 以 2^{33} 个已知明文用 50 h 破译；对 16 轮 DES 以 2^{47} 个已知明文攻击下较穷举法要快。如采用 12 个 HP9735/PA-RISC99MHz 的工作站联合工作，破译 16 轮 DES 用了 50 天。

2.3 非对称密码体制

非对称密码体制与对称密码体制的主要区别在于非对称密码体制的加密密钥和解密密钥不相同，一个公开，称为公钥，一个保密，称为私钥。通常非对称密码体制称为公开密码体制，它是由 W.Diffie 和 M.Hellman 于 1976 年在《密码学的新方向》一文中首次提出的。

之后，国际上提出了许多种公钥密码体制，比较流行的主要有两类：一类是基于因子分解难题的，其中最典型的是 RSA 密码算法；另一类是基于离散对数难题的，如 ElGamal 公钥密码体制和椭圆曲线公钥密码体制。

2.3.1 RSA 密码算法

RSA 密码算法是美国麻省理工学院的 Rivest、Shamir 和 Adleman 三位学者于 1978 年提出的。RSA 密码算法方案是唯一被广泛接受并实现的通用公开密码算法，目前已经成为公钥密码的国际标准。它是第一个既能用于数据加密，也能通用数字签名的公开密钥密码算法。在 Internet 中，电子邮件收、发的加密和数字签名软件 PGP 就采用了 RSA 密码算法。

1．算法描述

RSA 密码算法描述如下：

（1）密钥生成。首先选取两个大素数 p 和 q，计算 $n=pq$，其欧拉函数值为 $\phi(n)=(p-1)(q-1)$，然后随机选取整数 e，满足 $GCD(e, \phi(n))=1$，并计算 $d=e^{-1}(\bmod \phi(n))$，则公钥为 $\{e, n\}$，私钥为 $\{d, n\}$。p，q 是秘密参数，需要保密，如不需要保存，可销毁。

（2）加密过程。加密时要使用接收方的公钥，不妨设接收方的公钥为 e，明文 m 满足 $0\leqslant m<n$（否则需要进行分组），计算 $c=m^e(\bmod n)$，c 为密文。

（3）解密过程。计算

$$m=c^d(\bmod n)$$

例如，取 $p=11$，$q=13$。首先，计算

$$n=pq=11 \times 13=143$$

$$\phi(n)=(p-1)(q-1)=(11-1)(13-1)=120$$

然后，选择 $e=17$，满足 $GCD(e, \phi(n))=GCD(17, 120)=1$，计算 $d=e^{-1}(\bmod 120)$。因为 $1=120-7 \times 17$，所以 d=-7=113(mod 120)，则公钥为 $(e,n)=(17,143)$，私钥为 $d=113$。

设对明文信息 $m=24$ 进行加密，则密文为

$$c=m^e=24^{17}=7 \;(\bmod 143)$$

密文 c 经公开信道发送到接收方后，接收方用私钥 d 对密文进行解密：

$$m=c^d=7^{113}=24 \;(\bmod 143)$$

从而正确地恢复出明文。

2．安全性分析

（1）RSA 的安全性依赖于著名的大整数因子分解的困难性问题。如果要求 n 很大，则攻击者将其成功地分解为 pq 是困难的。反之，若 $n=pq$，则 RSA 便被攻破。因为一旦求得 n 的两个素因子 p 和 q，那么立即可得 n 的欧拉函数值 $\phi(n)=(p-1)(q-1)$，再利用欧几里得扩展算法求出 RSA 的私钥 $d=e^{-1}(\bmod \phi(n))$。

虽然大整数的因子分解是十分困难的，但是随着科学技术的发展，人们对大整数因子分解的能力在不断提高，而且分解所需的成本在不断下降。1994 年，一个通过 Internet 上进行合作的小组，其有 1 600 余台计算机，仅仅在工作了 8 个月就成功分解了 129 位的十进制数，1996 年 4 月又破译了 RSA-130，1999 年 2 月又成功地分解了 140 位的十进制数。

1999 年 8 月，阿姆斯特丹的国家数学与计算机科学研究所一个国际密码研究小组通过一台 Cray900-16 超级计算机和 300 台个人计算机进行分布式处理，运用二次筛选法花费 7 个多月的时间成功地分解了 155 位的十进制数（相当于 512 位的二进制数）。这些工作结果使人们认识到，要安全地使用 RSA，应当采用足够大的整数 n，建议选择 p 和 q 大约是 100 位的十进制素数，此时模长 n 大约是 200 位十进制数（实际要求 n 的长度至少是 512 bit），e 和 d 选择 100 位左右，密钥{e, n}或{d, n}的长度大约是 300 位十进制数，相当于 1 024 比特二进制数（因为 $\log_2 10^{308} = 308 \times \log_2 10 \approx 1024$）。不同应用可视具体情况而定，如安全电子交易（Secure Electronic Transaction，SET）协议中要求认证中心采用 2 048 bit 的密钥，其他实体则采用 1 024 bit 的密钥。

（2）RSA 的加密函数是一个单向函数，在已知明文 m 和公钥{e, n}的情况下，计算密文是很容易的；但反过来，在已知密文和公钥的情况下，恢复明文是不可行的。从（1）的分析中得知，在 n 很大的情况下，不可能从{e, n}中求得 d，也不可能在已知 c 和{e, n}的情况下求得 d 或 m。

2.3.2 ElGamal 加密算法

ElGamal 公钥密码体制是由 ElGamal 在 1985 年提出的，是一种基于离散对数问题的公钥密码体制。在此先介绍离散对数的概念。

选择一个素数 p，定义素数 p 的本原根为一种能生成{1,2,…,p-1}中所有数的一个整数。不妨设 g 为素数 p 的本原根，则

$$g \,(\text{mod } p), \ g^2 \,(\text{mod } p), \ \cdots, \ g^{p-1} \,(\text{mod } p)$$

两两不同，构成{1,2,…,p-1}中所有数。

对于任意整数 x，计算 $y = g^x \,(\text{mod } p)$ 是容易的，称 y 为模 p 的幂运算；反过来，若有上式成立，把满足关系式的最小的 x 称为 y 的以 g 为底模 p 的离散对数。

例如，设 p=17，g=3 是模 17 的本原根，在模 p 意义下，有

$3^1=3 \,(\text{mod } p)$，$3^2=9 \,(\text{mod } p)$，$3^3=10 \,(\text{mod } p)$，$3^4=13 \,(\text{mod } p)$，$3^5=5 \,(\text{mod } p)$

$3^6=15 \,(\text{mod } p)$，$3^7=11 \,(\text{mod } p)$，$3^8=16 \,(\text{mod } p)$，$3^9=14 \,(\text{mod } p)$，$3^{10}=8 \,(\text{mod } p)$

$3^{11}=7 \,(\text{mod } p)$，$3^{12}=4 \,(\text{mod } p)$，$3^{13}=12 \,(\text{mod } p)$，$3^{14}=2 \,(\text{mod } p)$，$3^{15}=6 \,(\text{mod } p)$

$3^{16}=1 \,(\text{mod } p)$

对于整数 12，因为 $3^{13}=12 \,(\text{mod } p)$，$3^{29}=12 \,(\text{mod } p)$，$3^{45}=12 \,(\text{mod } p)$，取最小的整数 13，因此，整数 12 以 3 为底模 17 的离散对数是 13。

当素数 p 较小时，通过穷尽方法可很容易地计算出离散对数。但是，当素数 p 很大时，求解 x 是不容易的，甚至是不太可能的，这就是离散对数难题，它基于离散对数的密码体制的安全性基础。2001 年，能够计算离散对数的记录达到 110 位十进制数。目前，一般要求模 p 至少达到 150 位十进制，二进制至少要 512 bit。

该密码体制既可用于加密，又可用于数字签名，是除了 RSA 密码算法之外最有代表性的

公钥密码体制之一。由于 ElGamal 体制有较好的安全性，因此得到了广泛的应用。著名的美国数字签名标准 DSS 就是采用了 ElGamal 签名方案的一种变形。

1．算法描述

（1）密钥生成。

首先随机选择一个大素数 p，且要求 $p-1$ 有大素数因子。$g \in Z_p^*$（Z_p 是一个有 p 个元素的有限域，Z_p^* 是由 Z_p 中的非零元构成的乘法群）是一个本原元。然后再选一个随机数 $x(1<x<p-1)$，计算 $y=g^x \pmod p$，则公钥为 (y,g,p)，私钥为 x。

（2）加密过程。不妨设信息接收方的公私钥对为 $\{x, y\}$，对于待加密的消息 $m \in Z_p$，发送方选择一个随机数 $k \in Z_{p-1}$，然后计算

$$c_1=g^k \pmod p, \quad c_2=my^k \pmod p$$

则密文为 (c_1,c_2)。

（3）解密过程。接收方收到密文 (c_1, c_2) 后，首先计算 $u=c_1^{-1} \pmod p$，再由私钥计算 $v=u^x \pmod p$，最后计算 $m=c_2v \pmod p$，则消息 m 被恢复。

2．算法的正确性证明

因为 $y=g^x \pmod p$，所以

$$m=c_2v=my^k u^x=mg^{xk}(c_1^{-1})^x=mg^{xk}((g^k)^{-1})^x=m \pmod p$$

2.3.3 椭圆曲线密码体制

1．椭圆曲线密码体制概述

椭圆曲线密码体制（Elliptic Curve Cryptography，ECC）获得同样的安全性，密钥长度较 RSA 短得多，被 IEEE 公钥密码标准 P1363 采用。

2．椭圆曲线与有限域上的椭圆曲线

椭圆曲线的曲线方程是以下形式的三次方程

$$y^2+axy+by=x^3+cx^2+dx+e$$

a,b,c,d,e 是满足某些简单条件的实数，如图 2-12 所示。定义中包含一个称为无穷远点的元素，记为 O。

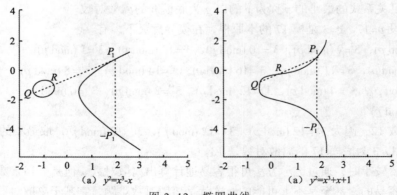

图 2-12　椭圆曲线

椭圆曲线加法的定义：如果其上的 3 个点位于同一直线上，那么它们的和为 O。O 为加法单位元，即对 ECC 上任一点 P，有 $P+O=P$。

设 $P_1 = (x,y)$ 是 ECC 上一点，加法逆元定义为 $P_2 = -P_1 = (x,-y)$，P_1, P_2 连线延长到无穷远，得到 ECC 上另一点 O,即 P_1, P_2, O 三点共线，所以 $P_1 + P_2 + O = O, P_1 + P_2 = O, P_2 = -P_1$ 。

显然，$O + O = O, O = -O$。

Q,R 是 ECC 上 x 坐标不同的两点，$Q+R$ 定义为:画一条通过 Q,R 的直线与 ECC 交于 P_1(交点是唯一的，除非做的 Q,R 点的切线，此时分别取 $P_1 = Q$ 或 $P_1 = R$)。由 $Q+R+P_1 = O$,得 $Q+R = -P_1$

点 Q 的倍数定义如下:在 Q 点做 ECC 的一条切线,设切线与 ECC 交于 S,定义 $2Q = Q+Q = -S$。类似可定义 $3Q = Q+Q+Q, \cdots$

上述加法满足加法的一般性质，如交换律、结合律等。

有限域上的椭圆曲线是曲线方程中的所有系数都是某一有限域 GF(p)中的元素（p 为一大素数），最为常用的曲线方程为

$$y^2 = x^3 + ax + b \pmod{p} \; (a, b \in \text{GF}(p), 4a^3 + 27b^2 \neq 0 \bmod p)$$

例：$p = 23, a = b = 1$, $4a^3 + 27b^2 = 8 \neq 0 \pmod{23}$,方程为 $y^2 = x^3 + x + 1 \pmod{p}$，图形为连续图形。我们感兴趣的是在第一象限的整数点，如表 2-14 所示。设 $E_p(a,b)$ 表示 ECC 上点集 $\{(x,y) | 0 \leqslant x < p, 0 \leqslant y < p,$ 且 x,y 均为整数$\}$并上 O。

表 2-14　椭圆曲线上的点集 $E_{23}(1,1)$

(0, 1)	(0, 22)	(1, 7)	(1, 16)	(3, 10)	(3, 13)	(4, 0)	(5, 4)	(5, 19)
(6, 4)	(6, 19)	(7, 11)	(7, 12)	(9, 7)	(9, 16)	(11, 3)	(11, 20)	(12, 4)
(12, 19)	(13, 7)	(13, 16)	(17, 3)	(17, 20)	(18, 3)	(18, 20)	(19, 5)	(19, 18)

有限域上的椭圆曲线点集可以采用如下方法产生：对每一个 $x (0 \leqslant x < p$ 且 x 为整数$)$，计算 $x^3 + ax + b \bmod p$。

决定求出的值在模 p 下是否有平方根，如果没有则椭圆曲线上没有与这一 x 对应的点；如果有，则求出两个平方根。

$E_p(a,b)$ 上加法:

如果 　　　　　　　　　　　 $P, Q \in E_p(a,b)$

则 　　　　　　　　　　　 $P + O = P$

如果 　　　　　　　　　　　 $P = (x,y)$

则 　　　　　　　　　　　 $(x,y) + (x,-y) = O$

设 　　　　　　 $P = (x_1, y_1), Q = (x_2, y_2), P \neq -Q, P+Q = (x_3, y_3)$

则 　　　　　　　　　　　 $x_3 = \lambda^2 - x_1 - x_2 \pmod{p}$

　　　　　　　　　　　　 $y_3 = \lambda(x_1 - x_3) - y_1 \pmod{p}$

$$\lambda = \begin{cases} \dfrac{y_2 - y_1}{x_2 - x_1} & P \neq Q \\[2mm] \dfrac{3x_1^2 + a}{2y_1} & P = Q \end{cases}$$

例：对 $E_{23}(1,1)$, $P = (3,10), Q = (9,7)$, 求 $P+Q$ 和 $2P$。

$$\lambda = \frac{7-10}{9-3} = \frac{-3}{6} = \frac{-1}{2} = \frac{22}{2} = 11 \pmod{23}$$

$$x_3 = 11^2 - 3 - 9 = 109 = 17 \pmod{23}$$

$$y_3 = 11(3-17) - 10 = -164 \equiv 20 \bmod 23$$

所以
$$P + Q = (17,20) \in E_{23}(1,1)$$

$$2P: \lambda = \frac{3 \times 3^2 + 1}{2 \times 10} = \frac{5}{20} = \frac{1}{4} \equiv 6 \bmod 23$$

$$x_3 = 6^2 - 3 - 3 = 30 \equiv 7 \bmod 23$$

$$y_3 = 6(3-7) - 10 = -34 \equiv 12 \bmod 23$$

所以
$$2P = (7,12)$$

$$P = (3,10), Q = (9,7)$$

3．ECC 上的密码

ECC 上的离散对数问题：在 ECC 构成的交换群 $E_p(a,b)$ 上考虑方程 $Q = kP, P, Q \in E_p(a,b), k < p$. 由 k 和 P 求 Q 容易，由 P,Q 求 k 则是困难的。由 ECC 上离散对数问题可以构造 Elgamal 密码体制。

选取一条椭圆曲线，得到 $E_p(a,b)$。将明文消息通过编码嵌入曲线上得到点 P_m 取 $E_p(a,b)$ 的生成元 G，$E_p(a,b)$ 和 G 为公开参数。用户选取 n_A 为秘密钥，$P_A = n_A G$ 为公开钥。

加密：选随机正整数 k，密文为 $C_m = (kG, P_m + kP_A)$。

解密：$(P_m + kP_A) - n_A(kG) = P_m$。

4．椭圆曲线密码体制的优点

（1）安全性高。目前，攻击 ECC 上离散对数问题的算法，比攻击有限域上的离散对数的算法，复杂度更高，因此 ECC 上的密码体制比基于有限域上离散对数问题的公钥体制更安全。

（2）密钥量小。实现相同安全性条件下，ECC 所需密钥量远小于有限域上离散对数问题的公钥体制的密钥量，如表 2-15 所示。

表 2-15　ECC 与 RSA/DSA 在同等安全条件下所需密钥长度（单位：bit）

RSA/DSA	512	768	1 024	2 048	21 000
ECC	106	132	160	211	600

（3）灵活性好。通过改变参数可以获得不同的曲线，具有丰富的群结构和多选择性。

2.4　密码算法的应用

密码学的作用不仅仅在于对明文的加密和对密文的解密，更重要的是它可以很好地解决网络通信中广泛存在的许多安全问题，如身份鉴别、数字签名、秘密共享和抗否认等，这在后续章节中将进行介绍。但其基本的应用是通信保密，本节介绍通信保密时密码应用模式、加密方式。

2.4.1　分组密码应用模式

DES、AES 等分组加密算法的基本设计是针对一个分组的加密和解密的操作。然而，在实际的使用中被加密的数据不可能只有一个分组，需要分成多个分组进行操作。根据加密分组间的关联方式，分组密码主要分为以下 4 种模式。

1．电子密码本模式

电子密码本（Electronic CodeBook，ECB）是最基本的一种加密模式，每次加密均独立，且产生独立的密文分组，每一组的加密结果不会影响其他分组。

电子密码本模式的优点：可以利用并行处理来加速加密、解密运算，且在网络传输时任一分组即使发生错误，也不会影响到其他分组。

电子密码本模式的缺点：对于多次出现的相同的明文，当该部分明文恰好是加密分组的大小时，可能发生相同的密文，如果密文内容遭到剪贴、替换等攻击，也不容易被发现。

在 ECB 模式中，加密函数 E 与解密函数 D 满足以下关系：

$$D_K(E_K(M))=M$$

将加密函数和解密函数组合起来的应用，例如二重 DES 加密 $y=E_{k_2}(E_{k_1}(x))$，三重 DES 加密 $y=E_{k_1}(D_{k_2}(E_{k_1}(x)))$ 也属于电子密码本模式，其中 k_1、k_2 是 2 个不同的密钥，E 是 DES 加密函数，D 是 DES 解密函数。其目的是通过增加密钥，来提高密码的安全性。

2．密文链接模式

密文链接（Cipher Block Chaining，CBC）模式的执行方式如图 2-13 所示。第一个明文分组先与初始向量（Initialization Vector，IV）作异或（XOR）运算，再进行加密。其他每个明文分组加密之前，必须与前一个密文分组作一次异或运算，再进行加密。

密文链接模式的优点：每一个分组的加密结果均会受其前面所有分组内容的影响，所以即使在明文中多次出现相同的明文,也不会产生相同的密文；另外，密文内容若遭剪贴、替换或在网络传输的过程中发生错误,则其后续的密文将被破坏，无法顺利解密还原，因此，这一模式很难伪造成功。

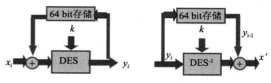

图 2-13　CBC 模式

密文链接模式的缺点：如果加密过程中出现错误，则这种错误会被无限放大，从而导致加密失败；这种加密模式很容易受到攻击，遭到破坏。

在 CBC 模式中，加密函数 E 与解密函数 D 满足以下关系：

$$D_K(E_K CM_i \oplus C_{i-1}) \oplus C_{i-1}=M_i,$$
$$C_o=iV, \quad i=1, 2, 3, \cdots$$

3．密文反馈模式

密文反馈（Cipher Feed Back，CFB）模式如图 2-14 所示。CFB 需要一个初始向量，加密后与第一个分组进行异或运算产生第一组密文；然后，对第一组密文加密再与第二个分组进行异或运算取得第二组密文，依此类推，直至加密完毕。

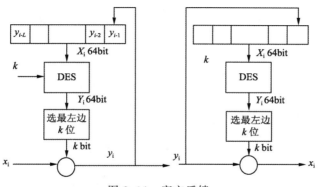

图 2-14　密文反馈

密文反馈模式的优点：每一个分组的加密结果受其前面所有分组内容的影响，即使出现多次相同的明文，均产生不相同的密文；这一模式可以作为密钥流生成器，产生密钥流。

密文反馈模式的缺点：与 CBC 模式的缺点类似。

在 CFB 模式中，加密函数 E 和解密函数 D 相同，满足关系：

$$D_K(\cdot)=E_K(\cdot)$$

4．输出反馈模式

输出反馈（Output Feed Back，OFB）模式如图 2-15 所示。该模式产生与明文异或运算的密钥流，从而产生密文，这一点与 CFB 大致相同，唯一的差异点是与明文分组进行异或的输入部分是反复加密后得到的。

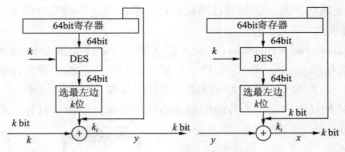

图 2-15　输出反馈

在 OFB 模式中，加密函数 E 和解密函数 D 相同，满足关系：

$$D_K(\cdot)=E_K(\cdot)$$

2.4.2　加密方式

在计算机通信网络中，既要保护网络传输过程中的数据，又要保护存储在计算机系统中的数据。对传输过程中的数据进行加密，称为"通信加密"；对计算机系统中存储的数据进行加密，称为"文件加密"。如果以加密实现的通信层次来区分，加密可以在通信的 3 个不同层次来实现，即结点加密、链路加密和端到端加密 3 种。

1．结点加密

结点加密是指对源结点到目的结点之间传输的数据进行加密。它工作在 OSI 参考模型的第一层和第二层；从实施对象来讲，它仅对报文加密，而不对报头加密，以便于传输路由根据其报头的标识进行选择。

一般的结点加密使用特殊的加密硬件进行解密和重加密，因此，要保证结点在物理上是安全的，以避免信息泄露。

2．链路加密

链路加密是对相邻结点之间的链路上所传输的数据进行加密。它工作在 OSI 参考模型的第二层，即在数据链路层进行。

链路加密侧重于在通信链路上而不考虑信源和信宿，对通过各链路的数据采用不同的加密密钥提供安全保护，它不仅对数据加密，而且还对高层的协议信息（地址、检错、帧头帧尾）加密，在不同结点对之间使用不同的加密密钥。但在结点处，要先对接收到的数据进行解密，获得路由信息，然后再使用下一个链路的密钥对消息进行加密，再进行传输。在结点处传输数据以明文方式存在。因此，所有结点在物理上必须是安全的。

3. 端到端加密

端到端加密是指为用户传送数据提供从发送端到接收端的加密服务。它工作在 OSI 参考模型的第六层或第七层，由发送端自动加密信息，并进入 TCP/IP 数据包回封，以密文的形式穿过互联网，当这些信息到达目的地时，将自动重组、解密，成为明文。端到端加密是面向用户的，它不对下层协议进行信息加密，协议信息以明文形式传输，用户数据在传输结点不需要解密。由于网络本身并不会知道正在传送的数据是加密数据，因此这对防止拷贝网络软件和软件泄漏很有效。在网络上的每个用户可以拥有不同的加密密钥，而且网络本身不需要增添任何专门的加密、解密设备。

2.4.3 公钥密码与对称密码混合应用

在网络中，目前有很多协议采用加密机制，有些将公钥密码与对称密码结合起来应用，利用公钥密码算法传输一个秘密信息作为双方应用对称密码算法的加密解密密钥，例如 SSL 协议、PGP 软件等。

PGP（Pretty Good Privacy）是一个基于 RSA 公钥加密体系的邮件加密软件，包含一个对称加密算法（IDEA）、一个非对称加密算法（RSA）、一个单向散列算法（MD5），以及一个随机数产生器（从用户击键频率产生伪随机数序列的种子）。PGP 的创始人是美国的 Phil Zimmermann。其创造性在于把 RSA 公钥体系的方便和传统加密体系的高速度结合起来，并且在数字签名和密钥认证管理机制上有巧妙的设计。

2.5 密钥的分类与管理

2.5.1 密钥的分类

在一个大型通信网络中，数据将在多个终端和主机之间传递，要进行保密通信，就需要大量的密钥，密钥的存储和管理变得十分复杂和困难。在电子商务系统中，多个用户向同一个系统注册，要求彼此之间相互隔离。系统需要对用户的密钥进行管理，并对其身份进行认证。不论是对于系统、普通用户还是网络互连的中间结点，需要保密的内容的秘密层次和等级是不相同的，要求也是不一样的，因此，密钥种类各不相同。

在一个密码系统中，按照加密的内容不同，密钥可以分为会话密钥、密钥加密密钥和主密钥。

1. 会话密钥

会话密钥（Session Key），指两个通信终端用户一次通话或交换数据时使用的密钥。它位于密码系统中整个密钥层次的底层，仅对临时的通话或交换数据使用。会话密钥若用来对传输的数据进行保护，则称为数据加密密钥；若用作保护文件，则称为文件密钥；若供通信双方专用，则称为专用密钥。

会话密钥若用来对传输的数据进行保护，则称为数据加密密钥；若用作保护文件，则称为文件密钥；若供通信双方专用，则称为专用密钥。会话密钥可由通信双方协商得到，也可由密钥分配中心（Key Distribution Center，KDC）分配。由于它大多是临时的、动态的，即使密钥丢失，也会因加密的数据有限而使损失有限。会话密钥只有在需要时才通过协议取得，用完后就丢掉了，从而可降低密钥的分配存储量。

基于运算速度的考虑，会话密钥普遍是用于对称密码算法的，即它就是所使用的某一种对称加密算法的加密密钥。

2. 密钥加密密钥

密钥加密密钥（Key Encryption Key）用于对会话密钥或下层密钥进行保护，也称为次主密钥（Submaster Key）或二级密钥（Secondary Key）。

在通信网络中，每一个结点都分配有一个这类密钥，每个结点到其他各结点的密钥加密密钥是不同的。但是，任意两个结点间的密钥加密密钥却是相同的、共享的，这是整个系统预先分配和内置的。在这种系统中，密钥加密密钥就是系统预先给任意两个结点间设置的共享密钥，该应用建立在对称密码体制的基础之上。

在建有公钥密码体制的系统中，所有用户都拥有公私钥对。如果用户间要进行数据传输，协商一个会话密钥是必要的，会话密钥的传递可以用接收方的公钥加密来进行，接收方用自己的私钥解密，从而安全获得会话密钥，再利用它进行数据加密并发送给接收方。

在这种系统中，密钥加密密钥就是建有公钥密码基础的用户的公钥。

密钥加密密钥是为了保证两结点间安全传递会话密钥或下层密钥而设置的，处在密钥管理的中间层。系统因使用的密码体制不同，它可以是公钥，也可以是共享密钥。

3. 主密钥

主密钥位于密码系统中整个密钥层次的最高层，主要用于对密钥加密密钥、会话密钥或其他下层密钥的保护。主密钥是由用户选定或系统分配给用户的，分发基于物理渠道或其他可靠的方法，处于加密控制的上层，一般存在于网络中心、主结点、主处理器中，通过物理或电子隔离的方式受到严格的保护。在某种程度上，主密钥可以起到标识用户的作用。

上述密钥的分类是基于密钥的重要性来考虑的，也就是说密钥所处的层次不同，它的使用范围和生命周期是不同的。概括地讲，主密钥处在最高层，用某种加密算法保护密钥加密密钥，也可直接加密会话密钥。会话密钥处在最低层，基于某种加密算法保护数据或其他重要信息。密钥的层次结构使得除了主密钥外，其他密钥以密文方式存储，有效地保护了密钥的安全。一般来说，处在上层的密钥更新周期相对较长，处在下层的密钥更新较频繁。对于攻击者来说意味着，即使攻破一份密文，最多导致使用该密钥的报文被解密，损失也是有限的。攻击者不可能动摇整个密码系统，从而有效地保证了密码系统的安全性。

如果在产品设计时，留有查看该产品存储的主密钥的后门，这可以被认为是一个很严重的安全漏洞。

2.5.2 密钥的生成与存储

密钥的产生可以用手工方式，也可以用随机数生成器。对于一些常用的密码体制而言，密钥的选取和长度都有严格的要求和限制，尤其是对于公钥密码体制，公私钥对还必须满足一定的运算关系。总之，不同的密码体制，其密钥的具体生成方法一般是不相同的。

密钥的存储不同于一般的数据存储，需要保密存储。保密存储有两种方法：一种方法是基于密钥的软保护；另一种方法是基于硬件的物理保护。前者使用加密算法对用户密钥（包括口令）加密，然后密钥以密文形式存储。后者将密钥存储于与计算机相分离的某种物理设备（如智能卡、U盘或其他存储设备）中，以实现密钥的物理隔离保护。

2.5.3 密钥的管理

密钥的使用是有周期的,在密钥有效期快要结束时,如果对该密钥加密的内容需要继续保护,该密钥就需要由一个新的密钥取代,这就是密钥的更新。密钥的更新可以通过再生密钥取代原有密钥的方式来实现。如果原有密码加密的内容较多,必须逐一替换,以免加密内容无法恢复。

对于密钥丢失或被攻击的情况,该密钥应该立即被撤销,所有使用该密钥的记录和加密的内容都应该重新处理或销毁,使得它无法恢复,即使恢复也没有什么可利用的价值。

会话密钥在会话结束时,一般会立即被删除。下一次需要时,重新协商。

当公钥密码受到攻击或假冒时,对于数字证书这种情况,撤销时需要一定的时间,不可能立即生效;对于在线服务器形式,只需在可信服务器中更新公钥,用户使用时通过在线服务器可以随时得到新的有效的公钥。

2.6　密钥分存与分发

密钥分配研究密码系统中密钥的分发和传送中的规则及约定等问题。从分配途径的不同来区分,密钥的分配方法可分为网外分配方式和网内分配方式。

网外分配方式即人工途径方式,它不通过计算机网络,是一种人工分配密钥的方法。

这种方式适合小型网络及用户相对较少的系统,或者安全强度要求较高的系统。网外分配方式的最大优点是安全、可靠;缺点是分配成本过高。

2.6.1　Diffie-Hellman 密钥交换算法

W.Diffie 和 M.Hellman 在 1976 年发表的论文中提出了公钥密码思想,但没有给出具体的方案,原因在于没有找到单向函数,但在该文中给出了通信双方通过信息交换协商密钥的算法,即 Diffie-Hellman 密钥交换算法,这是第一个密钥协商算法,用于密钥分配,不能用于加密或解密信息。

Diffie-Hellman 密钥交换算法的安全性基于有限域上的离散对数难题。

1．算法描述

设通信双方为 A 和 B,之间要进行保密通信,需要协商一个密钥,为此,共同选用一个大素数 p 和 Z_p 的一个本原元 g,并进行如下操作步骤:

（1）用户 A 产生随机数 $\alpha(2 \leq \alpha \leq p-2)$,计算 $y_A = g^\alpha (mod\ p)$,并发送 y_A 给用户 B。

（2）用户 B 产生随机数 $\beta(2 \leq \beta \leq p-2)$,计算 $y_B = g^\beta (mod\ p)$,并发送 y_B 给用户 A。

（3）用户 A 收到 y_B 后,计算 $k_{AB} = y_B^\alpha (mod\ p)$;用户 B 收到 y_A 后,计算 $k_{BA} = yA^\beta (mod\ p)$。

显然有

$$k_{AB} = y_B^\alpha\ (mod\ p) = g^{\beta\alpha}\ (mod\ p)$$
$$k_{BA} = y_A^\beta (mod\ p) = g^{\alpha\beta} (mod\ p)$$
$$k = k_{AB} = k_{BA}$$

这样用户 A 和 B 就拥有了一个共享密钥 k,就能以 k 作为会话密钥进行保密通信了。

2．安全性分析

当模 p 较小时,很容易求出离散对数。依目前的计算能力,当模 p 达到至少 150 位十进制数时，求离散对数成为一个数学难题。因此，Diffie-Hellman 密钥交换算法要求模 p 至少达到 150 位十进制数，其安全性才能得到保证。但是，该算法容易遭受中间人攻击。造成中间人攻击的原因在于通信双方交换信息时不认证对方，攻击者很容易冒充其中一方获得成功。因此，可以通过认证挫败中间人攻击。

2.6.2　秘密密钥的分配

秘密密钥分配主要有以下两种方法：

（1）用一个密钥加密密钥加密多个会话密钥。

这种方法的前提是通信双方预先通过可靠的秘密渠道建立一个用于会话密钥加密的密钥，把会话密钥加密后传送给对方。该方法的优点是每次通信可临时选择不同的会话密钥，提高了使用密钥的灵活性。

（2）使用密钥分配中心。

这种方法要求建立一个可信的密钥分配中心（KDC），且每个用户都与 KDC 共享一个密钥，记为 $K_{A\text{-}KDC}$，$K_{B\text{-}KDC}$，…，在具体执行密钥分配时有两种不同的处理方式。

① 会话密钥由通信发起方生成。

协议步骤如下：

第一步，A→KDC:$(K_S \parallel ID_B)$。

当 A 与 B 要进行通话时，A 随机地选择一个会话密钥 K_S 和希望建立通信的对象 ID_B，用 $K_{A\text{-}KDC}$ 加密，然后发送给 KDC。

第二步，KDC→B: $(K_S，ID_A)$。

KDC 收到后，用 $K_{A\text{-}KDC}$ 解密，获得 A 所选择的会话密钥 K_S 和 A 希望与之建立通信的对象 ID_B，然后用 $K_{B\text{-}KDC}$ 加密这个会话密钥和希望与 B 建立通信的对象 ID_A，并发送给 B。

第三步，B 收到后，用 $K_{B\text{-}KDC}$ 解密，从而获得 A 要与自己通信和 A 所确定的会话密钥 K_S。这样，会话密钥协商 K_S 成功，A 和 B 就可以用它进行保密通信了。

② 会话密钥由 KDC 生成。

协议步骤如下：

第一步，A→KDC：$ID_A \parallel ID_B$。

当 A 希望与 B 进行保密通信时，它先给 KDC 发送一条请求消息表明自己想与 B 通信。

第二步，KDC→A：$(K_S，ID_B)$；KDC→B:(K_S,ID_A)。

KDC 收到这个请求后，就临时产生一个会话密钥 K_S，并将 B 的身份和所产生的这个会话密钥一起用 $K_{A\text{-}KDC}$ 加密后传送给 A。同时，KDC 将 A 的身份和刚才所产生的这个会话密钥 K_S 用 $K_{B\text{-}KDC}$ 加密后传送给 B，告诉 B 有 A 希望与之通信且所用的密钥就是 K_S。

第三步，A 收到后，用 $K_{A\text{-}KDC}$ 解密，获得 B 的身份及 KDC 所确定的会话密钥 K_S；B 收到后，用 $K_{B\text{-}KDC}$ 解密，获得 A 的身份及 KDC 所确定的会话密钥 K_S。

这样，A 和 B 就可以用会话密钥 K_S 进行保密通信了。

2.6.3　公开密钥的分配

在公开密钥密码体制中，公开密钥是公开的，私有密钥是保密的。在这种密码体制中，公开密钥似乎像电话号码簿那样可以公开查询。其实不然。一方面，密钥更换、增加和删除的频度是很高的；另一方面，如果公开密钥被篡改或替换，则公开密钥的安全性就得不到保证，公开密钥同样需要保护。此外，公开密钥相当长，不可能靠人工方式进行管理和使用，因此，需要密码系统采取适当的方式进行管理。

公开密钥分配主要有广播式公开发布、建立公钥目录、带认证的密钥分配、使用数字证书分配等4种形式。

1．广播式公开发布

根据公开密钥算法的特点，可通过广播式公布公开密钥。该方法的优点是简便，不需要特别的安全渠道；缺点是可能出现伪造公钥，容易受到假冒用户的攻击。因此，公钥必须从正规途径获取或对公钥的真伪进行认证。

2．建立公钥目录

建立公钥目录是指由可信机构负责一个公开密钥的公开目录的维护和分配，参与各方可通过正常或可信渠道到目录权威机构登记公开密钥，可信机构为参与者建立用户名和与其公开密钥的关联条目，并允许参与者随时访问该目录，以及申请增、删、改自己的密钥。为安全起见，参与者与权威机构之间的通信安全受鉴别保护。该方式的缺点是易受冒充权威机构伪造公开密钥的攻击，优点是安全性强于广播式公开发布密钥分配。

3．带认证的密钥分配

带认证的密钥分配是指由一个专门的权威机构在线维护一个包含所有注册用户公开密钥信息的动态目录。这种公开密钥分配方案主要用于参与者 *A* 要与 *B* 进行保密通信时，向权威机构请求 *B* 的公开密钥。权威机构查找到 *B* 的公开密钥，并签名后发送给 *A*。为安全起见，还需通过时间戳等技术加以保护和判别。该方式的缺点是可信服务器必须在线，用户才可能与可信服务器间建立通信链路，这可能导致可信服务器成为公钥使用的一个瓶颈。

4．使用数字证书分配

为了克服在线服务器分配公钥的缺点，采用离线方式不失为一种有效的解决办法。所谓离线方式，简单说就是使用物理渠道，通过公钥数字证书方式，交换公开密钥，无须可信机构在线服务。公钥数字证书由可信中心生成，内容包含用户身份、公钥、所用算法、序列号、有效期、证书机构的信息及其他一些相关信息，证书须由可信机构签名。通信一方可向另一方传送自己的公钥数字证书，另一方可以验证此证书是否由可信机构签发、是否有效。该方式的特点：用户可以从证书中获取证书持有者的身份和公钥信息；用户可以验证一个证书是否由权威机构签发，以及证书是否有效；数字证书只能由可信机构签发和更新。

2.6.4 密钥分存

在密码系统中，主密钥是整个密码系统的关键，是整个密码系统的基础，也可以说是整个可信任体系的信任根，受到了严格的保护。一般来说，主密钥由其拥有者掌握，并不受他人制约。但是，在有些系统中密钥并不适合由一个人掌握，而需要由多个人同时保管，其目的是为了制约个人行为。比如，某银行的金库钥匙一般情况下都不是由一个人来保管使用的，而要由多个人共同负责使用（为防止其中某个人单独开锁产生自盗行为，规定金库门锁开启至少需由三人在场才能打开）。

解决这类问题最好的办法是采用密钥共享方案，也就是把一个密钥进行分解，由若干个人分别保管密钥的部分份额，这些保管的人至少要达到一定数量才能恢复密钥，少于这个数量是不可能恢复密钥的，从而对于个人或小团体起到了制衡和约束作用。

所谓密钥共享方案，是指将一个密钥 k 分成 n 个子密钥 k_1，k_2，$\cdots$，k_n，并秘密分配给 n 个参与者，且需满足下列两个条件：

（1）用任意 t 个子密钥计算密钥 k 是容易的；

（2）若子密钥的个数少于 t 个，要求得密钥 k 是不可行的。

我们称这样的方案为 $(t，n)$ 门限方案（Threshold Schemes），t 为门限值。

由于重构密钥至少需要 t 个子密钥，故暴露 $r(r \leqslant t-1)$ 个子密钥不会危及密钥。因此少于 t 个参与者的共谋也不能得到密钥。另外，若一个子密钥或至多 $n-t$ 个子密钥偶然丢失或破坏，仍可恢复密钥。密钥共享方案对于特殊的保密系统具有特别重要的意义。

以色列密码学家 Shamir 于 1979 年提出了上述密钥共享方案的思想，并给出了一个具体的方案——拉格朗日插值多项式门限方案，现介绍如下：

设 p 为一个素数，密钥 $k \in Z_p$，假定由可信机构 TA 给 n（$n<p$）个合法参与者 $w_i(1 \leqslant i \leqslant n)$分配子密钥，操作步骤如下：

（1）TA 随机选择一个 $t-1$ 次多项式 $F(x)=a_0+a_1x+\cdots+a_{t-1}x^{t-1} \pmod p$，$t<n$，$a_i \in Z_p$。

（2）确定密钥 $k=F(0)=a_0$。

（3）TA 在 Z_p 中任意选取 n 个非零且互不相同的元素 x_1，x_2，$\cdots$，x_n，这些元素 x_i 用于标识参与者 w_i，并计算 $k_i=F(x_i)$，$1 \leqslant i \leqslant n$。

将$(x_i，k_i)(1 \leqslant i \leqslant n)$分配给参与者 $w_i(1 \leqslant i \leqslant n)$，其中 x_i 公开，k_i 为 w_i 的子密钥。

至此，n 个参与者都分得了密钥的部分份额——子密钥 k_i，当至少有 t 个参与者提供其份额时，就可据此计算出密钥 k；不足 t 个时，无法计算。

事实上，从任意 t 个子密钥 k_i 和对应的用户标识 x_i 可得到线性方程组：

$$F(x_i)= k_i \pmod p，\quad i=1,2,\cdots,t$$

上述方程组有唯一解 a_0，a_1，$\cdots$，a_t，从而得到 $k=F(0)=a_0$。或者也可以利用拉格朗日插值公式直接求得 $F(0)=a_0=k$。若已知的子密钥不足 t 个，则方程组无解，从理论上讲，寻找 a_0 是不可行的，即寻找密钥 k 是不可行的。

2.6.5　会议密钥分配

目前，随着网络多媒体技术的发展，网络视频会议以及网络电话会议已逐渐成为一种重要的会议和通信的方式。基于这种网络会议系统，如何保证所有参会者能够安全地参与会议，同时又能防止非法窃听者，这就是网络通信中信息的多方安全传递问题。下面介绍的会议密钥广播方案能够较好地解决这个难题。

Berkovitz 提出了一种基于门限方案的会议密钥广播分配方案，其主要设计思路是让每个可能的接收者得到一个密钥份额，然后广播部分密钥份额，合法成员可利用门限方案的重构密钥，进入系统接收会议信息，而非法成员则不能。

假设系统有 t 个合法成员，在广播会议信息 m 时，用密钥 k 加密，并完成以下操作：

（1）系统选取一个随机数 j，用它来隐藏消息接收者的数目。

（2）系统创建一个$(t+j+1，2t+j+1)$的密钥共享门限方案，且满足 k 为密钥；给每一个合法成员分配一个由该门限方案产生的关于密钥 k 的一个秘密份额；非法接收者不能得到密钥 k 的任何份额。

（3）除去已分配给合法用户的 t 个份额外，在余下的份额中随机选取 $t+j$ 个份额进行广播。

（4）每一合法成员利用所得到的秘密份额和广播的 $t+j$ 个份额，按照门限方案的重构算法能够计算出密钥 k，从而就能解读消息 m。反之，非法成员最多只能拥有 $t+j$ 个份额，无法重构密钥 k，因此不能解读消息 m。

2.6.6　密钥托管

密钥托管也称为托管加密，是指为公众和用户提供更好的安全通信同时，也允许授权者（包括政府保密部门、企业专门技术人员和用户等）为了国家、集团和个人隐私等安全利益，监听某些通信内容和解密有关密文。所以，密钥托管也叫"密钥恢复"，或者理解为"数据恢复"和"特殊获取"。其目的是保证对个人没有绝对的隐私和绝对不可跟踪的匿名性，即在强加密中结合对突发事件的解密能力，以实现网络通信的可控性。其实现手段是把已加密的数据和数据恢复密钥联系起来，数据恢复密钥不必是直接解密的密钥，但由它可得解密密钥。数据恢复密钥由所信任的委托人持有，委托人可以是政府机构、法院或有契约的私人组织。一个密钥可能是在数个这样的委托人中分拆。调查机构或情报机构通过适当的程序，如获得法院证书，从委托人处获得数据恢复密钥。

1993 年 4 月，美国政府为了满足其电信安全、公众安全和国家安全，提出了托管加密标准（Escrowed Encryption Standard，EES），该标准所使用的托管技术不仅提供了强加密功能，而且也为政府机构提供了实施法律授权下的监听。这一技术是通过一个防窜扰的芯片（称为 Clipper 芯片）来实现的。EES 于 1994 年 2 月正式被美国政府公布采用，该标准的核心是一个称为 Clipper 的防窜扰芯片，它是由美国国家安全局（NSA）主持开发的软、硬件实现密码部件。

EES 提出以后，密钥托管密码体制受到了普遍关注，已提出了各种类型的密钥托管密码体制，包括软件实现的、硬件实现的、有多个委托人的、防用户欺诈的、防委托人欺诈的等。密钥托管密码体制从逻辑上可分为 3 个主要部分：用户安全成分 USC（User Security Component）、密钥托管成分 KEC（Key Escrow Component）和数据恢复成分 DRC（Data Recovery Component）。三者的关系如图 2-16 所示，USC 用密钥 K_S 加密明文数据，并且在传送密文时，一起传送一个数据恢复域 DRF（Data Recovery Field）。DRC 使用包含在 DRF 中的信息及由 KEC 提供的信息恢复明文。

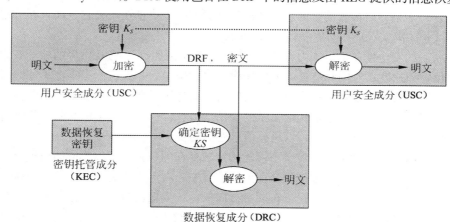

图 2-16　密钥托管密码体制的组成成分

用户安全成分 USC 是提供数据加解密能力及支持密钥托管功能的硬件设备或软件程序。USC 可用于通信和数据存储的密钥托管，通信情况包括电话通信、电子邮件及其他一些类型的通信，由法律实施部门在获得法院对通信的监听许可后执行对突发事件的解密。数据的存储包括简单的数据文件和一般的存储内容，突发解密由数据的所有者在密钥丢失或损坏时进行，或者由法律实施部门在获得法院许可证书后对计算机文件进行解密。USC 使用的加密算法可以是保密的、专用的，也可以是公钥算法。

密钥托管成分 KEC 用于存储所有的数据恢复密钥，通过向 DRC 提供所需的数据和服务以支持 DRC。KEC 可以作为密钥管理系统的一部分，密钥管理系统可以是单一的密钥管理系统（如密钥分配中心），也可以是公钥基础设施。如果是公钥基础设施，托管代理机构可作为公钥证书机构。托管代理机构也称为可信赖的第三方，负责操作 KEC，可能需要在密钥托管中心注册。密钥托管中心的作用是协调托管代理机构的操作或担当 USC 或 DRC 的联系点。

数据恢复成分 DRC 是由 KEC 提供的用于通过密文及 DRF 中的信息获得明文的算法、协议和仪器。它仅在执行指定的已授权的恢复数据时使用。要想恢复数据，DRC 必须获得数据加密密钥，而要获得数据加密密钥则必须使用与收发双方或其中一方相联系的数据恢复密钥。如果只能得到发送方托管机构所持有的密钥，DRC 还必须获得向某一特定用户传送消息的每一方的被托管数据，此时可能无法执行实时解密，尤其是在各方位于不同的国家并使用不同的托管代理机构时。

如果 DRC 只能得到收方托管机构所持有的密钥，则对从某一特定用户发出的所有消息也可能无法实时解密。如果能够使用托管代理机构所持有的密钥恢复数据，那么 DRC 一旦获得某一特定 USC 所使用的密钥，就可对这一 USC 发出的消息或发往这一 USC 的消息实时解密。对两方同时通信（如电话通信）的情况，如果会话双方使用相同的数据加密密钥，系统就可实时地恢复加密数据。

2.7　量 子 密 码

量子密码就是以量子法则（量子编码规则）为基础，利用量子态作为符号而实现的密码。量子密码学（Quantum Cryptography）是应用量子系统的独特属性于密码领域的技术，即保护在公共信道上传送的秘密信息不受篡改和未被授权的泄露。

量子密码学是一门很有前途的新领域，许多国家的人员都在研究它，而且在一定的范围内进行了试验。离实际应用只有一段不很长的距离。

量子密码的安全性基于量子力学的基础原理"测不准原理"。微观世界的粒子有许多共轭量，比如位置和速度，时间和能量，人们能对一对共轭量之一进行测量，但不能同时测得另一个与之共轭的量，比如对位置进行测量的同时，破坏了对速度进行测量的可能性。量子密码学便是利用量子的不确定性来构造安全的通信信道，任何在信道上的窃听行为都可能对通信本身产生影响，使窃听被发现，以保证信息通信的安全。

根据量子力学，微观世界的粒子不可能确定它存在的位置，它以不同的概率存在于若干不同的地方。例如，光子在传输过程会在上、下、左、右等方向上产生振荡，或按一角度振荡。但是当一大群光子被极化，它可在同一方向振荡，偏振器只允许被某一方向极化了的光子通过，其余则被挡住。比如一水平方向的偏振器只能让在水平方向极化的光子通过。将偏振器转 90°，只有垂直方向极化了的光子能通过。

我们设想 A 和 B 正在用一个量子系统进行通信，可以根据某个随机序列来极化光子，每个光子有四个可能的极化状态，窃听者 E 的窃听行为必然会改变光子的状态，使得 A 和 B 发现其通信受到窃听，他们就丢弃它。A 重新传输另一个随机序列，直到没有窃听出现为止。

量子密码的安全性由量子力学的基本原理所保证。其绝对安全性是指：即使窃听者拥有极高的智商、可能采用最高明的窃听措施、可能使用最先进的测量手段，密钥的传送仍然是安全的。通常，窃听者采用截获密钥的方法有两类：一种方法是通过对携带信息的量子态进行测量，从其测量的结果来提取密钥的信息。但是，量子力学的基本原理告诉我们，对量子态的测量会引起波函数衰变，本质上改变量子态的性质，发送者和接收者通过信息校验就会发现其的通信被窃听，因为这种窃听方式必然会留下具有明显量子测量的特征，合法用户之间便因此终止正在进行的通信。第二种方法则是避开直接的量子测量，采用具有复制功能的装置，先截获和复制传送信息的量子态，然后，窃听者再将原来的量子态传送给要接收密钥的合法用户，留下复制的量子态可供窃听者测量分析，以窃取信息。这样，窃听原则上不会留下任何痕迹。但是，由量子相干性决定的量子不可克隆定理告诉人们，任何物理上允许的量子复制装置都不可能克隆出与输入态完全一样的量子态来。这一重要的量子物理效应，确保了窃听者不会完整地复制出传送信息的量子态。因而，第二种窃听方法也无法成功。量子密码术原则上提供了不可破译、不可窃听和大容量的保密通信体系。

习　题

1. 描述以下术语的含义：

明文、密文、加密、解密、柯克霍夫（Kerckhoffs）原则、密码分析、唯密文攻击、已知明文攻击、序列密码、分组密码、DES、AES、差分攻击、3DES、RSA 密码、ECC、CBC、CFB、OFB、会话密钥、公开密钥、密钥交换、密钥托管、KDC。

2. 为什么在密钥管理中引入层次结构？

3. 密钥安全存储的方法有哪些？

4. 假设 A、B 两人共享密钥 K，请画出 A、B 之间进行保密通信的模型。

5. 假设 A、B 两人，A 已知 B 的公开密钥 K，请画出 A、B 之间进行保密通信的模型，并指出这种保密通信是双向的还是单向的。

6. 在 Shamir 的 (t, n) 密钥共享门限方案中，设 $p=17$，$t=4$，$n=7$，7 个子密钥份额分别为 $(1, 16)$，$(2, 14)$，$(3, 2)$，$(4, 9)$，$(14, 7)$，$(15, 12)$，$(16, 10)$。试用其中的 4 个子密钥份额求解相应的拉格朗日插值多项式，并恢复密钥 k。

7. 在一个使用 RSA 的公开密钥系统中，若截获了发给一个其公开密钥 $e=7$，$n=55$ 的用户的密文 $C=10$，则明文 M 是什么？

8. 设 4 级 LFSR 的反馈函数 $f(a_1, a_2, a_3, a_4)=a_1 \oplus a_4$，当输入的初始状态为 $(a_1, a_2, a_3, a_4)=(1001)$ 时，给出输出序列，并回答周期是多少。

9. 简述 RSA 密码算法中解密的过程。

10. 使用 RSA 算法计算：如果 $p=11$，$q=17$，选取 $e=7$，求解密密钥 d。若令明文为 $m=5$，求密文 c。验证加解密的正确性。

11. 使用 RSA 进行数字签名计算：如果 $p=11$，$q=17$，$e=7$，$d=23$。若令信息为 $m=5$，求数字签名 s。并验证签名的正确性。

12. 简述 KDC 为某用户生成会话密钥的全过程。

第 3 章 网络安全认证

网络安全认证是网络安全的首要问题，本章介绍认证所需要应用的 MD-5、SHA 等杂凑函数，RSA 数字签名算法、ElGamal 数字签名、Schnorr 数字签名等数字签名算法，消息认证方法，身份认证方法、公钥基础设施等。其中也介绍了实现网络安全认证的方法。

3.1 杂 凑 函 数

3.1.1 杂凑函数概述

杂凑函数就是把任意长的输入串 M 变化成固定长的输出串 h 的一种函数。显然，杂凑函数是多对一的函数。但输入串中任意一位的改变，将引起杂凑函数的输出串变化的位数很多。

杂凑函数称为哈希（Hash）函数、消息摘要函数、散列函数或杂凑函数，记为 $h=H(M)$。它的特点是：给定的输入计算杂凑值是很容易的，但求逆是比较困难的，因此，又被称为单向杂凑函数。

Hash 函数的这种单向性特征和输出数据长度固定的特征使得它可以用于检验消息的完整性是否遭到破坏。我们把 Hash 函数值 h 称为输入数据 M 的"数字指纹"。如果消息或数据被篡改，那么数字指纹就不正确了。

虽然可能的消息是无限的，但可能的摘要值却是有限的。如稍后介绍的 Hash 函数 MD-5，其 Hash 函数值长度为 128 位，不同的 Hash 函数值个数为 2^{128}。因此，不同的消息可能会产生同一摘要。如果对于两个不同的消息 M 和 M'，但是它们的摘要值相同，称为发生了碰撞。这就是杂凑函数的碰撞性。碰撞性可以分为弱碰撞性和强碰撞性。弱碰撞性是指对于一个消息 M 及其 Hash 函数值，找到了一个替代消息 M'，使它的 Hash 函数值与给定的 Hash 函数值相同。强碰撞性是指找到了两个消息 M 和 M'，它们的 Hash 函数值相同。

总结起来，Hash 函数具有如下一些性质：

（1）消息 M 可以是任意长度的数据。

（2）给定消息 M，计算它的 Hash 函数值 $h=H(M)$ 是很容易的。

（3）任意给定 h，则很难找到 M 使得 $h=H(M)$，即给出 Hash 函数值，要求输入 M 在计算上是不可行的。这说明 Hash 函数的运算过程是不可逆的，这种性质被称为函数的单向性。

（4）给定消息 M 和其 Hash 函数值 $H(M)$，要找到另一个 M'，且 $M' \neq M$，使得 $H(M)=H(M')$ 在计算上是不可行的，这条性质被称为抗弱碰撞性。

（5）对于任意两个不同的消息 $M' \neq M$，使得 $H(M)=H(M')$ 在计算上是不可行的，这条性质被称为抗强碰撞性。

抗弱碰撞性保证对于一个消息 M 及其 Hash 函数值，无法找到一个替代消息 M'，使它的 Hash 函数值与给定的 Hash 函数值相同。这条性质可用于防止伪造。抗强碰撞性对于 Hash 函数的安全性要求更高。这条性质保证了对生日攻击方法的防御能力。

但是，Hash 函数要求用户不能按既定需要找到一个碰撞，意外的碰撞更是不太可能的。显然，从安全性的角度来看，Hash 函数输出越长，抗碰撞的安全强度越大。

3.1.2 MD-5 算法

MD 表示消息摘要（Message Digest，MD）。MD-4 算法是 1990 年由 Ron Rivest 设计的一个消息摘要算法，该算法的设计不依赖于任何密码体制，采用分组方式进行各种逻辑运算而得到。1991 年 MD-4 算法又得到了进一步的改进，改进后的算法就是 MD-5 算法。MD-5 算法以 512 bit 为一块的方式处理输入的消息文本，每个块又划分为 16 个 32 bit 的子块。算法的输出是由 4 个 32 bit 的块组成的，将它们级联成一个 128 bit 的摘要值。MD-5 算法包括以下几个步骤。

（1）填充消息使其长度正好为 512 bit 的整数倍（L 倍）。

首先在消息的末尾处附上 64 bit 的消息长度的二进制表示（最低有效位在前），大小为 $n(\bmod 2^{64})$，n 表示消息长度。然后在消息后面填充一个"1"和多个"0"，填充后的消息恰好是 512 bit 的整数倍长 L。Y_0，Y_1，…，Y_{L-1} 表示不同的 512 bit 长的消息块，用 $M[0]$，$M[1]$，…，$M[N-1]$ 表示各个 Y_q 中按 32 bit 分组的字，N 一定是 16 的整数倍。

（2）初始化缓冲区。

算法中使用了 128 bit 的缓冲区，每个缓冲区由 4 个 32 bit 的寄存器 A、B、C、D 组成，先把这 4 个寄存器初始化为

$$A=01 \quad 23 \quad 45 \quad 67$$
$$B=89 \quad AB \quad CD \quad EF$$
$$C=FE \quad DC \quad BA \quad 98$$
$$D=76 \quad 54 \quad 32 \quad 10$$

（3）处理 512 bit 消息块 Y_q，进入主循环。

主循环的次数正好是消息中 512 bit 的块的数目 L。先从 Y_0 开始，上一循环的输出作为下一循环的输入，直到处理完 Y_{L-1} 为止。

对消息块 Y_q 的处理过程是这样的，以当前的 512 bit 数据块 Y_q 和 128 bit 缓冲值 A、B、C、D 作为输入，处理结果存放在 A、B、C、D 中。消息块 Y_q 的处理包含 4 轮操作，每一轮由 16 次迭代操作组成，上一轮的输出作为下一轮的输入，如图 3-1 所示。

4 轮处理具有相似的结构：
$$A，B，C，D \leftarrow D，B+((A+g(B,C,D)+M[k]+T[I]) \ll S,B,C)$$
如图 3-2 所示，但每轮处理使用不同的非线性函数。函数 g 为以下 4 个非线性函数之一：
$$F(X，Y，Z)=(X \wedge Y) \vee (\sim X \wedge Z)$$
$$G(X，Y，Z)=(X \wedge Z) \vee (Y \wedge \sim Z)$$

$$H(X, Y, Z)=X \oplus Y \oplus Z$$
$$I(X, Y, Z)=Y \oplus (X \lor \sim Z)$$

各种运算符号的含义：$X \land Y$ 表示 X 与 Y 按位逻辑"与"；$X \lor Y$ 表示 X 与 Y 按位逻辑"或"；$X \oplus Y$ 表示 X 与 Y 按位逻辑"异或"；$\sim X$ 表示 X 按位逻辑"补"；$X+Y$ 表示整数模 2^{32} 加法运算；$X<<S$ 表示将 X 循环左移 S 个位。

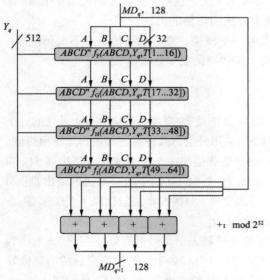

图 3-1　MD-5 的一个 512 bit 组的处理

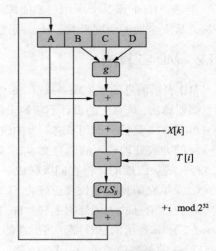

图 3-2　MD-5 的基本运算

常数表 $T[i]$ $(1 \le i \le 64)$ 共有 64 个元素，每个元素长为 32 bit，$T[i]=2^{32} \times \mathrm{ABS}(\sin(i))$，其中 i 是弧度。

处理每一个消息块 Y_i 时，每一轮使用常数表 $T[i]$ 中的 16 个，正好用 4 轮。

（4）输出。

每一轮不断地更新缓冲区 A、B、C、D 中的内容，4 轮之后进入下一个主循环，直到处理完所有消息块为止。最后输出的就是运算结束时缓冲区中的内容。

3.1.3　SHA-1 算法

安全杂凑算法是美国 NIST 和 NSA 设计的一种标准算法 SHA（Secure Hash Algorithm），用于数字签字标准算法 DSS（Digital Signature Standard），亦可用于其他需要用 Hash 算法的情况。SHA 的输入消息长度小于 2^{64} bit，输出压缩值为 160 bit，SHA 具有较高的安全性。

（1）填充消息。

首先将消息填充为 512 的整数倍，填充方法与 MD5 算法相同。与 MD5 算法不同的是 SHA-1 的输入为长度小于 2^{64} bit 的消息。具体操作是在消息的后面填补一个"1"比特，然后填补"0"比特，直到该消息的比特长度模 512 余 448。最后附加消息长度：用 64 比特表示消息长度，放在填补比特之后。如果消息的长度大于 2^{64} bit，则取其低位 64 bit。经过这步的操作，消息的比特数为 512 的倍数，其字数（32 bit）为 16 的倍数，把这些字记作 $M[0],M[1] \cdots M[n-1]$，则 n 为 16 的倍数。

（2）初始化缓冲区。

初始化 160 bit 的消息摘要缓冲区(即设定 IV 值)，该缓冲区用于保存中间和最终摘要结果。每个缓冲区由 5 个 32 bit 的寄存器 A、B、C、D、E 组成，初始化为

$$A=67\ 45\ 23\ 01$$
$$B=EF\ CD\ AB\ 89$$
$$C=98\ BA\ DC\ FE$$
$$D=10\ 32\ 54\ 76$$
$$E=C3\ D2\ E1\ F0$$

（3）处理 512 bit 消息块 Y_q，进入主循环。

主循环的次数正好是消息中 512 bit 的块的数目 L。先从 Y_0 开始，以上一循环的输出作为下一循环的输入，直到处理完 Y_{L-1} 为止。

主循环有 4 轮，每轮 20 次操作（MD5 算法有 4 轮，每轮 16 次操作）。每次操作对 A、B、C、D 和 E 中的 3 个做一次非线性函数运算，然后进行与 MD5 算法中类似的移位运算和加运算。

每一步具有如下形式的计算：

A，B，C，D，$E <-(E+f_t(B,C,D)+(A<<5)+W_t+K_t)$，$A$，（$B<<30$），$C$，$D$

f_t 是四个非线性函数之一，它们是：

$$f_t(X, Y, Z)=(X \wedge Y) \vee (\sim X \wedge Z) \qquad (0 \leq t \leq 19)$$
$$f_t(X, Y, Z)=X \oplus Y \oplus Z \qquad (20 \leq t \leq 39)$$
$$f_t(X, Y, Z)=(X \wedge Y) \vee (X \wedge Z) \vee (Y \wedge Z) \qquad (40 \leq t \leq 59)$$
$$f_t(X, Y, Z)=X \oplus Y \oplus Z \qquad (60 \leq t \leq 79)$$

该算法使用了常数序列 $K_t(0 \leq t \leq 79)$，分别为

$$K_t=5a827999 \qquad (0 \leq t \leq 19)$$
$$K_t=6ed9eba1 \qquad (20 \leq t \leq 39)$$
$$K_t=8f1bbcdc \qquad (40 \leq t \leq 59)$$
$$K_t=ca62c1d6 \qquad (60 \leq t \leq 79)$$

用下面的算法将消息块从 16 个 32 bit 子块变成 80 个 32 bit 子块（$W_0 \sim W_{79}$）：

$$W_t=M_t \qquad (0 \leq t \leq 15)$$
$$W_t=(W_{t-3} \oplus W_{t-8} \oplus W_{t-14} \oplus W_{t-16})<<1 \qquad (16 \leq t \leq 79，<<1 是循环左移 1 bit)$$

该算法主循环 4 轮，每轮 20 次，$0 \leq t \leq 79$，将 80 个 32 bit 子块(W_0 到 W_{79})变成 5 个 32 bit 子块，每一次的变换的基本形式是相同的：

$$A \leftarrow (E+f_t(B，C，D))+(A<<5)+W_t+K_t$$
$$B=A$$
$$C=(B<<30)$$
$$D=C$$
$$E=D$$

其中：$(A<<5)$ 表示寄存器 A 循环左移 5 bit，$(B<<30)$ 表示寄存器 K 循环左移 30 bit。80 次处理完后，处理下一个 512 bit 的数据块，直到处理完 Y_{L-1} 为止。最后输出 $A \| B \| C \| D \| E$ 级联后的结果。

3.1.4　SHA-3 算法

SHA-224、SHA-256、SHA-384，和 SHA-512 并称为 SHA-2。SHA-2 并没有接受像 SHA-1 一样的公众密码社区做详细的检验，所以它们的密码安全性还不被大家广泛的信任。虽然至今尚未出现对 SHA-2 有效的攻击，它的算法跟 SHA-1 基本上相似。近年来，随着密码分析学的发展，通过对算法数学分析攻击，已大大削弱了哈希算法的安全性。为了提高杂凑函数的安全性，2007 年美国 NIST 面向全球公开竞选 SHA-3 算法。2012 年 10 月 2 日，Keccak 算法获胜成为 SHA-3 算法。Keccak 算法由意法半导体的 Guido Bertoni、Joan Daemen（AES 算法合作者）和 Gilles Van Assche，以及恩智浦半导体的 Michaël Peeters 联合开发。

Keccak 算法对于输出为 256 位 Hash 算法应用，每次输入为 1 600 位（不足时需填充），组成一个 25×8 字节的三维数组，其压缩函数共需要进行 24 轮迭代，每一轮都对三维数组进行 5 步不同的置换操作。全部消息迭代处理完成后，数据输出时不是将内部状态直接输出，而是同样要进行若干次压缩函数运算，最终根据长度需要输出结果。

3.1.5　应用于完整性检验的一般方法

Hash 函数可以用于消息完整性检验。无论是存储文件还是传输文件，都需要同时存储或发送该文件消息的杂凑值；验证时，对于实际得到的文件重新计算其杂凑值，再与原杂凑值进行对比，如果一致，则说明文件是完整的，否则，是不完整的。

不过，通过了消息的完整性检验，这只能检验消息是否是完整的，不能说明消息是否是伪造的。因为，一个伪造的消息与其对应的数字指纹也可以是匹配的。消息认证具有两层含义：一是检验消息的来源是真实的，即对消息的发送者的身份进行认证；二是检验消息是完整的，即验证消息在传送或存储过程中未被篡改、删除或插入等。

当需要进行消息认证时，仅有消息作为输入是不够的，需要加入密钥 K，这就是消息认证的原理。能否认证，关键在于信息发送者或信息提供者是否拥有密钥 K。参见 3.3 节。

3.1.6　安全性分析

Hash 函数须满足 3.1.1 节的 5 条性质，然而，抗强碰撞性对于消息 Hash 函数的安全性要求是非常高的。例如，MD-5 算法输出的 Hash 函数值总数为 2^{128}，SHA-1 算法输出的 Hash 函数值总数为 2^{160}，这说明可能 Hash 函数值是有限的，而输入的消息是无限的，因此，函数的碰撞性是可能存在的。

评价 Hash 函数的一个最好的方法是看攻击者找到一对碰撞消息所花的代价有多大。一般地，假设攻击者知道 Hash 函数，攻击者的主要目标是找到一对或更多对碰撞消息。

目前已有一些攻击 Hash 函数的方案和计算碰撞消息的方法，这些方法中的生日攻击方法可用于攻击任何类型的 Hash 函数方案。

生日攻击方法只依赖于消息摘要的长度，即 Hash 函数值的长度。生日攻击给出消息摘要长度的一个下界。一个 40 bit 长的消息摘要是很不安全的，因为仅仅用 2^{20} 次 Hash 函数值的随机计算就可至少以 1/2 的概率找到一对碰撞。为了抵抗生日攻击，通常建议消息摘要的长度至少应为 128 bit，此时生日攻击需要约 2^{64} 次 Hash 函数值的计算。

除生日攻击法外，对一些类型的 Hash 函数还有一些特殊的攻击方法，例如，中间相遇攻击法、修正分组攻击法和差分分析法等。值得一提的是，山东大学王小云教授等人于 2004 年 8 月在美国加州召开的国际密码大会（Crypto'2004）上所做的 Hash 函数研究报告中指出，他们已成功破译了 MD4、MD5、HAVAL 128、RIPEMD 128 等 Hash 算法。国际密码学家 Lenstra 又利用王小云等人提供的 MD5 碰撞，伪造了符合 X.509 标准的数字证书，这就说明了 MD-5 算法的破译已经不仅仅是理论破译结果，而是可以导致实际的攻击，MD-5 算法的撤出迫在眉睫。他们的研究成果得到了国际密码学界专家的高度评价，他们找到的碰撞基本上宣布了 MD-5 算法的终结。

MD5 和 SHA-1 算法都是典型的 Hash 函数，MD-5 算法的输出长度是 128 bit，SHA-1 算法的输出长度是 160 bit。从抗碰撞性的角度来讲，SHA-1 算法更安全。为了抵抗生日攻击，通常建议消息摘要的长度至少应为 128 bit。

3.2　数字签名

3.2.1　数字签名的原理

生活中常用的合同、遗嘱、财产关系、证明等都需要签名或印章，在将来发生纠纷时用来证明其真实性。一些重要证件，如护照、身份证、驾照、毕业证和技术等级证书等都需要授权机构盖章才有效。书信的亲笔签名、公文、证件的印章等起到核准、认证和生效的作用。在网络环境下，我们如何保证信息的真实性呢？这就需要数字签名技术，它可以解决下列情况引发的争端：发送方不承认自己发送过某一报文；接收方自己伪造一份报文，并声称它来自发送方；网络上的某个用户冒充另一个用户接收或发送报文；接收方对收到的信息进行篡改。

正是由于数字签名具有独特的作用，在一些特殊行业（比如金融、商业、军事等）有着广泛的应用。

数字签名离不开公钥密码学，在公钥密码学中，密钥由公开密钥和私有密钥组成。数字签名包含两个过程：签名过程（即使用私有密钥进行加密）和验证过程（即接收方或验证方用公开密钥进行解密）。

由于从公开密钥不能推算出私有密钥，因此公开密钥不会损害私有密钥的安全。公开密钥无须保密，可以公开传播，而私有密钥必须保密。因此，若某人用其私有密钥加密消息，用其公开密钥正确解密，就可肯定该消息是某人签名的。因为其他人的公开密钥不可能正确解密该加密过的消息，其他人也不可能拥有该人的私有密钥而制造出该加密过的消息，这就是数字签名的原理。

从技术上来讲，数字签名其实就是通过一个单向函数对要传送的报文（或消息）进行处理，产生别人无法识别的一段数字串，这个数字串用来证明报文的来源并核实报文是否发生了变化。在数字签名中，私有密钥是某个人知道的秘密值，与之配对的唯一公开密钥存放在公共数据库中，用签名人掌握的秘密值签署文件，用对应的数字证书进行验证。

3.2.2　RSA 数字签名

任何公钥密码体制，当用私钥签名时，接收方可认证签名人的身份；当用接收方的公钥加密时，只有接收方能够解密。这就是说，公钥密码体制既可用作加密，也可用作数字签名。

1．RSA 数字签名

设 A 为签名人，任意选取两个大素数 p 和 q，计算 $n=pq$，$\phi(n)=(p-1)(q-1)$；随机选择整数 $e<\phi(n)$，满足 $GCD(e,\phi(n))=1$；计算整数 d，满足 $ed=1\ (mod\ \phi(n))$。p，q 和 $\phi(n)$ 保密，A 的公钥为 (n,e)，私钥为 d。

签名过程：对于消息 $m(m<n)$，计算 $s=m^d\ (mod\ n)$，则签名为 $(m，s)$，并将其发送给接收人或验证人。

验证过程：接收人或验证人收到签名 (m,s) 后，利用 A 的公钥，计算 $m'=s^e(mod\ n)$，检查 $m'=m$ 是否成立。如果成立，则签名正确；否则，签名不正确。

签名正确性证明：若签名正是 A 所签，则有 $m'=s^e=(m^d)^e=m^{ed}=m\ (mod\ n)$。

在该签名方案中，任何人都可以用 A 的公钥进行验证，而且可以获得原文，不具备加密功能。如果消息 $m>n$，则可用哈希函数 h 进行压缩，计算 $s=(h(m))^d\ (mod\ n)$，接收方或验证方收到 (m,s) 后，先计算 $m'=s^e\ (mod\ n)$，然后检查 $m'=h(m)$ 是否成立，即可验证签名是否正确。在这里，可以判断 m 是否被篡改。如果 m 包含重要的信息，不能泄露，那么签名前需要对 m 进行加密处理。

2．RSA 数字签名与 RSA 加密的对比

RSA 加密是常用的方案，此处介绍的目的是与签名方案进行对比，便于用法上的区分。

不妨设接收者 B 的公钥 e 和私钥 d 保密，其他参数如上所述。A 要将秘密信息 m 传输给 B，先从公共数据库中查找到 B 的公钥 e，然后计算密文 $c=m^e\ (mod\ n)$，再将 c 发送给 B。

B 收到密文 c 后，计算 $m=c^d\ (mod\ n)$，从而恢复明文。因为只有 B 才可能利用其私钥 d 解密，对 m 起到保密的作用。

因此，RSA 数字签名是用发送者的保密密钥对消息进行计算即签字，而 RSA 加密是用接收者的公开密钥对消息进行计算即加密。

3.2.3　ElGamal 数字签名

ElGamal 数字签名体制是 T.ElGamal 在 1985 年给出。它的安全性主要基于求解离散对数问题的困难性。该体制的一个重要应用是用于 NIST 于 1991 年公布的数字签名标准中所使用的数字签名算法（DSA）。

算法描述如下：

（1）体制参数

ElGamal 数字签名体制可以分为系统参数与用户密钥两部分。ElGamal 数字签名体制使用了如下的一些系统参数：①大素数 p，满足使 Z_p 中的离散对数为困难问题；②p 的生成元 g，g 是乘法群 Z_p^* 的生成元（或称本原元）。

ElGamal 数字签名体制的用户密钥分为用户的公开密钥 e 与秘密密钥 d。e 和 d 的计算过程如下：用户选取任意的随机数 d，计算 $e=g^d mod\ p$。然后用户将 d 严格保密作为自己的秘密密钥，而将 e 公开作为自己的公开密钥。

因此，整个系统公开的参数包括：大素数 p、Z_p 中的生成元 g、每一个用户的公开密钥 e，而每一个用户将对其秘密密钥 d 严格保密。

（2）签名过程

给定消息 M，用户 A 要对明文消息 m 加签名，$0<m<p-1$，签名方将进行下列计算：①用

户 A 随机地选择一个整数 k 且 $(k,p-1)=1$；计算 $r=g^k \bmod p$；②计算 $s=(m-d_A^* r)k^{-1} \bmod (p-1)$。

取 (r,s) 作为 m 的签名，并以 (m,r,s) 的形式发送给用户。

（3）验证过程如下：

用户 B 验证 $g^m = e^r r^s \bmod p$ 是否成立，若成立，则签名为真；否则签名为假。签名的可验证性证明如下：

因为
$$s=(m-d^*r)k^{-1} \bmod (p-1)$$
所以
$$m=(ks+ d^*r) \bmod (p-1)$$
故
$$g^m = e^r r^s \bmod p$$
因此签名可验证。

注意：对于上述 ElGamal 数字签名，为了安全，随机数 k 应当是一次性的。否则，可用过去的签名冒充现在的签名并且可以求出 d_A。

另外，由于取 (r,s) 作为 m 的签名，所以 ElGamal 数字签名的数据长度是明文的两倍，即数据扩展一倍。

3.2.4 Schnorr 数字签名

Schnorr 数字签名方案是 ElGamal 型签名方案的一种变形，该方案由 Schnorr 于 1989 年提出，包括初始过程、签名过程和验证过程。

1．初始过程

（1）系统参数：大素数 p 和 q 满足 $q \mid p-1$，$q \geq 2^{160}$ 是整数，$p \geq 2^{512}$ 是整数，确保在 Z_p 中求解离散对数的困难性；$g \in Z_p$，且满足 $g_q = 1(\bmod p)$，$g \neq 1$；h 为单向哈希函数。

p、q、g 作为系统参数，供所有用户使用，在系统内公开。

（2）用户私钥：用户选取一个私钥 x，$1 < x < q$，保密。

（3）用户公钥：用户的公钥 y，$y = g^x (\bmod p)$，公开。

2．签名过程

用户随机选取一个整数 k，$k \in Z_q^*$，计算 $r = g^k (\bmod p)$，$e = h(r,m)$，$s = k - xe (\bmod q)$，(e,s) 为用户对 m 的签名。

3．验证过程

接收者收到消息 m 和签名 (e,s) 后，先计算 $r' = g^s y^e (\bmod p)$，然后计算 $e' = h(r',m)$，检验 $e' = e$ 是否成立。如果成立，则签名有效；否则，签名无效。

若 (e, s) 为合法签名，则有

$$g^s y^e = g^{k-xe} g^{xe} = g^k = r \ (\bmod p)$$

所以当签名有效时，上式成立，从而说明验证过程是正确的。

3.2.5 DSA 数字签名

1991 年 8 月美国国家标准局（NIST）公布了数字签名标准(Digital Signature Standard，DSS)，此标准采用的算法称为数字签名算法（Digital Signature Algorithm，DSA），它作为 ElGamal 和 Schnorr 签名算法的变种，其安全性基于离散对数难题；并且采用了 Schnorr 系统中 g 为非本原元的做法，以降低其签名文件的长度。方案包括初始过程、签名过程和验证过程。

1．初始过程

（1）系统参数：大素数 p 和 q 满足 $q\mid p-1$，$2^{511}<p<2^{1024}$，$2^{159}<q<2^{160}$，确保在 Z_p 中求解离散对数的困难性；$g\in Z_p$，且满足 $g=h^{(p-1)/q}\pmod p$，其中 h 为整数，$1<h<p-1$ 且 $h^{(p-1)/q}\pmod p>1$。p，q，g 作为系统参数，供所有用户使用，在系统内公开。

（2）用户私钥：用户选取一个私钥 x，$1<x<q$，保密。

（3）用户公钥：用户的公钥 y，$y=g^x\pmod p$，公开。

2．签名过程

对待签消息 m，设 $0<m<p$。签名过程如下：

（1）生成一随机整数 k，$k\in Z_q^*$；

（2）计算 $r=g^k\bmod p\pmod q$；

（3）计算 $s=k^{-1}(h(m)+xr)\pmod q$。

(r,s) 为签名人对 m 的签名。

3．验证过程

验证过程如下：

（1）检查 r 和 s 是否属于 $[0,q]$，若不是，则(r,s)不是签名；

（2）计算 $t=s^{-1}\pmod q$，$r'=g^{h(m)t\pmod q}y^{rt\pmod q}\bmod p\pmod q$；

（3）比较 $r'=r$ 是否成立。若成立，则(r,s)为合法签名。

关于 DSA 的正确性证明，需要用到中间结论：对于任何整数 t，若 $g=h^{(p-1)/q}\pmod p$，则
$$g^t\pmod p=g^{t\pmod q}\pmod p。$$

证明：因为 GCD(h,p)=1，根据费马定理有 $h^{p-1}=1\pmod p$。对任意整数 n，有 $g^{nq}\pmod p=$ $(h^{(p-1)/q}\bmod p)^{nq}\pmod p=h^{n(p-1)}\pmod p=(h^{p-1}\bmod p)^n\pmod p=1^n\pmod p=1$

对于任意整数 t，可以表示为 $t=nq+z$，其中 n、q 是非负整数，$0<z<q$，因此有 $g^t\pmod p=g^{nq+z}\pmod p=(g^{nq}\bmod p)(g^z\bmod p)=g^z\pmod p=g^{t\pmod q}\pmod p$。

若(r,s)为合法签名，则有

$$g^{h(m)t\pmod q}y^{rt\pmod q}\bmod p\pmod q$$
$$=g^{(h(m)+xr)t\pmod q}\bmod p\pmod q$$
$$=g^{(h(m)+xr)s^{-1}\pmod q}\bmod p\pmod q$$
$$=g^k\bmod p\pmod q$$
$$=r$$

3.2.6 特殊的数字签名

在现实生活中，数字签名的应用领域广泛且多样，因此，能适应某些特殊要求的数字签名技术也应运而生。如为了保护信息拥有者的隐私，要求签名人不能看见所签信息，于是就有了盲签名的产生；签名人委托另一个人代表他签名，于是就有了代理签名的概念等。正是这些应用的需要，各种各样的特殊的数字签名研究一直是数字签名研究领域非常活跃的部分，也产生了很多分支。下面分别介绍这些特殊数字签名的概念。

盲签名：指签名人不知道所签文件内容的一种签名。也就是说，文件内容对签名人来说是保密的。如遗嘱，立遗嘱人不希望遗嘱被有关利益人（包括证人在内）知道，但又需要证明是生前的真实愿望；这就需要盲签名来解决这个难题。证人只需对遗嘱签名，将来某天证

明其真实性即可，无须知道其中的具体内容。盲签名这一性质还可以结合到其他的签名方案中，形成新的签名方案，如群盲签名、盲代理签名、代理盲签名、盲环签名等。

代理签名：指签名人将其签名权委托给代理人，由代理人代表他签名的一种签名。代理签名的形式非常多，如多重代理签名、代理多重签名等。

签名加密：这种签名同时具有签名和加密的功能，它的系统和传输开销要小于先签名后加密两者的和。该技术能同时达到签名与加密双重目的。

多重签名：指由多人分别对同一文件进行签名的特殊数字签名。多重签名是一种基本的签名方式，它与其他数字签名形式相结合又派生出许多其他签名方式，如代理多重签名、多重盲签名等。

群签名：指由个体代表群体执行的签名，验证者从签名不能判定签名者的真实身份，但能通过群管理员查出真实签名者。这是近几年的一个研究热点，研究重点放在群公钥的更新、签名长度的固定和群成员的加入与撤销等方面。

环签名：指一种与群签名有许多相似处的签名形式，它的签名者身份是不可跟踪的，具有完全匿名性。

前向安全签名：主要是考虑密钥的安全性，签名私钥能按时间段不断更新，而验证公钥却保持不变。攻击者不能根据当前时间段的私钥推算出先前任一时间段的私钥，从而达到不能伪造过去时间段的签名的目的，对先前的签名进行了保护。这种思想能应用到各种类型的签名中，可提高系统的安全性。

此外，还有门限共享、失败-停止签名、不可否认签名、零知识签名等许多分支。

3.2.7 数字签名的应用

数字签名技术用来保证信息传输的完整性、发送者的身份认证、防止交易中的抵赖发生。

应用过程中，发送者将摘要信息用发送者的私钥加密，与原文一起传送给接收者。接收者只有用发送者的公钥才能解密被加密的摘要信息，然后用 Hash 函数对收到的原文产生一个摘要信息，与解密的摘要信息对比。如果相同，则说明收到的信息是完整的，在传输过程中没有被修改，否则说明信息被修改过，因此数字签名能够验证信息的完整性。也能确定消息确实是由发送方签名并发出来的，因为别人假冒不了发送方的签名，从而在交易中防止抵赖发生，在身份认证过程中确定发送者是谁，即完成发送者的身份认证。

数字签名技术最早应用于用户登录过程，现在数字签名技术广泛应用于电子邮件、数据交换、电子交易和电子货币等领域。例如，典型的 B2C 电子商务中有顾客、商家、支付网关（银行）等角色。顾客选定所需商品后向商家发出订购信息，并向银行发出支付信息，这些重要信息都需要进行数字签名，只有经确认后才能正式生效。

3.3 消息认证技术

认证（Authentication）又称鉴别、确认，是证实某事是否名副其实或是否有效的一个过程。认证与加密的区别在于：加密用以确保数据的保密性，阻止敌手的被动攻击，如截取、窃听等；认证用以确保报文发送者和接收者的真实性以及报文的完整性，阻止敌手的主动攻击，如冒充、篡改、重播等。

3.3.1 站点认证

为了确保通信安全，在正式传送报文之前，应首先认证通信是否在意定的站点之间进行，这一过程称为站点认证。这种站点认证是通过验证加密的数据能否成功地在两个站点间进行传送来实现的。

1．单向认证

我们称通信的一方对另一方的认证为单向认证。设 A、B 是意定的两个站点，A 是发送方，B 是接收方。若采用传统密码，则 A 认证 B 是否为其意定的通信站点的过程如下（假设 A、B 共享保密的会话密钥 K_S）：

$$A \rightarrow B : E(R_A, K_S)$$
$$B \rightarrow A : E(F(R_A), K_S)$$

由于 A、B 共享保密的会话密钥 K_s，因此，A 选择一个随机信息 RA 并发送加密信息 $E(R_A, K_s)$ 给 B，B 能解密出 R_A，并对 R_A 进行约定的计算后加密发送给 A 加密信息 $E(F(R_A), K_s)$。其他站点是不知道 K_s 的，因此，其他站点不能解密出 R_A，也不能对 R_A 进行约定的计算后和加密，即不能计算出预定的加密信息 $E(F(R_A), K_s)$。从而 A 认证 B 是为其意定的通信站点。

若采用公开密钥密码，A 认证 B 是否是其意定通信站点的过程如下（假设 A、B 的公钥分别为 K_{P_A} 和 K_{P_B}，私钥分别为 K_{S_A} 和 K_{S_B}）：

$$A \rightarrow B : R$$
$$B \rightarrow A : D(R, K_{S_B})$$

其正确性和安全性的分析留作习题。

2．双向认证

我们称通信双方同时对其另一方的认证为双向认证或相互认证。若利用传统密码，A 和 B 相互认证对方是否为意定的通信站点的过程如下：

$$A \rightarrow B : E(R_A, K_S)$$
$$B \rightarrow A : E(R_A \| R_B, K_S)$$
$$A \rightarrow B : E(R_B, K_S)$$

其正确性和安全性的分析留作习题。

若采用公开密钥密码，A 和 B 相互认证对方是否为其意定通信站点的过程如下：

$$A \rightarrow B : R$$
$$B \rightarrow A : D(R_A \| R_B, K_{S_B})$$
$$A \rightarrow B : D(R_B, K_{S_A})$$

其正确性和安全性的分析留作习题。

3.3.2 报文认证

在网络环境下，攻击者报文认证必须使通信方能够验证每份报文的发送方、接收方、内容和时间的真实性和完整性。也就是说，通信方能够确定：报文是由意定的发送方发出的，报文传送给意定的接收方，报文内容有无篡改或发生错误，报文按确定的次序接收。

1．报文源的认证

若采用传统密码，报文源的认证可通过收发双方共享的保密的数据加密密钥来实现。设

A 为报文的发送方，简称为源；B 为报文的接收方，简称为宿。A 和 B 共享保密的密钥 K_S。A 的标识为 ID_A，要发送的报文为 M，那么 B 认证 A 的过程如下：

$$A \rightarrow B{:}E(ID_A \| M, K_S)$$

若采用公开密钥密码，报文源的认证将变得十分简单。只要发送方对每一报文进行数字签名：

$$A \rightarrow B{:}D(ID_A \| M, K_{S_A})$$

接收方验证签名即可。

2．报文宿的认证

只要将报文源的认证方法稍加修改便可使报文的接收方能够认证自己是否是意定的接收方，只要在以密钥为基础的认证方案的每份报文中加入接收方标识符 ID：

$$A \rightarrow B{:}E(ID_B \| M, K_S)$$

若采用公开密钥密码，报文宿的认证也十分简单，只要发送方对每份报文用 B 的公开的加密密钥进行加密即可：

$$A \rightarrow B{:}E(ID_B \| M, K_{P_B})$$

只有 B 才能用其保密的解密密钥还原报文，因此，若还原的报文是正确的，则 B 便确认自己是意定的接收方。

3．报文内容的认证

报文内容认证使接收方能够确认报文内容的真实性，这可通过验证认证码（Authentication Code）的正确性来实现。产生认证码的常用方法有报文加密、消息认证码和杂凑函数三种。

（1）报文加密方法

使用报文加密方法，整个报文的密文作为认证码。如在传统密码中，发送方 A 要发送报文给接收方 B，则 A 用他们共享的秘密钥 K 对发送的报文 M 加密后发送给 B：

$$A \rightarrow B{:}E(M, K)$$

该方法可提供：

① 报文秘密性：如果只有 A 和 B 知道密钥 K，那么其他任何人均不能恢复出报文明文。

② 报文源认证：除 B 外只有 A 拥有 K，也就只有 A 可产生出 B 能解密的密文，所以 B 可相信该报文发自 A。

③ 报文认证：因为攻击者不知道密钥 K，所以也就不知如何改变密文中的信息位，使得在明文中产生预期的改变。因此，若 B 可以恢复出明文，则 B 可以认为 M 中的每一位都未被改变。但是，给定解密算法 D 和秘密钥 K，接收方可对接收到的任何报文 X 执行解密运算从而产生输出。例如，若明文是二进制文件，则很难确定解密后的报文是否是真实的明文。

因此，攻击者可以冒充是合法用户来发布任何报文，从而造成干扰和破坏。解决上述问题的方法之一是，在每个报文后附加错误检测码，也称帧校验序列（FCS）或校验和。若 A 要发送报文 M 给 B，则 A 将 FCS(M)附于报文 M 之后：$A{-}{>}B{:}E(M\|FCS, K)$。若利用公钥加密，则可提供认证和签名：$A{-}{>}B{:}D(M\|FCS, K_{S_A})$。如果要提供保密性，$A$ 可用 B 的公钥对上述签名加密：$A \rightarrow B{:}E(D(M\|FCS, K_{S_A}), K_{P_B})$。

消息的完整性检验，这只能检验消息是否是完整的，不能说明消息是否是伪造的。因为，一个伪造的消息与其对应的数字指纹也是匹配的。消息认证具有两层含义：一是检验消息的来源是真实的，即对消息的发送者的身份进行认证；二是检验消息是完整的，即验证消息在传送或存储过程中未被篡改、删除或插入等。

当需要进行消息认证时，仅有消息作为输入是不够的，需要加入密钥 K，这就是消息认证的原理。能否认证，关键在于信息发送者或信息提供者是否拥有密钥 K。

（2）消息认证码方法

消息认证码（Message Authentication Code，MAC）是消息内容和秘密钥的公开函数，其输出是固定长度的短数据块：MAC=$C(M,K)$。消息认证码（Message Authentication Code，MAC）通常表示为

$$MAC=C_K(M)$$

或

$$MAC=C(M,K)$$

其中：M 是长度可变的消息；K 是收、发双方共享的密钥;函数值 $C_K(M)$ 是定长的认证码，也称为密码校验和。MAC 是带密钥的消息摘要函数，即一种带密钥的数字指纹，它与不带密钥的数字指纹是有本质区别的。

假定通信双方共享秘密钥 K。若发送方 A 向接收方 B 发送报文 M，则 A 计算 MAC，并将报文 M 和 MAC 发送给接收方：$A{-}{>}B{:}M{\|}MAC$。

接收方收到报文后，用相同的秘密钥 K 进行相同的计算得出新的 MAC，并将其与接收到的 MAC 进行比较。若两者相等，则确认以下两点：

① 接收方可以相信报文未被修改。如果攻击者改变了报文，因为已假定攻击者不知道秘密钥，所以他不知道如何对 MAC 做相应的修改，这将使接收方计算出的 MAC 不等于接收到的 MAC。

② 接收方可以相信报文来自意定的发送方。因为其他各方均不知道秘密钥，因此他们不能产生具有正确 MAC 的报文。

上述方法中，报文是以明文形式传送的，所以该方法可以提供认证，但不能提供保密性。若要获得保密性，可使用下面两种方法。一种是在使用 MAC 算法之后对报文加密：

另一种方法是在使用 MAC 算法之前对报文加密来获得保密性：

$$A{\rightarrow}B{:}E(M{\|}C(M,K_1),K_2)$$

或

$$A{\rightarrow}B{:}E(M,K_2){\|}C(E(M,K_2),K_1)$$

实际应用时，要求函数 C 具有以下性质：

① 对已知 M_1 和 $C(M_1,K)$，构造满足 $C(M_1,K)=C(M_2,K)$ 的报文 M_2 在计算上是不可行的。

② $C(M,K)$ 应是均匀分布的，即对任何随机选择的报文 M_1 和 M_2，$C(M_1,K)=C(M_2,K)$ 的概率是 2^{-n}，其中 n 是 MAC 的位数。

③ 设 M_2 是 M_1 的某个已知的变换，即 $M_2=f(M_1)$，如 f 逆转 M_1 的一位或多位，那么 $C(M_1,K)=C(M_2,K)$ 的概率是 2^{-n}，其中 n 是 MAC 的位数。

性质 1 是为了阻止攻击者构造出与给定的 MAC 匹配的新报文。性质 2 是为了阻止基于选择明文的穷举攻击。性质 3 要求认证算法对报文各部分的依赖应是相同的。总之，MAC 算法的性质与杂凑函数基本上是相同的。

值得注意的是，因为不需要从 MAC 中得到原报文，MAC 算法不要求可逆性，而加密算法必须是可逆的，与加密相比，认证函数更不易被攻破；由于收发双方共享密钥，因此，MAC

不能提供数字签名功能。

4．报文时间性的认证

报文的时间性即指报文的顺序性。简单的实现报文时间性的认证方法有：序列号、时间戳和随机数/响应。

攻击者将所截获的报文在原密钥使用期内重新注入通信线路中进行捣乱、欺骗接收方的行为称为重放攻击（Replay Attacks）。报文的时间性认证就是解决重放攻击的。下面给出一个抗重放攻击的协议——Needham – Schroeder 协议。其中通过 N_1 及 N_1 的密文，$N2$ 及 $f(N_2)$ 保证传送信息的当次对应关系，用来识别不是其他时间的回应，从而抵御重放攻击。

$$A \rightarrow S：\text{ID}_A \| \text{ID}_B \| N_1$$
$$S \rightarrow A：E_{K_A}[E_K\|\text{ID}_B\|N_1|E_{K_B}(K_s\|\text{ID}_A)]$$
$$A \rightarrow B：E_{K_B}[K_s\|\text{ID}_A]$$
$$B \rightarrow A：E_{K_S}[N_2]$$
$$A \rightarrow B：E_{K_S}[f(N_2)]$$

3.4 身 份 认 证

用户的身份认证是许多应用系统的第一道防线，其目的在于识别用户的合法性，从而阻止非法用户访问系统。身份识别对确保信息系统和数据的信息安全保密是极其重要的，可以通过验证用户知道什么？用户拥有什么或用户的生理特征等方法来进行用户身份认证。

在现实社会中，人们常常会被问：你是谁？在网络世界里，这个问题同样会出现，许多信息系统在使用前，都要求用户注册，通过验证后才能进入。身份认证是防止未授权用户进入信息系统的第一道防线。

身份认证包含身份的识别和验证。身份识别就是确定某一实体的身份，知道这个实体是谁；身份验证就是对声称是谁的声称者的身份进行证明（或检验）的过程。前者是主动识别对方的身份，后者是对对方身份的检验和证明。

通常所说的身份认证就是指信息系统确认用户身份的过程。在通信网络中，一切信息包括用户的身份信息都是由一组特定的数据来表示的，计算机只能识别用户的数字身份，给用户的授权也是针对用户数字身份进行的。而我们生活的现实世界是一个真实的物理世界，每个人都拥有独一无二的物理身份。保证操作者的物理身份与数字身份相对应，就是身份认证管理系统所需要解决的问题。

目前，验证用户身份的方法主要有以下三种途径：

（1）所知道的某种信息，比如口令、账号和身份证号等。

（2）所拥有的物品，如图章、标志、钥匙、护照、IC 卡和 USB Key 等。

（3）所具有的独一无二的个人特征，如指纹、声纹、手形、视网膜和基因等。

3.4.1 基于用户已知信息的身份认证

1．用户名加口令的方式

口令（或通行字）是被广泛研究和应用的一种身份验证方法，也是最简单的身份认证方法。用户的口令由用户自己设定，只有用户自己才知道。只要能够正确输入口令，计算机就认为操作者就是合法用户。

用户名加口令的方式已经成为信息系统最为常见的限制非法用户的手段，使用非常方便。只要管理适当，口令不失为一种有效的安全保障手段。但是，使用这种方式，信息系统的安全依赖于口令的安全，但是使用口令存在许多安全隐患，如弱口令（如某人的生日、电话号码和电子邮件等，容易被人猜中或攻击）、不安全存储（如记录在纸质上或存放在计算机里）和易受到攻击（口令很难抵抗字典攻击，静态口令很容易被驻留在计算机内存中的木马程序或网络中的监听设备截获）。

此外，许多信息系统对用户名加口令的身份认证方式进行了改进，采用"用户名+口令+验证码"的方式，验证码要求用户从图片或其他载体中读取，有效地避免了暴力攻击（穷举攻击）。

2．密钥加解密方式

此处密钥的概念是基于密码学意义而言的，即指对称密码算法的密钥、非对称密码算法的公开密钥和私有密钥。"用户名+口令"方式是基于判断用户是否知道口令，一般不涉及复杂的计算，只须进行比较就可以了；而密钥的使用是基于复杂的加密运算。下面分两种情况分别进行说明。

若通信双方采用对称密码算法进行保密通信，在通信前，双方约定共享密钥 k，接收方收到密文后，如果能够使用共享密钥 k 解密，那么他就相信发送方的身份了，因为只有发送方才知道这个密钥。

若通信双方采用非对称密码算法进行保密通信和数字签名，在通信前，发送方通过公共数据库查询接收方的公钥，其首先采用接收方的公钥进行加密，然后用自己的私钥进行数字签名，这样接收方先用发送方的公钥验证签名是否正确，如果正确，那么其相信发送方的身份，因为只有发送方才可能签名，同时，再用自己的私钥解密，获得明文。

密钥加解密方式基于复杂的密码运算，算法的安全性大为提高。但是，使用密钥加解密方式运算复杂，效率不高，使用不方便。使用对称密钥算法时，认证对方身份的前提是他必须保守共享密钥这个秘密，这本身就是脆弱的。

3．一次一密机制

一次一密机制主要有两种实现方式。第一种是采用请求/应答（Challenge/Response）方式，用户登录时系统随机提示一条信息，用户根据这一信息连同其个人化数据共同产生一个口令字，用户输入这个口令字，完成一次登录过程，或者用户对这一条信息实施数字签名发送给 AS 进行鉴别；第二种是采用时钟同步机制，即根据这个同步时钟信息连同其个人化数据共同产生一个口令字。这两种方案均需要 AS 端也产生与用户端相同的口令字（或检验用户签名）用于验证用户身份。

4．零知识证明

零知识证明的思想，就是用户不直接给出所知道的秘密信息，但能证明他是已知信息的。该思想基于以下的"洞穴问题"：P 想对 V 证明他知道咒语，但不想直接告诉 V，那么，P 使 V 确信的过程如下：

① V 站在 A 点；

② P 进入洞穴中的 C 或 D 点；

③ P 进入洞穴后，V 走到 B 点；

④ V 要 P：从左边出来或者从右边出来；

⑤ P 按 V 的要求实现（必要时 P 用咒语打开密门）。

⑥ P 和 V 重复以上①至⑤步骤 n 次。

若 P 不知道咒语，则在协议的每一轮中他只有 50% 的机会成功，所以他成功地欺骗 V 的概率为 50%。经过 n 轮后，P 成功欺骗 V 的概率为 2^{-n}。当经过 n 为 16 次测试后，P 成功欺骗 V 的概率只有 2^{-16}。

使用零知识证明作为身份证明最早是由 Uriel Feige、Amos Fiat 和 Adi Shamir 提出的。通过使用零知识证明，示证者证明他知道其私钥，并由此证明其身份。Feige-Fiat-Shamir 身份认证方案是最著名的身份零知识证明方案。

3.4.2 基于用户所拥有的物品的身份认证

1．记忆卡

最普通的记忆卡是磁卡，磁卡的表面贴有磁条，磁条上记录用于机器识别的个人信息，记忆卡也称为令牌。

记忆卡的优点：记忆卡明显比口令安全，廉价而易于生产。黑客或其他假冒者必须同时拥有记忆卡和 PIN，这当然比单纯获取口令更加困难。

记忆卡的缺点：易于制造，磁条上的数据也不难转录。

2．智能卡

智能卡是一种内置集成电路的芯片，包含微处理器、存储器和输入/输出接口设备等。它存储的信息远远大于磁条的 250 B 的容量，具有信息处理功能。智能卡由合法用户随身携带，登录时将智能卡插入专用的读卡器读取其中的信息，以验证用户的身份。智能卡内存有用户的密钥和数字证书等信息，而且还能进行有关加密和数字签名运算，功能比较强大。这些运算都在卡内完成，不使用计算机内存，因而十分安全。智能卡结合了先进的集成电路芯片，具有运算快速、存储量大、安全性高以及难以破译等优点，是未来卡片的发展趋势。

3．USB Key

USB Key 是一种 USB 接口的硬件存储设备，它内置单片机或芯片，可以存储用户的密钥或数字证书。利用 USB Key 内置的密码算法可实现对用户身份的认证。基于 USB Key 身份认证系统主要有两种应用模式：一是基于询问/应答的认证模式；二是基于 PKI 体系的认证模式。它的原理类似智能卡，区别在于外形、功能和使用方式方面。

3.4.3 基于用户生物特征的身份认证

传统的身份认证技术，不论是基于所知信息的身份认证，还是基于所拥有物品的身份认证，甚至是两者相结合的身份认证，始终没有结合人的特征，都不同程度地存在不足。以"用户名+口令"方式过渡到智能卡方式为例，首先需要随时携带智能卡，智能卡容易丢失；其次，需要记住 PIN，PIN 也容易丢失和忘记；当 PIN 或智能卡丢失时，补办手续烦琐冗长，并且需要出示能够证明身份的证件，使用很不方便。直到生物识别技术得到成功的应用，身份认证问题才迎刃而解。这种紧密结合人的特征的方法，意义不只在技术上的进步，而是站在人文角度，真正回归到了人本身最原始的生理特征。

生物识别技术主要是指通过可测量的身体或行为等生物特征进行身份认证的一种技术。

生物特征是指唯一可以测量或可自动识别和验证的生理特征或行为方式。生物特征分为身体特征和行为特征两类。身体特征包括指纹、掌型、视网膜、虹膜、人体气味、脸型、手的血管和 DNA 等；行为特征包括签名、语音、行走步态等。目前部分学者将视网膜识别、虹膜识别和指纹识别等归为高级生物识别技术；将掌型识别、脸型识别、语音识别和签名识别等归为次级生物识别技术；将血管纹理识别、人体气味识别、DNA 识别等归为"深奥的"生物识别技术。

传统身份认证技术相比，生物识别技术具有以下特点：

（1）随身性：生物特征是人体固有的特征，与人体是唯一绑定的，具有随身性。

（2）安全性：人体特征本身就是个人身份的最好证明，可满足更高的安全需求。

（3）唯一性：每个人拥有的生物特征各不相同。

（4）稳定性：指纹、虹膜等人体特征不会随时间等条件的变化而变化。

（5）方便性：生物识别技术无须记忆密码与携带使用特殊工具（如钥匙），不会遗失。

（6）可接受性：使用者对所选择的个人生物特征及其应用愿意接受。

（7）复杂性：生物特征的采集和识别，一般是采用数字图像处理技术实现，比前面几种方式复杂一些。

3.4.4　身份认证的应用

目前，国外已经有许多协议和产品支持身份认证，其中比较典型的有 Kerberos 协议、Liberty 协议、Passport 系统和公钥认证体系。

（1）Kerberos 协议。Kerberos 协议是基于对称密钥技术的可信第三方认证协议，用户通过在密钥分发中心 KDC(Key Distribution Center)认证身份，获得一个 Kerberos 票据，以后则通过该票据来认证用户身份，不需要重新输入用户名和口令，因此我们可以利用该协议来实现身份认证。详见第 4 章。

（2）Liberty 协议。Liberty 协议是基于 SAML（Security Assertions Markup Language，安全声明标记语言）标准的一个面向 Web 应用身份认证的与平台无关的开放协议。它的核心思想是身份联合（Identity Federation），两个 Web 应用之间可以保留原来的用户认证机制，通过建立它们各自身份的对应关系来达到身份认证的目的；用户的验证票据通过 HTTP、Redirection 或 Cookie 在 Web 应用间传递来实现身份认证，而用户的个人信息的交换通过两个 Web 应用间的后台 SOAP 通信进行。

（3）Passport 系统。Passport 是微软推出的基于 Web 的统一身份认证系统，它由一个 Passport 服务器和若干联盟站点组成。用户通过网页在 Passport 服务器处使用"用户名+口令"来认证自己的身份，Passport 服务器则在用户本地浏览器的 Cookie 中写入一个认证票据，并根据用户所要访问的站点生成一个站点相关的票据，然后将该票据封装在 HTTP 请求消息里，把用户重定向到目标站点。目标站点的安全基础设施将根据收到的票据来认证用户的身份。通过使用 Cookie 和重定向机制，Passport 实现了基于 Web 的身份认证服务。

（4）公钥认证体系。公钥认证的原理是用户向认证机构提供用户所拥有的数字证书来实现用户的身份认证的。数字证书是由可信赖的第三方——认证中心（CA）颁发的，含有用户的特征信息的数据文件，并包含认证中心的数字签名。因此，数字证书不能被伪造和篡改，这是靠认证中心的数字签名来确保的，除非认证中心的私钥泄密，这样就可以通过对数字证书的验证来确认用户的身份。详见 3.5 节。

3.5　公钥基础设施

PKI(Public Key Infrastructure)是公钥基础设施的简称，是一种遵循标准的，利用公钥密码技术为网上电子商务、电子政务等各种应用提供安全服务的基础平台。它能够为网络应用透明地提供密钥和证书管理、加密和数字签名等服务，是目前网络安全建设的基础与核心。用户利用 PKI 平台提供的安全服务进行安全通信。

3.5.1　PKI 技术概述

PKI 采用数字证书进行公钥管理，通过第三方的可信任机构（认证中心，即 CA）把用户的公钥和用户的标识信息捆绑在一起，包括用户名和电子邮件地址等信息，目的在于为用户提供网络身份验证服务。

因此，所有提供公钥加密和数字签名服务的系统都可归结为 PKI 系统的一部分，PKI 的主要目的是通过自动管理密钥和证书，为用户建立起一个安全的网络运行环境，使用户可以在多种应用环境下应用 PKI 提供的服务，从而实现网上传输数据的机密性、完整性、真实性和有效性要求。

PKI 发展的一个重要方面就是标准化问题，它也是建立互操作性的基础。目前，PKI 标准化主要有两个方面：一是 RSA 公司的公钥加密标准 PKCS（Public Key Cryptography Standards），它定义了许多基本 PKI 部件，包括数字签名和证书请求格式等; 二是由 Internet 工程任务组 IETF（Internet Engineering Task Force)和 PKI 工作组）Public Key Infrastructure Working Group)所定义的一组具有互操作性的公钥基础设施协议 PKIX（Public Key Infrastructure Using X.509），即支持 X.509 的公钥基础的架构和协议。

在今后很长的一段时间内，PKCS 和 PKIX 将会并存，大部分的 PKI 产品为保持兼容性，也将会对这两种标准进行支持。

3.5.2　PKI 的组成

PKI 系统由认证中心（Certificate Authority，CA）、证书库、密钥备份及恢复系统、证书作废处理系统和应用接口等部分组成，如图 3-3 所示。

1. CA

CA 是 PKI 的核心，它是数字证书的签发机构。构建 PKI 平台的核心内容是如何实现密钥管理。公钥密码体制包括公钥和私钥，其中私钥由用户秘密保管，无须在网上传送，公钥则是公开的，可以在网上传送。因此，密钥管理实质上是指公钥的管理，目前较好的解决方案是引入数字证书（Certificate）。

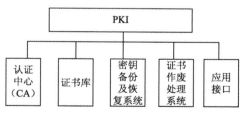

图 3-3　PKI 的组成

CA 的功能有证书发放、证书更新、证书撤销和证书验证。CA 的核心功能就是发放和管理数字证书。CA 主要由注册服务器、注册机构 RA（Registry Authority，负责证书申请受理审核）和认证中心服务器三部分组成。

2．证书库

证书库就是证书的集中存放地，包括 LDAP 目录服务器和普通数据库，用于对用户申请、证书、密钥、CRL 和日志等信息进行存储和管理，并提供一定的查询功能。一般来说，为了获得及时的服务，证书库的访问和查询操作时间必须尽量的短，证书和证书撤销信息必须尽量小，这样才能减少总共要消耗的网络带宽。

3．密钥备份及恢复系统

如果用户丢失了用于解密数据的密钥，则密文数据将无法被解密，造成数据的丢失。为了避免这种情况的出现，PKI 应该提供备份与恢复解秘密钥的机制。密钥的备份与恢复应该由可信的机构来完成，认证中心（CA）可以充当这一角色。

4．证书作废处理系统

证书作废处理系统是 PKI 的一个重要的组件。同日常生活中的各种证件一样，证书在 CA 为其签署的有效期以内也可能需要作废。为实现这一点，PKI 必须提供作废证书的一系列机制。作废证书一般通过将证书列入作废证书列表（CRL）来完成。证书的作废处理必须在安全及可验证的情况下进行，系统还必须保证 CRL 的完整性。

5．应用接口

PKI 的价值在于使用户能够方便地使用加密、数字签名等安全服务，因此，一个完整的 PKI 必须提供良好的应用接口系统，使得各种各样的应用能够以安全、一致、可信的方式与 PKI 交互，确保所建立起来的网络环境的可信性，同时降低管理维护成本。

3.5.3 数字证书

数字证书是网络用户身份信息的一系列数据，用来在网络通信中识别通信各方的身份。

1978 年 Kohnfelder 在其学士论文《发展一种实用的公钥密码系统》中第一次引入了数字证书的概念。数字证书包含 ID、公钥和颁发机构的数字签名等内容。

数字证书的形式主要有 X.509 公钥证书、简单 PKI（Simple Public Key Infrastructure）证书、PGP（Pretty Good Privacy）证书和属性（Attribute）证书。

1．数字证书的格式

为保证证书的真实性和完整性，证书均由其颁发机构进行数字签名。X.509 公钥证书是专为 Internet 的应用环境而制定的，但很多建议都可以应用于企业环境。第 3 版的证书结构包含以下字段：

（1）版本号（Version Number）：标示证书的版本（版本 1、版本 2 或版本 3）。

（2）序列号（Serial Number）：由证书颁发者分配的本证书的唯一标识符。特定 CA 颁发的每一个证书的序列号都是唯一的。

（3）签名（Signature）：签名算法标识符(由对象标识符加上相关参数组成)用于说明本证书所用的数字签名算法，同时还包括该证书的实际签名值。例如，典型的签名算法标识符"MD5WithRSAEncription"表明采用的散列算法是 MD5（由 RSA Labs 定义），采用的加密算法是 RSA 算法。

（4）颁发者（Issuer）：用于标识签发证书的认证机构，即证书颁发者的可识别名（DN），这是必须说明的。

（5）有效期（Validity）：证书有效的时间段，由开始日期（Not Valid Before）和终止日期

（Not Valid After）两项组成。日期分别由 UTC 时间或一般的时间表示。

（6）主体（Subject）：证书持有者的可识别名，此字段必须是非空的，除非使用了其他的名字形式（参见后文的扩展字段）。

（7）主体公钥信息（Subject Public Key Info）：主体的公钥及算法标识符，这一项是必需的。

（8）颁发者唯一标识符（Issuer Unique Identifier）：证书颁发者可能重名，该字段用于唯一标识的该颁发者，仅用于版本 2 和版本 3 的证书中，属于可选项。

（9）主体唯一标识符（Subject Unique Identifier）：证书持有者可能重名，该字段用于唯一标识的该持有者，仅用于版本 2 和版本 3 的证书中，属于可选项。

（10）扩展（Extension）：扩展增加了证书使用的灵活性，能够在不改变证书格式的情况下，在证书中加入额外的信息。扩展项分为标准扩展和专用扩展，标准扩展由 X.509 定义，专用扩展可以由任何组织自行定义。因此，不同组织机构定义和接受的专用扩展集各不相同。

证书扩展包括一个标记，用于指示该扩展是否必须是关键扩展。关键标志的普遍含义是，当它的值为真时，表明该扩展必须被处理。如果证书用户不能识别或者不能处理含有关键标志的证书，则必须认为该证书无效。如果一个扩展未被标记为关键扩展，那么证书用户可以忽略该扩展。

2．证书撤销列表

证书撤销列表（Certificate Revocation Lists，CRL）又称为证书黑名单。证书是有期限的，只有在有效期内才是有效的。但是，在特殊情况下，如密钥泄露或工作调动时，必须强制使该相关证书失效。证书撤销的方法很多，其中最常用的方法是由权威机构定期发布证书撤销列表。证书撤销列表的包含以下字段：

（1）CRL 的版本号：0 表示 X.509 v1 标准；1 表示 X.509 v2 标准。目前常用的是同 X.509 v3 证书对应的 CRL v2 版本。

（2）签名（Signature）：包含算法标识和算法参数，用于指定证书签发机构对 CRL 内容进行签名的算法。

（3）颁发者（Issuer）：签发机构的 DN 名，由国家、省市、地区、组织机构、单位部门和通用名等组成。

（4）本次更新（Update）：此次 CRL 签发时间，遵循 ITU–T X.509 v2 标准的 CA 在 2049 年之前把这个域编码为 UTC Time 类型，在 2050 年或 2050 年之后把这个域编码为 Generalized Time 类型。

（5）下次更新（Next Update）：下次 CRL 签发时间，遵循 ITU–T X.509 v2 标准的 CA 在 2049 年之前把这个域编码为 UTC Time 类型，在 2050 年或 2050 年之后把这个域编码为 Generalized Time 类型。

（6）撤销的证书列表（Certificate List）：撤销证书的列表，每个证书对应一个唯一的标识符（即它含有已撤销证书的唯一序列号，不是实际的证书）。在列表中的每一项都含有该证书被撤销的时间作为可选项。

（7）扩展（Extension）：在 CRL 中也可包含扩展项来说明更详尽的撤销信息。

3．证书的存放

数字证书作为一种电子数据，可以直接从网上下载，也可以通过其他方式获得。证书的存放采用以下方式：

（1）使用 IC 卡存放用户证书。即把用户的数字证书写到 IC 卡中，供用户随身携带。

（2）用户证书直接存放在磁盘或自己的终端上。用户将从 CA 申请来的证书下载或复制到磁盘、自己的 PC 或智能终端上，当用户使用时，直接从终端读入即可。

（3）CRL 一般通过网上下载的方式存储在用户端。

4．证书的申请和撤销

证书的申请有两种方式，一是在线申请，一是离线申请。在线申请就是利用浏览器或其他应用系统通过在线的方式来申请证书，这种方式一般用于申请普通用户证书或测试证书。离线申请一般通过人工的方式直接到证书机构证书受理点去办理证书申请手续，通过审核后获取证书，这种方式一般用于比较重要的场合，如服务器证书和商家证书等。下面讨论的主要是在线申请方式。

当证书申请时，用户使用浏览器通过 Internet 访问安全服务器，下载 CA 的数字证书(又称根证书)，然后注册机构服务器对用户进行身份审核，认可后便批准用户的证书申请，然后操作员对证书申请表进行数字签名，并将申请及其签名一起提交给 CA 服务器。

CA 操作员获得注册机构服务器操作员签发的证书申请，可以发行证书或者拒绝发行证书，然后将证书通过硬拷贝的方式传输给注册机构服务器。注册机构服务器得到用户的证书以后将用户的一些公开信息和证书放到 LDAP 服务器上提供目录浏览服务，并且通过电子邮件的方式通知用户从安全服务器上下载证书。用户根据邮件的提示到指定的网址上下载自己的数字证书，而其他用户可以通过 LDAP 服务器获得他的公钥数字证书。

证书申请的步骤如下：

（1）用户申请：用户首先下载 CA 的数字证书，然后在证书的申请过程中使用 SSL 安全方式与服务器建立连接，用户填写个人信息，浏览器生成私钥和公钥对，将私钥保存至客户端特定的文件中，并且要求用口令保护私钥，同时将公钥和个人信息提交给安全服务器。安全服务器将用户的申请信息传送给注册机构服务器。

（2）注册机构审核：用户与注册机构人员联系，证明自己的真实身份，或者请求代理人与注册机构联系。注册机构操作员利用自己的浏览器与注册机构服务器建立 SSL 安全通信，该服务器需要对操作员进行严格的身份认证，包括操作员的数字证书、IP 地址，为了进一步保证安全性，可以设置固定的访问时间。操作员首先查看目前系统中的申请人员，从列表中找出相应的用户，单击用户名，核对用户信息，并且可以进行适当的修改。如果操作员同意用户申请证书请求，则必须对证书申请信息进行数字签名；操作员也有权利拒绝用户的申请。

操作员与服务器之间的所有通信都采用加密和签名，具有安全性、抗否认性，保证了系统的安全性和有效性。

（3）CA 发行证书：注册机构 RA 通过硬拷贝的方式向 CA 传输用户的证书申请与操作员的数字签名，CA 操作员查看用户的详细信息，并且验证操作员的数字签名，如果签名验证通过，则同意用户的证书请求，颁发证书，然后 CA 将证书输出。如果 CA 操作员发现签名不正确，则拒绝证书申请。CA 颁发的数字证书中包含关于用户及 CA 自身的各种信息，如能唯一标识用户的姓名及其他标识信息、个人的 E-mail 地址、证书持有者的公钥。公钥用于为证书持有者加密敏感信息，签发个人证书的认证机构的名称、个人证书的序列号和个人证书的有效期（证书有效起止日期）等 。

（4）注册机构证书转发：注册机构 RA 操作员从 CA 处得到新的证书，首先将证书输出到 LDAP 目录服务器以提供目录浏览服务，最后操作员向用户发送一封电子邮件，通知用户证书已经发行成功，并且把用户的证书序列号告诉用户，由用户到指定的网址去下载自己的数字证书，并且告诉用户如何使用安全服务器上的 LDAP 配置，让用户修改浏览器的客户端配置文件，以便访问 LDAP 服务器，获得他人的数字证书。

（5）用户证书获取：用户使用申请证书时的浏览器到指定的网址，键入自己的证书序列号。服务器要求用户必须使用申请证书时的浏览器，因为浏览器需要用该证书相应的私钥去验证数字证书，只有保存了相应私钥的浏览器，才能成功下载用户的数字证书。

这时用户打开浏览器的安全属性，就可以发现自己已经拥有了 CA 颁发的数字证书，可以利用该数字证书与其他人以及 Web 服务器（拥有相同 CA 颁发的证书）使用加密、数字签名进行安全通信。

认证中心还涉及 CRL 的管理。用户向特定的操作员（仅负责 CRL 的管理）发一份加密签名的邮件，声明自己希望撤销证书。操作员打开邮件，填写 CRL 注册表，并且进行数字签名，提交给 CA，CA 操作员验证注册机构操作员的数字签名，批准用户撤销证书，并且更新CRL，然后 CA 将不同格式的 CRL 输出给注册机构，公布到安全服务器上，这样其他人可以通过访问服务器得到 CRL。

证书撤销流程步骤如下：

（1）用户向注册机构操作员 CRL Manager 发送一封签名加密的邮件，声明自己自愿撤销证书。

（2）注册机构同意证书撤销，操作员键入用户的序列号，对请求进行数字签名。

（3）CA 查询证书撤销请求列表，选出其中的一个，验证操作员的数字签名，如果正确，则同意用户的证书撤销申请，同时更新 CRL 列表，然后将 CRL 以多种格式输出。

（4）注册机构转发证书撤销列表。操作员导入 CRL，以多种不同的格式将 CRL 公布于众。

（5）用户浏览安全服务器，下载或浏览 CRL。

在一个 PKI，特别是 CA 中，信息的存储是一个核心问题，它包括两个方面：一是 CA 服务器利用数据库来备份当前密钥和归档过期密钥，该数据库需高度安全和机密，其安全等级同 CA 本身相同；一个是目录服务器，用于分发证书和 CRL，一般采用 LDAP 目录服务器。

3.6 IBE 与 CPK

3.6.1 IBE

IBE（Identity Based Eneryption，基于身份的加密）系统是一种将用户公开的字符串信息（例如邮件地址等）用作公钥的加密方式。它使得任何一对用户之间能够安全的通信以及在不需要交换私钥和公钥的情况下验证每一个人的签名，并且不需要保存密钥目录及第三方服务。IBE 系统中用户的私钥可由一个被称为 PKG（Private Key Generator，私钥生成器）的可信机构生成，也可以由用户自己保存私钥，PKG 只做定期更新用户私钥的工作。

IBE 加密方案的安全性建立在 CDH（Computational Diffie Hellman）困难问题的一个变形之上，称之为 WDH（Weil Diffie Hellman）困难问题。IBE 的核心是使用了超奇异椭圆曲线上的一个双线性映射 Weil pairing。

IBE 的系统流程包括以下四个部分：

（1）设置系统参数：初始化密钥服务器（PKG），输入一个安全参数 k，生成全局系统参数和主密钥 s。系统参数包括对一个有限的明文空间 M 的描述和对一个有限密文空间 C 的描述。简单地说，系统参数是公开，而主密钥只有 PKG 才知道。

（2）用户私钥提取：PKG 将用户发来的公钥（即该用户的标识 ID）映射到椭圆曲线上一个点 QID，计算私钥 $d_{ID} = s_{QID}$，将 d_{ID} 发回给用户。

（3）加密：输入系统参数，接收方标识，消息明文；输出消息密文。

（4）解密：输入系统参数，发送方标识，消息密文；输出消息明文。

3.6.2 CPK

2003 年提出了利用种子公钥 SPK（Seeded Public Key）解决密钥管理规模化的思想，提出基于 RSA 的多重公钥（LPK）和基于椭圆曲线加密（ECC，Elliptic Curves Cryptography）的基于标识的组合公钥（CPK，Combined Public Key）两种算法。CPK 认证机制可以在可信环境中为大量用户提供简洁、安全的密钥管理。这种密钥产生和存储的新方式可以大大节省密钥存储空间，以少量的种子生成几乎"无限"个公钥，以兆比特级的空间存放千万或上亿个公钥变量。CPK 以简捷的方式解决了规模化的密钥管理，为构建认证体系提供了可靠的技术基础。

基于 ECC 的 CPK 的主要思想如下：

（1）设定由整数矢量 (r_{ij}) 组成的 $m \times h$ 阶私钥种子矩阵 SSK。适当选取阶为素数 n 的椭圆曲线 E，选择其上的一个基点 G，计算公钥矢量 $(r_{ij}G) = (x_{ij}, y_{ij})$，得出公钥种子矩阵 PSK。保留 SSK，公布 PSK；

（2）以用户 A 的标识 ID 为参数，作 h 次映射（映射函数可以是加密算法或 Hash 函数），得 h 个映射值 $MAP_i(i=1,2,3,\cdots,)$，进行模 n 下的加法运算，得出私钥 $SK_A = (RMAP_{11} + RMAP_{22} + \cdots + RMAP_{hh})$；

（3）根据映射值和公钥种子矩阵，设用户 A 的 h 次映射值分别为 i、j、k，进行椭圆曲线 E 上点的加法运算，得出公钥 $PK_A = (x_{i1}, y_{i1}) + (x_{j2}, y_{j2}) + \cdots + (x_{kh}, y_{kh})$。由此形成了用户 A 的公、私钥对 PK_A 和 SK_A。因子矩阵大小为 m^*h 的 CPK 系统，可组合出的密钥量却为 mh，因此，CPK 只需很小的存储空间就可形成一个相当大的密钥空间。

3.6.3 PKI、IBE、CPK 的比较

PKI、IBE、CPK 在密钥产生、密钥分发管理等几个方面具有自己的特点。

1．密钥产生

密钥产生方式主要有两种，分别是集中式模式和分散式模式。

PKI 的密钥产生方式属于分散式。PKI 的私钥由用户自己保存，不需要传递私钥，不依赖安全信道，公钥是随机计算生成的号码，它必须通过证书才能与用户的身份关联到一起，通信双方必须通过 CA 利用数字证书进行身份确认，即身份确认过程必须建立在对第三方的共同信任的基础之上。

IBE 用户的公钥就是该用户的身份标识，私钥的产生方式属于集中式。IBE 的私钥由 PKG 产生，用户可以在每次需要私钥时将自己的标识发送给 PKG，PKG 将计算后得到的私钥通过秘密通道发回给用户，IBE 用户也可以自己保存私钥，PKG 只做定期更新用户私钥的工作。

在 IBE 系统中用户获得私钥后即使离线也可解密文件，轻松达到认证目的。

CPK 的密钥产生方式属于集中式。CPK 的种子矩阵由可信第三方 KMC 离线生产。私钥种子矩阵保密，公钥种子矩阵公开，KMC 适当选择单向陷门函数 ψ 作为公钥查询函数，根据用户身份标识 ID 唯一确定列因子的一种组合，PSK 和 SSK 采用同样选择方法，求和后分别作为用户的公钥和私钥，并通过安全信道交付用户使用。

2．密钥分发管理

密钥的分发和管理分静态和动态两种方式。PKI 的公钥保存在证书中，证书采用静态分发、动态管理的模式，LDAP（Lightweight Directory Access Protocol，轻量目录访问协议）目录库一直在线运行，其维护量很大，运行费用也很高。另外，PKI 由于用户遗失私钥或用户离职需要更改或撤销证书是一件非常困难的事情。

IBE 的密钥采用动态分发、动态管理的模式，CPK 的密钥采用静态分发、静态管理的模式。在 IBE 和 CPK 系统中，由可信机构根据用户选择的公钥来产生相对应的私钥，所以私钥的产生可以滞后于公钥的产生。用户不必始终保存自己的私钥，因此不必担心私钥泄露的问题。IBE 和 CPK 密钥的更换和撤销是一件非常简单的事情。只要用户在选择公钥的时候加上有关使用期限的信息（比如 current year 表示本年内使用，current day 表示今天内使用），因为每天的日期不同使得公钥可以根据需要更换，超过了使用期限的私钥就不能再使用。而密钥的撤销只需可信机构在确认用户身份的时候，限制非法用户得到私钥即可。此外发送方在选择用户 ID 的同时，可以加入可查看该消息的用户权限，用于将消息群发时，只有接收方获得该权限才能获得私钥查看消息。

3．公钥存储

公钥的存储方式主要有三种：第一种是将所有用户的公钥存储在专用的媒体上，一次性通过安全信道发放给各用户，这种方法很安全，但当用户量很大时必须解决分发和存储大量公钥的问题；第二种方式是用户各自分散保存有关的公钥，用要与之通信的各方的公钥建立密钥环；第三种方式是将各用户的公钥存放在公用媒体中集中保存。

PKI 采用第三种方式。PKI 的私钥由用户自己保存，所有用户的公钥以目录的形式存放在在线运行的 LDAP 目录库中。这种方式不需要最终用户本地存储大量证书，并且提供了证书管理和分发的单一入口点，但随着越来越多用户的加入，庞大的证书库会难以维护，根 CA 的处理能力达到极限时也极易形成运行瓶颈。另外，因为证书库中含有所有用户的信息，怎样对这些信息提供安全保护和访问控制也是一个问题。

IBE 的公钥就是用户自己的标识，私钥由用户向 PKG 申请，PKG 不保存用户的私钥，而是在每次用户申请时通过计算得出（$d_{ID}=s_{QID}$），因此 IBE 不存在密钥存储的问题。但这种方式也带来了极大的风险，PKG 主密钥 s 的泄露或 PKG 的不诚实，将导致所有用户私钥的泄露（即 IBE 的密钥托管问题）。

CPK 采用第一种方式。一般过程为用户面对面向 KMC 提出申请，由专门的注册管理中心，负责对用户身份进行审查，防止不同用户使用相同用户名和不同用户名享有相同映射值，然后通过专用网向密钥生成中心申请得到密钥对，私钥写入 ID 卡、CA 卡或其他安全的媒体中，再通过安全信道分发给用户，如果公钥因子矩阵也是存放在某种媒体中，那么就连同该媒体一起分发给用户。使得最终用户能够一次性获得所有的公钥，相当于一次性完成了对所有的公钥的认证。任一用户要求验证其他用户的公钥时，先访问管理中心的资料库，然后利

用公钥查询函数 ψ 查找 PSK 即可。CPK 的算法使得 CPK 只需很少的存储空间就可以保存大量的密钥，因此密钥的分散保存很容易实现，一个用户被黑客攻击不会影响整个系统，但 CPK 的密钥更换很不方便。

4．可信机构的层次

PKI 的可信机构称为 CA（Certification Authority，认证中心），IBE 的可信机构称为 PKG（Private Key Generator，私钥生成器），CPK 的可信机构称为 KMC（Key Management Center，密钥管理中心）。

PKI 的一个 CA 中心处理能力是有限的，因此实际应用中 CA 中心采用多层结构是必然的。由于 PKI 交叉认证时每两个不同域的用户相互认证都需要经过根 CA，因此根 CA 极易形成运行瓶颈，并且多层结构 CA 的信任度在推移过程中逐渐淡化（Dilute），因此国际标准组织建议 CA 的层次不要超过三层。

在 IBE 系统中当用户数量很大时，PKG 负担过大，为了减轻根 PKG 的负担，Gentry 和 Silverberg 提出了分层的基于身份的加密（HIBE）方案。HIBE 是 IBE 系统的自然发展，类似于 CA 系统的分层结构，将 PKG 的密钥生成工作分布在多个结点，HIBE 会大大降低根 PKG 的工作负担，而且使多层次的密钥托管变得可行。

与 PKI 和 IBE 相比较，CPK 的公钥存储量几乎是"无限"的，所以单层 KMC 结构就可以满足大量用户注册的需求，用户和可信机构建立直接的注册和认证关系，保证专用业务所需要的信任度。另外 CPK 实现了对方公钥在本方系统内部计算获得，所有密钥、协议均存储在安全媒体中，不需要其他设备和协议支持，运行非常简单。

5．应用

PKI 通过证书将公钥与其所有者身份绑定，管理上极为松散透明，层状结构易于扩展，对用户群体也没有特别要求，因此比较适合在大范围、开放式网络环境中进行认证。另外，PKI 的私钥由用户自己保存，密钥的安全由用户自己承担，这一特点使得 PKI 更适用于电子商务系统中密钥的管理。

IBE 最突出的优点是直接以用户身份为公钥，不需要数字证书，也不需要 CA 认证中心，成本低、形式灵活、效率高、安全性与 CPK 相当、可扩展性与 PKI 相当，但 IBE 所有用户的私钥都由 PKG 生成，PKG 主密钥的泄露将导致所有用户私钥泄密，因此 IBE 更适用于存在从属关系的电子政务等。另外，IBE 可以通过在用户标识后加时间期限来限制密钥的有效时间，如果再在时间期限后加上密级限制，则可以进一步限制读取保密文件的人员。这些特点都使得 IBE 更适用于电子政务这种需要统一管理的系统。

CPK 采用集中式的密钥存储方式，只需很少的存储空间就可以得到几乎具有"无限"量的密钥空间，一次性的 CA 认证方式，密钥管理简捷、高效、经济，这些特点使得 CPK 比较适用于 VPN、政务网、金融支付网等对身份认证安全性要求较高的大型专用网的密钥管理。

习　　题

1．描述以下术语的含义：

杂凑函数、数字签名、消息认证、身份认证、公钥基础设施、PKI、MD5、SHA、RSA 数字签名算法、ElGamal 数字签名、Schnorr 数字签名、DSA 数字签名算法、CA、数字证书

计算机通信网络安全

2. 简述数字签名的基本原理。

3. 简述 RSA 数字签名方案。

4. 若采用公开密钥密码，A 认证 B 是否是其意定通信站点的过程如下（假设 A、B 的公钥分别为 K_{P_A} 和 K_{P_B}，私钥分别为 K_{S_A} 和 K_{S_B}）：

$A \rightarrow B:R$

$B \rightarrow A:D(R,K_{S_B})$

请分析其正确性和安全性。

5. 若利用传统密码，A 和 B 相互认证对方是否为意定的通信站点的过程如下：

$A \rightarrow B:E(R_A,K_S)$

$B \rightarrow A:E(R_A \| R_B,K_S)$

$A \rightarrow B:E(R_B,K_s)$

请分析其正确性和安全性。

6. 若采用公开密钥密码，A 和 B 相互认证对方是否为其意定通信站点的过程如下：

$A \rightarrow B:R$

$B \rightarrow A:D(R_A \| R_B,K_{S_B})$

$A \rightarrow B:D(R_B,K_{S_A})$

请分析其正确性和安全性。

第 4 章 网络安全协议

网络安全协议用来保证网络中通信各方安全地交换信息，安全性包括机密性、完整性、认证性、匿名性、公平性等。本章介绍安全协议的概念和执行方式，介绍了几个典型的应用协议，如 Kerberos 认证等身份认证协议、SET（Secure Electronic Transcation，安全电子交易协议）等电子商务协议、传输层安全通信的 SSL 协议、网络层安全通信的 IPSec 协议，并介绍 BAN 逻辑等安全协议的形式化证明方法。

4.1 安全协议概述

所谓协议，就是两个或者两个以上的参与者为完成某项特定的任务而采取的一系列步骤。在 OSI（开放系统互连）标准中，网络协议被分为 7 层，常用的是其中的 5 层：物理层、数据链路层、网络层、传输层和应用层。一般的网络通信协议都没有考虑安全问题，这就给许多的攻击行为以机会，导致了网络的不安全性。当我们考虑现实世界中的网络安全应用时，常常遇到机密性、完整性、认证性、匿名性、公平性等安全需求。ISO 的安全体系结构确立了五大类安全服务（见 1.4 节），这些服务都是通过安全协议来完成的。安全协议一般都与密码技术有关。所以，一般认为，安全协议（Security Protocol）是使用密码学完成某项特定的任务并满足安全需求的协议，又称密码协议（Cryptographic Protocol）。安全协议的目标都与安全性有关。例如，认证主体的身份，在主体之间分配会话密钥；实现机密性、完整性、认证性、匿名性、非否认性、公平性等。安全服务与协议层次的关系如表 4-1 所示。安全协议中，可能的参与者及其作用如表 4-2 所示。

表 4-1 安全服务与协议层次的关系

安全服务	网络协议层次				
	物理层	数据链路层	网络层	传输层	应用层
对等实体认证	不提供	不提供	提供	提供	提供
数据源认证	不提供	可选择	提供	提供	提供
访问控制服务	不提供	不提供	提供	提供	提供
连接保密性	提供	提供	提供	提供	提供

安全服务	网络协议层次				
	物理层	数据链路层	网络层	传输层	应用层
无连接保密性	不提供	提供	提供	提供	提供
选择字段保密性	不提供	不提供	不提供	不提供	提供
通信业务流保密性	提供	不提供	提供	不提供	提供
带恢复的连接完整性	不提供	不提供	不提供	提供	提供
不带恢复的连接完整性	不提供	不提供	提供	提供	提供
选择字段连接完整性	不提供	不提供	不提供	不提供	提供
无连接完整性	不提供	不提供	提供	提供/不提供	提供
选择字段无连接完整性	不提供	不提供	不提供	不提供	提供
带数据源证据的抗抵赖	不提供	不提供	不提供	不提供	提供
带交付证据的抗抵赖	不提供	不提供	不提供	不提供	提供

表 4-2　安全协议中可能的参与者及其作用

协议参与者	简写符号	在协议中发挥的作用
Alice	A	第一参与者
Bob	B	第二参与者
Carol	C	第三参与者（如果有的话）
Dave	D	第四参与者（如果有的话）
Eve	E	窃听者
Mallory	M	恶意的主动攻击者
Trent	T	可信赖的仲裁者
Walter	W	看守人，在某些协议中保护 A 和 B
Peggy	P	证明者
Victor	V	验证者

　　根据安全协议的功能，安全协议也可以分为基本协议和应用协议。基本协议又可以分为密钥建立协议、认证建立协议、认证的密钥建立协议、非否认性协议等。应用协议包括选举协议、电子商务协议等。

　　密钥建立协议的目的是在两个或者多个实体之间建立会话密钥。会话密钥是使用对称密码算法对每一次单独的会话加密用的单独密钥。密钥建立协议可以采用对称密码体制，也可以采用非对称密码体制。有时通过一个可信的服务器为用户分发密钥，这样的密钥建立协议称为密钥分发协议；也可以通过两个用户协商，共同建立会话密钥，这样的密钥建立协议称为密钥协商协议。密钥建立协议的目标是保密性。

　　认证建立协议主要防止假冒攻击。当某用户登录网络系统时，网络系统怎么知道他是谁呢？网络系统怎么知道不是其他人伪造的身份呢？这时就要用认证协议。

　　将认证和密钥建立协议结合在一起，构成认证的密钥建立协议，是网络通信中应用最普遍的安全协议。

第 **4** 章　网络安全协议

根据安全协议的执行方式，安全协议可以分为：仲裁协议、裁决协议、自动执行协议。

仲裁协议中有一个仲裁者，仲裁者是某个公正的第三方，仲裁者帮助两个互不信赖的实体完成协议。仲裁协议的执行方式如图 4-1 所示。

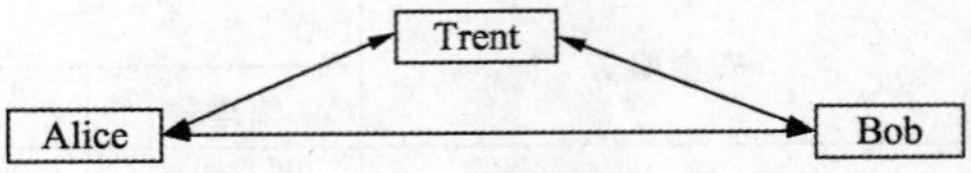

图 4-1　仲裁协议的执行方式

例如：KDC 是某个公正的第三方。假设 KDC 与 A 和 B 分别共享保密的秘密钥 K_A、K_B，A 与 B 的标识分别为 ID_A 和 ID_B，A、B 间建立共享密钥 K_S 的过程如下：

$$A \rightarrow KDC:ID_A \| E(T_A \| ID_B | K_S, K_A)$$

$$KDC \rightarrow B:E(T_B \| ID_A \| K_S, K_B)$$

A 首先用 E 对时间戳 T_A、B 的标识 ID_B 和密钥 K_S 加密，并连同 A 的标识一起发送给 KDC。然后 KDC 用 E 对时间戳 T_B、A 的标识 IDA 和会话密钥 K_S 加密后发送给 B。

在该协议中，认证的可靠性建立在 KDC 的可信性上。A 相信 KDC 会按其要求将报文发送给 B，所以 A 认证其接收方为 B；B 相信 KDC 只会将与之有关的报文发送给 A，所以 B 认证其发送方为 A。该协议被称为 Wide-Mouth Frog 协议（大嘴青蛙协议）。

裁决协议中有一个裁决者，是某个公正的第三方。裁决者不直接参与协议，只是在两个实体有争议时，做出公正的裁决。裁决协议的执行方式如图 4-2 所示。

自动执行协议通过协议本身保证公平性，如果协议中的一方试图欺骗另一方，那么另一方可以通过协议本身立刻检测到该欺骗的发生，并停止执行协议，如图 4-3 所示。

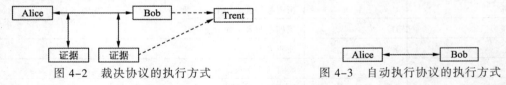

图 4-2　裁决协议的执行方式　　　　图 4-3　自动执行协议的执行方式

对安全协议的攻击包括直接攻击协议中所用的密码算法、用来实现该算法和协议的密码技术或者协议本身。假设密码算法和密码技术是安全的，只关注对协议本身的攻击。攻击者也可能是与协议有关的各方中的一方。他可能在协议执行期间撒谎，或者不遵守协议，这类攻击者叫作骗子。被动骗子遵守协议，但试图获取协议外的其他信息。主动骗子在协议的执行中试图通过欺骗来破坏协议。密码协议的安全性是一个很难解决的问题，许多广泛应用的密码协议后来都被发现存在安全缺陷。因此，通常采用逻辑分析方法来发现可能存在的安全缺陷。

4.2　身份认证协议

身份认证协议（Authentication Protocols），又称鉴别协议，简称认证协议，用于对对方的身份进行认证，也可以做到相互认证。A、B 双方在身份认证时需要考虑保密性和实时性。保密性是指有关认证信息应以密文传送，因此双方应事先共享密钥或者使用公钥。实时性是为了防止重放攻击，可以用序列号方法、时间戳方法、询问-应答方法。

序列号方法：对交换的每一条消息加上序列号，序列号正确才被接收，要求每个用户分别记录与其他每一用户交互的序列号，增加用户负担，因而很少使用。

时间戳法：A 收到消息中包含时间戳，且 A 看来这一时间戳充分接近自己的当前时刻，A 才认为收到的消息是新的并接收，要求各方时间同步。

询问–应答：A 向 B 发出一个一次性随机数作为询问，如果收到 B 发来的应答消息也包含这一个一次性随机数的正确数据，A 就认为消息是新的并接收。也称为挑战–响应方法。

时间戳法不适用于面向连接的应用过程，要求不同的处理器之间时间同步，所用的协议必须是容错的以处理网络错误，协议中任何一方时钟出现错误失去同步，则敌手攻击的可能性增加；网络中存在延迟，不能期待保持精确同步，必须允许误差范围。

询问–应答不适合于无连接的应用过程，在传输前需要经过询问–应答这一额外的握手过程，与无连接应用过程的本质特性不符。无连接应用最好使用安全时间服务器提供同步。

1．基于单钥密码的认证协议

以下是 1978 年出现的著名的 Needham-Schroeder 认证协议。

如图 4-4 所示，这里需建立一个称为认证服务器的可信权威机构（也就是密钥分发中心 KDC），拥有每个用户的秘密密钥。若用户 A 欲与用户 B 通信，则用户 A 向鉴别服务器申请会话密钥。在会话密钥的分配过程中，双方身份得以鉴别。协议描述如下：

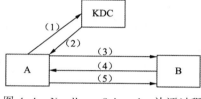

图 4-4　Needham-Schroeder 认证过程

（1）$A \rightarrow \text{KDC}$ ：$A \parallel B \parallel R_A$

（2）$\text{KDC} \rightarrow A$ ：$E_{K_A}[R_A \parallel B \parallel K_S \parallel EKB[K_S \parallel A]]$

（3）$A \rightarrow B$：$E_{K_B}[K_S \parallel A]$

（4）$B \rightarrow A$：$E_{K_S}[R_B]$

（5）$A \rightarrow B$：$E_{K_S}[R_B-1]$

其中 KDC 是密钥分发中心，R_A、R_B 是一次性随机数，保密密钥 K_A 和 K_B 分别是 A 和 KDC、B 和 KDC 之间共享的密钥，K_S 是由 KDC 分发的 A 与 B 的会话密钥，E_X 表示使用密钥 X 加密。

Needham-Schroeder 认证协议使用了多次询问-应答方法。

（1）A 告诉 KDC，A 想与 B 通信，明文消息中包含一个大的随机数 R_A。

（2）KDC 发送一个使用 A 和 KDC 之间共享的密钥 K_A 加密的消息，消息包括由 KDC 分发的 A 与 B 的会话密钥 K_S、A 的随机数 R_A、B 的名字、一个只有 B 能看懂的许可证。A 的随机数 R_A 保证了该消息是新的而不是攻击者重放的，B 的名字保证了第一条明文消息中的 B 未被更改，许可证 $E_{K_B}[K_S \parallel A]$ 使用 B 和 KDC 之间共享的密钥 K_B 加密。

（3）A 将许可证 $E_{K_B}[K_S \parallel A]$ 发给 B。

（4）B 解密许可证 $E_{K_B}[K_S \parallel A]$ 获得会话密钥 K_S，然后产生随机数 R_B，B 向 A 发送消息 $E_{K_S}[R_B]$。

（5）A 向 B 发送消息 $E_{K_S}[R_B-1]$ 以证明是真正的 A 与 B 通信。

以上完成了双向认证，并同时实现了秘密密钥 K_S 的传送。

假定攻击方 I 已经掌握 A 和 B 之间通信的一个老的会话密钥（如经过蛮力攻击等），则入侵者 I 可以在第（3）步冒充 A 利用老的会话密钥欺骗 B。除非 B 记住所有以前使用的与 A 通信的会话密钥，否则 B 无法判断这是一个重放攻击。其攻击过程如下：

（1）$I(A) \rightarrow B:E_{K_B}[K_S \parallel A]$

（2）$B \rightarrow I(A):E_{K_S}[R_B]$

（3）$I(A) \rightarrow B:E_{K_S}[R_B-1]$

这里 $I(A)$ 表示 I 假冒 A。Needham 和 Schroeder 于 1987 年发表了一个协议修正了这个漏洞。Denning–Sacco 协议使用时间戳修正这个漏洞。这里介绍 Gavin Lowe 1997 年给出的基于 Denning–Sacco 协议的改进版本：

（1）$A \rightarrow KDC:A \parallel B$。

（2）$KDC \rightarrow A:E_{K_A}[B \parallel K_S \parallel T \parallel E_{K_B}[K_S \parallel A \parallel T]]$。

（3）$A \rightarrow B:E_{K_B}[K_S \parallel A \parallel T]$。

（4）$B \rightarrow A:E_{K_S}[R_B]$。

（5）$A \rightarrow B:E_{K_S}[R_B-1]$。

其中 T 表示时间戳。T 记录了 KDC 发送消息（2）时的时间，A、B 根据时间戳验证消息的"新鲜性"，从而避免了重放攻击。

Otway–Rees 认证协议也是基于对称密码，如图 4-5 所示，它只含四条消息。

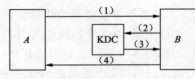

图 4-5　Otway–Rees 认证过程

（1）$A \rightarrow B:A \parallel B \parallel R \parallel E_{K_A}[A \parallel B \parallel R \parallel R_A]$

（2）$B \rightarrow KDC:R \parallel A \parallel B \parallel E_{K_A}[A \parallel B \parallel R \parallel R_A] \parallel E_K B[A \parallel B \parallel R \parallel R_B]$

（3）$KDC \rightarrow B:R \parallel E_{K_B}[R_B \parallel K_S] \parallel E_{K_A}[R_A \parallel K_S]$

（4）$B \rightarrow A:R \parallel E_{K_A}[R_A \parallel K_S]$

其中：

（1）A 产生一条消息，包括用和 KDC 共享的密钥 K_A 加密的一个索引号 R、A 的名字、B 的名字和一随机数 R_A。

（2）B 用 A 消息中的加密部分构造一条新消息，包括用和 KDC 共享的密钥 K_B 加密的一个索引号 R、A 的名字、B 的名字和新随机数 R_B。

（3）KDC 检查两个加密部分中的索引号 R 是否相同，如果相同，就认为从 B 来的消息是有效的。KDC 产生一个会话密钥 K_S 用 K_B 和 K_A 分别加密后传送给 B，每条消息都包含 KDC 接收到的随机数。

（4）B 把用 A 的密钥加密的消息连同索引号 R 一起传给 A。

2．Kerberos 认证

Kerberos 认证服务是由麻省理工学院的 Project Athena 针对分布式环境的开放式系统开发的认证机制。Kerberos 提供了一种在开放式网络环境下（无保护）进行身份认证的方法，它使网络上的用户可以相互证明自己的身份。它已被开放软件基金会（OSF）的分布式计算环境（DCE）及许多网络操作系统供应商所采用。常用的有两个版本：第 4 版和第 5 版。其中第 5 版更正了第 4 版中的一些安全缺陷，RFC 1510 中有详细说明。

Athena 的计算环境由大量的匿名工作站和相对较少的独立服务器组成。服务器提供例如文件存储、打印、邮件等服务，工作站主要用于交互和计算。我们希望服务器能够限定仅能被授权用户访问，能够验证服务的请求。在此环境中，存在如下三种威胁：

（1）用户可以访问特定的工作站并伪装成该工作站用户。

（2）用户可以改动工作站的网络地址伪装成其他工作站。

（3）用户可以根据交换窃取消息，并使用重放攻击来进入服务器。

在这样的环境下，Kerberos 认证身份不依赖主机操作系统的认证、不信任主机地址、不要求网络中的主机保持物理上的安全。在整个网络中，除了 Kerberos 服务器外，其他都是危险区域，任何人都可以在网络上读取、修改、插入数据。

为了减轻每个服务器的负担，Kerberos 把身份认证的任务集中在身份认证服务器上。Kerberos 的认证服务任务被分配到两个相对独立的服务器：认证服务器（Authenticator Server，AS）和票据许可服务器（Ticket Granting Server，TGS），它们同时连接并维护一个中央数据库存放用户口令、标识等重要信息。整个 Kerberos 系统由四部分组成：AS、TGS、Client、Server。

Kerberos 使用两类凭证：票据（Ticket）和鉴别码（Authenticator）。该两种凭证均使用私有密钥加密，但加密的密钥不同。

Ticket 用来安全地在认证服务器和用户请求的服务之间传递用户的身份，同时也传递附加信息用来保证使用 Ticket 的用户必须是 Ticket 中指定的用户。Ticket 一旦生成，在生存时间指定的时间内可以被 Client 多次使用来申请同一个 Server 的服务。

Authenticator 则提供信息与 Ticket 中的信息进行比较，一起保证发出 Ticket 的用户就是 Ticket 中指定的用户。Authenticator 只能在一次服务请求中使用，每当 Client 向 Server 申请服务时，必须重新生成 Authenticator。

这里首先介绍 Kerberos 认证版本 4 的内容，在叙述中使用表 4-3 所示的记号。

用户 C 向服务器 S 请求服务的整个 Kerberos 认证协议过程如图 4-6 所示。

表 4-3　Kerberos 的记号

记　　号	含　　义
C	客户
S	服务器
AD_C	客户的网络地址
Lifetime	票据的生存期
T_S	时间戳
K_x	x 的秘密密钥
$K_{x,y}$	x 与 y 的会话密钥
$K_{x[m]}$	以 x 的秘密密钥加密的 m
$Ticket_x$	x 的票据
$Authenticator_x$	x 的认证码

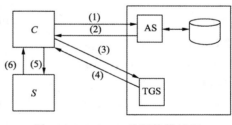

图 4-6　Kerberos 认证协议过程

（1）C 请求票据许可票据。

用户得到票据许可票据的工作在登录工作站时进行。登录时用户被要求输入用户名，输入后系统会向认证服务器 AS 以明文方式发送一条包含用户和 TGS 服务两者名字的请求。

$C \rightarrow AS: ID_C \| ID_{TGS} \| T_{S_1}$

IDC 是工作站的标识，其中的时间戳是用来防御回放攻击的。

（2）AS 发放票据许可票据和会话密钥。

认证服务器检查用户是否有效，如果有效，则随机产生一个用户用来和 TGS 通信的会话密钥 K_C、TGS，然后创建一个票据许可票据 $Ticket_{TGS}$，票据许可票据中包含有用户名、TGS 服务名、用户地址、当前时间、有效时间，还有刚才创建的会话密钥。票据许可票据使用 K_{TGS} 加密。认证服务器向用户发送票据许可票据和会话密钥 K_C、TGS，发送的消息用只有用户和

认证服务器知道的 K_C 来加密，K_C 的值基于用户的密码，如图 4-7 所示。

$$AS \rightarrow C: E_{K_C}[K_C, \ TGS\|ID_{TGS}\|TS_2\|Lifetime_2\|Ticket_{TGS}]$$

这里：

$$Ticket_{TGS} = EKTGS[K_C, \ TGS\|ID_C\|AD_C\|IDTGS\|T_{S_2}\|Lifetime_2]$$

Lifetime 与 Ticket 相关联，如果太短需要重复申请，太长会增加重放攻击的机会。

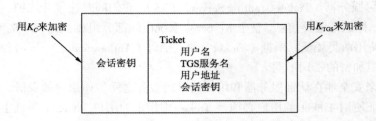

图 4-7 AS 发送的报文

（3）C 请求服务器票据。

用户工作站收到认证服务器回应后，就会要求用户输入密码，将密码转化为 DES 密钥 K_C，然后将认证服务器发回的信息解密，将票据和会话密钥保存用于以后的通信，为了安全性，用户密码和密钥 K_C 则被删掉。

当用户的登录时间超过了票据的有效时间时，用户的请求就会失败，这时系统会要求用户重新申请票据 $Ticket_{TGS}$。用户可以查看自己所拥有的令牌的当前状态。

一个票据只能申请一个特定的服务，所以用户必须为每一个服务 S 申请新的票据，用户可以从 TGS 处得到票据 $Ticket_S$。

用户首先向 TGS 发出申请服务器票据的请求。请求信息中包含 S 的名字、上一步中得到的请求 TGS 服务的加密票据 $Ticket_{TGS}$，以及用会话密钥加密过的 Authenticator 信息。

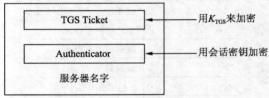

图 4-8 用户向服务器申请服务的报文

$$C \rightarrow TGS: ID_S\|Ticket_{TGS}\|Authenticator_C$$

如图 4-8 所示，这里：

$$Ticket_{TGS} = E_{K_{TGS}}[K_C, TGS\|ID_C\|AD_C\|IDTGS\|T_{S_2}\|Lifetime_2]$$
$$Authenticator_C = E_{K_C}, TGS[ID_C\|AD_C\|T_{S_3}]$$

（4）TGS 发放服务器票据和会话密钥。

TGS 得到请求后，用私有密钥 K_{TGS} 和会话密钥 K_C，TGS 解开请求得到 $Ticket_{TGS}$ 和 $Authenticator_C$ 的内容，根据两者的信息鉴定用户身份是否有效。如果有效，TGS 生成用于 C 和 S 之间通信的会话密钥 K_C、S，并生成用于 C 申请得到 S 服务的票据 $Ticket_S$，其中包含 C 和 S 的名字、C 的网络地址、当前时间、有效时间和刚才产生的会话密钥。票据 $Ticket_S$ 的有效时间是票据 $Ticket_{TGS}$ 剩余的有效时间和所申请的服务默认有效时间中最短的时间。

TGS 最后将加密后的票据 $Ticket_S$ 和会话密钥 K_C、S 用用户和 TGS 之间的会话密钥 K_C、TGS 加密后发送给用户。用户 C 得到回答后，用 K_C、TGS 解密，得到所请求的票据和会话密钥。

$$TGS \rightarrow C: E_{K_C}, TGS[K_C, \ S\|ID_S\|TS4\|Ticket_S]$$

这里：

$$Ticket_S = E_{K_S}[K_C, S\|ID_C\|AD_C\|ID_S\|T_{S_4}\|Lifetime_4]$$

计算机通信网络安全

（5）C 请求服务。

用户申请服务 S 的工作与（3）相似，只不过申请的服务由 TGS 变为 S。

用户首先向 S 发送包含票据 Ticket_S 和 Authenticator_C 的请求，S 收到请求后将其分别解密，比较得到的用户名，网络地址，时间等信息，判断请求是否有效。用户和服务程序之间的时钟必须同步在几分钟的时间段内，当请求的时间与系统当前时间相差太远时，认为请求是无效的，用来防止重放攻击。为了防止重放攻击，S 通常保存一份最近收到的有效请求的列表，当收到一份请求与已经收到的某份请求的票据和时间完全相同时，认为此请求无效。

$C \rightarrow S$: $\text{Ticket}_S \| \text{Authenticator}_C$

这里：

$\text{Ticket}_S = E_{K_S}[K_C,\ S \| \text{ID}_C \| \text{AD}_C \| \text{ID}_S \| T_{S_4} \| \text{Lifetime}_4]$

$\text{Authenticator}_C = E_{K_C},\ S[\text{ID}_C \| \text{AD}_C \| T_{S_5}]$

（6）S 提供服务器认证信息。

当 C 也想验证 S 的身份时，S 将收到的时间戳加 1，并用会话密钥 K_C、S 加密后发送给用户，用户收到回答后，用会话密钥解密来确定 S 的身份。

$S \rightarrow C$: $E_{K_C},\ S[T_{S_5}+1]$

通过上面六步验证之后，用户 C 和服务 S 互相验证了彼此的身份，并且拥有只有 C 和 S 两者知道的会话密钥 K_C、S，以后的通信都可以通过会话密钥得到保护。

除了以上介绍的域内认证外，还有如下的域间认证，如图 4-9 所示。

由于管理控制、政治、经济和其他因素，不太可能在世界范围内实现统一的 Kerberos 认证中心，而每一个 Kerberos 的认证中心都具有或大或小的一定监管区域（Kerberos 的认证域），Client 向本 Kerberos 的认证域以外的 Server 申请服务的过程分为以下步骤：

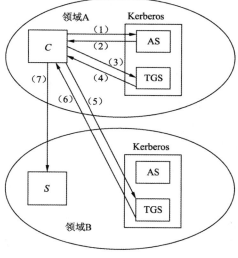

图 4-9　域间认证

（1）$C \rightarrow$ AS: $\text{ID}_C \| \text{ID}_{\text{TGS}} \| T_{S_1}$。

（2）$AS \rightarrow C$: $E_{K_C}[K_C, \text{TGS} \| \text{ID}_{\text{TGS}} \| T_{S_2} \| \text{Lifetime}_2 \| \text{Ticket}_{\text{TGS}}]$。

（3）$C \rightarrow$ TGS: $\text{ID}_{\text{TGSrem}} \| \text{Ticket}_{\text{TGS}} \| \text{Authenticator}_C$。

（4）TGS $\rightarrow C$: $E_{K_C}, \text{TGS}[K_C, \text{TGSrem} \| \text{ID}_{\text{TGSrem}} \| T_{S_4} \| \text{Ticket}_{\text{TGSrem}}]$。

（5）$C \rightarrow$ TGSrem: $\text{ID}_{\text{srem}} \| \text{Ticket}_{\text{TGSrem}} \| \text{Authenticator}_C$。

（6）TGSrem $\rightarrow C$: $E_{K_C}, \text{TG}_{\text{Srem}}[K_C, \text{srem} \| \text{IDsrem} \| T_{S_6} \| \text{Ticket}_{\text{srem}}$。

（7）$C \rightarrow$ srem: $\text{Ticket}_{\text{srem}} \| \text{Authenticator}_C$。

Kerberos 版本 5 认证过程：

在下面所述的认证过程中，我们用以下的记号：

Times——时间标志：表明票据的开始使用时间、截止使用时间等；

Nonce——随机数：用于保证信息总是最新的和防止重放攻击；

Realm——在大型网络中，可能有多个 Kerberos 形成分级 Kerberos 体制，Realm 表示 C 所属的领域；

Options——用户请求的包含在票据中的特殊标志。

ADx——X 的网络地址。

用户 C 从 AS 获得访问 TGS 的票据 T_{TGS}。

（1）$C \rightarrow$ AS:$ID_C \parallel ID_{TGS} \parallel$ Times $\parallel$ Options $\parallel$ Nonce$_1 \parallel$ Realm$_C$。

（2）AS $\rightarrow$ C:$ID_C \parallel$ Realm$_C \parallel$ Ticket$_{TGS} \parallel$ EKC(K_C,TGS) $\parallel$ Times $\parallel$ Nonce$_1 \parallel$ Realm$_{TGS} \parallel ID_{TGS}$）。

其中：Ticket$_{TGS}=E_{K_{TGS}}(K_C$,TGS $\parallel ID_C \parallel AD_C \parallel$ Times $\parallel$ Realm$_C \parallel$ Flags)。

Ticket 中的 Flags 字段支持更多的功能。

用户 C 从 TGS 获得访问 Server 的票据 Ticket$_S$。

（3）$C \rightarrow$ TGS:Options $\parallel ID_S \parallel$ Times $\parallel$ Nonce$_2 \parallel$ Ticket$_{TGS} \parallel$ Authenticator$_C$。

（4）TGS $\rightarrow$ C:Realm$_C \parallel ID_C \parallel$ Ticket$_S \parallel$ EKC,TGS(K_C,S) $\parallel$ Times $\parallel$ Nonce$_2 \parallel$ Realm$_S \parallel ID_S$）。

其中：Authenticator$_C=E_{K_C}$,TGS($ID_C \parallel$ Realm$_C \parallel T_{S_1}$）。

Ticket$_S=E_{K_S}$(Flags $\parallel K_C$,S $\parallel$ Realm$_C \parallel ID_C \parallel AD_C \parallel$ Times)。

用户 C 将 Ticket$_S$ 提交给 Server，获得服务。

（5）$C \rightarrow$ S:Options $\parallel$ Ticket$_S \parallel$ Authenticator$_C$。

（6）$S \rightarrow$ C:E_{K_C},S($T_{S_2} \parallel$ Subkey $\parallel$ Seq)。

其中：Authenticator$_C=E_{K_C}$,S($ID_C \parallel$ Realm$_C \parallel T_{S_2} \parallel$ Subkey $\parallel$ Seq)，Subkey 和 Seq 均为可选项，Subkey 指定此次会话的密钥，若不指定 Subkey 则会话密钥为 K_C、S；Seq 为本次会话指定的起始序列号，以防止重传攻击。

消息（1）、（3）、（5）在两个版本中是基本相同的。第 5 版删除了第 4 版中消息（2）、（4）的票据双重加密；增加了多重地址；用开始可结束时间替代有效时间；并在鉴别码里增加了包括一个附加密钥的选项；第 4 版只支持 DES（数据加密标准）算法，第 5 版采用独立的加密模块，可用其他加密算法替换；第 4 版里，为防止重放攻击，nonce 由时间戳实现，这就带来了时间同步问题。即使利用网络时间协议（Network Time Protocol）或国际标准时间（Coordinated universaltime）能在一定程度上解决时间同步问题，但网络上关于时间的协议并不安全。第 5 版版允许 nonce 可以是一个数字序列，但要求它唯一。由于服务器无法保证不同用户的 nonce 不冲突，偶然的冲突可能将合法用户的服务器申请当作重放攻击而拒之门外。

Kerberos 协议具有以下的一些优势：

（1）与授权机制相结合；

（2）实现了一次性签放的机制，并且签放的票据都有一个有效期；

（3）支持双向的身份认证；

（4）支持分布式网络环境下的域间认证。

在 Kerberos 认证机制中，也存在一些安全隐患。Kerberos 机制的实现要求一个时钟基本同步的环境，这样需要引入时间同步机制，并且该机制也需要考虑安全性，否则攻击者可以通过调节某主机的时间实施重放攻击（Replay Attack）。在 Kerberos 系统中，Kerberos 服务器假想共享密钥是完全保密的，如果一个入侵者获得了用户的密钥，他就可以假装成合法用户。攻击者还可以采用离线方式攻击用户口令。如果用户口令被破获，系统将是不安全的。又如，如果系统的 login 程序被替换，则用户的口令会被窃取。

3．基于公钥密码的认证协议

首先假定双方已经知道对方的公开密钥，如交换证书。

ISO 认证的基本步骤如下：

（1）$A \rightarrow B:R_A$

（2）$B \rightarrow A:\text{Cert}_B \| R_B \| S_B(R_A \| R_B \| B)$

其中 R_A、R_B 是大的随机数，Cert_B 是 B 的证书，SB()表示使用 B 的私有密钥进行数字签名。如果需要双向认证，需要第三步：

（3）$A \rightarrow B:\text{Cert}_A \| S_A(R_A \| R_B \| A)$

这里 $S_A()$ 表示使用 A 的私有密钥进行数字签名。

1978 年出现的 Needham-Schroeder 公开密码协议也是一个双向认证协议：

（1）$A \rightarrow B:E_B(A \| R_A)$

（2）$B \rightarrow A:E_A(R_A \| R_B)$

（3）$A \rightarrow B:E_B(R_B)$

这里 E_x 是使用 X 的公开密钥进行加密。1995 年，Lowe 给出了如下的攻击过程：

（1）$A \rightarrow I:E_I(A \| R_A)$

（2）$I(A) \rightarrow B:E_B(A \| R_A)$

（3）$B \rightarrow I(A):E_A(R_A \| R_B)$

（4）$I \rightarrow A:E_A(R_A \| R_B)$

（5）$A \rightarrow I:E_I(R_B)$

（6）$I(A) \rightarrow B:E_B(R_B)$

可以在第二条消息中增加 B 的标识阻止这种攻击。

如果在认证的基础上还需要建立一个秘密的共享会话密钥，可通过多种不同的方式实现，以下是一个典型的协议：

（1）$A \rightarrow B:R_A$

（2）$B \rightarrow A:R_B \| E_A(K_S) \| S_B(A \| R_A \| R_B \| E_A(K_S))$

（3）$A \rightarrow B:S_A(B \| R_B)$

这里 E_x 是使用 x 的公开密钥进行加密。S_x 是使用 x 的私有密钥进行签名。

协议执行过程是：

（1）A 发送给 B 一个一次性随机数

（2）B 收到 A 发送的消息后，B 选择一个会话密钥 K_S，随后用 A 的公开密钥加密，连同签名一并发送给 A。

（3）当 A 收到第二条消息后，用自己的私有密钥解密还得到会话密钥 K_S，并用 B 的公开密钥验证签名，随后 A 发送使用私有密钥签名的随机数 R_B，当 B 收到该消息后，其知道 A 收到了第二条消息，并且只有 A 能够发出第三条消息。

现在假定双方不知道对方的公开密钥。这时需要一个可信的第三方 T 保存公开密钥库。DENNING-SACCO 认证协议如下：

（1）$A \rightarrow T:A \| B$

（2）$T \rightarrow A:S_T(B \| K_B) \| S_T(A \| K_A)$

T 把用 T 的私钥签名的 B 的公钥 K_B 发给 A。T 也把用 T 的私钥签名的 A 自己的公钥 K_A

发给 A。

（3）$A \rightarrow B: E_B(S_A(K \| T_A)) \| S_T(B, K_B) \| S_T(A, K_A)$

A 向 B 传送随机会话密钥 K、时间标记 T_A（都用 A 自己私钥签名并用 B 的公钥加密）和两个签了名的公开密钥。

B 用私钥解密 A 的消息，然后用 A 的公钥验证签名，以确信时间标记仍有效。在这里 A 和 B 两人都有密钥 K，他们能够安全地通信。

但该协议是有缺陷的。在和 A 一起完成协议后，B 能够伪装是 A。其步骤是：

（1）$B \rightarrow T: B \| C$

（2）$T \rightarrow B: S_T(C \| K_C) \| S_T(B \| K_B)$

（3）$B(A) \rightarrow C: E_C(S_A(K \| T_A)) \| S_T(C \| K_C) \| S_T(A \| K_A)$

B 将以前从 A 那里接收的会话密钥和时间标记的签名用 C 的公钥加密，并和 A 和 C 的证书一起发给 C。C 用私钥解密 A 的消息，然后用 A 的公钥验证签名，检查并确信时间标记仍有效。C 现在认为正在与 A 交谈，B 成功地欺骗了 C。在时间标记截止前，B 可以欺骗任何人。

这个问题容易解决。在第（3）步的加密消息内加上名字：

$E_B(S_A(A \| B \| K \| T_A)) \| S_T(A \| K_A) \| S_T(B \| K_B)$

因为这一步清楚地表明是 A 和 B 在通信，所以现在 B 就不可能对 C 重放旧消息。

Diffie-Hellman 算法发明于 1976 年，是第一个公开密钥交换算法。Diffie-Hellman 算法不能用于加密与解密，但可用于密钥分配。密钥交换协议（Key Exchange Protocol）是指两人或多人之间通过一个协议取得密钥并用于通信加密。在实际的密码应用中密钥交换是很重要的一个环节。比如说利用对称加密算法进行秘密通信，双方首先需要建立一个共享密钥。如果双方没有约定好密钥，就必须进行密钥交换。如何使得密钥到达接收者和发送者手里是件很复杂的事情，最早利用公钥密码思想提出一种允许陌生人建立共享秘密密钥的协议叫 Diffle-Hellman 密钥交换。

Diffie-Hellman 密钥交换算法是基于有限域中计算离散对数的困难性问题之上的。离散对数问题是指对任意正整数 X，计算 $g^X \bmod P$ 是容易的；但是一般的已知 g、Y 和 P，求 X 使 $Y = g^X \bmod P$ 在计算上几乎是不可能的。

当 Alice 和 Bob 要进行秘密通信时，他们可以按如下步骤建立共享密钥：

（1）Alice 选取大的随机数 x，并计算 $X = g^x \pmod P$，Alice 将 g、P、X 传送给 Bob。

（2）Bob 选取大的随机数 y，并计算 $Y = g^y \pmod P$，Bob 将 Y 传送给 Alice。

（3）Alice 计算 $K = y^x \pmod P$；Bob 计算 $K' = X^y \pmod P$，易见，$K = K' = g^{xy} \pmod P$。Alice 和 Bob 获得了相同的秘密值 K。双方以 K 作为加解密钥以对称密钥算法进行保密通信。

监听者可以获得 g、P、X、Y，但由于算不出 x、y，所以得不到共享密钥 K。

虽然 Diffie-Hellman 密钥交换算法十分巧妙，但由于没有认证功能，存在中间人攻击。当 Alice 和 Bob 交换数据时，Trudy 拦截通信信息，并冒充 Alice 欺骗 Bob，冒充 Bob 欺骗 Alice。其过程如图 4-10 所示。

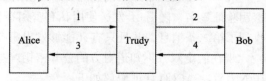

图 4-10　中间人攻击

（1）Alice 选取大的随机数 x，并计算 $X = g^x \pmod P$，Alice 将 g、P、X 传送给 Bob，但被 Trudy 拦截。

（2）Trudy 冒充 Alice 选取大的随机数 z，并计算 $Z = g^z(\bmod P)$，Trudy 将 Z 传送给 Bob。

（3）Trudy 冒充 Bob 选取大的随机数 z，并计算 $Z = g^z(\bmod P)$，Trudy 将 Z 传送给 Alice。

（4）Bob 选取大的随机数 Y，并计算 $Y = G^Y(\bmod P)$，Bob 将 Y 传送给 Alice，但被 Trudy 拦截。

由（1）、（3）Alice 与 Trudy 共享了一个秘密密钥 g^{yz}，由（2）、（4）Trudy 与 Bob 共享了一个秘密密钥 g^{yz}。

站间协议（Station-to-station Protocol）是一个密钥协商协议，它能够挫败这种中间人攻击，其方法是让 A、B 分别对消息签名。

（1）$A \rightarrow B:g^x$

（2）$B \rightarrow A:g^y \parallel E_K(S_B(g^y \parallel g^x))$

（3）$A \rightarrow B:E_K(S_A(g^x \parallel g^y))$

其中建立的会话密钥是 $K=g^{xy}$。站间协议的一个改进版本没有使用加密，建立的会话密钥仍然是 $K=g^{xy}$。

（1）$A \rightarrow B:g^x$

（2）$B \rightarrow A:g^y \parallel S_B(g^y \parallel g^x)$

（3）$A \rightarrow B:S_A(g^x \parallel g^y)$

站间协议具有前向保密性（Forward Secret）。前向保密性是指长期密钥被攻破后，利用长期密钥建立的会话密钥仍具有保密性。站间协议中 A、B 的私钥泄露不影响会话密钥的安全。

4.3　非否认协议与安全电子商务协议

电子商务协议是电子交易的基础，从范围来讲，电子商务协议内容广泛，包括电子支付协议、电子合同签订协议、电子货币协议等。电子商务协议基本要求是安全、可靠、公平。非否认性是电子商务协议的一个主要特征。此外，安全电子商务协议的还需要具有可追究性、隐私性等特征，同时需要考虑提高效率、减少冗余性等实用性因素。

4.3.1　非否认协议

所谓否认是指协议的参与方否认参与了全部或部分消息的发送或接收。在一次通信会话中，有两种传递消息的可能方式：

① 发送方直接向接收方发送消息；

② 发送方将消息提供给可信第三方 TTP，再由 TTP 将消息传递给接收方。

非否认协议需要达到以下要求：

① 发方非否认，即提供一种保护使得发送方不能否认他发送过某条消息；

② 收方非否认，即提供一种保护使得接收方不能否认他接收过某条消息。

③ 一个非否认协议，除了满足以上要求外，还应该满足公平性要求：如果协议在任何一步异常中止，则任何一方都不能得到额外的利益。

一旦协议参与方发生了争执，就需要仲裁中心解决争端，例如，判定某一消息在消息交换过程中是否按时送到。因此，非否认协议应当收集、维护、公布和验证那些与某个事件或动作相关的不可抵赖的证据，并将这些证据用于解决参与方的争执。提供发方和收方非否认证据是非否认协议的两个基本目标：

（1）发方非否认证据（EOO）：非否认服务向接收方提供不可抵赖的证据，证明接收到的消息的来源。

（2）收方非否认证据（EOR）：非否认服务向发送方提供不可抵赖的证据，证明接收方已经收到了某条消息。

非否认协议可以通过 TTP 和数字签名技术实现。

4.3.2 安全电子商务协议

最初，电子商务主要是基于专用网，所采用的方式主要有：电子文件交换、传真通信、文电处理、电子金融交易、自动支付机、信用卡等。现代，电子商务以因特网为基础，比专用网成本低、效率高、互通性好。但是，由于因特网是公用网络，必须采取一系列信息安全技术保障措施。其中，安全电子商务协议是最重要的一种安全手段。

1．安全电子商务协议的基本需求

保密性、完整性、认证性和非否认性是安全电子商务协议的基本性质，在前面的章节中已经做过详细的阐述。

可追究性是与非否认性密切相关的另外一个重要性质，是安全电子商务协议必须满足的基本要求。可追究性指协议应当对自己的行为负责，在发生交易纠纷时，主体可以提供必要的证据保护自身的利益。可追究性是通过发方非否认证据和收方非否认证据实现的，即正确执行完协议后，应当保证发送收方收到 EOR 且接收方收到 EOO。

除了上述要求外，安全电子商务协议还应当满足下述公平性的要求。

公平性（Fairness）包含两层含义。首先，正确地执行完协议后，应当满足可追究性，即保证发送收方收到 EOR 且接收方收到 EOO。其次，如果协议异常终止，协议应当保证通信双方都处于同等地位，任何一方都不占任何优势。

安全电子商务协议的另外一个基本要求是隐私性，即在协议的执行过程中，不应该泄露参与协议的主体的私有信息。除此之外，安全电子商务协议还应当满足实用性的需求，例如，没有冗余性、效率高、可靠性好等。

2．安全电子商务协议的基本结构

参与安全电子商务协议的主体有三个。

用户：用户安全地从服务提供方获得服务，然后，通过金融机构安全地向服务提供方支付费用。

服务提供方：服务提供方安全地向用户提供服务，并通过金融安全机构安全地向用户索取费用。

金融机构：金融机构负责向用户和服务提供方提供收据，然后从用户账户安全地提取资金，并将资金安全地提供给服务提供方账户。

安全电子商务协议由以下三个步骤组成。

确定价格（Price Assurance）：用户和服务提供方通过执行协议，协商并确定价格。

提供服务（Service Provision）：服务提供方向用户安全地提供服务。

传递收据（invoice Delivery）：金融机构向交易双方传递一个消息，表明已经从用户账户安全地提取资金，并将资金安全地支付给服务提供方账户。

4.3.3　典型的安全电子商务协议

1．SET

SET（Secure Electronic Transaction，安全电子交易）协议是美国 Visa 和 MasterCard 两大信用卡组织等联合于 1997 年 5 月 31 日推出的用于电子商务的行业规范，其实质是一种应用在 Internet 上、以信用卡为基础的电子付款系统规范，目的是为了保证网络交易的安全。SET 妥善地解决了信用卡在电子商务交易中的交易协议、信息保密、资料完整以及身份认证等问题。SET 已获得 IETF 标准的认可，是一个得到广泛应用的电子商务协议。

（1）SET 支付系统的组成

SET 支付系统主要由持卡人（CardHolder）、商家（Merchant）、发卡行（Issuing Bank）、收单行（Acquiring Bank）、支付网关（Payment Gateway）、认证中心（Certificate Authority）等六部分组成。对应地，基于 SET 协议的网上购物系统至少包括电子钱包软件、商家软件、支付网关软件和签发证书软件。

（2）SET 协议的工作流程

SET 协议的工作流程如图 4-11 所示。

① 消费者利用 PC 通过因特网选定所要购买的物品，并在计算机上输入订货单、订货单上需包括在线商店、购买物品名称及数量、交货时间及地点等相关信息。

② 通过电子商务服务器与有关在线商店联系，在线商店做出应答，告诉消费者所填订货单的货物单价、应付款数、交货方式等信息是否准确，是否有变化。

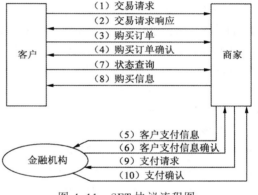

图 4-11　SET 协议流程图

③ 消费者选择付款方式，确认订单签发付款指令。此时 SET 开始介入。

④ 在 SET 中，消费看必须对订单和付款指令进行数字签名，同时利用双重签名技术保证商家看不到消费者的账号信息。

⑤ 在线商店接受订单后，向消费者所在银行请求支付认可。信息通过支付网关到收单银行，再到电子货币发行公司确认。批准交易后，返回确认信息给在线商店。

⑥ 在线商店发送订单确认信息给消费者。消费者端软件可记录交易日志，以备将来查询。

⑦ 在线商店发送货物或提供服务并通知收单银行将钱从消费者的账号转移到商店账号，或通知发卡银行请求支付。在认证操作和支付操作中间一般会有一个时间间隔，例如，在每天的下班前请求银行结账。

前两步与 SET 无关，从第三步开始 SET 起作用，一直到第六步，在处理过程中通信协议、请求信息的格式、数据类型的定义等 SET 都有明确的规定。在操作的每一步，消费者、在线商店、支付网关都通过 CA 来验证通信主体的身份，以确保通信的对方不是冒名顶替，所以，也可以简单地认为 SET 规格充分发挥了认证中心的作用，以维护在任何开放网络上的电子商务参与者所提供信息的真实性和保密性。

2．NetBill 协议

卡内基·梅隆大学的 J.D.Tygar 教授的研究组开发了 Netbill 协议，并同 CyberCash、Mellon Bank 和 Visa International 一起开发 Netbill 的 Alpha 版。该协议已获得 CyberCash 的商业用途许可，CyberCash 的 CyberCoin 协议也使用 Netbill 的方法。

Netbill 协议涉及三方：客户、商家及 Netbill 服务器。客户持有的 Netbill 账号等价于一个虚拟电子信用卡账号。协议步骤如图 4-12 所示，其中：

（1）客户向商家查询某商品价格。

（2）商家向该客户报价。

（3）客户告知商家他接受该报价。

（4）商家将所请求的信息商品（例如一个软件或一首歌曲）用密钥 K 加密后发送给客户。

（5）客户准备一份电子采购订单（Electronic Purchase Order，EPO），即三元式（价格、加密商品的密码单据、超时值）的数字签名值，客户将该已数字签名的 EPO 发送给商家。

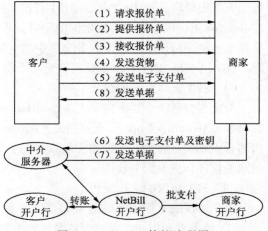

图 4-12 NetBill 协议流程图

（6）商家会签该 EPO，商家也签上 K 的值，然后将此两者发送给 Netbill 服务器。

（7）Netbill 服务器验证 EPO 签名和会签。然后检查客户的账号，保证有足够的资金以便批准该交易，同时检查 EPO 上的超时值看是否过期。确认没有问题时，Netbill 服务器即从客户的账号上将相当于商品价格的资金划往商家的账号上，并存储密钥 K 和加密商品的密码单据，然后准备一份包含值 K 的签好的收据，将该收据发给商家。

（8）商家记下该收据单传给客户，然后客户将第（4）步收到的加密信息商品解密。

Netbill 协议就这样传送信息商品的加密拷贝，并在 Netbill 服务器的契据中记下解密密钥。

3．Digicash 数字现金协议

Digicash 是一个匿名的数字现金协议。所谓匿名是指消费者在消费中不会暴露其身份，例如现金交易虽然钞票有号码，但交易中一般不会加以记录。该协议的步骤如下：

（1）消费者从银行取款，他收到一个加密的数字钱币（Token），此 Token 可当钱用。

（2）消费者对该 Token 作加密变换，使之仍能被商家检验其有效性，但已不能追踪消费者的身份。

（3）消费者在某商家消费，即使用该 Token 购物或购买服务，消费者进一步对该 Token 用密码变换以纳入商家的身份。

（4）商家检验该 Token 以确认以前未收到过此 Token。

（5）商家给消费者发货。

（6）商家将该电子 Token 送银行。

（7）银行检验该 Token 的唯一性。至此消费者的身份仍保密。除非银行查出该 Token 被消费者重复使用，则消费者的身份将会被暴露，消费者的欺诈行为也暴露了。

在以上的第（3）步若发生了通信故障，则消费者无法判断商家究竟是否已收到该电子 Token。此时消费者有两种选择：

① 将其电子 Token 返回给银行或到另一商家处消费。如果消费者这样做了，而商家事实上在第（3）步已收到了该 Token，则当商家去银行将该 Token 兑现时会发现该 Token 的重复使用。

② 消费者不采取行动，既不另行消费也不退还给银行。如果消费者这样做了，而商家在第 3 步事实上未收到该 Token，则商家自然不会发货。这样一来，消费者既未收到所购之物，也未花费该电子钱币，肯定受到了损失。

可见该数字现金协议是有缺陷的。

4.4　SSL 协议

SSL（Secure Socket Layer，安全套接层）协议为 Netscape 所研发，SSL 采用公开密钥技术。其目标是保证两个应用间通信的保密性和可靠性，可在服务器和客户机两端同时实现支持。目前，利用公开密钥技术的 SSL 协议，并已成为因特网上保密通信的工业标准。现行 Web 浏览器普遍将 HTTP 和 SSL 相结合，仅须安装数字证书或服务器证书就可以激活服务器功能，从而实现安全通信。最有代表性的 SSL 版本为 3.0。它已被广泛地用于 Web 浏览器与服务器之间的身份认证和加密数据传输。

SSL 协议提供的服务主要有：

（1）认证用户和服务器，确保数据发送到正确的客户机和服务器；

（2）加密数据以防止数据中途被窃取；

（3）维护数据的完整性，确保数据在传输过程中不被改变。

4.4.1　SSL 协议的分层结构

SSL 是在因特网基础上提供的一种保证私密性的安全协议。它能使客户/服务器应用之间的通信不被攻击者窃听，并且始终对服务器进行认证，还可选择对客户进行认证。SSL 协议要求建立在可靠的传输层协议（如 TCP）之上。SSL 协议的优势在于它是与应用层协议独立无关的。高层的应用层协议（如 HTTP、FTP、Telnet 等）能透明地建立于 SSL 协议之上。SSL 协议在应用层协议通信之前就已经完成加密算法、通信密钥的协商以及服务器认证工作。在此之后应用层协议所传送的数据都会被加密，从而保证通信的私密性。通过以上叙述，SSL 协议提供的安全信道有以下三个特性。

（1）私密性：因为在握手协议定义了会话密钥后，所有的消息都被加密。

（2）确认性：因为尽管会话的客户端认证是可选的，但是服务器端始终是被认证的。

（3）可靠性：因为传送的消息包括消息完整性检查（使用 MAC）。

SSL 协议位于 TCP/IP 与各种应用层协议之间，为数据通信提供安全支持，如图 4-13 所示。SSL 协议可分为两层：①SSL 记录协议（SSL Record Protocol），它建立在可靠的传输协议（如 TCP）之上，为高层协议提供数据封装、压缩、加密等基本功能的支持。②SSL 握手协议（SSL Handshake Protocol）；它建立在 SSL

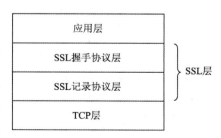

图 4-13　SSL 协议的分层结构

记录协议之上，用于在实际的数据传输开始前，通信双方进行身份认证、协商加密算法、交换加密密钥等。

1．SSL 记录协议

在 SSL 协议中，所有的传输数据都被封装在记录中。记录是由记录头和长度不为 0 的记录数据组成的。所有的 SSL 通信（包括握手消息、安全空白记录和应用数据）都使用 SSL 记录层。SSL 记录协议包括了记录头和记录数据格式的规定。SSL 记录协议层的工作流程如图 4-14 所示。

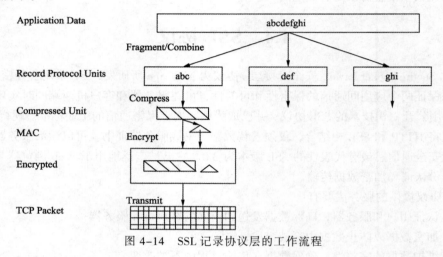

图 4-14　SSL 记录协议层的工作流程

（1）SSL 记录头格式

SSL 的记录头可以是两个或三个字节长的编码。SSL 记录头包含的信息包括：记录头的长度、记录数据的长度、记录数据中是否有粘贴数据。其中粘贴数据是在使用块加密算法时，填充实际数据，使其长度恰好是块的整数倍。最高位为 1 时，不含粘贴数据，记录头的长度为 2 B，记录数据的最大长度为 32 767 B；最高位为 0 时，含有粘贴数据，记录头的长度为 3 B，记录数据的最大长度为 16 383 B。

（2）SSL 记录数据的格式

SSL 的记录数据包含 3 个部分：MAC 数据、实际数据和粘贴数据。MAC 数据用于数据完整性检查。计算 MAC 所用的散列函数由握手协议中的 CIPHER-CHOICE 消息确定。若使用 MD2 和 MD5 算法，则 MAC 数据长度是 16 个字节。MAC 的计算公式为：MAC 数据 = Hash[密钥，实际数据，粘贴数据，序号]。当会话的客户端发送数据时，密钥是客户的写密钥（服务器用读密钥来验证 MAC 数据）；而当会话的客户端接收数据时，密钥是客户的读密钥（服务器用写密钥来产生 MAC 数据）。序号是一个可以被发送和接收双方递增的计数器。每个通信方向都会建立一对计数器，分别被发送者和接收者拥有。计数器有 32 位，计数值循环使用，每发送一个记录计数值递增一次，序号的初始值为 0。

2．SSL 握手协议

通过握手协议，可以完成通信双方的身份鉴定以及协商会话过程中的信息加密密钥，从而建立安全连接。SSL 完全握手协议如图 4-15 所示。它展示了在 SSL 握手过程中的信息交换顺序。

SSL 握手协议建立一个新会话的过程描述如下：

（1）ClientHello：客户端将其 SSL 版本号、加密设置参数、与会话有关的数据以及其他一些必要信息（如加密算法和能支持的密钥的大小等）发送到服务器。

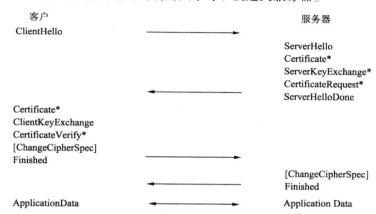

[ChangeCipherSpec]表示ChangeCipherSpec消息不是握手消息
*表示可选择发送的消息，后根据具体情况发送与否的消息

图 4-15　SSL 协议建立一个新会话时的握手过程

（2）ServerHello：服务器将其 SSL 版本号、加密设置参数、与会话有关的数据及其他一些必要信息发送给浏览器。

（3）Certificate：服务器发送一个证书或一个证书链到客户端，证书链开始于服务器公共钥匙证书并结束于证明权威的根证书。该证书（链）用于向客户端确认服务器的身份。这个消息是可选的。如果配置服务器的 SSL 需要验证服务器的身份，会发送该消息。多数电子商务应用都需要服务器端身份验证。

（4）CertificateRequest：该消息是可选的，要求客户端浏览器提供用户证书，以进行客户身份的验证。如果配置服务器的 SSL 需要验证用户身份，会发送该消息。多数电子商务应用不需要客户端身份验证。不过，在支付过程中经常会需要客户端身份证明。

（5）ServerKeyExchange：如果服务器发送的公共密钥对加密密钥的交换不是很合适，则发送一个服务器密钥交换消息。

（6）ServerHelloDone：该消息通知客户端，服务器已经完成了交流过程的初始化。

（7）Certificate：客户端发送客户端证书给服务器。仅当服务器请求客户端身份验证的时候会发送客户端证书。

（8）ClientKeyExchange：客户端产生一个会话密钥与服务器共享。在 SSL 握手协议完成后，客户端与服务器端通信信息的加密就会使用该会话密钥。如果使用（RSA）加密算法，客户端将使用服务器的公钥将会话密钥加密之后再发送给服务器。服务器使用自己的私钥对接收到的消息进行解密以得到共享的会话密钥。这一步完成后，客户端和服务器就共享了一个已经安全分发的会话密钥。

（9）CertificateVerify：如果服务器请求验证客户端，这个消息允许服务器完成验证过程。

（10）ChangeCipherSpec：客户端要求服务器在后续的通信中使用加密模式。

（11）Finished：客户端告诉服务器它已经准备好安全通信了。

（12）ChangeCipherSpec：服务器要求客户端在后续的通信中使用加密模式。

（13）Finished：服务器告诉客户端它已经准备好安全通信了。这是 SSL "握手"完成的标志。

（14）EncryptedData：客户端和服务器现在可以开始在安全通信通道上进行加密信息的交流了。

当上述动作完成之后，两者间的资料传送就会加密。发送时信息用会话密钥加密形成一个数据包 A，对称密钥用非对称算法加密形成另一个数据包 B，再把两个包绑在一起传送过去。接收的过程与发送正好相反，先用非对称算法打开有对称密钥的加密包 B，获得会话密钥。然后再用会话密钥解密数据包 A，获取发送来的信息原文。即使盗窃者在网络上取得编码后的资料，如果没有会话加密密钥，也不能获得可读的有用资料。

SSL 协议恢复一个会话时的握手过程如图 4-16 所示。

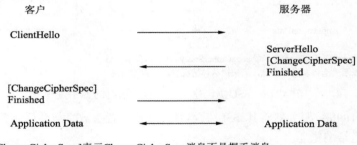

[ChangeCipherSpec]表示ChangeCipherSpec消息不是握手消息

图 4-16　SSL 协议恢复一个会话时的握手过程

4.4.2　SSL 协议的应用

1．SSL 协议的工作流程
服务器认证阶段：①客户端向服务器发送一个开始信息 "Hello"，以便开始一个新的会话连接；②服务器根据客户的信息确定是否需要生成新的主密钥，如需要则服务器在响应客户的 "Hello" 信息时将包含生成主密钥所需的信息；③客户根据收到的服务器响应信息，产生一个主密钥，并用服务器的公开密钥加密后传给服务器；④服务器恢复该主密钥，并返回给客户一个用主密钥认证的信息，以此让客户认证服务器。

用户认证阶段：在此之前，服务器已经通过了客户认证，这一阶段主要完成对客户的认证。经认证的服务器发送一个提问给客户，客户则返回（数字）签名后的提问和其公开密钥，从而向服务器提供认证。

2．SSL 协议的应用问题
从 SSL 协议所提供的服务及其工作流程可以看出，SSL 协议运行的基础是商家对消费者信息保密的承诺，这就有利于商家而不利于消费者。在电子商务初级阶段，由于运作电子商务的企业大多是信誉较高的大公司，因此这问题还没有充分暴露出来。但随着电子商务的发展，中小型公司也参与进来，这样在电子支付过程中的单一认证问题就越来越突出。虽然在 SSL 3.0 中通过数字签名和数字证书可实现浏览器和 Web 服务器双方的身份验证，但是 SSL 协议仍存在一些问题，比如，只能提供交易中客户与服务器间的双方认证，在涉及多方的电子交易中，SSL 协议并不能协调各方间的安全传输和信任关系。在这种情况下，可以采用 Visa 和 MasterCard 两大信用卡公组织制定的 SET 协议，为网上信用卡支付提供了全球性的标准。

另外，SSL 不对应用层的消息进行数字签名，因此不能提供交易的不可否认性，这是 SSL 在电子商务中使用的最大不足。有鉴于此，网景公司在从 Communicator 4.04 版开始的所有浏览器中引入了一种被称作"表单签名"（Signing）的功能，在电子商务中，可利用这一功能来对包含购买者的订购信息和付款指令的表单进行数字签名，从而保证交易信息的不可否认性。综上所述，在电子商务中采用单一的 SSL 协议来保证交易的安全是不够的，但采用"SSL+表单签名"模式能够为电子商务提供较好的安全性保证。

SSL 主要是使用公开密钥体制和 X.509 数字证书技术保护信息传输的机密性和完整性，它不能保证信息的不可抵赖性，主要适用于点对点之间的信息传输，常用 Web Server 方式。

目前一般通用规格为 40 bit 的加密算法，也是不够安全的。美国则已推出 128 bit 的更高安全标准，但限制出境。

4.5　IPSec 协议

IPSec（IP Security）是一种由 IETF 设计的端到端的确保 IP 层通信安全的机制。IPSec 不是一个单独的协议，而是一组协议，这一点对于我们认识 IPSec 是很重要的。IPSec 协议的定义文件包括了 12 个 RFC 文件和几十个 Internet 草案，已经成为工业标准的网络安全协议。

IPSec 是随着 IPv6 的制定而产生的，鉴于 IPv4 的应用仍然很广泛，所以后来在 IPSec 的制定中也增加了对 IPv4 的支持。IPSec 在 IPv6 中是必须支持的，而在 IPv4 中是可选的。本节中提到 IP 协议时是指 IPv4 协议。

4.5.1　IPSec 的功能

IP 协议在当初设计时并没有过多地考虑安全问题，而只是为了能够使网络方便地进行互联互通，因此 IP 协议从本质上就是不安全的。仅仅依靠 IP 头部的校验和字段无法保证 IP 包的安全，修改 IP 包并重新正确计算校验和是很容易的。如果不采取安全措施，IP 通信容易受到窃听、篡改、IP 欺骗、重放攻击等多种威胁。

IP 协议之所以如此不安全，就是因为 IP 协议没有采取任何安全措施，既没有对数据包的内容进行完整性验证，又没有进行加密。如今，IPSec 协议可以为 IP 网络通信提供透明的安全服务，保护 TCP/IP 通信免遭窃听和篡改，保证数据的完整性和机密性，有效抵御网络攻击，同时保持易用性。

IPSec 具有以下功能：

（1）作为一个隧道协议实现了 VPN 通信。IPSec 作为第三层的隧道协议，可以在 IP 层上创建一个安全的隧道，使两个异地的私有网络连接起来，或者使公网上的计算机可以访问远程的企业私有网络。这主要是通过隧道模式实现的。

（2）保证数据来源可靠。在 IPSec 通信之前双方要先用 IKE 认证对方身份并协商密钥，只有 IKE 协商成功之后才能通信。由于第三方不可能知道验证和加密的算法以及相关密钥，因此无法冒充发送方，即使冒充，也会被接收方检测出来。

（3）保证数据完整性。IPSec 通过验证算法功能能保证数据从发送方到接收方的传送过程中的任何数据篡改和丢失都可以被检测。

（4）保证数据机密性。IPSec 通过加密算法使只有真正的接收方才能获取真正的发送内容，而他人无法获知数据的真正内容。

4.5.2　IPSec 体系结构和协议

IPSec 众多的 RFC 通过图 4-17 所示的关系图组织在一起。

从图 4-17 中可以看出，IPSec 包含了三个最重要的协议：AH、ESP 和 IKE。

1．AH

AH（Authentication Header，验证头部协议）由 RFC 2402 定义，是用于增强 IP 层安全的一个 IPSec 协议，该协议可以提供无连接的数据完整性、数据来源验证和抗重放攻击服务。数据完整性验证通过哈希函数（如 MD5）产生的校验来保证；数据源身份认证通过在计算验证码时加入一个共享密钥来实现；AH 报头中的序列号可以防止重

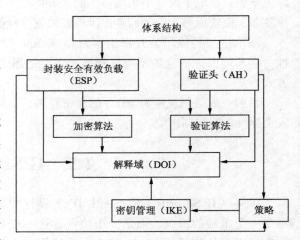

图 4-17　IPSec 体系结构

放攻击。AH 报头位置在 IP 报头和传输层协议报头之间，如图 4-18 所示。AH 由 IP 协议号"51"标识，该值包含在 AH 报头之前的协议报头中，如 IP 报头。AH 可以单独使用，也可以与 ESP 协议结合使用。

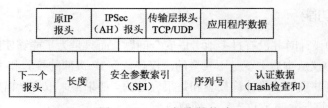

图 4-18　AH 报头的格式

AH 报头字段包括的内容如下：

下一个报头（Next Header）：识别下一个使用 IP 协议号的报头，例如，Next Header 值等于"6"，表示紧接其后的是 TCP 报头。

长度（Length）：　AH 报头长度。

安全参数索引（Security Parameters Index，SPI）：这是一个为数据报识别安全关联的 32 位伪随机值。SPI 值 0 被保留来表明"没有安全关联存在"。

序列号（Sequence Number）：从 1 开始的 32 位单增序列号，不允许重复，唯一地标识了每一个发送数据包，为安全关联提供反重播保护。接收端校验序列号为该字段值的数据包是

否已经被接收过，若是，则拒收该数据包。

认证数据（Authentication Data，AD）：包含完整性 Hash 检查和。接收端接收数据包后，首先执行 Hash 计算，再与发送端所计算的该字段值比较，若两者相等，表示数据完整，若在传输过程中数据遭修改，两个计算结果不一致，则丢弃该数据包。

AH 协议对 IP 层的数据使用密码学中的验证算法，从而使得对 IP 包的修改可以被检测出来。具体地说，这个验证算法是密码学中的 MAC（Message Authentication Codes，报文验证码）算法，MAC 算法将一段给定的任意长度的报文和一个密钥作为输入，产生一个固定长度的输出报文，称为报文摘要或者指纹。MAC 算法与 HASH 算法非常相似，区别在于 MAC 算法需要一个密钥（Key），而 HASH 算法不需要。实际上，MAC 算法一般是由 HASH 算法演变而来，也就是将输入报文和密钥结合在一起然后应用 HASH 算法。这种 MAC 算法称为 HMAC，例如 HMAC-MD5、HMAC-SHA1、HMAC-RIPEMD-160。

通过 HMAC 算法可以检测出对 IP 包的任何修改，不仅包括对 IP 包的源/目的 IP 地址的修改，还包括对 IP 包载荷的修改，从而保证了 IP 包内容的完整性和 IP 包来源的可靠性。为了使通信双方能产生相同的报文摘要，通信双方必须采用相同的 HMAC 算法和密钥。对同一段报文使用不同的密钥来产生相同的报文摘要是不可能的。因此，只有采用相同的 HMAC 算法并共享密钥的通信双方才能产生相同的验证数据。

不同的 IPSec 系统，其可用的 HMAC 算法也可能不同，但是有两个算法是所有 IPSec 都必须实现的：HMAC-MD5 和 HMAC-SHA1。

2．ESP

与 AH 一样，ESP（Encapsulating Security Payload，封装安全载荷）协议也是一种增强 IP 层安全的 IPSec 协议，由 RFC 2406 定义。ESP 协议除了可以提供无连接的完整性、数据来源验证和抗重放攻击服务之外，还提供数据包加密和数据流加密服务。

ESP 协议提供数据完整性和数据来源验证的原理和 AH 一样，也是通过验证算法实现。然而，与 AH 相比，ESP 验证的数据范围要小一些。ESP 协议规定了所有 IPSec 系统必须实现的验证算法：HMAC-MD5、HMAC-SHA1、NULL。NULL 认证算法是指实际不进行认证。

数据包加密服务通过对单个 IP 包或 IP 包载荷应用加密算法实现；数据流加密是在隧道模式下对整个 IP 包应用加密算法实现。ESP 的加密采用的是对称密钥加密算法。与公钥加密算法相比，对称加密算法可以提供更大的加密/解密吞吐量。不同的 IPSec 实现，其加密算法也有所不同。为了保证互操作性，ESP 协议规定了所有 IPSec 系统都必须实现的算法：DES-CBC、NULL。NULL 加密算法实际是不进行加密。

之所以有 NULL 算法，是因为加密和认证都是可选的，但是 ESP 协议规定加密和认证不能同时为 NULL。换句话说，如果采用 ESP，加密和认证至少选其一，当然也可以两者都选，但是不能两者都不选。

ESP 除了为 IP 数据包提供 AH 已有的三种服务外，还提供另外两种服务：数据包加密、数据流加密。加密是 ESP 的基本功能，而数据源身份认证、数据完整性验证以及防重放攻击都是可选的。数据包加密是指对一个 IP 包进行加密，可以是对整个 IP 包，也可以只加密 IP 包的载荷部分，一般用于客户端计算机；数据流加密一般用于支持 IPSec 的路由器，源端路由器并不关心 IP 包的内容，对整个 IP 包进行加密后传输，目的端路由器将该包解密后将原始包继续转发。

AH 和 ESP 可以单独使用，也可以嵌套使用。通过这些组合方式，可以在两台主机、两台安全网关（防火墙和路由器），或者主机与安全网关之间使用。

3．IKE

IKE 协议负责密钥管理，定义了通信实体间进行身份认证、协商加密算法以及生成共享的会话密钥的方法。IKE 将密钥协商的结果保留在安全联盟（SA）中，供 AH 和 ESP 以后通信时使用。

IKE 是一种混合型协议，由 RFC 2409 定义，包含了 3 个不同协议的有关部分：ISAKMP、Oakley 和 SKEME。IKE 和 ISAKMP 的不同之处在于：IKE 真正定义了一个密钥交换的过程，而 ISAKMP 只是定义了一个通用的可以被任何密钥交换协议使用的框架。

IKE 为 IPSec 通信双方提供密钥材料，这个材料用于生成加密密钥和验证密钥。另外，IKE 也为 IPSec 协议 AH 和 ESP 协商 SA。因此，IKE 协商分两个阶段：第一阶段，协商创建一个通信信道（IKE SA），并对该信道进行验证，为双方进一步的 IKE 通信提供机密性、消息完整性以及消息源验证服务；第二阶段，使用已建立的 IKE SA 建立 IPsec SA 。在第一阶段，为了应用 Diffie-Hellman 密钥交换算法（该算法的描述见第 2 章）所使用的参数，IKE 有两种模式的交换：一种是对身份进行保护的"主模式"交换，如图 4-19 所示；另一种是根据基本 ISAKMP 文档制定的"野蛮模式"交换，如图 4-20 所示。

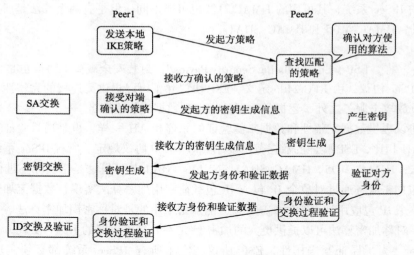

图 4-19　"主模式"交换

IKE 中有 4 种身份认证方式：

① 基于数字签名（Digital Signature），利用数字证书来表示身份，利用数字签名算法计算出一个签名来验证身份。

② 基于公开密钥（Public Key Encryption），利用对方的公开密钥加密身份，通过检查对方发来的该 Hash 值作认证。

③ 基于修正的公开密钥（Revised Public Key Encryption），对上述方式进行修正。

④ 基于预共享字符串（Pre Shared Key），双方事先通过某种方式商定好一个双方共享的字符串。

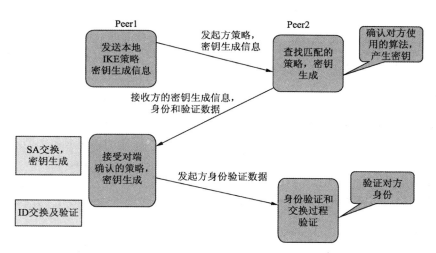

图 4-20 "野蛮模式"交换

IKE 交换模式: IKE 目前定义了 4 种模式: 主模式、积极模式、快速模式和新组模式。前面 3 个用于协商 SA, 最后一个用于协商 Diffie-Hellman 算法所用的组。主模式和积极模式用于第一阶段; 快速模式用于第二阶段; 新组模式用于在第一个阶段后协商新的组。

最后, 解释域 (DOI) 为使用 IKE 进行协商 SA 的协议统一分配标识符。共享一个 DOI 的协议从一个共同的命名空间中选择安全协议和变换、共享密码以及交换协议的标识符等, DOI 将 IPSec 的这些 RFC 文档联系到一起。

4.5.3 安全联盟和安全联盟数据库

1. 安全联盟

理解安全联盟 (Security Association, SA) 这一概念对于理解 IPSec 是至关重要的。AH 和 ESP 两个协议都使用 SA 来保护通信, 而 IKE 的主要功能就是在通信双方协商 SA。

SA 是两个 IPSec 实体 (主机、安全网关) 之间经过协商建立起来的一种协定, 内容包括采用何种 IPSec 协议 (AH 还是 ESP)、运行模式 (传输模式还是隧道模式)、验证算法、加密算法、加密密钥、密钥生存期、抗重放窗口、计数器等, 从而决定了保护什么、如何保护以及谁来保护。可以说 SA 是构成 IPSec 的基础。

SA 是单向的, 进入 (inbound) SA 负责处理接收到的数据包, 外出 (outbound) SA 负责处理要发送的数据包。因此每个通信方必须要有两个 SA: 一个进入 SA, 一个外出 SA, 这两个 SA 构成了一个 SA 束 (SA Bundle)。

SA 的管理包括创建和删除, 有以下两种管理方式。

(1) 手工管理: SA 的内容由管理员手工指定、手工维护。但是, 手工维护容易出错, 而且手工建立的 SA 没有生存周期限制, 一旦建立了, 就不会过期, 除非手工删除, 因此有安全隐患。

(2) IKE 自动管理: 一般来说, SA 的自动建立和动态维护是通过 IKE 进行的。利用 IKE 创建和删除 SA, 不需要管理员手工维护, 而且 SA 有生命期。如果安全策略要求建立安全、保密的连接, 但又不存在与该连接相应的 SA, IPSec 的内核会立刻启动 IKE 来协商 SA。

每个 SA 由三元组 (SPI, 源/目的 IP 地址, IPSec 协议) 唯一标识, 这三项含义如下:

SPI（Security Parameter Index，安全参数索引）是 32 位的安全参数索引，标识同一个目的地的 SA。

源/目的 IP 地址：表示对方 IP 地址，对于外出数据包，指目的 IP 地址；对于进入 IP 包，指源 IP 地址。

IPSec 协议：采用 AH 或 ESP。

2．安全联盟数据库

SAD（Security Association Database，安全联盟数据库）并不是通常意义上的"数据库"，而是将所有的 SA 以某种数据结构集中存储的一个列表。对于外出的流量，如果需要使用 IPSec 处理，然而相应的 SA 不存在，则 IPSec 将启动 IKE 来协商出一个 SA，并存储到 SAD 中。对于进入的流量，如果需要进行 IPSec 处理，IPSec 将从 IP 包中得到三元组，并利用这个三元组在 SAD 中查找一个 SA。

SAD 中每一个 SA 除了上面的三元组之外，还包括下面这些内容。

（1）本方序号计数器：32 位，用于产生 AH 或 ESP 头的序号字段，仅用于外出数据包。SA 刚建立时，该字段值设置为 0，每次用 SA 保护完一个数据包时，就把序列号的值递增 1，对方利用这个字段来检测重放攻击。通常在这个字段溢出之前，SA 会重新进行协商。

（2）对方序号溢出标志：标识序号计数器是否溢出。如果溢出，则产生一个审计事件，并禁止用 SA 继续发送数据包。

（3）抗重放窗口：32 位计数器，用于决定进入的 AH 或 ESP 数据包是否为重发的。仅用于进入数据包，如接收方不选择抗重放服务（如手工设置 SA 时），则不用抗重放窗口。

（4）AH 验证算法、密钥等。

（5）ESP 加密算法、密钥、IV（Initial Vector）模式等。如不选择加密，该字段为空。

（6）ESP 验证算法、密钥等。如不选择验证，该字段为空。

（7）SA 的生存期：表示 SA 能够存在的最长时间。生存期的衡量可以用时间也可以用传输的字节数，或将两者同时使用，优先采用先到期者。SA 过期之后应建立一个新的 SA 或终止通信。

（8）运行模式：是传输模式还是隧道模式。

（9）PMTU：所考察的路径的 MTU 及其 TTL 变量。

3．安全策略和安全策略数据库

安全策略（Security Policy，SP）指示对 IP 数据包提供何种保护，并以何种方式实施保护。SP 主要根据源 IP 地址、目的 IP 地址、入数据还是出数据等来标识。IPSec 还定义了用户能以何种粒度来设定自己的安全策略，由"选择符"来控制粒度的大小，不仅可以控制到 IP 地址，还可以控制到传输层协议或者 TCP/UDP 端口等。

安全策略数据库（Security Policy Database，SPD）也不是通常意义上的"数据库"，而是将所有的 SP 以某种数据结构集中存储的列表。

当要将 IP 包发送出去时，或者接收到 IP 包时，首先要查找 SPD 来决定如何进行处理。存在三种可能的处理方式：丢弃、不用 IPSec 和使用 IPSec。

（1）丢弃：流量不能离开主机或者发送到应用程序，也不能进行转发。

（2）不用 IPSec：对流量作为普通流量处理，不需要额外的 IPSec 保护。

（3）使用 IPSec：对流量应用 IPSec 保护，此时这条安全策略要指向一个 SA。对于外出流量，如果该 SA 尚不存在，则启动 IKE 进行协商，把协商的结果连接到该安全策略上。

4．IPSec 运行模式

IPSec 有两种运行模式：传输模式（Transport Mode）和隧道模式（Tunnel Mode）。AH 和 ESP 都支持这两种模式，因此有 4 种可能的组合：传输模式的 AH、隧道模式的 AH、传输模式的 ESP 和隧道模式的 ESP。

（1）IPSec 传输模式

传输模式要保护的内容是 IP 包的载荷，可能是 TCP/UDP 等传输层协议，也可能是 ICMP 协议，还可能是 AH 或者 ESP 协议（在嵌套的情况下）。传输模式为上层协议提供安全保护。通常情况下，传输模式只用于两台主机之间的安全通信。

正常情况下，传输层数据包在 IP 中被添加一个 IP 头部构成 IP 包。启用 IPSec 之后，IPSec 会在传输层数据前面增加 AH 或 ESP 或两者同时增加，构成一个 AH 数据包或者 ESP 数据包，然后再添加 IP 头部组成新的 IP 包。

以 TCP 协议为例，应用 IPSec 之后包的格式有下面三种可能。

应用 AH：IP AH TCP。

应用 ESP：IP ESP TCP。

应用 AH 和 ESP：IP AH ESP TCP。

（2）IPSec 隧道模式

隧道模式保护的内容是整个原始 IP 包，隧道模式为 IP 协议提供安全保护。通常情况下，只要 IPSec 双方有一方是安全网关或路由器，就必须使用隧道模式。

如果路由器要为自己转发的数据包提供 IPSec 安全服务，就要使用隧道模式。路由器主要依靠检查 IP 头部来做出路由决定，不会也不应该修改 IP 头部以外的其他内容。如果路由器对要转发的包插入传送模式的 AH 或 ESP 头部，便违反了路由器的规则。

路由器将需要进行 IPSec 保护的原始 IP 包看作一个整体，将这个 IP 包作为要保护的内容，前面添加 AH 或者 ESP 头部，然后再添加新的 IP 头部，组成新的 IP 包之后再转发出去。AH 隧道模式为整个数据包提供完整性检查和认证，认证功能优于 ESP。但在隧道技术中，AH 协议很少单独实现，通常与 ESP 协议组合使用。以 ESP 为例，隧道模式的 ESP 报文格式如图 4-21 所示。

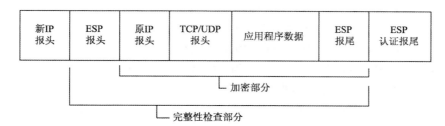

图 4-21　隧道模式的 ESP 报文格式

应用 ESP：IP ESP IP+TCP。

IPSec 隧道模式的数据包有两个 IP 头：内部头和外部头。内部头由路由器背后的主机创建，外部头由提供 IPSec 的设备（可能是主机，也可能是路由器）创建。隧道模式下，通信终点由受保护的内部 IP 头指定，而 IPSec 终点则由外部 IP 头指定。如 IPSec 终点为安全网关，则该网关会还原出内部 IP 包，再转发到最终目的地。

4.6　形式化证明

即使参加认证协议的主体只有 2 个或 3 个，在整个认证协议的中交换的消息只有 3 条或 5 条，设计一个正确的且没有安全缺陷的认证协议也是一项很困难的任务。因此，迫切需要一种合适的形式化分析工具，以检查认证协议是否达到了设计目标，认证协议是否存在安全缺陷或冗余等。为此，1989 年 Burrows、Abadi 和 Needham 提出了 BAN 逻辑，其后，BAN 逻辑得到了广泛关注、推广和增强。称为 BAN 类逻辑，包括 GNY 逻辑、AT 逻辑、VO 逻辑和 SVO 逻辑。

4.6.1　BAN 逻辑

BAN 逻辑的思路可以概括为：通过主体发送的信息推导出对该主体的信任。为此，BAN 逻辑假设：

（1）密文块不能被篡改，也不能用几个小的密文块组成新的大密文块。

（2）一个消息中的两个密文块被看作是分两次分别到达的。

（3）总假设加密系统是完善的，攻击者无法从密文推断出密钥。

（4）密文含有足够多的冗余信息，使解密者可以判断他是否应用了正确的密钥。

（5）消息中含有足够多的冗余信息，使主体可以判断该消息是否来源于自身。

（6）主体是诚实的。

1．BAN 逻辑的符号

在 BAN 逻辑中，主要包含三种对象：主体、密钥和公式。其中的公式，也称为语句或命题。通常，符号 P、Q、R 表示主体变量，K 表示密钥变量，X、Y 表示公式变量。A、B 表示两个普通主体，S 表示认证服务器。K_{AB} 表示具体的共享密钥，K_A 表示具体的公开密钥，$K_{A^{-1}}$ 表示相应的秘密密钥，N_A 表示临时值，$h(X)$ 表示 X 的单向散列函数。BAN 逻辑仅包含合取这一命题连接词，用逗号表示，合取连接词满足交换律和结合律。

BAN 逻辑还有以下 10 个符号：

P belives X 或 $P \models X$：表示 P 信任 X，主体 P 相信公式 X 是真的。

P sees X 或 $P < X$：表示 主体 P 接收到包含公式 X 的消息。

P said X 或 $P|\sim X$：表示 P 曾经发送过包含 X 的消息。

P controls X 或 $P \Longrightarrow X$：表示主体 P 对 X 有管辖权。

$\#(X)$ 或 fresh(X)：表示 X 是新鲜的，即 X 没有被发送过。

$P \leftrightarrow Q$：表示 K 为 PQ 之间的共享密钥。

$-K \rightarrow P$：表示 K 为 P 的公开密钥。

$PQ \Longleftrightarrow Y$：Y 为 P 和 Q 的共享秘密，其他主体都不知道。

$\{X\}_K$：用密钥 K 加密 X 后得到的密文。

$\langle X \rangle_Y$：表示由 X 和秘密 Y 合成的消息。

2．BAN 逻辑的推理规则

（1）消息含义规则（message-meaning rules）3 条：

R1
$$P\mid\equiv Q\xleftarrow{K}P, P\triangleleft\{X\}_K \vdash P\mid\equiv Q\mid\sim X$$

$$\frac{P \text{ believes } Q\overset{K}{\leftrightarrow}P, P \text{ sees } \{X\}_K}{P \text{ believes } Q \text{ said } X}$$

R2
$$P\mid\equiv\xrightarrow{K}Q, P\triangleleft\{X\}_{K^{-1}} \vdash P\mid\equiv Q\mid\sim X$$

$$\frac{P \text{ believes }\overset{K}{\mapsto}Q, P \text{ sees } \{X\}_{K^{-1}}}{P \text{ believes } Q \text{ said } X}$$

R3
$$P\mid\equiv P\overset{Y}{\rightleftharpoons}Q, P\triangleleft\{X\}_Y \vdash P\mid\equiv Q\mid\sim X$$

（2）临时值验证规则（nonce-verification rule）1 条：

R4
$$P\mid\equiv\#(X), P\mid\equiv Q\mid\sim X \vdash P\mid\equiv Q\mid\equiv X$$

$$\frac{P \text{ believes } \text{fresh}(X), P \text{ believes } Q \text{ said } X}{P \text{ believes } Q \text{ believes } X}$$

（3）管辖规则（Jurisdiction Rule）1 条：

R5
$$P\mid\equiv Q\mid\Rightarrow X, P\mid\equiv Q\mid\equiv X \vdash P\mid\equiv X$$

$$\frac{P \text{ believes } Q \text{ controls } X, P \text{ believes } Q \text{ believes } X}{P \text{ believes } X}$$

（4）接收消息规则（seeing rules）5 条：

R6
$$P\triangleleft(X,Y) \vdash P\triangleleft X$$

$$\frac{P \text{ sees } (X,Y)}{P \text{ sees } X}$$

R7
$$P\triangleleft<X>_Y \vdash P\triangleleft X$$

$$\frac{P \text{ sees } \langle X\rangle_Y}{P \text{ sees } X}$$

R8
$$P\mid\equiv P\overset{K}{\leftrightarrow}Q, P\triangleleft\{X\}_K \vdash P\triangleleft X$$

$$\frac{P \text{ believes } Q\overset{K}{\leftrightarrow}P, P \text{ sees } \{X\}_K}{P \text{ sees } X}$$

R9
$$P\mid\equiv\xrightarrow{K}P, P\triangleleft\{X\}_K \vdash P\triangleleft X$$

$$\frac{P \text{ believes } \overset{K}{\mapsto}P, P \text{ sees } \{X\}_K}{P \text{ sees } X}$$

R10
$$P\mid\equiv\overset{K}{\rightarrow}Q, P\triangleleft\{X\}_{K^{-1}} \vdash P\triangleleft X$$

$$\frac{P \text{ believes } \overset{K}{\mapsto}Q, P \text{ sees } \{X\}_{K^{-1}}}{P \text{ sees } X}$$

（5）消息新鲜性规则（Freshness Rule）1 条：

R11
$$P\mid\equiv\#(X) \vdash P\mid\equiv\#(X,Y)$$

$$\frac{P \text{ believes } \text{fresh}(X)}{P \text{ believes } \text{fresh}(X,Y)}$$

（6）信念规则（Belief Rules）4条：

R12 $$P \models X, P \models Y \vdash P \models (X, Y)$$

R13 $$P \models (X, Y) \vdash P \models X$$

R14 $$P \models Q \models (X, Y) \vdash P \models Q \models X$$

R15 $$P \models Q \mid\sim (X, Y) \vdash P \models Q \mid\sim X$$

（7）密钥与秘密规则（Key and Secret Rules）4条：

R16 $$P \models R \xleftrightarrow{K} R' \vdash P \models R' \xleftrightarrow{K} R$$

R17 $$P \models Q \models R \xleftrightarrow{K} R' \vdash P \models Q \models R' \xleftrightarrow{K} R$$

R18 $$P \models R \underset{X}{\rightleftharpoons} R' \vdash P \models R' \underset{X}{\rightleftharpoons} R$$

R19 $$P \models Q \models R \underset{X}{\rightleftharpoons} R' \vdash P \models Q \models R' \underset{X}{\rightleftharpoons} R$$

3．应用 BAN 逻辑分析协议

（1）BAN 逻辑的推理步骤

用逻辑语言对系统的对系统的初始状态进行描述，建立初始假设集合。

建立理想化协议模型，将协议的实际消息转换成 BAN 逻辑的公式

对协议进行解释，将形如 $P \rightarrow Q:X$ 的消息转换成形如 QX 的逻辑语言。解释过程遵循以下规则：若命题 X 在消息 $P \rightarrow Q:Y$ 前成立，则在其后 X 和 QY 都成立；若根据推理规则可以由命题 X 推导出命题 Y，则命题 X 成立时，则命题 Y 也成立。

应用推理规则对协议进行形式化分析，推导出分析结果。

（2）以应用 BAN 逻辑分析 Otway-Rees 协议为例，

首先，建立初始假设集合：

A believes $A \xleftrightarrow{K_{AS}} S$, B believes $B \xleftrightarrow{K_{BS}} S$,

S believes $A \xleftrightarrow{K_{AS}} S$, S believes $B \xleftrightarrow{K_{BS}} S$,

S believes $A \xleftrightarrow{K_{AS}} B$,

A believes S controls $A \xleftrightarrow{K} B$, B believes S controls $A \xleftrightarrow{K} B$,

A believes S controls B said X, B believes S controls A said X,

A believes fresh(N_A), B believes fresh(N_B),

A believes fresh(N_C)

其次，建立理想化协议模型：

① $$A \rightarrow B : \{N_A, N_C,\}_{K_{AS}}$$

② $$B \rightarrow S : \{N_A, N_C,\}_{K_{AS}}, \{N_B, N_C\}_{K_{BS}}$$

③ $$S \rightarrow B : \{N_A, A \xleftrightarrow{K_{AB}} B\}, \{B \text{ said } N_C\}_{K_{AS}}$$

$$\{N_B, A \xleftrightarrow{K_{AB}} B\}, \{A \text{ said } N_C\}_{K_{BS}}$$

④ $$B \rightarrow A : \{N_A, A \xleftrightarrow{K_{AB}} B\}, \{B \text{ said } N_C\}_{K_{AS}}$$

预期目标：

$$A \text{ believes } A \xleftrightarrow{K_{AB}} B$$

$$B \text{ believes } A \xleftrightarrow{K_{AB}} B$$

然后，对协议进行形式化分析：

由消息 1，有

$$B \quad \text{sees} \quad \{N_A, N_C\}_{K_{AS}}$$

由消息 2，有

$$S \text{ believes } A \text{ said } \{N_A, N_C\}$$
$$S \text{ believes } B \text{ said } \{N_B, N_C\}$$

由消息 3，和初始假设有

$$B \text{ believes } S \text{ said } A \overset{K_{AB}}{\leftrightarrow} B \quad (\ast)$$

由初始假设，应用消息新鲜性规则，有

$$B \text{ believes fresh } A \overset{K_{AB}}{\leftrightarrow} B \quad (\ast\ast)$$

由初始假设，应用消息新鲜性规则，有

$$B \text{ believes } S \text{ believes } A \overset{K_{AB}}{\leftrightarrow} B \quad (\ast\ast\ast)$$

因此

$$B \text{ believes } A \overset{K_{AB}}{\leftrightarrow} B$$
$$A \text{ believes } B \text{ believes } N_C$$

同理：

$$A \text{ believes } A \overset{K_{AB}}{\leftrightarrow} B$$
$$B \text{ believes } A \overset{K_{AB}}{\leftrightarrow} B$$
$$A \text{ believes } B \text{ believes } N_C$$
$$B \text{ believes } A \text{ said } N_C$$

4.6.2　BAN 类逻辑

在 BAN 逻辑推出后，很快成为分析认证的常规方法。这种方法简单、直观，有较强的分析能力能够发现认证协议中的一些安全漏洞和多余的协议流。但是，经过一段时间的应用之后，人们发现 BAN 逻辑在分析某些协议时，功能还不够完善，推理能力有限，因此，学者们提出了许多修改和扩充意见，主要有 GNY 逻辑、AT 逻辑、VO 逻辑和 SVO 逻辑等，统称为 BAN 类逻辑。

GNY 逻辑：是第一个对 BAN 逻辑进行增强的。GNY 逻辑公设有 44 个。虽然提高了表达能力，但使得 GNY 逻辑过于复杂，影响了其实用性。

AT 逻辑对 BAN 逻辑是从逻辑方面对 BAN 逻辑进行简化，因而将 BAN 逻辑向前推进了一大步，其主要改进有：对 BAN 逻辑中的定义和推理规则进行整理，抛弃了其中语义和实现细节的混合部分；对某些逻辑构件更直接的定义，免除对诚实性进行隐含假设；简化了推理规则，所有的概念都独立定义，不与其他概念混淆。

VO 逻辑的贡献则是扩展了 BAN 逻辑的应用范围。增加了分析 Diffie-Hellman 协议的能力，细化了认证协议的认证目标。认证目标细化为 6 个：

PING 认证：
$$A \text{ believes } B \text{ says } Y$$

实体认证：
$$A \text{ believes } B \text{ says } \left(Y, R\left(G\left(R_A\right), Y\right)\right)$$

安全密钥建立： $A \text{ believes } A \xleftarrow{K-} B$

密钥确认： $A \text{ believes } A \xleftarrow{K+} B$

密钥新鲜性： $A \text{ believes fresh}(K)$

互相信任共享密钥： $A \text{ believes } B \text{ believes } B \xleftarrow{K-} A$

SVO 逻辑是在综合和优化 BAN、GNY、AT、VO 逻辑的基础上提出来的，它提取了四种逻辑的主要特点，提出了唯一的、相对较为简单的分计算模型形式化验证方法。SVO 仍属于 BAN 类逻辑。在形式化语义方面，SVO 逻辑对一些概念作了重新定义（有别于 AT 逻辑），从而取消了 AT 逻辑系统中的一些限制。SVO 逻辑所用的记号与 BAN 逻辑、AT 逻辑是相似的，仍用符号分别表示相信、接收到、发送过、刚发送过、管辖、拥有、新鲜与等价。另外，SVO 逻辑还有自己所特有的 12 个符号。此外，SVO 逻辑还有 21 条公理，用于逻辑推理过程。

使用 SVO 逻辑对一个安全协议进行形式化分析的步骤如下：

（1）给出该协议的初始化假设集，即用 SVO 逻辑语言表示各主体的初始信念、接收到的报文、对所收到报文的理解和解释。

（2）给出该协议可能或应该达到的目标集，即用 SVO 逻辑语言表示的一个公式集。

（3）在 SVO 逻辑中证明结论是否成立。若成立，则说明该协议达到了预期的设计目标，协议的设计是成功的。

4.6.3　串空间逻辑

Thayer，Herzog 和 Guttman 提出了串空间（Strand Space）模型，这是一种结合定理证明和协议迹的混合方法。事实证明，串空间模型是分析安全协议的一种实用、直观和严格的形式化方法。

串空间逻辑将安全协议的执行过程收发的消息序列组成串，将这些串用代数空间的方法来分析安全协议的执行过程。

例如，NSPK 协议使用一次性随机数和公钥加密体制分配会话密钥的方法，因此不需要时钟的同步，NSPK 协议的执行过程如下：其中 K_A、K_B、分别是 A、B 的公钥，K_S^{-1} 是 S 的私钥。

① $A \rightarrow S$：A,B

② $S \rightarrow A$：$\{K_B, A\}K_S^{-1}$

③ $A \rightarrow B$：$\{K_B, A\}K_B$

④ $B \rightarrow S$：B, A

⑤ $S \rightarrow B$：$\{K_A, A\}K_S^{-1}$

⑥ $B \rightarrow A$：$\{N_A, N_B\}K_A$

⑦ $A \rightarrow B$：$\{N_B\}K_B$

由于 S 只起到分配公钥的作用，假设双方已知对方的公钥，可以简化如下：

③ $A \rightarrow B$：$\{K_B, A\}K_B$

⑥ $B \rightarrow A$：$\{N_A, N_B\}K_A$

⑦ $A \rightarrow B$：$\{N_B\}K_B$

可以将 NSPK 协议描述成一个直观的图，如图 4-22 所示。

图 4-22 中，A、B 等待信息的状态用一个 "." 来表示，发送消息和接收消息用数据项来表示。

串空间理论使用"串"的概念描述协议的参与方发送消息和接收消息的行为，不同协议参与方的串组成串空间，表示协议的运行，通过对串的运算，可以分析协议执行的结果。不难发现，对图 4-22，在 A、B 之间引入一个 P，NSPK 协议的执行过程如图 4-23 所示，P 可以成功地冒充，中间人攻击可以成功。

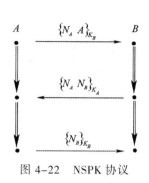

图 4-22　NSPK 协议

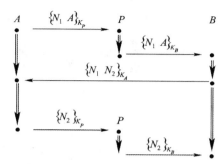

图 4-23　攻击 NSPK 协议的一种方法

习　题

1. 描述以下术语的含义：

安全协议、仲裁协议、身份认证协议、重放攻击、电子商务协议、Kerberos 认证、安全电子交易协议、SSL、IPSEC、SA、AH、ESP、BAN 逻辑、形式化证明方法。

2. Needham-Schroeder 认证协议使用询问/应答方法的目的是什么？

3. Kerberos 认证协议中采用 AS、TS、S 三个服务器的优点有哪些？

4. 简述 SSL 协议的工作流程。

5. 为什么 IPSEC 协议中包括 AH 和 ESP 两个协议？

6. IKE "主模式" 交换与 "野蛮模式" 交换各有何优缺点？

7. 为什么说，设计一个正确的且没有安全缺陷的认证协议是一项很困难的任务？

第 5 章 网络安全访问

网络安全访问是网络安全的主要问题，实现网络资源的安全共享就是如何有效地控制成千上万个用户对网络各组成部分和资源所进行的访问，为此要进行适当的访问控制。本章介绍安全访问时常用的口令的选择与保护方法，有效地访问控制技术与安全审计技术，还有防火墙技术、VPN 技术和网络隔离技术。

5.1 口令选择与保护

5.1.1 对口令的攻击

通过用户 ID 和口令进行认证是网络操作系统或网络应用程序通常采用的。如果非法用户获得合法用户身份的口令，其就可以自由访问未授权的系统资源，所以需要防止口令泄露。易猜的口令或缺省口令也是一个很严重的问题，但一个更严重的问题是有的账号根本没有口令。实际上，所有使用弱口令、默认口令和没有口令的账号都应从系统中清除。另外，很多系统有内置的或缺省的账号，这些账号在软件的安装过程中通常口令是不变的。攻击者通常查找这些账号。因此，所有内置的或缺省的账号都应从系统中移出。

目前各类计算资源主要靠固定口令的方式来保护。这种以固定口令为基础的认证方式存在很多问题，对口令的攻击包括以下几种：

（1）网络数据流窃听（Sniffer）：攻击者通过窃听网络数据，如果口令使用明文传输，则可被非法截获。大量的通信协议比如 Telnet、FTP、基本 HTTP 都使用明文口令，这意味着它们在网络上是以未加密格式传输于服务器端和客户端，而入侵者只需使用协议分析器就能查看到这些信息，从而进一步分析出口令。

（2）认证信息截取/重放（Record/Replay）：有的系统会将认证信息进行简单加密后进行传输，如果攻击者无法用第一种方式推算出口令，可以使用截取/重放方式，需要的是重新编写客户端软件以使用加密口令实现系统登录。

（3）字典攻击：根据调查结果可知，大部分的人为了方便记忆选用的密码都与自己周遭的事物有关，例如：身份证字号、生日、车牌号码、在办公桌上可以马上看到的标记或事物、其他有意义的单词或数字，某些攻击者会使用字典中的单词来尝试用户的口令。所以大多数系统都建议用户在口令中加入特殊字符，以增加口令的安全性。

（4）穷举攻击（Brute Force）：又称蛮力破解。这是一种特殊的字典攻击，它使用字符串的全集作为字典。如果用户的口令较短，很容易被穷举出来，因而很多系统都建议用户使用长口令。

（5）窥探：攻击者利用与被攻击系统接近的机会，安装监视器或亲自窥探合法用户输入口令的过程，以得到口令。

（6）社交工程：社会工程就是指采用非隐蔽方法盗用口令等，比如冒充是处长或局长骗取管理员信任得到口令等。冒充合法用户发送邮件或打电话给管理人员，以骗取用户口令等。

（7）钓鱼：攻击者模仿受信任的公司的网页或服务程序，当用户不加以甄别当作自己要访问的网页或服务程序时，所输入的用户账号和口令立即被攻击者获悉，这种网站通常称为"钓鱼网站"。

（8）垃圾搜索：攻击者通过搜索被攻击者的废弃物，得到与攻击系统有关的信息，如果用户将口令写在纸上又随便丢弃，则很容易成为垃圾搜索的攻击对象。

5.1.2 口令的选择

在口令的设置过程中，有许多个人因素在起作用，攻击者可以利用这些因素来解密。由于口令安全性的考虑，人们会被禁止把口令写在纸上，因此很多人都设法使自己的口令容易记忆，而这就给攻击者提供了可乘之机。为防止攻击猜中口令。安全口令具有以下特点：

（1）位数大于 6 位。

（2）大小写字母混合。如果用一个大写字母，既不要放在开头，也不要放在结尾。

（3）可以把数字无序地加在字母中。

（4）系统用户一定用 8 位口令，而且包括～!@＃$%^＆＊<>?:"{}等特殊符号。

不安全的口令则有如下几种情况：

（1）使用用户名（账号）作为口令。这种方法便于记忆，可是在安全上几乎是不堪一击。几乎所有以破解口令为手段的黑客软件，都首先会将用户名作为口令的突破口。

（2）用用户名（账号）的变换形式作为口令。将用户名颠倒或者加前后缀作为口令。例如，说著名的黑客软件 John，如果用户名是 fool，那么它在尝试使用 fool 作为口令之后，还会试着使用诸如 fool123、fool1、loof、loof123、lofo 等作为口令。

（3）使用自己或者亲友的生日作为口令。这种口令有着很大的欺骗性，因为这样往往可以得到一个 6 位或者 8 位的口令，但实际上可能的表达方式只有 100×12×31=37200 种，即使再考虑到年月日三者共有六种排列顺序，一共也只有 37200×6=223200 种。

（4）使用简单的字母数字组合，如 111111、11111111、123abc、abc123、123456、1234567、123123、qwerty 等。

（5）使用常用的英文单词作为口令。这种方法比前几种方法要安全一些，但使用password、sunshine、admin、monkey 之类的，也是很不安全的。如果选用的单词是十分偏僻的，那么黑客软件就可能无能为力了。

对选择的口令安全性进行检验，简称口令的检验。口令的检验有两种方法：

（1）反应法（Reactive）：利用一个程序（Cracker），让被检口令与一批易于猜中的口令表中成员进行逐个比较。若都不相符则通过。这类反应检验法有如下一些缺点：①检验一个口令太费时，试想一个攻击者可能要用几小时甚至几天来攻击一个口令。②现用口令都有一定的可猜性，但直到采用反应检验后用户才更换口令。

（2）支持法（Proactive）：用户先自行选一个口令，当用户第一次使用时，系统利用一个程序检验其安全性，如果它易于被猜中，则拒绝并请用户重新选一个新的口令。通过准则要考虑可猜中性与安全性的折中，若算法太严格，则用户所选口令屡遭拒绝而招致用户报怨。另一方面如果很易猜中的口令也能通过，则影响系统的安全性。

5.1.3 口令的保护

1．口令与账户的管理

为判断系统是否易受攻击，首先需要了解系统上都有哪些账号。应进行以下操作：

（1）审计系统上的账号，建立一个使用者列表，同时检查路由，连接 Internet 的打印机、复印机和打印机控制器等系统的口令。

（2）制定管理制度，规范增加账号的操作，及时移走不再使用的账号。

（3）经常检查确认有没有增加新的账号，不使用的账号是否已被删除。

（4）对所有的账号运行口令破解工具，以寻找弱口令或没有口令的账号。

（5）当雇员或承包人离开公司时，或当账号不再需要时，应有严格的制度保证删除这些账号。

应采取两个步骤以消除口令漏洞。第一步，所有没有口令的账号应被删除或加上一个口令，所有弱口令应被加强。但是当用户被要求改变或加强弱口令时，其经常选择一个容易猜测的口令。这就导致了第二步，用户的口令在被修改后，应加以确认。可以用程序来拒绝任何不符合安全策略的口令。

可以采取以下措施来加强口令的安全性：

（1）在创建口令时执行检查功能。如检查口令的长度。

（2）强制使口令周期性过期。也就是定期更换口令。

（3）保持口令历史记录，使用户不能循环使用旧口令。

为了增强基于口令认证的安全，可以采用以下改进方案。

（1）认证过程有一定的时延，增大穷举尝试的难度。

（2）不可预测的口令。修改口令登记程序以便促使用户使用更加生僻的口令。这样就进一步削弱了字典攻击。

（3）对无效用户名的回答应该与对有效用户名的回答相同。

成功地注册进入系统，必须首先打入一个有效的用户名，然后再打入一个对该用户名是正确的口令。如果当用户名有效时，要延迟 1.5 s 后才回答，而对无效用户名是立即回答。这样破坏者就能查明某个特定的用户名是否有效。

（4）一次性口令。固定密码有被监听及猜中的问题，如果使用者使用的密码可以不断改变就可以防止固定密码的问题，因此这种不断改变使用者密码的技术便被称作动态口令（Dynamic Password）或者一次性口令（One-time Password，OTP）。其主要思路是在登录过程中加入不确定因素，使每次登录过程中传送的信息都不相同，以提高登录过程安全性。系统接收到登录口令后做一个验算即可验证用户的合法性，如挑战、响应。用户登录时，系统产生一个随机数（Nonce）发送给用户。用户将自己的口令和随机数用某种单向算法混合起来发送给系统，系统用同样的方法做验算即可验证用户身份。

（5）加密传送。防止泄露是系统设计和运行中的关键问题。一般来说，口令及其响应在传送过程中均要加密，而且常常要附上业务流水号和时间戳等，以抗击重放攻击。

（6）存储加密。为了避免被系统操作员或程序员利用，个人身份和口令都不能以明文形式在系统中心存放。存储的是口令的密文而不是存储口令，也可以是口令的单向函数值而不是存储口令。Alice 将口令传送给计算机，计算机使用单向函数计算，然后把单向函数的运算结果和它以前存储的单向函数值进行比较。由于计算机不再存储口令表，所以敌手侵入计算机偷取口令的威胁就减少了。

（7）掺杂口令。如果黑客获得了存储口令的单向函数值的文件，采用字典攻击是有效的。黑客计算猜测的口令的单向函数值，然后搜索文件，观察是否有匹配的。

Salt 是使这种攻击更困难的一种方法。Salt 是一随机字符串，它与口令连接在一起，再用单向函数对其运算。然后将 Salt 值和单向函数运算的结果存入主机中。Salt 只防止对整个口令文件采用的字典攻击，不能防止对单个口令的字典攻击。

（8）密钥碾压。一个更好的办法是采用通行短语（PassPhrases）代替口令，通过密钥碾压（KeyCrunching）技术，如杂凑函数，可将易于记忆的足够长的短语变换为较短的随机性密钥。

口令可由用户个人选择，也可由系统管理人员选定或由系统自动产生。将选择的口令送到用户的过程称为分发口令，分发口令的安全性也是极为重要的一环。

2．口令的控制措施

（1）系统消息（System Message）。一般系统在联机和脱机时都显示一些礼貌性用语，而成为识别该系统的线索，因此这些系统应当可以抑制这类消息的显示。

（2）限制试探次数。输入口令不成功一般限制为 3～6 次，超过限定试验次数，系统将对该用户 ID 进行锁定。

（3）口令有效期。限定口令的使用期限。

（4）双口令系统。允许联机用口令，和允许接触敏感信息还要送一个不同的口令。

（5）最小长度。限制口令为 6～8 个字节，或更长，防止猜测成功概率过高，可采用掺杂（Salting）或采用通行短语等加长和随机化。

（6）封锁用户系统。可以对长期未联机用户或口令超过使用期的用户的 ID 封锁。直到用户重新被授权。

（7）根口令的保护。根（Root）口令是系统管理员访问系统所用口令，由于系统管理员被授予的权利远大于对一般用户的授权，因此它自然成为攻击者的攻击目标。因此在选择和使用中要倍加保护。要求必须采用十六进制字符串、不能通过网络传送、要经常更换（一周以内）等。

（8）系统生成口令。有些系统不允许用户自己选定口令，而由系统生成、分配口令。由系统生成的口令容易保证较好的安全性。但是系统如何生成易于记忆又难以猜中的口令是要解决的一个关键问题；另一危险是若生成算法被窃，则危及整个系统的安全。

4．口令的安全存储举例

口令的安全存储一般方法主要有两种：密文形式和杂凑值形式。

对于用户的口令多以加密形式存储，入侵者要得到口令，必须知道加密算法和密钥，算法可能是公开的，但只有管理者才知道密钥。

许多系统可以存储口令的单向杂凑值，入侵者即使得到此杂凑值也难于推出口令的明文。

UNIX 系统中的口令存储采用单向杂凑值形式：口令为 8 个字符，采用 7 bit ASCII 码，即为 56 bit 串，加上 12 bit 填充（一般为用户键入口令的时间信息）。第一次输入 64 bit 全 "0" 数据加密，第二次则以第一次加密结果作为输入数据，迭代 25 次，将最后一次输出变换成 11 个字符（其中，每个字符是 A～Z，a～z，0～9，"0"，"1" 等共 64 个字符之一）作为口令的密文。

检验时用户送 ID 和口令，由 ID 检索出相应填充值（12 bit）并与口令一起送入加密装置算出相应密文，与由存储器中检索出的密文进行比较，若一致则通过。

灵巧（有源）Token 卡采用的一次性口令。这种口令本质上是一个随机数生成器，可以用安全服务器以软件方法生成，一般用在第三方认证，参看图 5-1。

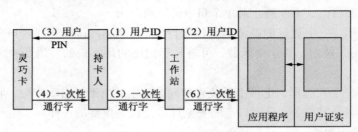

图 5-1　灵巧卡接入系统

优点：①即使口令被攻击者截获也难以使用；②用户需要送 PIN（只有持卡人才知道），因此，即使卡被偷也难以使用卡进行违法活动。

5.2　访问控制与安全审计技术

5.2.1　访问控制概述

访问控制是保证网络安全的重要手段，它通过一组机制控制不同级别的主体对目标资源的不同授权访问，在对主体认证之后实施网络资源安全使用。

访问控制功能：①阻止非法用户进入系统；②允许合法用户进入系统；③使合法人按其权限，进行各种信息活动。

为了方便地描述访问控制，我们将计算机资源（物理设备、数据文件、内存或进程）或一个合法用户统称为实体（Entity）。实体分为主体和客体 2 种，主体（Subject）是一个提出请求或要求的实体，是动作的发起者，不一定是动作的执行者。客体（Object）是接受其他实体访问的被动实体。访问控制就是要对主体访问客体的权利进行约束，以保证网络的安全。访问控制策略（Access Control Policy）是主体对客体的操作行为集和约束条件集。操作行为集是读写执行建立等。访问控制包括两个要素，即主体和访问控制策略。

约束条件集包括安全级别和偏序集合。安全级别（Hierarchical Classification）分为绝密（Top Secret）、机密（Confidential）、秘密（Secret）、非密但敏感（Restricted）和无密级（Unclassified）。

主体和客体在分属不同的安全类别时，都属于一个固定的安全类别 SC，SC 构成一个偏序关系（比如说绝密级 TS 比机密级要高）。根据偏序关系，主体对客体的访问主要有以下四种方式：

① 向下读（Read Down, RD）：主体安全级别高于客体信息资源的安全级别时允许查阅的读操作。

② 向上读（Read Up, RU）：主体安全级别低于客体信息资源的安全级别时允许的读操作。

③ 向下写（Write Down, WD）：主体安全级别高于客体信息资源的安全级别时允许执行的动作或是写操作。

④ 向上写（Write Up, WU）：主体安全级别低于客体信息资源的安全级别时允许执行的动作或是写操作。

建立访问控制机构主要基于三种类型的信息：

① 主体（Subjects），是对目标进行访问的实体。它可以是用户、用户组、终端、主机或一个应用程序。

② 客体（Objects），是一个可接受访问和受控的实体。它可以是一个数据文件，一个程序组或一个数据库。

③ 访问权限，表示主体对客体访问时可拥有的权利，访问权要按每一对主体客体分别限定。权利包括读、写、执行等，读、写权利含义明确，而执行权是指目标为一个程序时它对文件的查找和执行。

访问控制机构的组成：①用户的认证与识别；②对认证的用户进行授权，参看图 5-2。

访问控制涉及限制合法用户的行为。这种控制是通过一个参考监控器来进行的，每一次用户对系统内目标进行访问时，都由它来进行调节。用户对系统进行访问时，参考监视器便察看授权数据库，以确定准备进行操作的用户是否确实得到了进行此项操作的许可。

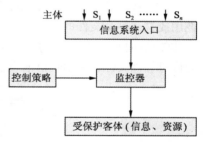

图 5-2　访问控制机构

访问控制策略有三类：

① 最小权益策略：按主体执行任务所需权利最小化分配权力。

② 最小泄露策略：按主体执行任务所知道的信息最小化的原则分配权力。

③ 多级安全策略：主体和客体按普通、秘密、机密、绝密级划分，进行权限和流向控制。

描述访问控制机构可以用访问矩阵（Access Matrix）描述，矩阵的一行对应一个主体，矩阵的一列对应一个目标资源，矩阵的每一个元素对应着相应的权限，参看图 5-3（a）。它包含了由访问控制表（Access Control List，ACL）和权限表（Capacity List）所限定的信息。每个目标都有一个访问控制表，它给定每一个主体对给定目标的访问权限。图 5-3（b）中给出两个目标的访问控制表。图 5-3（c）给出特定主体张华、工资登录员的权限表。

访问控制机构还可以用敏感性标记来描述。对于资源的访问还可由网络控制机构，如防火墙、过滤器、路由器和桥接器等进行控制，参见 5.3 节。

严格区分鉴别和访问控制是很重要的。正确建立用户的身份是鉴别服务的责任；而访问控制则假定：在通过参考监视器实施访问控制前，用户的身份就已经得到了验证。因而，访问控制的有效性取决于对用户的正确识别，同时也取决于参考监视器正确的授权管理。

姓　　　名	通信录文件	工　资　文　件
张华	Read	Read
李丽（工资登记员）	Read	Write

（a）访问矩阵表

地址文件的 ACL 张华(Read)、
工资文件的 ACL 工资登录员(Read,Write)

（b）访问控制表

张华的权限表 通信录文件(Read)、工资文件(Read)
工资登录员的权限表 通信录文件(Read)、工资文件(Read,Write)

（c）权限表

图 5-3　访问控制机构的三种形式

5.2.2　访问控制的设计实现

访问控制常作为访问资源过程的一部分来实现，如图 5-4 所示。图中给出用户（或程序）调用或打开一个文件的过程，此时要启动系统的访问控制机构。访问控制机构检验系统授予主体的访问权限（检验它的访问控制表或其他访问控制方式的条件）。若主体符合权限规定就允许打开该文件，否则就拒绝。

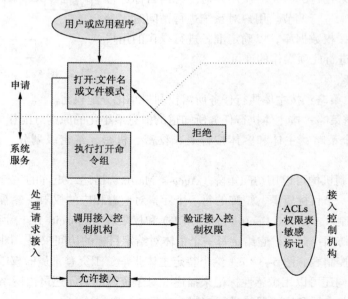

图 5-4　访问控制的设计实现

访问控制实现策略一般有三种：自主型访问控制方法、强制型访问控制方法和基于角色的访问控制方法（RBAC）。其中，自主式太弱，强制式太强，两者工作量大，不便于管理。

基于角色的访问控制方法是目前公认的解决大型企业的统一资源访问控制的有效方法。其显著的两大特征是：①减小授权管理的复杂性，降低管理开销；②灵活地支持企业的安全策略，并对企业的变化有很大的伸缩性。

自主式（Disretionary）访问控制，也称辨别访问控制，简记为 DAC，它由资源拥有者分配访问权，在辨别各用户的基础上实现访问控制。每个用户的访问权由数据的拥有者来建立，常以访问控制表或权限表实现。这一方法灵活，便于用户访问数据，在安全性要求不高的用户之间分享一般数据时可采用。自主访问控制广泛应用于商业和工业环境中，如 Unix、WIndows NT、Linux 等操作系统中。自主访问控制模型提供的安全防护是低级安全访问，无法给系统提供充分的数据保护。如果用户疏于利用保护机构时，会危及资源安全，DAC 易受到攻击。

强制式（Mandatory）访问控制，简记为 MAC。它由系统管理员来分配访问权限和实施控制，易于与网络的安全策略协调，常用敏感标记实现多级安全控制。由于它易于在所有用户和资源中实施强化的安全策略，因而受到重视。强制访问控制模型（Mandatory Access Model，MAC Model），与 DAC 不同，各种 MAC 模型都属于多级访问控制策略，通过分级的安全标签实现信息的单向流通。MAC 对访问主体和受控对象标识两个安全标记：一个是具有偏序关系的安全等级标记；另一个是非等级分类标记。主要 MAC 模型有：Lattice 模型，Bell-Padula 模型（BLP Model）和 Biba 模型（Biba Model）。

在 Lattice 模型中，每个用户和资源都服从于一个安全类别，也就是前面提到的安全级别。在安全模型中，信息资源对应的安全类别及用户所对应的安全级别，必须比可以使用的客体资源高，访问才得以进行。该模型非常适用于需要对信息资源进行明显分类的系统。

BLP 模型是典型的信息保密性多级安全模型，是一个状态机模型;BLP 模型的出发点是维护系统的保密性，有效地防止信息泄漏;BLP 模型的访问控制原则的形式化表述为:无上读（No RU），无下写（No WD）。BLP 模型的安全策略包括强制访问控制和自主访问控制两部分，BLP 模型用偏序关系可以表述为

RD，当且仅当 $SC(S) \geqslant SC(O)$ 时，允许读操作；

WU，当且仅当 $SC(S) \leqslant SC(O)$ 时，允许写操作。

Biba 模型定义了信息完整性级别，在信息流向的定义方面不允许信息从级别低的进程流向级别高的进程。Biba 模型的两个特征是：Biba 模型禁止向上"写"，Biba 模型没有下"读"。用偏序关系表示为

Run，当且仅当 $SC(S) \leqslant SC(O)$ 时，允许读操作；

WD，当且仅当 $SC(S) \geqslant SC(O)$ 时，允许写操作。

为了给用户提供足够的灵活性，可以将 DAC 和 MAC 组合在一起来实现访问控制。

基于角色的访问控制，核心思想是将权限同角色关联起来，而用户的授权则通过赋予相应的角色来完成，用户所能访问的权限就由该用户所拥有的所有角色的权限集合的并集决定。角色之间可以有继承、限制等逻辑关系，并通过这些关系影响用户和权限的实际对应。

在实际应用中，根据机构中不同工作的职能可以创建不同的角色，每个角色代表一个独立的访问权限实体。然后在建立了这些角色的基础上根据用户的职能分配相应的角色，这样用户的访问权限就通过被授予角色的权限来体现。在用户机构或权限发生变动时，可以很灵活地将该用户从一个角色移到另一个角色来实现权限的协调转换，降低了管理的复杂度，而

且这些操作对用户完全透明。另外在组织机构发生职能性改变时，应用系统只需要对角色进行重新授权或取消某些权限，就可以使系统重新适应需要。这些都使得基于角色访问控制策略的管理和访问方式具有无可比拟的灵活性和易操作性。

RBAC 与 DAC、MAC 的比较：TCSEC 中定义的 DAC 允许用户授权或禁止其他用户在其控制之下完成对对象的访问，而不需要系统管理员的介入。这样的访问控制技术有其先天上的缺点。首先，在实际环境中，用户不一定"拥有"其所能控制的对象，此时用户不应能授权他人访问该被控制的对象。比如在一个银行系统中，一个经理可能拥有存款文件的处理权，但他不应具有授权别人访问该文件的权限。这一点，在 DAC 中无法实现。同时在安全管理方面，DAC 依赖每个用户授权的正确性，而对所有用户假定具有足够的安全知识是不切实际的。而在 RBAC 中，访问控制仅由用户在系统中所应执行的操作来决定，并且用户不能把自己的权限授予他人，这是 RBAC 与 DAC 的最基本的区别。

RBAC 中角色的定义并不能由管理员随意指定，而是与系统保护策略密切相关的。而这些保护策略是从现有的法律、规章以及以前的实践等中得出的。所以，RBAC 不是一种非限制访问控制，从这个意义上来说，RBAC 也是一种 MAC，只是其并不基于多级别的安全需求。在 TCSEC 中所定义的 MAC 是一种基于目标信息的敏感度（如安全标签）和用户对访问信息的正式的授权（如清除）来对目标进行限制的方法。而 RBAC 在已实现的一些应用中更着重于对信息及相关操作的访问控制，而不仅是对信息本身的控制。

关于三者之间的描述能力，已有一个相当重要的研究成果，证明了通过在 RBAC 框架下引入一个 Administrator 角色，可以用 RBAC 来模拟 DAC 和 MAC。也即 RBAC 的表达能力至少等价于 DAC 和 MAC。

5.2.3　安全审计

1. 安全审计概述

访问控制并不能完全解决系统的安全问题，必须与审计结合起来。审计控制是指对系统中所有的用户要求和行为进行后验分析。它要求所有的用户要求和行为都必须登记（存入），以便以后对它们进行分析。

在访问控制的基础上，可以实现安全审计。

信息系统的安全审计技术主要负责对网络活动的各种日志记录信息进行分析和处理，并识别各种已发生的和潜在的攻击活动。安全审计技术是一种事后处理的技术，它作为防火墙技术和入侵检测技术的有效补充，是系统安全框架中的重要环节。

与传统的入侵检测系统相比，安全审计系统并没有实时性的要求，因此可以对大量的历史数据进行分析，并且采用的分析方法也可以更加复杂和精细。一般来说，网络安全审计系统能够发现的攻击种类大大高于入侵检测系统，而且误报率也没有入侵检测系统那样高。

审计追踪可自动记录一些重要安全事件，如入侵者持续地试验不同的通行字企图接入。记录此事件应包括试图联机的每个用户所在工作站的网络地址和时间，同时对管理员的活动也要记录，以便于研究入侵事件。有些入侵成功可能是由于管理员的错误所造成的，如管理员误将根访问权给了另一个用户。审计记录追踪是检测入侵的一个基本工具。

审计要求有：

（1）自动收集所有与安全性有关的活动信息，这些活动是由管理员在安装时所选定的一些事件。

（2）采用标准格式记录信息，如表 5-1 所示，由六个字段组成。

（3）审计信息的建立和存储是自动的，不要求管理员参与。

（4）在一定安全体制下保护审计记录，例如用根通行字作为加密密钥对记录进行加密，或要求出示根通行字才能访问此记录。

表 5-1　审计记录格式

格　　式	例
主体	张玉华
动作	写入文件
目标	雇员记录文件
例外条件	无
资源利用次数	10
时间戳	09:00，080508

（5）对计算机系统的运行和性能影响尽可能地小。

审计记录追踪实现方式：

（1）本地审计记录。所有多用户操作系统都有一个统计软件，用来收集用户活动的信息。可以用其实现安全审计追踪，但它不一定含有安全所需的信息，或其格式不便使用。

（2）专用审计记录。只记录入侵检测系统所需的审计数据；独立于各种具体操作系统便于实现安全审计。当然要附加投资。

审计系统设计：关键是首先要确定必须审计的事件，建立软件记录这些事件，并将其存储防止随意访问。审计机构监测系统的活动细节并以确定格式进行记录。对试图（成功或不成功的）联机，对敏感文件的读写，管理员对文件的删除、建立、访问权的授予等每一事件进行记录。管理员在安装时对要记录的事件做出明确规定。

2．审计系统模型

一个审计系统的简单模型包括两个部分：审计数据采集器，它用于采集审计数据；审计数据分析器，它负责对审计数据采集器发送给它的数据进行分析。通常从数据采集器向数据分析器传送审计数据，是由一个文件来完成的。为审计追踪的数据格式和内容开发相关的标准，是人们正在研究的一个课题。

计算机审计系统的功能主要体现在以下几个方面：首先它能够检测出某些特殊的难以检测的入侵行为；其次它可以对入侵行为进行记录并可以在任何时间对其进行再现以达到取证的目的；最后它可以用来提取一些未知的或者未被发现的入侵行为模式等。

3．审计系统分类

计算机的审计系统根据其审计对象的不同可以分为以下几类：

（1）系统级的审计。主要是利用计算机操作系统和网络操作系统的审计功能记录主机和网络上发生的所有事件。对系统审计的事件包括：文件的增加、删除、修改和复制的操作，文件打印，拨号，上网登录，从计算机的并口、串口和 USB 口增加外围设备，对网络服务器的操作和用户安装和运行哪些软件等。这些行为都与信息系统的安全有直接的关系。

（2）专用软件系统的审计。有些数据库系统和一些专用的办公系统，都是在操作系统之上运行的，操作系统的审计无法审计到用户在这些专用系统内的行为。对这些系统的审计就要依靠专门的审计软件。

（3）应用级的审计。在一些应用系统的开发中同样需要审计功能。应用级的审计是审计系统的最高层次，它无法归纳成统一的格式，也不可能编制出统一的审计软件，它需要在编制应用系统的同时设计和编制审计功能模块。

一个功能完善的计算机的审计系统应当是包括系统级审计、专用软件系统的审计和应用级的审计在内的完备的统一体，而这其中系统级审计是最基础的，也是最重要的。它的目标就是利用计算机技术手段真实全面地将发生在网络上、微型计算机和服务器上的所有事件记录下来，为事后的追查提供完整准确的资料。

真实和完整是审计系统的两个最重要的指标。

4．安全审计实现方法

真实和完善地记录网络事件只是完成了审计系统的第一步目标。而迅速、准确和智能地对审计数据进行处理也是审计系统的重要组成部分。下面介绍一些常用的安全审计的实现方法。

（1）基于规则库的实现方法。基于规则库的安全审计方法就是将已知的攻击行为进行特征提取，把这些特征用脚本语言等方法进行描述后放入规则库中，在进行安全审计时，将收集到的网络数据与这些规则进行某种比较和匹配操作，从而发现可能的网络攻击行为。

这种方法检测的准确率相当高，可以通过最简单的匹配方法过滤掉大量的网络数据信息，对于使用特定黑客工具进行的网络攻击特别有效。而且系统的可扩充性非常好。

其不足之处在于这些规则一般只针对已知攻击类型或者某类特定的攻击软件。此外，对同一个攻击程序会出现很多变种，其简单的通用特征就变得不十分明显，特别规则库的编写变得非常困难。

（2）基于数理统计的方法。数理统计方法就是首先给对象创建一个统计量的描述，比如一个网络流量的平均值、方差等，统计出正常情况下这些特征量的数值，然后用来对实际网络数据包的情况进行比较，当发现实际值远离正常数值时，就可以认为是潜在的攻击发生。

但是，数理统计的最大问题在于如何设定统计量的"阈值"，也就是正常数值和非正常数值的分界点，这往往取决于管理员的经验，不可避免地会产生误报和漏报。

（3）基于数据挖掘的方法。数据挖掘是一个比较完整地分析大量数据的过程，一般包括数据准备、数据预处理、建立挖掘模型、模型评估和解释等。数据挖掘是一个迭代的过程，它通过不断调整方法和参数以求得到较好的模型。

该系统的主要思想是从"正常"的网络通信数据中发现"正常"的网络通信模式，并和常规的一些攻击规则库进行关联分析，以达到检测网络入侵行为的目的。

4．审计记录标准

广泛认同的标准格式将有利于克服非兼容性和实现互操作性，而非兼容性和互操作性是审计数据分析系统的开发者所面临的主要问题。采用标准的格式也有利于来自不同审计系统的审计数据的交换，并促进网络环境下对数据的协同分析。关于审计记录的格式，有以下几个标准：

（1）Bishop 的标准审计记录格式。Bishop 提出，一个标准的格式必须是既可扩充又可移植的，可以满足不同的多机种系统的需求。Bishop 定义的标准的日志记录格式中，每个日志记录包含一些域，域之间由域分割符"#"分开、由启动和终止符号"S"和"E"来定界。域的数目是不固定的，以满足扩展性的需要。全部的数值都是 ASCII 代码串，这就避免了字节排序和浮点格式的问题。但这一格式没有对审计记录的域进行标准化。

（2）归一化的审计数据格式。归一化的审计数据格式（NADF）是由 ASAX 误用检测系统的开发者所定义的，旨在提供一定程度的操作系统独立性。任何审计追踪都能转化成 NADF格式。在转换时，对本地审计追踪的审计记录被抽象成为一系列审计数据值，每个审计数据值存放在一个独立的 NADF 记录中。每条记录包括以下三个域：识别符（审计数据值的类型）、长度（审计数据值的长度）和值（审计数据值）。

（3）SVR4++通用审计追踪互相交换格式。这是一个专为 UNIX 系统设计的标准。一条审计记录中所输入的属性组包括：时间、事件类型、进程识别符、结果、用户和用户组信息、会话识别符、进程的标号信息以及有关目标和各种数据的其他一些信息。这些属性组均以 ASCII 代码的形式表示。这一标准的优点是提高了可移植性，缺点是缺少了可扩展性的某些特征。

前面提到采用通用审计追踪方式来交换数据，为了更好地对来自不同审计源的审计数据进行分析并且提高网络环境下的互换，审计追踪的内容也需要标准化。已提出的标准有如下两个：DoD 的可信计算机系统评估规范和分布系统的安全规范。

（4）DoD 的可信计算机系统评估规范。这是由美国国家计算机安全中心创立的，旨在对计算机系统的安全性进行评估。这一标准阐述了无论何种事件都需要审计，并给出每一审计事件的内容，包括事件的日期和时间、用户识别符、事件的类型、事件的成功和失败、发出鉴别和认证事件请求的源点、导入删除事件的对象名称。

（5）分布系统的安全规范。这是美国防护分析协会在 1995 年制定的。这一标准规定了各种需要审计的事件。这些事件可以划分为 6 类：访问控制和管理策略事件、数据机密性和完整性策略事件、非自主的策略事件、可用性策略事件、密码策略事件、默认和从属性事件。它规定了对每一事件要记录的信息，它们分别是：日期和时间、主体的属性信息、对生成审计记录的主机的识别、事件的种类、此类事件的识别符、事件的结果（成功或失败）。

安全审计技术利用技术手段，不间断地将计算机网络上发生的一切事件记录下来，用事后追查的方法保证系统的安全。虽然审计措施相对网上的攻击和窃密行为是有些被动，但它对追查网上发生的犯罪行为有着十分重要的作用，也对内部人员犯罪有一定的威慑作用。特别是如果审计系统做到实时行为审计的话，就可以在最短的时间内制止非法行为。

5.3　防火墙技术

5.3.1　防火墙概述

防火墙设置在内部网络和外部网络的连接处，用于控制内部网络和外部网络的连接，防止来自外部基于网络的攻击。防火墙按照给定的安全策略截获数据流，并允许合法业务通过。防火墙利用包过滤器或应用网关，可在网络层或传输层提供访问控制业务。

防火墙的描述性定义：防火墙是由一组相关软件和硬件组成的，采用由系统管理员定义的规则，对一个安全网络之间的数据流进行保护，通过控制和监测网络之间的信息交换和访问行为来实现网络安全。

防火墙是设置在两个网络之间的一组设备，使网间的连通有下述特性：

（1）所有从内到外的业务流或由外到内的业务流必须通过防火墙。

（2）只有由本地安全策略定义的授权的业务流才能通过防火墙。

（3）防火墙具有穿透免疫性。

防火墙的作用是防止不希望的、未授权的通信进出被保护的网络。根据不同的需要，防火墙的功能有比较大的差异，但一般具有如下几个主要功能：

（1）限制他人进入内部网络，过滤掉不安全服务和非法用户。

（2）防止入侵者接近其他防御设施。

（3）限定用户访问特殊站点。

（4）为监视 Internet 的安全提供方便。

一般来说，防火墙有几个不同的组成部分："过滤器"用来阻断某些类型的数据传输；网关则是一台或几台机器的组合，用来提供中继服务，补偿过滤器带来的影响；网关所在的网络称为"非军事区"（DeMilitarized Zone, DMZ）。

在互联网上防火墙是一种非常有效的网络安全技术，通过它可以隔离风险区域（即 Internet 或有一定风险的网络）与安全区域（局域网）的连接，同时不会妨碍人们对风险区域的访问。防火墙可以监控进出网络的通信量，从而完成看似不可能的任务；仅让安全、核准了的信息进入，同时又抵制对企业构成威胁的数据。任何关键性的服务器，都建议放在防火墙之后。

实质上，防火墙就是一种能够限制网络访问的设备或软件。迄今为止，防火墙的发展经历了五个阶段。

第一代防火墙——基于路由器的防火墙，具有包过滤功能的路由器成为第一代防火墙产品，1985 年左右由 Cisco 公司的 IOS 软件公司推出。其特点是在路由器转发前检查是否需要过滤掉该数据报，判定过滤的依据可以是地址、端口号、IP 标志及其他网络特性。

第二代防火墙——用户化防火墙工具。用户化防火墙工具具有以下特征：

（1）将过滤功能从路由器中独立出来，并加上审计和告警功能；

（2）针对用户需求，提供模块化的软件包；

（3）软件可通过网络发送，用户可自己动手构造防火墙。

第三代防火墙——商用防火墙产品，建立在通用操作系统上。它具有以下特点：

（1）包括包过滤或者借用路由器的包过滤功能。

（2）装有专用的代理系统，监控所有协议的数据和指令。

（3）保护用户编程空间和用户可配置内核参数的设置。

（4）安全性和速度大为提高。

1997 年初，防火墙产品步入了第四个发展阶段：——有安全操作系统的防火墙。它本身就是一个操作系统，因而在安全性上较之第三代防火墙有质的提高。获得安全操作系统的办法有两种：

（1）一种是通过许可证方式获得操作系统的源码。

（2）另一种是通过固化操作系统内核来提高可靠性。

第四代防火墙系统具有以下特点：

（1）防火墙厂商具有操作系统的源代码，并可实现安全内核。

（2）对安全内核实现加固处理：去掉不必要的系统特性，加上内核特性，强化安全保护。

（3）对每个服务器、子系统都做了安全处理，一旦黑客攻破了一个服务器，它将会被隔离在此服务器内，不会对网络的其他部分构成威胁。

（4）在功能上包括了包过滤、应用网关、电路级网关，具有加密与鉴别功能。

（5）透明性好，易于使用。

第五代防火墙——分布式防火墙仍然由中心定义策略，但由各个分布在网络中的端点实施这些制定的策略。它依赖于三个主要的概念：说明哪一类连接可以被允许或禁止的策略语言、一种系统管理工具、IP 安全协议。

IP 安全协议是一种对 TCP/IP 协议簇的网络层进行加密保护的机制，包括 AH 和 ESP，分别对 IP 包头和整个 IP 包进行认证，可以防止各类主动攻击，详见第 4 章。策略语言有很多种，如 KeyNote 就是一种通用的策略语言。其实只要选用的语言能够方便地表达需要的策略，具体采用哪种语言并不重要，真正重要的是如何标志内部的主机，很显然不应该再采用传统防火墙所用的对物理上的端口进行标志的办法。以 IP 地址来标志内部主机是一种可供选择的方法，但它的安全性不高，所以更倾向于使用 IP 安全协议中的密码凭证来标识各台主机，它为主机提供了可靠的、唯一的标志，并且与网络的物理拓扑无关。分布式防火墙服务器系统管理工具用于将形成的策略文件分发给被防火墙保护的所有主机，应该注意的是这里所指的防火墙并不是传统意义上的物理防火墙，而是逻辑上的分布式防火墙。

分布式防火墙具备哪些功能呢？因为采用了软件形式（有的采用了软件+硬件形式），所以功能配置更加灵活，具备充分的智能管理能力，总的来说可以体现在以下几个方面：

（1）Internet 访问控制。依据工作站名称、设备指纹等属性，使用"Internet 访问规则"，控制该工作站或工作站组在指定的时间段内是否允许/禁止访问模板或网址列表中所规定的 Internet Web 服务器，某个用户可否基于某工作站访问 WWW 服务器，同时当某个工作站/用户达到规定流量后确定是否断网。

（2）应用访问控制。通过对网络通信从链路层、网络层、传输层、应用层基于源地址、目标地址、端口、协议的逐层包过滤与入侵监测，控制来自局域网/Internet 的应用服务请求，如 SQL 数据库访问、IPX 协议访问等。

（3）网络状态监控。实时动态报告当前网络中所有的用户登录、Internet 访问、内网访问、网络入侵事件等信息。

（4）黑客攻击的防御。抵御包括 Smurf 拒绝服务攻击、ARP 欺骗式攻击、Ping 攻击、Trojan 木马攻击等在内的近百种来自网络内部以及来自 Internet 的黑客攻击手段。

（5）日志管理。对工作站协议规则日志、用户登录事件日志、用户 Internet 访问日志、指纹验证规则日志、入侵检测规则日志的记录与查询分析。

（6）系统工具。包括系统层参数的设定、规则等配置信息的备份与恢复、流量统计、模板设置、工作站管理等。

5.3.2　防火墙的分类

防火墙的分类方法很多，可以分别从采用的防火墙技术、软/硬件形式、性能及部署位置等标准来划分。防火墙技术虽然出现了许多，但总体来讲可分为包过滤型防火墙和应用代理型防火墙两大类。前者以以色列的 Check Point 防火墙和美国 Cisco 公司的 PIX 防火墙为代表，后者以美国 NAI 公司的 Gauntlet 防火墙为代表。

1. 包过滤(Packet Filtering)型防火墙

包过滤型防火墙工作在 OSI 网络参考模型的网络层和传输层，它根据数据包头源地址、目的地址、端口号和协议类型等标志确定是否允许通过。只有满足过滤条件的数据包才被转发到相应的目的地，其余数据包则从数据流中被丢弃。

包过滤方式是一种通用、廉价和有效的安全手段。之所以通用，是因为它不是针对各个具体的网络服务采取特殊的处理方式，适用于所有网络服务；之所以廉价，是因为大多数路由器都提供数据包过滤功能，所以这类防火墙多数是由路由器集成的；之所以有效，是因为它能在很大程度上满足绝大多数企业安全要求。

2．应用代理(Application Proxy)型防火墙

应用代理型防火墙工作在 OSI 参考模型的最高层，即应用层。其特点是完全"阻隔"了网络通信流，通过对每种应用服务编制专门的代理程序，实现监视和控制应用层通信流的作用。其典型网络结构如图 5-5 所示。

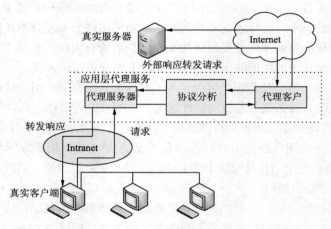

图 5-5　应用代理型防火墙

应用代理型防火墙的最突出的优点就是安全。由于它工作于最高层，因此它可以对网络中任何一层数据通信进行筛选保护，而不是像包过滤那样，只是对网络层的数据进行过滤。

另外，应用代理型防火墙采取的是一种代理机制，它可以为每一种应用服务建立一个专门的代理，所以内外部网络之间的通信不是直接的，而都需先经过代理服务器审核，审核通过后再由代理服务器代为连接，根本没有给内外部网络计算机任何直接会话的机会，从而避免了入侵者使用数据驱动类型的攻击方式入侵内部网。

应用代理型防火墙的最大缺点就是速度相对比较慢，当用户对内、外部网络网关的吞吐量要求比较高时，代理防火墙就会成为内、外部网络之间的瓶颈。因为防火墙需要为不同的网络服务建立专门的代理服务，在自己的代理程序为内、外部网络用户建立连接时需要时间，所以给系统性能带来了一些负面影响，但通常不会很明显。

5.3.3　防火墙策略

防火墙是用来在外网（如 Internet）上保护内网（如 Intranet）的一种手段。防火墙既可看成是一种策略，又可看成是根据网络配置、主机系统、路由器以及利用诸如高级认证手段对策略的一种实现。防火墙策略是网络安全策略（NSP）的重要组成部分，NSP 描述有组织的网络安全控制和限定安全在组织环境中实现的方法。策略对防火墙来说是关键因素，防火墙策略用于确定内部和外部可以接受使用的 TCP/IP 协议和业务。一个防火墙可能实现多种业务访问策略。防火墙的策略要尽可能的灵活性，这主要是因为 Internet 是在不断变化中，它的

计算机通信网络安全

组成和业务常常在变动中，不断地提供新的业务、方法和各种新的可能性，TCP/IP 协议和业务的更新带来业务上的方便，同时也不断提出新的安全方面的要求。防火墙的安全策略应能反映和调整以适应这种情况。

有两层策略影响防火墙系统的设计、安装和使用：

① 业务访问政策（Service Access Policy），它是高层策略，从保护网络来定义 TCP/IP 的协议和业务，决定哪些是允许，哪些应拒绝，如何采用这些业务以及处理一些例外情况。这些策略一般都是针对外部访问问题。它应实现和反映 Intranet 对于安全性的要求。例如，绝密和机密性数据应与 Intranet 中的其他部分隔离。安全性和可访问性（Accessibility）要保持适当的折中。

② 防火墙设计策略，是低层策略。描述防火墙根据访问政策如何为满足特定用户的要求，业务访问策略体现在防火墙设计策略中，并限定了防火墙的结构。防火墙设计策略由一组用于实现业务访问策略的规则限定。

要设计一个成功的防火墙，首先必须制定合理的以及可实现的网络服务访问权限策略，可实现在以下两者之间寻求一种平衡：

（1）保护网络免受已知的风险攻击。

（2）提供用户对网络资源的合理访问。

防火墙采用的典型网络服务访问权限策略如下：

（1）不允许从 Internet 到本站点的访问，但允许本站点到 Internet 的访问，或者相反。

（2）允许从 Internet 到本站点的某些访问权限，诸如信息服务器和 E-mail 服务器等有所选择的系统。

为了获得一个好的防火墙设计策略，设计者首先应了解以下问题：

（1）本机构将使用哪些 Internet 服务 (例如：Telnet Mosaic、NFS)。

（2）在何处使用这些服务 (本地、Internet 或远程机构)。

一般来说，防火墙执行以下两种策略之一：

（1）允许所有服务除非它被特别地拒绝。

（2）拒绝所有服务除非它得到特别地允许。

实现第一种想法的防火墙允许所有 TCP/IP 协议和业务，只要它们按访问政策不是被明确禁止的。这种方法提供了较多的通过防火墙的途径，例如一些新的业务可能是未被明令禁止的，又如在非标准接口运行未被政策明确拒绝的否认业务等。实现第二种想法的防火墙，只允许由政策明确允许的业务，其他一律拒绝。

第一种策略的安全性较为脆弱，因为它提供了更多的途径来攻击防火墙；第二种策略较为安全，它继承了经典信息安全领域的访问权限控制模型，但实现起来更困难，对用户来说更严格。

5.3.4　防火墙的实现

防火墙的实现从层次上可以分为两类：数据包过滤和应用层网关，前者工作在网络层，而后者工作在应用层。

数据包过滤一般作用在网络层，也称 IP 过滤器(IP Filter)，或网络层防火墙(Network Level Firewall)，它对进出内部网络的所有信息进行分析，并根据安全策略（过滤规则）进行限制，允许授权信息通过，拒绝非授权信息通过。

数据包过滤技术对以下内容进行过滤：

（1）源 IP 地址和目的 IP 地址；

（2）TCP/UDP 源端口和 TCP/UDP 目的端口；

（3）封装协议类型（TCP、UDP、ICMP）等。

包过滤的核心是安全策略，即包过滤算法的设计。制定包过滤路由器的安全策略规则非常复杂，图 5-6 是安全过滤的基本流程图。

为了克服包过滤路由器的种种有关的弱点，防火墙可以用应用软件来过滤 Telnet、FTP 等服务连接，这样的应用软件称为代理服务，运行代理服务的主机称为应用网关。代理服务仅允许在应用网关有代理的服务通过防火墙，而阻塞其他任何没有代理的服务。使用代理服务的另一好处是能过滤协议。代理服务能严格地认证并有很强的日志功能，使得应用流量在到达内部主机前得到认证。

在应用层实现防火墙的方式有多种，主要有三种：

（1）通过代理与代管服务。代理与代管服务主要通过应用代理服务器、回路代理服务器、套接字服务器、代管服务器实现。应用代理服务器在网络应用层提供授权检查

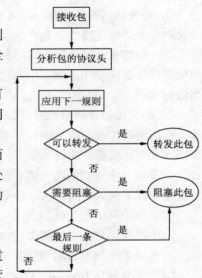

图 5-6　安全过滤的基本流程图

及代理服务。回路代理服务器是通常意义下的代理服务器，它适用于多个协议，但无法解释应用协议。套接字服务器就是回路级代理服务器。代管服务器把不安全的服务（如 FTP、Telnet）放到防火墙上，使其同时充当服务器的角色，应答外部的请求。

（2）地址扩充与地址保护。地址扩充与地址保护包括网络地址转换器、隔离域名服务器和基于防火墙的虚拟专用网。网络地址转换器（Network Address Translate, NAT）就是在防火墙上装一个合法 IP 地址集；隔离域名服务器（Split Domain Name Server）是通过防火墙将受保护网络的域名服务器与外部网络的域名服务器隔离；基于防火墙的虚拟专用网（VPN）是采用 IP 隧道技术来防止 Internet 上的黑客攻击或截取信息，从而在 Internet 上形成一个虚拟局域网。

（3）邮件技术。邮件技术（Mail Forwarding）是指从外部网络送到防火墙上的邮件，经过防火墙的检查后，只有被允许通过，防火墙才对邮件的目的地址进行转换，送到内部的邮件服务器，由其转发给用户。

在应用层网关中，包过滤和代理服务可以结合起来使用，实现包过滤功能的主机或路由器控制通信的底层，应用网关用于过滤应用级别的流量。

另一种解决办法是使用一种检测模型技术，它对使用的协议均适用，能处理从 IP 层到应用层的分组数据，它将所有层的信息都综合到一个检测点进行过滤

防火墙与加密技术结合在一起可有效遏制近 80% 的安全攻击。在现有的网络安全产品中，加密认证技术可以与防火墙融合在一起，也可以同路由器和调制解调器相结合，还可以单独实现。目前市场上 70% 的产品在 IP 层实现加密，这种方案对线路上的一切数据均进行加密。其优点在于能阻止具有网络分析器的黑客从网上取得信息包及 IP 地址，IP 层加密的缺点在于加密过程占用 CPU 时间。

5.3.5　防火墙的应用

防火墙的组成和结构的不同选取可实现不同水平的安全性。

（1）Internet 和 Intranet 之间完全透明。

（2）Internet 和 Intranet 之间有包过滤器，实施对业务流的截获过滤。

（3）Internet 和 Intranet 之间有包过滤器和应用网关。应用层网关和线路层网关可以实施不同安全水平的认证，还可附加 E-mail 网关和命名业务，防火墙还可依赖安全操作系统提高其程序代码和文件的安全性。防火墙也可支持 Internet 层安全协议，如 IPSP 和 IKMP 以便在防火墙所保护的网址与相应虚拟专用网之间建立安全隧道（Secure Tunnel）。

（4）Intranet 拒绝与 Internet 连通，与外部世界隔离。对于高度安全保密环境，这是一种唯一慎重的选择。

包过滤是无状态的，对每个 IP 包都实施检验，而状态检查则可用不同的方法处理 IP 包。它也像包过滤那样查看 IP 报头，但还可窥视负荷数据中通常出现的传输和应用数据，更重要的是它保存有关以前 IP 包的状态信息。它比较连通到包过滤规则的第一包，如果允许此包通过，就将状态信息加到内部数据库中。可以将此状态信息看成是防火墙中在传输层顶部相联系的一个虚拟线路。这种信息可以使相继包迅速通过防火墙，如果特定业型业务的规则要求检查应用数据，则仍需检验每个包。

可以在 Internet 的四层模型中配置防火墙。若中间系统覆盖了网络访问和 Internet 层，则一般是作为包过滤或扫描路由器。若中间系统还覆盖了传输层，则一般它是作为线路层网关。若中间系统覆盖所有层并能控制相应的业务流，则一般是作为特定应用的应用层网关。

显然，中间系统覆盖的层越多，就越能提供更高的安全性。状态检查不适应这个模型。

已提出几种密码用于 Internet 访问控制方案和协议，从理论上看，这些方案是重要的，但在 Internet 环境下受到限制。采用公钥体制在 Internet 上不太有效，也未广泛开发。在 Internet 层一般限用密钥控制的单向 Hash 函数和秘密钥密码。Internet 访问控制方案的一些基本特性也可由 Internet 安全协议，如 IPSP 和 IKMP 支持。

常见防火墙系统的结构有四种类型：筛选路由器防火墙、单宿主堡垒主机防火墙、双宿主堡垒主机防火墙和屏蔽子网防火墙。

1．筛选路由器防火墙

筛选路由器防火墙是网络的第一道防线，功能是实施包过滤，结果如图 5-7 所示。

筛选路由器可以由厂家专门生产的路由器实现，也可以用主机来实现。筛选路由器作为内、外连接的唯一通道，要求所有的报文都必须在此通过检查。路由器上可以安装

图 5-7　筛选路由器防火墙过滤包

基于 IP 层的报文过滤软件，实现报文过滤功能。创建相应的过滤策略时对工作人员的 TCP/IP 知识有一定的要求；同时，该防火墙不能够隐藏用户内部网络的信息，不具备监视和日志记录功能；如果筛选路由器被黑客攻破，那么内部网络将变得十分危险。

2．单宿主堡垒主机防火墙

单宿主堡垒主机是有一块网卡的防火墙设备。单宿主堡垒主机通常用于应用级网关防火

墙。外部路由器配置把所有进来的数据发送到堡垒主机上，并且所有内部客户端配置成所有出去的数据都发送到这台堡垒主机上，然后堡垒主机以安全方针作为依据检验这些数据。

单宿主堡垒主机防火墙应用结构如图 5-8 所示。

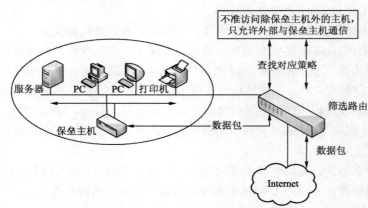

图 5-8　单宿主堡垒主机防火墙应用结构

单宿主堡垒主机防火墙系统提供的安全等级比包过滤防火墙系统要高，因为它实现了网络层安全（包过滤）和应用层安全（代理服务）。所以入侵者在破坏内部网络的安全性之前，必须首先渗透两种不同的安全系统。这种结构的防火墙主要的缺点就是可以重新配置路由器，使信息直接进入内部网络，而完全绕过堡垒主机。还有，用户可以重新配置他们的机器绕过堡垒主机，把信息直接发送到路由器上。

3．双宿主堡垒主机防火墙

双宿主堡垒主机结构是由围绕着至少具有两块网卡的双宿主主机而构成的。双宿主主机内、外部网络均可与双宿主主机实施通信，但内、外部网络之间不可直接通信，内、外部网络之间的数据流被双宿主主机完全切断。双宿主堡垒主机防火墙应用结构如图 5-9 所示。

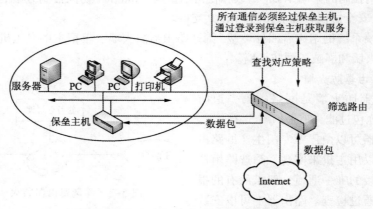

图 5-9　双宿主堡垒主机防火墙应用结构

双宿主主机可以通过代理或让用户直接注册到其上来提供很高程度的网络控制。它采用主机取代路由器执行安全控制功能，故类似于包过滤防火墙。双宿主主机即一台配有多个网络接口的主机，它可以用来在内部网络和外部网络之间进行寻址。当一个黑客想要访问用户内部设备时，其必须先要攻破双宿主堡垒主机，此时用户会有足够的时间阻止这种安全侵入和做出反应。

4．屏蔽子网防火墙

屏蔽子网就是在内部网络和外部网络之间建立一个被隔离的子网，用两台分组过滤路由器将这一子网分别与内部网络和外部网络分开。在很多实现中，两个分组过滤路由器放在子网的两端，在子网内构成一个中立区，即被屏蔽子网，内部网络和外部网络均可访问被屏蔽子网，但禁止它们穿过被屏蔽子网通信。有的屏蔽子网中还设有一堡垒主机作为唯一可访问点，支持终端交互或作为应用网关代理，其应用结构如图 5-10 所示。

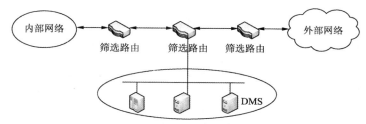

图 5-10　屏蔽子网的防火墙的应用结构

屏蔽子网防火墙结构的危险仅包括堡垒主机、DMZ 子网主机及所有连接内网与外网和屏蔽子网的路由器。如果攻击者试图完全破坏防火墙，那么其必须重新配置连接三个网的路由器，既不切断连接又不要把自己锁在外面，同时又不使自己被发现，这样也还是可能的。但若禁止网络访问路由器或只允许内网中的某些主机访问它，则攻击会变得很困难。在这种情况下，攻击者得先侵入堡垒主机，然后进入内网主机，再返回来破坏屏蔽路由器，并且整个过程中不能引发警报。

防火墙系统是当前 Internet 中不可或缺的设备，适当开发和实现的产品可为合作 Intranet 提供有效的访问控制。越来越多的网络管理员在 Intranet 中设置防火墙作为防御外部攻击的第一道防线。

防火墙是网络安全的有效工具。但它绝不是解决所有网络与 Internet 有关的安全性的万能药。访问 Internet 的网络需要细心地处理安全性问题。这是一个十分复杂的问题，存在有各种可能的攻击者，也有许多未知的漏洞和薄弱环节。

在终端服务器和中心安全服务器之间可以采用 RADIUS、TACACS 和 TACACS+来解决 Modem pool 系统的安全。用户希望自己有向外拨出连接的能力（Dial-outcapability），但这种能力不难变成为拨入的能力（Dial-in）。在防火墙设计中要通过适当的安全策略，仔细控制这类能力。至少有两类安全问题防火墙难于处理：

（1）防火墙一般不会提供来自内部攻击的保护。它只是截获 Intranet 和 Internet 之间数据业务流。防火墙无法监视内部的违法活动。对内部威胁可通过适当的认证、授权和访问控制机构来对付。Intranet 防火墙可以降低内部攻击的风险。

（2）防火墙不能防止数据驱动（Data-driven）攻击，如通过用户从 Internet 数据库下载感染病毒的软件或在递送 E-mail 消息中以 MIME 型附件的这类程序。由于这类程序可以用多种方式进行编码、压缩和加密，防火墙不可能精确对其进行扫描搜索出病毒签字，对于隐藏在数据文件中的宏病毒也是如此。

防火墙不能防止可执行的计算机病毒攻击。Java Applets 和 ActiveX 控制提供了可执行的计算机病毒。如果用户从客户机下载 JavaApplets 和 ActiveX Controls，无须经过用户许可就会自动地执行。因此 JavaApplets 或 ActiveX Control 可以泄漏系统的安全性。这是十分危险的。对此，Java 已分发了一种 "Auto Maticmalicious Software Distribution System"。由于 ActiveX 缺少虚拟机概念，其安全性较 Java 更为严重。例如德国 Chaos Computer Club 证明当利用 ActiveX 的危险性，当其在与一个 ActiveX Control 一并放到 Web 上，这实际上就是一个木马。如果 ActiveX Control 准备为 Microsoft Quicken 软件准备了一个转账命令并将其放到相应的队列中，当下次用户有 Quicken 转账命令时，由木马伪造的转账命令就会执行。虽然它能提供保护但这是对用户的极大威胁。

还应指出，防火墙还可能有隧道绕过其认证通路。隧道（Tunnel）就是一种从一种协议转为另一种协议将数据进行封包的技术，通过第二种协议贯穿网络的相应部分。在目的地，将这种封套除去得到原来的数据送入本地网络。隧道的种类很多，如 IP 隧道用于多站主干 [Multicast Backbone（MBone）]及 IPv6 Backbone（6Bone）。

这种构成 IP 隧道的技术也可以滥用于对付防火墙。假定防火墙至少允许一种类型的业务流直通，则内部的和外部的用户就可以利用这类业务格式在其间建立隧道，将其业务通过隧道绕过防火墙检查直接递送。从安全性来看，未授权的隧道要比直接与外部连接更坏。未授权隧道更多的是管理问题，而不是技术问题。如果防火墙内的用户不需要安全性，则任何防火墙和访问控制机构都是徒劳的。未授权隧道的建立是个内部问题，为防止这类隧道存在，需要内部用户合作。

最后指出，隧道的存在有其好的一面，适当构造和利用它可以使系统结构更为灵活可用，若通过隧道采用加密方式，则更为有利。

5.3.6　创建防火墙系统的步骤

成功创建防火墙系统一般需要六步：制定安全策略、搭建安全体系结构、制定规则次序、落实规则集、注意更换控制和做好审计工作。建立一个可靠的规则集对于实现一个成功的、安全的防火墙来说是非常关键的一步。如果用户的防火墙规则集配置错误，那么再好的防火墙也只是摆设。防火墙可能因某个规则配置错误而将机构暴露于巨大的危险之中。

第 1 步，制定安全策略。

防火墙和防火墙规则集只是安全策略的技术实现。管理层规定实施什么样的安全策略，防火墙是策略得以实施的技术工具。所以，在建立规则集之前，必须首先理解安全策略，假设它包含以下三方面内容：

① 内部雇员访问 Internet 不受限制。

② 通过 Internet 有权使用公司的 Web server 和 E-mail 服务器。

③ 任何进入公司内部网络的信息必须经过安全认证和加密。

实际的安全策略要远远比这复杂。在实际应用中，需要根据公司的实际情况制定详细的安全策略。

第 2 步，搭建安全体系结构。

作为一个安全管理员，需要将安全策略转化为安全体系结构。现在，我们来讨论如何把每一项安全策略核心转化为技术实现。

第一项安全策略很容易，内部网络的任何信息都允许输出到 Internet 上。

第二项安全策略要求为公司建立 Web Server 和 E-mail 服务器。由于任何人都能访问 Web Server 和 E-mail 服务器，因此，不能对其完全信任，把其放入 DMZ 来实现该项策略。DMZ 是一个孤立的网络，通常把不信任的系统放在那里，DMZ 中的系统不能启动连接内部网络。

DMZ 有两种类型，即有保护的和无保护的。有保护的 DMZ 是与防火墙脱离的孤立的部分；无保护的 DMZ 是介于路由器和防火墙之间的网络部分。这里建议使用有保护的 DMZ，把 Web Server 和 E-mail 服务器放在那里。

唯一从 Internet 到内部网络的信息是远程管理操作。这就要求允许系统管理员远程地访问公司内部系统。具体的实现可以采用加密方式进入公司内部系统。

最后还须配置 DNS。虽然在安全策略中没有提到，但必须提供这项服务。作为安全管理员，我们要实现 Split DNS。Split DNS 即分离配置 DNS 或隔离配置 DNS，是指在两台不同的服务器（其中一台 DNS 用于解析公司域名，称为外部 DNS 服务器；另一台用于供内部用户使用，称为内部 DNS 服务器）上分离 DNS 的功能。外部 DNS 服务器与 Web Server 和 E-mail 服务器一起放在有保护的 DMZ 中，内部 DNS 服务器放在内部网络中。

第 3 步，制定规则次序。

在建立规则集之前，必须注意规则次序，规则次序是非常关键的。因为，即使是同样的规则，如果以不同的次序放置，则可能会完全改变防火墙的运转效能。很多防火墙（例如 SunScreen EFS、Cisco IOS 和 FW-1）以顺序方式检查信息包，当防火墙接收到一个信息包时，它先与第一条规则相比较，然后是第二条、第三条……当它发现一条匹配规则时，就停止检查并使用该条规则。如果信息包经过每一条规则而没有发现匹配，则这个信息包便会被拒绝。

一般说来，通常的顺序是较特殊的规则在前，较普通的规则在后，防止在找到一个特殊规则之前一个普通规则便被匹配，这可避免防火墙配置错误的发生。

第 4 步，落实规则集。

选好素材就可以建立规则集了，典型的防火墙规则集合包括下面 13 项。

（1）切断默认。第一步需要切断默认设置。

（2）允许内部出网。允许内部网络向外的任何访问出网，与安全策略中所规定的一样，所有的服务都被许可。

（3）添加锁定。添加锁定规则以阻塞对防火墙的访问，这是一条标准规则，除了防火墙管理员外，任何人都不能访问防火墙。

（4）丢弃不匹配的信息包。在默认情况下，丢弃所有不能与任何规则匹配的信息包。

（5）丢弃并不记录。通常网络上大量被防火墙丢弃并记录的通信通话会很快将日志填满，要创立一条规则丢弃/拒绝这种通话但不记录它。

（6）允许 DNS 访问。允许 Internet 用户访问 DNS 服务器。

（7）允许邮件访问。允许 Internet 和内部用户通过 SMTP 访问邮件服务器。

（8）允许 Web 访问。允许 Internet 和内部用户通过 HTTP 访问 Web 服务器。

（9）阻塞 DMZ。禁止内部用户公开访问 DMZ。

（10）允许内部的 POP 访问。允许内部用户通过 POP 访问邮件服务器。

（11）强化 DMZ 的规则。DMZ 应该从不启动与内部网络的连接，否则，就说明它是不安全的。只要有从 DMZ 发起的到内部用户的会话，它就会发出拒绝、做记录并发出警告。

（12）允许管理员访问。允许管理员（受限于特殊的资源 IP）以加密方式访问内部网络。

（13）提高性能。最后，通过优化规则集顺序提高系统性能，把最常用的规则移到规则集的顶端，因为防火墙只分析较少数的规则。

根据第（1）步安全策略的要求，参照前面的典型规则集，制定具体规则集。例如内网用户的 IP 地址为 210.116.1.0/24，Web Server、E-mail 和 DNS 服务器的 IP 地址分别为 210.116.2.1/24、210.116.2.2/24 和 210.116.2.3/24。下面给出具体的几条核心规则，如表 5-2 所示。

表 5-2　防火墙规则集

组 序 号	动 作	源 IP	目的 IP	源 端 口	目的 端 口	协 议 类 型
1	允许	*	210.116.2.1	*	80	TCP
2	允许	*	210.116.2.2	*	25	TCP
3	允许	*	210.116.2.3	*	53	UDP
4	允许	210.116.1.0/24	210.116.2.2	*	110	TCP
5	拒绝	210.116.1.0/24	210.116.2.0/24	*	*	TCP、UDP
6	允许	210.116.1.0/24	*	*	*	TCP、UDP
7	允许	某些已知 IP	210.116.1.0/24	*	*	TCP、UDP
8	拒绝	210.116.2.0/24	210.116.1.0/24	*	*	TCP、UDP
9	拒绝	*	*	*	*	TCP、UDP

第 5 步，注意更换控制。

在组织好规则之后，应该写上注释并经常更新它们。注释可以帮助用户理解规则的确切含义，对规则理解得越好，错误配置发生的可能性就越小。对那些有多重防火墙管理员的大机构来说，建议当规则被修改时，把规则更改者的名字、规则变更的日期/时间、规则变更的原因等信息加入注释中，这可以帮助安全防护人员跟踪被修改的规则及理解被修改的原因。

第 6 步，做好审计工作。

建立好规则集后，检测系统是否可以安全运行。防火墙规则集配置好以后，需要测试系统的正常应用是否可以实现，从访问速率、用户权限、流量等方面入手；同时，还需要从触犯防火墙安全规则的角度来测试防火墙的反应，检查是否按照预定目标实现防火墙功能。

通过以上的对防火墙的运行状况及时跟踪审计，及时发现新问题并调整相应的规则。

例如：WinRoute 既可以作为一个服务器的防火墙系统，也可以作为一个代理服务器软件。WinRoute 安装完成后，重新启动系统，然后双击右下角的托盘图标，弹出 WinRoute 的登录界面，默认情况下，密码为空。单击 OK 按钮，进入系统管理，可以根据菜单操作设置规则集。

5.4　VPN 技术

5.4.1　VPN 概述

1. VPN 的概念

VPN 是 Virtual Private Network 的缩写，是将物理分布在不同地点的网络通过公用主干网，尤其是 Internet 连接而成的逻辑上的虚拟的私有的子网。为了保障信息的安全，VPN 技术采用了鉴别、访问控制、保密性、完整性等措施，以防止信息被泄露、篡改和复制。

VPN 具有以下优点。

（1）降低成本。VPN 是利用了现有的 Internet 或其他公共网络的基础设施为用户创建安全隧道，不需要使用专门的线路，如 DDN 和 PSTN，这样就节省了专门线路的租金。如果是采用远程拨号进入内部网络，访问内部资源，还需要支付长途话费；而采用 VPN 技术，只须拨入当地的 ISP 就可以安全地访问内部网络，这样也节省了线路话费。

（2）易于扩展。如果采用专线连接，实施起来比较困难，在分部增多、内部网络结点越来越多时，网络结构趋于复杂，费用昂贵。如果采用 VPN，只是在结点处架设 VPN 设备，就可以利用 Internet 建立安全连接，如果有新的内部网络想加入安全连接，只需添加一台 VPN 设备，改变相关配置即可。

（3）保证安全。VPN 技术利用可靠的加密认证技术，在内部网络之间建立隧道，能够保证通信数据的机密性和完整性，保证信息不被泄漏或暴露给未授权的实体，保证信息不被未授权的实体改变、删除或替代。在现在的网络应用中，除了让外部合法用户通过 VPN 访问内部资源外，还需要内部用户方便地访问 Internet，这样可将 VPN 设备和防火墙配合，在保证网络畅通的情况下，尽可能地保证访问安全。

2．VPN 的类型

VPN 有三种类型：Access VPN（远程访问 VPN）、Intranet VPN（企业内部 VPN）和 Extranet VPN（企业扩展 VPN），这三种类型的 VPN 分别对应于传统的远程访问网络、企业内部的 Intranet 以及企业和合作伙伴的网络所构成的 Extranet。

（1）Access VPN

Access VPN 即所谓的移动 VPN，适用于企业内部人员流动频繁或远程办公的情况，出差员工或者在家办公的员工利用当地 ISP（InternetServiceProvider，Internet 服务提供商）就可以和企业的 VPN 网关建立私有的隧道连接，如图 5-11 所示。

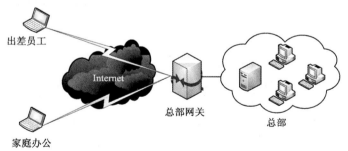

图 5-11　Access VPN

Access VPN 对应于传统的远程访问内部网络。在传统方式中，在企业网络内部需要架设一个拨号服务器作为 RAS（Remote Access Server），用户通过拨号到该 RAS 来访问企业内部网。这种方式需要购买专门的 RAS 设备，价格昂贵，用户只能进行拨号，也不能保证通信安全，而且对于远程用户可能要支付昂贵的长途拨号费用。

Access VPN 通过拨入当地的 ISP，进入 Internet 再连接企业的 VPN 网关，在用户和 VPN 网关之间建立一个安全的"隧道"，通过该隧道安全地访问远程的内部网，这样既节省了通信费用，又能保证安全性。

Access VPN 的拨入方式包括拨号、ISDN、数字用户线路（xDSL）等，唯一的要求就是能够使用合法 IP 地址访问 Internet，具体何种方式没有关系。通过这些灵活的拨入方式能够让移动用户、远程用户或分支机构安全地访问到内部网络。

Access VPN 的优点：

减少用于相关的调制解调器和终端服务设备的资金及费用，简化网络。

实现本地拨号接入的功能来取代远距离接入或 800 电话接入，这样能显著降低远距离通信的费用。

极大的可扩展性，简便地对加入网络的新用户进行调度。

远端验证拨入用户服务（RADIUS）基于标准，基于策略功能的安全服务。

将工作重心从管理和保留运作拨号网络的工作人员转到公司的核心业务上来。

（2）Intranet VPN

如果要进行企业内部异地分支机构的互连，可以使用 Intranet VPN 方式，这是所谓的网关对网关 VPN，它对应于传统的 Intranet 解决方案，如图 5-12 所示。

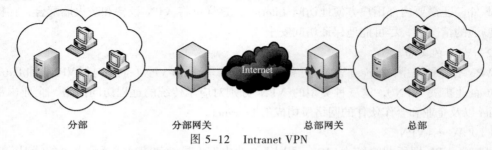

图 5-12　Intranet VPN

Intranet VPN 在异地两个网络的网关之间建立了一个加密的 VPN 隧道，两端的内部网络可以通过该 VPN 隧道安全地进行通信，就好像和本地网络通信一样。

Intranet VPN 利用公共网络（如 Internet）的基础设施，连接企业总部、远程办事处和分支机构。企业拥有与专用网络相同的策略，包括安全、服务质量（QoS）、可管理性和可靠性。

IntranetVPN 的优点如下：

减少 WAN 带宽的费用。

能使用灵活的拓扑结构，包括全网孔连接。

新的站点能更快、更容易地被连接。

通过设备供应商 WAN 的连接冗余，可以延长网络的可用时间。

（3）ExtranetVPN

如果一个企业希望将客户、供应商、合作伙伴或兴趣群体连接到企业内部网，可以使用 Extranet VPN，它对应于传统的 Extranet 解决方案，如图 5-13 所示。

Extranet VPN 其实也是一种网关对网关的 VPN，与 Intranet VPN 不同的是，它需要在不同企业的内部网络之间组建，需要有不同协议和设备之间的配合和不同的安全配置。

Extranet VPN 结构的主要好处是，能容易地对外部网进行部署和管理，外部网的连接可以使用与部署内部网和远端访问 VPN 相同的架构和协议进行部署。主要的不同是接入许可外部网的用户被许可只有一次机会连接到其合作人的网络。

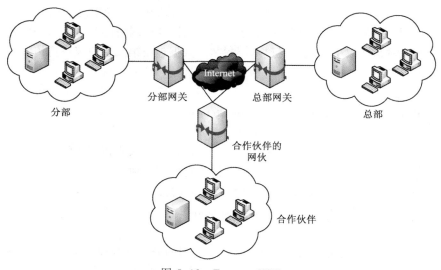

图 5-13   Extranet VPN

5.4.2   VPN 技术

1．密码技术

VPN 利用 Internet 的基础设施传输企业私有的信息，因此传递的数据必须经过加密，从而确保网络上未授权的用户无法读取该信息，因此可以说密码技术是实现 VPN 的关键核心技术之一。各种对称密钥加密和非对称密钥加密都可能应用。

一般来说，在 VPN 实现中，双方大量的通信流量的加密使用对称加密算法，而在管理、分发对称加密的密钥上采用更加安全的非对称加密技术。

2．身份认证技术

VPN 需要解决的首要问题就是网络上用户与设备的身份认证，如果没有一个万无一失的身份认证方案，不管其他安全设施有多严密，整个 VPN 的功能都将失效。

从技术上说，身份认证基本上可以分为两类：非 PKI 体系和 PKI 体系的身份认证。非 PKI 体系的身份认证基本上采用的是 UID+Password 模式，举例如下：

PAP，Password Authentication Protocol，口令认证协议；

CHAP，Challenge Handshake Authentication Protocol，询问握手认证协议；

EAP，Extensible Authentication Protocol，扩展身份认证协议；

MS CHAP，Microsoft Challenge Handshake Authentication Protocol，微软询问握手认证协议；

SPAP，Shiva Password Authentication Protocol，Shiva 口令字认证协议；

RADIUS，Remote Authentication Dialin User Service，远程认定拨号用户服务。

PKI 体系的身份认证的例子有电子商务中用到的 SSL 安全通信协议的身份认证、Kerberos 等。目前常用的方法是依赖于 CA 所签发的符合 X.509 规范的标准数字证书。通信双方交换数据前，需要先确认彼此的身份，交换彼此的数字证书，双方将此证书进行比较，只有比较结果正确，双方才开始交换数据；否则，不能进行后续通信。

3．隧道技术

隧道技术通过对数据进行封装，在公共网络上建立一条数据通道（隧道），让数据包通过这条隧道传输。生成隧道的协议有两种：第二层隧道协议和第三层隧道协议。

（1）第二层隧道协议是在数据链路层进行的，先把各种网络协议封装到 PPP 包中，再把整个数据包装入隧道协议中，这种经过两层封装的数据包由第二层协议进行传输。第二层隧道协议有以下几种：

L2F（RFC 2341，Layer2 Forwarding）；

PPTP（RFC2637，Pointto Point Tunneling Protocol）；

L2TP（RFC2661，Layer Two Tunneling Protocol）。

（2）第三层隧道协议是在网络层进行的，把各种网络协议直接装入隧道协议中，形成的数据包依靠第三层协议进行传输。第三层隧道协议有以下两种：

IPSec（IPSecurity），是目前最常用的 VPN 解决方案；

GRE（RFC 2784，General Routing Encap sulation）。

4．密钥管理技术

在 VPN 应用中密钥的分发与管理非常重要。密钥的分发有两种方法：一种是通过手工配置的方式，另一种是采用密钥交换协议动态分发。手工配置的方法要求密钥更新不要太频繁，否则管理工作量太大，因此只适合于简单网络的情况。密钥交换协议采用软件方式动态生成密钥，保证密钥在公共网络上安全地传输而不被窃取，适合于复杂网络的情况，而且密钥可快速更新，可以显著提高 VPN 应用的安全性。

目前主要的密钥交换与管理标准有 SKIP（Simple Key Management for IP）和 ISAKMP（Internet Security Associationand Key Management Protocol，Internet 安全联盟和密钥管理协议，RFC 2408）/Oakley（RFC 2412）。

SKIP 是由 SUN 公司所发展的技术，主要利用 Diffie Hellman 算法在网络上传输密钥。在 ISAKMP/Oakley 中，Oakley 定义如何辨认及确认密钥，ISAKMP 定义分配密钥的方法。

5.4.3 第二层隧道协议——L2F、PPTP 和 L2TP

第二层隧道协议用于传输第二层网络协议，它主要应用于构建 Access VPN。

第二层隧道协议主要有 3 种：一种是由 Cisco、Nortel 等公司支持的 L2F 协议，Cisco 路由器中支持此协议；另一种是 Microsoft、Ascend、3COM 等公司支持的 PPTP 协议，Windows NT 4.0 以上版本中支持此协议；而成为二层隧道协议工业标准的是由 IETF 起草并由 Microsoft、Ascend、Cisco、3COM 等公司参与制定的 L2TP 协议，它结合了上述两个协议的优点。这一节分别讨论这三个协议。

在具体讨论协议之前，先看一下隧道技术中的几个基本概念。

1．隧道协议的基本概念

无论何种隧道协议，其数据包格式都是由乘客协议、封装协议和传输协议三部分组成的。下面以 L2TP 为例，如图 5-14 所示，先看一下隧道协议的组成。

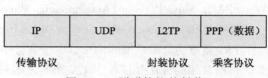

IP	UDP	L2TP	PPP（数据）
传输协议		封装协议	乘客协议

图 5-14　隧道协议的封装

（1）乘客协议：乘客协议是指用户要传输的数据，也就是被封装的数据，它们可以是 IP、PPP、SLIP 等。这是用户真正要传输的数据，如果是 IP 协议，其中包含的地址有可能是保留 IP 地址。

（2）封装协议：封装协议用于建立、保持和拆卸隧道。即将讨论的 L2F、PPTP、L2TP、GRE 就属于封装协议。

（3）传输协议：乘客协议被封装之后应用传输协议，图 5-14 中使用 UDP 协议对 L2TP 协议数据包进行了封装。

为了理解隧道，不妨用邮政系统打个比方。乘客协议就是我们写的信，信的语言可以是汉语、英语、法语等，具体如何解释由写信人、读信人自己负责，这就对应于多种乘客协议，对乘客协议数据的解释由隧道双方负责。封装协议就是信封，可能是平信、挂号信或者是 EMS，这对应于多种封装协议，每种封装协议的功能和安全级别有所不同。传输协议就是信的运输方式，可以是陆运、海运或者空运，这对应于不同的传输协议。

根据隧道的端点是用户计算机还是拨号访问服务器，隧道可以分为两种：自愿隧道（Voluntary Tunnel）和强制隧道（Compulsory Tunnel）。

（1）自愿隧道

客户端计算机可以通过发送 VPN 请求来配置和创建一条自愿隧道，此时用户端计算机作为隧道的客户方成为隧道的一个端点。为了创建自愿隧道，工作站或路由器上必须安装隧道客户软件，并创建到目标隧道服务器的虚拟连接。目前，自愿隧道是最普遍使用的隧道类型。

创建自愿隧道的前提是客户端和服务器之间要有一条 IP 连接（通过局域网或拨号线路）。使用拨号方式时，客户端必须在建立隧道之前创建与 Internet 的拨号连接。一个最典型的例子是 Internet 拨号用户必须在创建 Internet 隧道之前拨通本地 ISP，以取得与 Internet 的连接。

一种误解认为 VPN 只能使用拨号连接，其实，建立 VPN 只要求 IP 网络的支持即可。一些客户机（如家用 PC）可以通过使用拨号方式连接 Internet 建立 IP 传输，这只是为创建隧道所做的初步准备，本身并不属于隧道协议。

（2）强制隧道

强制隧道由支持 VPN 的拨号访问服务器来配置和创建。此时，用户端的计算机不作为隧道端点，而是由位于客户计算机和隧道服务器之间的拨号访问服务器作为隧道客户端，成为隧道的一个端点。

能够代替客户端计算机来创建隧道的网络设备包括支持 PPTP 协议的 FEP（Front End Processor，前端处理器）、支持 L2TP 协议的 LAC（L2TP Access Concentrator，L2TP 访问集中器）或支持 IPSec 的安全 IP 网关。为正常地发挥功能，FEP 必须安装适当的隧道协议，同时必须能够在客户计算机建立起连接时创建隧道。

以 Internet 为例，客户机向位于本地 ISP 的能够提供隧道技术的 NAS（Network Access Server）发出拨号呼叫，例如，企业可以与某个 ISP 签订协议，由 ISP 为企业在全国范围内设置一套 FEP，这些 FEP 可以通过 Internet 创建一条到隧道服务器的隧道，隧道服务器与企业的专用网络相连。这样，就可以将不同地方合并成企业网络端的一条单一的 Internet 连接。

因为客户只能使用由 FEP 创建的隧道，所以称为强制隧道。一旦最初的连接成功，所有客户端的数据流将自动通过隧道发送。使用强制隧道，客户端计算机建立单一的 PPP 连接，当客户拨入 NAS 时，一条隧道将被创建，所有的数据流自动通过该隧道路由。可以配置 FEP 为所有的拨号客户创建到指定隧道服务器的隧道，也可以配置 FEP 基于不同的用户名或目的地创建不同的隧道。

自愿隧道技术为每个客户创建独立的隧道，而强制隧道中 FEP 和隧道服务器之间建立的隧道可以被多个拨号客户共享，而不必为每个客户建立一条新的隧道。因此，一条隧道中可能会传递多个客户的数据信息，只有在最后一个隧道用户断开连接之后才终止整条隧道。

2．L2F

L2F（Layer Two Forwarding Protocol，二层转发协议）是由 Cisco 公司提出的隧道技术，可以支持多种传输协议，如 IP、ATM、帧中继。

首先，远端用户通过任何拨号方式访问公共 IP 网络，例如，按常规方式拨号到 ISP 的 NAS，建立 PPP 连接；然后，NAS 根据用户名等信息，发起第二重连接，通向企业的本地 L2F 网关服务器，这个 L2F 服务器把数据包解包之后发送到企业内部网上。

在 L2F 中，隧道的配置和建立对用户是完全透明的，L2F 没有确定的客户方。

3．PPTP

PPTP（Pointto Point Tunneling Protocol，点到点隧道协议）在 RFC 2637 中定义，该协议将 PPP 数据包封装在 IP 数据包内通过 IP 网络（如 Internet 或 Intranet）进行传送。PPTP 协议可看作是 PPP 协议的一种扩展，它提供了一种在 Internet 上建立多协议的 VPN 的通信方式，远端用户能够通过任何支持 PPTP 的 ISP 访问公司的专用网络。

PPTP 协议提供了 PPTP 客户端和 PPTP 服务器之间的加密通信。PPTP 客户端是指运行了 PPTP 协议的 PC，如支持该协议的 Windows 客户机；PPTP 服务器是指运行该协议的服务器，如支持该协议的 Windows NT 服务器。PPTP 客户端和服务器进行 VPN 通信的前提是两者之间有连通且有可用的 IP 网络，也就是说 PPTP 客户端必须能够通过 IP 网络访问 PPTP 服务器。如果 PPTP 客户端是通过拨号上网，则要先拨号到本地的 ISP 建立 PPP 连接，从而可以访问 Internet。如果 PPTP 客户端直接连接到 IP 网络，即可直接通过该 IP 网络与 PPTP 服务器取得连接。

PPTP 客户端和服务器之间的报文有两种：控制报文负责 PPTP 隧道的建立、维护和断开；数据报文负责传输用户的真正数据。

（1）控制报文

PPTP 客户端"拨号"到 PPTP 服务器创建 PPTP 隧道，这里的"拨号"并不是拨服务器的电话号码，而是连接 PPTP 服务器的 TCP 1723 端口建立控制连接。控制连接负责隧道的建立、维护和断开。PPTP 控制连接携带 PPTP 呼叫控制和管理信息，用于维护 PPTP 隧道，其中包括周期性地发送回送请求和回送应答报文，以期检测出客户机与服务器之间可能出现的连接中断。PPTP 控制连接数据包包括一个 IP 报头、一个 TCP 报头和 PPTP 控制信息，如图 5-15 所示。

在创建基于 PPTP 的 VPN 连接过程中，使用的认证机制与创建 PPP 连接时相同。此类认证机制主要有 EAP、MS-CHAP、CHAP、SPAP 和 PAP。

PPTP 继承 PPP 有效载荷的加密和压缩。在 Windows 2000 中，由于 PPP 帧使用 MPPE（Microsoft Pointto Point Encryption，微软点对点加密技术）进行加密，因此认证机制必须采用 EAP 或 MS-CHAP。

（2）数据报文

在隧道建好之后，真正的用户数据经过加密和/或压缩之后，再依次经过 PPP、GRE、IP 的封装最终得到一个 IP 包，如图 5-16 所示，通过 IP 网络发送到 PPTP 服务器；PPTP 服务器收到该 IP 后层层解包，得到真正的用户数据，并将用户数据转发到内部网络上。用户的数据可以是多种协议，比如 IP 数据包、IPX 数据包或者 NetBEUI 数据包。PPTP 采用 RSA 公司的 RC4 作为数据加密算法，保证了隧道通信的安全性。

Data-Link Header	IP	TCP	PPTP Control Message	Data-Link Trailer

图 5-15　PPTP 控制报文

Data-Link Header	IP Header	GRE Header	PPP Header	Encrypted PPP Payload (IP Datagram, IPX Datagram, NetBEUI Frame)	Data-Link Trailer

图 5-16　PPTP 数据报文

与 L2F 相比，PPTP 把建立隧道的主动权交给了用户，但用户需要在其 PC 上配置 PPTP，这样不仅增加了用户的工作量，而且造成网络的安全隐患。另外，PPTP 只支持 IP 作为其传输协议。

4．L2TP

L2TP（Layer Two Tunneling Protocol，第二层隧道协议）由 RFC 2661 定义，它结合了 L2F 和 PPTP 的优点，可以让用户从客户端或访问服务器端发起 VPN 连接。L2TP 是由 Cisco、Ascend、Microsoft 等公司在 1999 年联合制定的，已经成为二层隧道协议的工业标准，并得到了众多网络厂商的支持。

L2TP 协议支持 IP、X.25、帧中继或 ATM 等作为传输协议，但目前仅定义了基于 IP 网络的 L2TP。L2TP 隧道协议可用于 Internet，也可用于其他企业专用 Intranet 中。

L2TP 客户端是使用 L2TP 隧道协议和 IPSec 安全协议的 VPN 客户端，而 L2TP 服务器是使用 L2TP 隧道协议和 IPSec 安全协议的 VPN 服务器。客户端和服务器进行 VPN 通信的前提是二者之间有连通且可用的 IP 网络，也就是说，L2TP 客户端必须可以通过 IP 网络访问 L2TP 服务器。如果 L2TP 客户端通过拨号上网，则要先拨号到本地的 ISP 建立 PPP 连接，从而访问 Internet。如果 L2TP 客户端直接连接到 IP 网络，即可直接通过该 IP 网络与 L2TP 服务器取得连接。

在介绍 L2TP 客户端和服务器之间通信的整个流程之前，需要首先了解下列术语。

（1）LAC：L2TP Access Concentrator，L2TP 访问集中器，是附属在交换网络上的具有 PPP 端系统和 L2TP 协议处理能力的设备，LAC 一般就是一个 NAS（NetworkAccessServer，网络访问服务器），它为用户通过 PSTN/ISDN 提供网络访问服务。

（2）LNS：L2TP NetworkServer，L2TP 网络服务器，是 PPP 端系统上用于处理 L2TP 协议服务器端部分的软件。

L2TP 主要由 LAC 和 LNS 构成，LAC 支持客户端的 L2TP，它用于发起呼叫，接收呼叫和建立隧道；LNS 是所有隧道的终点。在传统的 PPP 连接中，用户拨号连接的终点是 LAC，L2TP 使得 PPP 协议的终点延伸到 LNS。

L2TP 隧道的建立过程如图 5-17 所示。

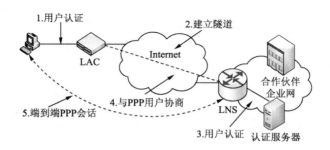

图 5-17　L2TP 的连接过程

L2TP 客户端和服务器之间的报文也有两种：控制报文和数据报文。不过这两种报文均采用 UDP 协议封装和传送 PPP 帧。PPP 帧的有效载荷即用户传输数据，可以经过加密和/或压缩。但需要指出的是，与 PPTP 不同，在 Windows 2000 中，L2TP 客户机不采用 MPPE 对 L2TP 连接进行加密，L2TP 连接加密由 IPSec ESP 提供。

（1）控制报文

控制报文用于隧道的建立与维护。与 PPTP 不同，L2TP 不是通过 TCP 协议来进行隧道维护，而是采用 UDP 协议。在 Windows 2000 中，L2TP 客户端和服务器都使用 UDP 1701 端口，不过 Windows 2000 L2TP 服务器也支持客户端使用非 1701 UDP 端口，UDP 封装报文结构如图 5-18 所示。

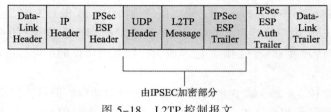

图 5-18　L2TP 控制报文

在 Windows 2000 实现中，L2TP 控制报文即 UDP 数据报经过 IPSec ESP 的加密。

由于 UDP 提供的是无连接的数据包服务，因此 L2TP 采用将报文序列化的方式来保证 L2TP 报文的按序递交。在 L2TP 控制报文中，Next Received 字段（类似于 TCP 中的确认字段）和 Next Sent 字段（类似于 TCP 中的序列号字段）用于维持控制报文的序列化，无序数据包将被丢弃。Next Received 字段和 Next Sent 字段同样用于用户传输数据的按序递交和流控制。L2TP 控制报文的确切格式，请参阅 L2TP Internet 草案。

L2TP 支持一条隧道内的多路呼叫。在 L2TP 的控制报文以及 L2TP 数据帧的报头内，Tunnel ID 标识了一条隧道而 CallID 标识了该隧道内的一路呼叫。

在 Windows 2000 中，创建一条未经 IPSec 加密的 L2TP 连接是有可能的，但在这种情形下，由于用户私有数据没有经过加密处理，因此该 L2TP 连接不属于 VPN 连接。非加密 L2TP 连接一般临时性地对基于 IPSec 的 L2TP 连接进行故障诊断和排除，在这种情况下，可以省略 IPSec 认证和协商过程。

创建 L2TP 隧道时必须使用与 PPP 连接相同的认证机制，诸如 EAP、MS CHAP、CHAP、SPAP 和 PAP。基于 Internet 的 L2TP 服务器即使用 L2TP 协议的拨号服务器，它的一个接口在外部网络 Internet 上，另一个接口在目标专用网络 Intranet 上。

（2）数据报文

L2TP 隧道维护控制报文和隧道化用户传输数据具有相同的包格式。

L2TP 用户传输数据的隧道化过程采用多层封装的方法。图 5-19 显示了封装后在隧道中传输的基于 IPSec 的 L2TP 数据包格式。

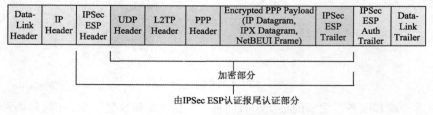

图 5-19　L2TP 数据报文

数据发送端的发送处理过程如下：

① L2TP 封装。初始 PPP 有效载荷如 IP 数据报、IPX 数据报或 NetBEUI 帧等首先经过 PPP 报头和 L2TP 报头的封装。

② UDP 封装。L2TP 帧进一步添加 UDP 报头进行 UDP 封装，在 UDP 报头中，源端和目的端端口号均设置为 1701。

③ IPSec 封装。基于 IPSec 安全策略，UDP 报文通过添加 IPSec 封装安全负载 ESP 报头、报尾和 IPSec 认证报尾，进行 IPSec 加密封装。

④ IP 封装。在 IPSec 数据报外再添加 IP 报头进行 IP 封装，IP 报头中包含 VPN 客户机和服务器的源端和目的端 IP 地址。

⑤ 数据链路层封装。数据链路层封装是 L2TP 帧多层封装的最后一层，依据不同的物理网络再添加相应的数据链路层报头和报尾。例如，如果 L2TP 帧将在以太网上传输，则用以太网报头和报尾对 L2TP 帧进行数据链路层封装；如果 L2TP 帧将在点对点 WAN 上传输，如模拟电话网或 ISDN 等，则用 PPP 报头和报尾对 L2TP 帧进行数据链路层封装。

数据接收端的处理过程如下：

（1）处理并去除数据链路层报头和报尾。

（2）处理并去除 IP 报头。

（3）用 IPSec ESP 认证报尾对 IP 有效载荷和 IPSec ESP 报头进行认证。

（4）用 IPSec ESP 报头对数据报的加密部分进行解密。

（5）处理 UDP 报头并将数据报提交给 L2TP 协议。

（6）L2TP 协议依据 L2TP 报头中 Tunnel ID 和 Call ID 分解出某条特定的 L2TP 隧道。

（7）依据 PPP 报头分解出 PPP 有效载荷，并将它转发至相关的协议驱动程序做进一步处理。

5．PPTP 与 L2TP 的比较

PPTP 和 L2TP 都使用 PPP 协议对数据进行封装，然后添加附加包头用于数据在互连网络上的传输。尽管两个协议非常相似，但是仍存在以下几方面的不同：

（1）PPTP 要求互联网络为 IP 网络，L2TP 只要求隧道媒介提供面向数据包的点对点的连接。L2TP 可以在 IP（使用 UDP）、帧中继永久虚拟电路（PVCs）、X.25 虚拟电路（VCs）或 ATMVCs 网络上使用。

（2）PPTP 只能在两端点间建立单一隧道。L2TP 支持在两端点间使用多隧道。使用 L2TP，用户可以针对不同的服务质量创建不同的隧道。

（3）L2TP 可以提供包头压缩。当压缩包头时，系统开销占用 4 B，而 PPTP 协议下要占用 6 B。

（4）L2TP 可以提供隧道验证，而 PPTP 则不支持隧道验证。但是当 L2TP 或 PPTP 与 IPSec 共同使用时，可以由 IPSec 提供隧道验证，而不需要在第二层协议上验证隧道。

5.4.4　第三层隧道协议——GRE

第三层隧道协议用于传输第三层网络协议。其实第三层隧道协议并不是一项很新的技术，早在 1994 年就出现的 GRE（RFC 1701）协议就是一个第三层隧道协议。由 IETF 制定的新一代 Internet 安全标准 IPSec 协议也是第三层隧道协议。在本节中，讨论 GRE 协议，IPSec 协议将在下一章中专门讨论。

GRE（Generic Routing Encapsulation，通用路由封装协议）由 Cisco 和 NetSmiths 公司于 1994 年提交给 IETF，标号为 RFC 1701 和 RFC 1702。在 2000 年，Cisco 等公司又对 GRE 协议进行了修订，称为 GREv2，标号为 RFC 2784。

GRE 是通用的路由封装协议，支持全部的路由协议（如 RIP2、OSPF 等），用于在 IP 包中封装任何协议的数据包，包括 IP、IPX、NetBEUI、AppleTalk、BanyanVINES、DECnet 等。在 GRE 中，乘客协议就是上面这些被封装的协议，封装协议就是 GRE，传输协议就是 IP。GRE 与 IPinIP、IPXoverIP 等封装形式很相似，但比它们更通用。在 GRE 的处理中，很多协议的细微差异都被忽略，这使得 GRE 不限于某个特定的 "X over Y" 应用，而是一种通用的封装形式。

具体地说，路由器接收到一个需要封装和路由的原始数据包（比如 IP 包），先在这个数据包的外面增加一个 GRE 头部构成 GRE 报文，再为 GRE 报文增加一个 IP 头，从而构成最终的 IP 包。这个新生成的 IP 包完全由 IP 层负责转发，中间的路由器只负责转发，而根本不关心是何种乘客协议。以乘客协议 IP 为例，GRE 封装过程如图 5-20 所示。IP 头部 GRE 头部原始 IP 数据包利用 GRE 来进行 VPN 通信的原理如图 5-21 所示。

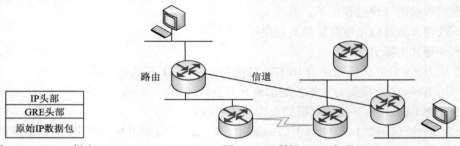

| IP头部 |
| GRE头部 |
| 原始IP数据包 |

图 5-20　GRE 报文　　　　　　　　　图 5-21　利用 GRE 实现 VPN

因为企业私有网络的 IP 地址通常是自行规划的保留 IP 地址，只是在企业网络出口有一个公网 IP 地址。原始 IP 包的 IP 地址通常是企业私有网络规划的保留 IP 地址，而外层的 IP 地址是企业网络出口的 IP 地址，因此，尽管私有网络的 IP 地址无法和外部网络进行正确的路由，但这个封装之后的 IP 包可以在 Internet 上路由。在接收端，将收到的包的 IP 头部和 GRE 头部解开后，将原始的 IP 数据包发送到自己的私有网络上，此时在私有网络上传输的 IP 包的地址是保留 IP 地址，从而可以访问到远程企业的私有网络。这种技术是最简单的 VPN 技术。

GRE 协议有如下优点：

（1）通过 GRE，用户可以利用公共 IP 网络连接非 IP 网络，如 IPX 网络、AppleTalk 网络等。多协议的本地网可以通过单一协议的主干网实现传输，比如两端的私有网络既有 IP 网又有 IPX 等其他网络，通过 GRE，可以使所有协议的私有网络连接起来。

（2）通过 GRE，还可以使用保留地址进行网络互连，或者对公网隐藏企业网的 IP 地址。

（3）扩大了网络的工作范围，包括那些路由网关有限的协议。如 IPX 包最多可以转发 16 次（即经过 16 个路由器），而在一个隧道连接中看上去只经过一个路由器。

（4）GRE 只提供封装，不提供加密，对路由器的性能影响较小，设备档次要求相对较低。

不过，由于 GRE 协议提出较早，也存在着如下的一些缺点：

（1）GRE 只提供了数据包的封装，而没有加密功能来防止网络监听和攻击，所以在实际环境中经常与 IPSec 一起使用。由 IPSec 提供用户数据的加密，从而给用户提供更好的安全性。

（2）由于 GRE 与 IPSec 采用的是同样的基于隧道的 VPN 实现方式，所以 IPSec VPN 在管理、组网上的缺陷，GRE VPN 也同样具有。

（3）同时由于对原有 IP 报文进行了重新封装，所以同样无法实施 IPQoS 策略。

综合上述 GRE 的优缺点可以看出，GRE VPN 适合一些小型点对点的网络互连、实时性要求不高、要求提供地址空间重叠支持的网络环境。

5.4.5　比较

VPN 是将物理分布在不同地点的网络通过公用骨干网，尤其是 Internet 连接而成的逻辑上的虚拟子网。为了保障信息的安全，VPN 技术采用了鉴别、访问控制、保密性、完整性等措施，以防止信息被泄露、篡改和复制。

VPN 有三种类型：Access VPN、Intranet VPN 和 Extranet VPN。这三种类型的 VPN 分别对应于传统的远程访问网络、企业内部的 Intranet 以及企业和合作伙伴的网络所构成的 Extranet。

VPN 作为一种综合的网络安全方案，包含了很多重要的技术，最主要的是采用了密码技术、身份认证技术、隧道技术和密钥管理技术四项技术。

第二层隧道协议有 L2F、PPTP 和 L2TP 等。L2F 已经过时，很少使用；PPTP 在微软的推动与支持下，已经成为一种事实上的工业标准，被广泛实现并已使用很长一段时间，目前大多数厂家均支持 PPTP；L2TP 作为下一代的隧道协议，是 PPTP 和 L2F 隧道功能的集合，其隧道并不局限于 TCP/IP，但是目前仅支持 IP。

GRE 协议提出较早，有很强的封装能力，不限于某个特定的"X over Y"应用，而是一种通用的封装形式。然而，GRE 协议既不进行加密，又不进行验证，因此通常与其他协议结合使用。

5.5　网络隔离技术

最早提出网络隔离技术的是以色列和美国的军方。但是到目前为止，并没有完整的关于网络隔离技术的定义和标准。

中国 1998 年最早提出了"物理隔离"的要求。2000 年 1 月 1 日正式实施的《计算机信息系统国际联网保密管理规定》中第六条规定"凡涉及国家秘密的计算机信息系统，不得直接或间接地与因特网或其他公共信息网络相连接，必须实行物理隔离"。

根据公开文献资料，我国目前流行的网络隔离技术产品和方案，主要有五类：

建设两个独立的网络，一个是内部网络，用于存储、处理、传输涉密信息；一个是外部网络，与 Internet 相连。

采用安全隔离计算机（终端级解决方案），用户使用一台客户端设备连接内部网络和外部网络。

采用安全隔离集线器（集线器解决方案），主要解决房间和楼层单网布线的问题。属于物理隔离的远程安全传输方式，包括使用独立铺设线路和交换设备方式。

采用网络隔离方案。分成两个内外网络，两个网络通过各自的一台专门主机交换信息。

5.5.1　网络隔离技术

最早提出网络隔离技术的是以色列和美国的军方。但是到目前为止，并没有完整的关于网络隔离技术的定义和标准。

中国 1998 年最早提出了"物理隔离"的要求。2000 年 1 月 1 日正式实施的《计算机信息系统国际联网保密管理规定》中第六条规定"凡涉及国家秘密的计算机信息系统，不得直接或间接地与国际互联网或其他公共信息网络相连接，必须实行物理隔离"。

根据公开文献资料，我国目前流行的网络隔离技术产品和方案，主要有五类：

（1）建设两个独立的网络，一个是内部网络，用于存储、处理、传输涉密信息；一个是外部网络，与 Internet 相连。

（2）采用安全隔离计算机（终端级解决方案），用户使用一台客户端设备连接内部网络和外部网络。

（3）采用安全隔离集线器（集线器解决方案），主要解决房间和楼层单网布线的问题。

（4）属于物理隔离的远程安全传输方式，包括使用独立铺设线路和交换设备方式。

（5）采用网络隔离方案。分成两个内外网络，两个网络通过各自的一台专门主机交换信息。

隔离技术在理论上可以分为终端级和网络级两个层次。终端级隔离是通过存储器的隔离实现的，在单硬盘上划分安全区、非安全区以及交换区,使用特制的隔离卡，以达到信息隔离的效果；网络级的隔离通过在终端上使用特制的网络隔离卡，与安全集线器相配合，做到不能同时连接安全和非安全网络。

网络隔离的主要原理是两套各自独立的系统分别连接安全和非安全的网络，两套系统之间是一个类似网络隔离的装置，分时地使用两套系统中的数据通路进行数据交换。

安全隔离与信息交换系统一般由三部分构成：内网处理单元、外网处理单元和专用隔离硬件交换单元。正常情况下，隔离设备和外网，隔离设备和内网，外网和内网都是完全断开的，如图 5-22 所示。

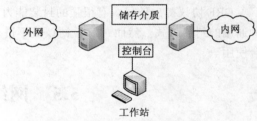

图 5-22　网络被隔离

当外网需要有数据到达内网的时候，以电子邮件为例，外部的服务器立即发起对隔离设备的非 TCP/IP 协议的数据连接，隔离设备将所有的协议剥离，将原始的数据写入存储介质，如图 5-23 所示。

一旦数据完全写入隔离设备的存储介质，隔离设备立即中断与外网的连接。转而发起对内网的非 TCP/IP 协议的数据连接。隔离设备将存储介质内的数据推向内网，如图 5-24 所示。

图 5-23　获取外部主机的数据　　　　　图 5-24　与内网交换数据

这时，如果内网有电子邮件要发出，隔离设备剥离所有的 TCP/IP 协议和应用协议，得到原始的数据，将数据写入隔离设备的存储介质。然后中断与内网的直接连接。

计算机通信网络安全

一旦数据完全写入隔离设备的存储介质，隔离设备立即中断与内网的连接。隔离设备将存储介质内的数据推向外网。外网收到数据后，立即进行 TCP/IP 的封装和应用协议的封装，并交给系统。

控制台收到信息处理完毕后，立即中断隔离设备与外网的连接，恢复到完全隔离状态，即图 5-22 所示的状态。每一次数据交换，隔离设备经历了数据的接收、存储和转发三个过程。

5.5.2 网络隔离安全性分析

网络隔离的最大特点在于只交换应用数据不会交换程序，安全性体现在以下几个方面。

1．高度的自身安全性

网络隔离产品要保证自身具有高度的安全性，至少在理论和实践上要比防火墙高一个安全级别。从技术实现上，关键在于把外网接口和内网接口从一套操作系统中分离出来。一套网络隔离系统至少要由两套主机系统组成，一套控制外网接口，另一套控制内网接口，然后在两套主机系统之间通过不可路由的协议进行数据交换。

2．确保网络之间的隔离

保证网间隔离的关键是网络包不可路由到对方网络，无论中间采用了什么转换方法，只要最终使得一方的网络包能够进入对方的网络中，都无法称之为隔离，即达不到隔离的效果。

3．确保网间交换的是应用数据

既然要达到网络隔离，就必须做到彻底防范基于网络协议的攻击，不能让网络层的攻击包到达要保护的网络中，所以就必须进行协议分析，完成应用层数据的提取，然后进行数据交换。

4．对网间的访问进行严格的控制和检查

作为一套适用于高安全度网络的安全设备，要确保每次数据交换都是可信的和可控制的，严格防止非法通道的出现，以确保信息数据的安全和访问的可审计性。可采用基于会话的认证技术和内容分析与控制引擎等技术来实现。

5．在坚持隔离的前提下保证网络畅通和应用透明

网络隔离产品要具有高速处理性能，不能成为网络交换的瓶颈；要有很好的稳定性，不能够出现时断时续的情况；要有很强的适应性，能够透明接入网络，并且透明支持多种应用。

习　　题

1．叙述以下术语的含义：

访问控制表、访问控制矩阵、向下读、向下写、防火墙、VPN、安全审计。

2．访问控制的目标是什么？

3．简述安全审计的作用。

4．简述防火墙根据防火墙的策略实现安全访问的过程。

5．举例说明 VPN 实现实现安全访问的过程。

6．举例说明网络隔离的优点与缺点。

7．如何选择安全的口令？

8．针对对口令的攻击方法，提出一份保护口令的合理化建议。

第 6 章 网络安全扫描

网络安全扫描就是要找出网络中可能的安全漏洞。本章介绍网络安全扫描的概念，常见的扫描技术及其原理、安全扫描器的设计与应用，还介绍了反扫描技术。

6.1 网络安全扫描概述

网络安全扫描，是对网络中可能存在的已知安全漏洞进行逐项检测，以便检测出工作站、服务器、交换机、数据库等各种对象的安全漏洞。

为什么会存在安全漏洞呢？从技术角度而言，安全漏洞的来源主要有以下几个方面：

（1）软件或协议设计时的瑕疵。协议定义了网络上计算机会话和通信的规则，如果在协议设计时存在瑕疵，或者设计时并没有考虑安全方面的需求。那么无论实现该协议的方法多么完美，它都存在漏洞。网络文件系统（Network File System，NFS）便是一个例子。NFS 提供的功能是在网络上共享文件，这个协议本身不包括认证机制，也就是说无法确定登录到服务器的用户确实是某一个用户，所以 NFS 经常成为攻击者的目标。另外，在软件设计之初，通常不会存在不安全的因素。然而当各种组件不断添加进来的时候，软件可能就不会像当初期望的那样工作，从而可能引入不可知的漏洞。

（2）软件或协议实现中的弱点。即使协议设计得很完美，实现协议的方式仍然可能引入漏洞。例如，和 E-mail 有关的某个协议的某种实现方式能够让攻击者通过与受害主机的邮件端口建立连接，达到欺骗受害主机执行意想不到任务的目的。如果入侵者在 "To:" 字段填写的不是正确的 E-mail 地址，而是一段特殊的数据，受害主机就有可能把用户和密码信息送给入侵者，或者使入侵者具有访问受保护文件和执行服务器上程序的权限。这样的漏洞使攻击者不需要访问主机的凭证就能够从远端攻击服务器。

（3）软件本身的瑕疵。这类漏洞又可以分为很多子类。例如，没有进行数据内容和大小检查，没有进行成功/失败检查，不能正常处理资源耗尽的情况，对运行环境没有做完整检查，不正确地使用系统调用，或者重用某个组件时没有考虑到它的应用条件。攻击者通过渗透这些漏洞，即使不具有特权账号，也可能获得额外的、未授权的访问。

（4）系统和网络的错误配置。这一类的漏洞并不是由协议或软件本身的问题造成的，而是由服务和软件的不正确部署和配置造成的。通常这些软件安装时都会有一个默认配置，如果管理员不更改这些配置，服务器仍然能够提供正常的服务，但是入侵者就能够利用这些配置对服务器造成威胁。例如，SQL Server 的默认安装就具有用户名为 sa、密码为空的管理员账号，这确实是一件十分危险的事情。另外，对 FTP 服务器的匿名账号也同样应该注意权限的管理。

计算机系统的漏洞本身不会对系统造成损坏。漏洞的存在，只是为入侵者侵入系统提供了可能。Internet 上已经有许多关于各种漏洞的描述和与此相关的数据库。例如，通用漏洞和曝光（CVE）、BugTraq 漏洞数据库、ICAT 漏洞数据库是比较权威的漏洞信息资源。

因此，安全扫描技术在保障网络安全方面起到越来越重要的作用。系统管理员利用安全扫描技术，借助安全扫描器，就可以发现网络和主机中可能会被黑客利用的薄弱点，从而想方设法对这些薄弱点进行修复以加强网络和主机的安全性。同时，黑客也可以利用安全扫描技术，目的是探查网络和主机系统的入侵点。

扫描技术的发展是随着网络的普及和黑客手段的逐步发展而发展起来的。早在 20 世纪 80 年代，出现了第一个扫描器——War Dialer，它采用几种已知的扫描技术实现了自动扫描，并且以统一的格式记录下扫描的结果。War Dialer 的出现将管理员和黑客从烦琐且易出错的手工操作中解放出来。

随着网络规模的逐渐扩大和计算机系统的日益复杂化，更多的系统漏洞和应用程序漏洞也不可避免地伴随而来，这促使了安全扫描技术的进一步发展。

1992 年，Chris Klaus 编写了一个扫描工具 ISS，它是在因特网上进行安全评估扫描最早的工具之一。1995 年 4 月，Dan Farmer 和 Wietse Venema 编写的 SATAN 是一个更加成熟的扫描引擎。在它们的带动下，各种安全扫描器层出不穷，其中 Nmap 就是其中的佼佼者之一。这些安全扫描器所采用的扫描技术越来越多，逐渐具有了综合性、有效性、隐蔽性等特点。

6.2　几类常见的扫描技术

到目前为止，安全扫描技术已经发展到很成熟的地步。安全扫描技术主要分为两类：基于主机和基于网络的安全扫描技术。按照扫描过程来分，扫描技术又可以分为四大类：Ping 扫描技术、端口扫描技术、操作系统探测扫描技术及已知漏洞的扫描技术。

安全扫描技术的基本特点：

（1）有效地检测网络和主机中存在的薄弱点。

（2）能够有效防止攻击者利用已知的漏洞实施入侵。

（3）无法防御攻击者利用脚本漏洞和未知漏洞实施入侵。

（4）误报率较低。

（5）对拒绝服务漏洞的测试自动化程度较低。

6.2.1　Ping 扫描技术

Ping 扫描（Ping Sweep），通常包括 ICMP 扫描、广播 ICMP、非回显 ICMP、TCP 扫描、UDP 扫描。其目的是通过发送不同类型的 ICMP 或者 TCP、UDP 请求，从多个方面检测目标主机是否存活。

1．ICMP 扫描

ICMP 是 IP 层的一个组成部分，用来传递差错报文和其他需要注意的信息。经常用到的

Ping 命令就是使用的 ICMP。ICMP 扫描利用了类型为 8 的 ICMP 报文，即 ICMP 回显请求。通常网络上收到 ICMP 回显请求的主机都会向请求者发送 ICMP 回显应答（类型为 0）报文。这样，如果发送者接收到来自目标的 ICMP 回显应答，就能知道目标目前处于存活状态，否则可以初步判断主机没有在线。使用这种方法轮询多个主机称为 ICMP 扫描。这是用来发现目标的最原始的方法。

可用于 ICMP 扫描的工具很多。用来对 TCP/IP 网络进行诊断的 Ping 命令经常用来进行 ICMP 扫描。Ping 命令通过向目标计算机发送一个数据包，让它将这个数据包返回，如果返回的数据包和发送的数据包一致，那就表明 Ping 命令成功了。通过这种方式对返回的数据进行分析，就能判断目标计算机是否在线，或者这个数据包从发送到返回需要多少时间。

Ping 命令的基本格式：ping hostname。Ping 命令可以带一些参数，常用的两个参数是"–n"和"–l"。

在 UNIX 环境中主要有 Ping 和 Fping 命令。传统的 Ping 命令在执行扫描时速度很慢，因为它在探测下一台潜在主机前要等待当前探测的系统给出响应或者超时。而 Fping 命令在扫描多个 IP 地址时，速度明显超过 Ping 的速度。与 Fping 一同使用的有一个称为 Gping 的工具，它为 Fping 生成扫描的 IP 地址列表。在 Windows 环境中可以使用出自 Rhino9 的 Pinger，Windows 下 Tracert 命令的作用是跟踪一个消息从一台计算机到另一台计算机所走的路径，它可以用来确定某个主机的位置。另外，NMAP 的 SP 选项也提供了 ICMP 扫描的能力。

ICMP 扫描虽然非常简单，但它并不十分可靠。因为目标可以阻止对 ICMP 回显请求做出应答，比如安装了防火墙。

2．广播 ICMP

与 ICMP 扫描一样，广播 ICMP 也是利用了 ICMP 回显请求和 ICMP 回显应答这两种报文。但是不同之处在于，广播 ICMP 只需要向目标网络的网络地址和/或广播地址发送一两个回显请求，就能够收到目标网络中所有存活主机的 ICMP 回显应答。因此这样比使用 ICMP 回显请求去轮询目标网络中的主机更加简便。然而这种技巧的一个限制使得它并不像看上去那么诱人。那就是只有 UNIX 系统的主机会对目标地址为网络地址或者广播地址的 ICMP 回显请求做出应答，而 Windows 系统的主机会将其忽略。

3．非回显 ICMP

如果目标主机阻塞了 ICMP 回显请求报文，仍然可以通过使用其他类型的 ICMP 报文探测目标主机是否存活。例如，类型为 13 的 ICMP 报文（时间戳请求）和类型为 17 的 ICMP 报文（地址掩码请求）。ICMP 时间戳请求允许系统向另一个系统查询当前的时间。ICMP 地址掩码请求用于无盘系统引导过程中获得自己的子网掩码。

对于 ICMP 地址掩码请求报文而言，虽然 RFC 1122 规定，除非是地址掩码的授权代理，否则一个系统不能发送地址掩码应答（为了成为授权代理，必须进行特殊配置）。但是大多数主机在收到请求时都会发送一个应答，甚至有些主机还会发送差错的应答。所以也可以使用类型为 17 的 ICMP 报文来探测主机是否存活。

4．TCP 扫描

传输控制协议（Transmission Control Protocol，TCP）为应用层提供一种面向连接的、可靠的字节流服务。它使用"三次握手"的方式建立连接。和 ICMP 报文一样，TCP 报文也封装在一个 IP 数据报中。根据 TCP 建立连接的过程，如果向目标发送一个 SYN 报文，则无论是收到一个 SYN/ACK 报文还是一个 RST 报文，都表明目标处于存活状态。这就是 TCP 扫描的基本原理。与此类似，也可以向目标发送一个 ACK 报文，按照 RFC 793 的规定，如果目标存活，则会收到一个 RST 报文。

TCP 扫描看起来比利用 ICMP 协议进行探测更加有效，事实也正是如此。但 TCP 扫描也不是百分之百可靠，因为有的防火墙能够伪造 RST 报文，从而造成防火墙后的某个主机存活的假象。

5．UDP 扫描

用户数据报协议（User Datagram Protocol，UDP）是一个面向数据报的传输层协议。UDP 协议的规则之一是如果接收到一份目的端口并没有处于侦听状态的数据报，则发送一个 ICMP 端口不可到达报文，否则不做任何响应。这样，如果向目标的特定端口发送一个 UDP 数据报之后，接收到 ICMP 端口不可到达的错误，则表明目标处于存活状态，否则表明目标不在线或者目标的相应 UDP 端口是打开的。由于 UDP 和 ICMP 错误都不保证能到达，因此在一个数据报看上去丢失的时候，还应该重新发送新的 UDP 数据报以确认目标没有发送错误消息。这种方法很不可靠，因为路由器和防火墙都有可能丢弃 UDP 数据报。

另外，逐一扫描 UDP 端口通常是很慢的，因为 RFC 1812 对路由器产生 ICMP 错误消息的速率做了规定（Windows 系统并没有遵守 RFC 的规定，因此对 Windows 系统例外）。例如，Linux 的内核（在 NET/IPv4/ICMP.h 中）限制产生目的不可到达消息的速率是每 4 s 80 次，如果超过上限则再增加 0.25 s 的延迟。Solaris 有着更严格的限制（大约 2 次/s 就会延迟），所以这要耗费相当长的时间。

UDP 扫描也有一个好处，就是它可以使用 IP 广播地址，如果向广播地址的高端端口发送一个 UDP 数据报，在没有防火墙过滤的情况下，将收到很多来自目标网络的 ICMP 端口不可到达的错误消息。当然，这也可能造成扫描者自己的 DoS。

6.2.2　端口扫描技术

端口扫描是要取得目标主机开放的端口和服务信息，从而为下一步的"漏洞检测"做准备。

端口扫描是基于 TCP/IP 通信过程中的应答信息的扫描技术。向目标主机的 TCP/IP 服务端口发送探测数据包，并记录目标主机的响应。通过分析响应来判断服务端口是打开还是关闭，就可以得知端口提供的服务或信息。从而发现目标主机可能存在的某些内在的弱点。常见的端口扫描技术有 TCP Connect 扫描、TCP SYN 扫描及秘密扫描。

1．TCP Connect 扫描

进行端口扫描最常用的方式就是尝试与远程主机的端口建立一次正常的 TCP 连接。若连接成功则表示目标端口开放。这种扫描技术称为"TCP Connect 扫描"，TCP Connect 扫描是 TCP 端口扫描的基础，也是最直接的端口扫描方法。它实现起来非常容易，只需要在软件编程中调用 Socket API 的 connect() 函数去连接目标主机的指定端口，完成一次完整的 TCP 三次握手连接建立过程，根据对方的反应，就可以简单地判断出目标端口是否开放。

扫描主机通过 TCP/IP 协议的三次握手与目标主机的指定端口建立一次完整的连接。连接由系统调用 connect() 开始。如果端口开放，则连接建立成功；否则，则返回–1，表示端口关闭。

TCP Connect 端口扫描服务端与客户端建立连接成功（目标端口开放）的过程：

（1）Client 端发送 SYN；

（2）Server 端返回 SYN/ACK，表明端口开放；

（3）Client 端返回 ACK，表明连接已建立；

（4）Client 端主动断开连接。

建立连接成功（目标端口开放）如图 6-1 所示。

TCP Connect 端口扫描服务端与客户端未建立连接成功（目标端口关闭）过程：

（1）Client 端发送 SYN；

（2）Server 端返回 RST/ACK，表明端口未开放。

未建立连接成功（目标端口关闭）如图 6-2 所示。

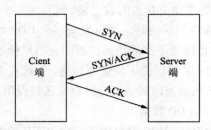

图 6-1　TCP connect 扫描建立连接成功

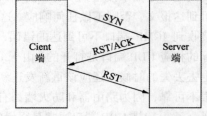

图 6-2　TCP connect 扫描建立连接未成功

　　这种扫描方法的优点是实现简单，对操作者的权限没有严格要求（有些类型的端口扫描需要操作者具有 root 权限），系统中的任何用户都有权力使用这个调用，而且如果想要得到从目标端口返回 banners 信息，也只能采用这一方法。另一优点是扫描速度快。如果对每个目标端口以线性的方式，使用单独的 connect() 调用，可以通过同时打开多个套接字，从而加速扫描。这种扫描方法的缺点是会在目标主机的日志记录中留下痕迹，易被发现，并且数据包会被过滤掉。目标主机的 logs 文件会显示一连串的连接和连接出错的服务信息，并且能很快地使它关闭。

　　2．TCP SYN 扫描

　　TCP 通信双方是使用三次握手来建立 TCP 连接。申请建立连接的客户端需要发送一个 SYN 数据报文给服务端，服务端会回复 ACK 数据报文。半开放扫描就是利用三次握手的弱点来实现的。扫描器向远程主机的端口发送一个请求连接的 SYN 数据报文，如果没有收到目标主机的 SYN/ACK 确认报文，而是 RST 数据报文，就说明远程主机的这个端口没有打开。而如果收到远程主机的 SYN/ACK 应答，则说明远程主机端口开放。扫描器在收到远程主机的 SYN/ACK 后，不会再回复自己的 ACK 应答，这样，三次握手并没有完成，正常的 TCP 连接无法建立，

　　因此这个扫描信息不会被记入系统日志。这种扫描技术一般不会在目标计算机上留下记录。

　　TCP SYN 扫描的优点是比 TCP Connect 扫描更隐蔽，Server 端可能不会留下日志记录。其缺点是在大部分操作系统下，扫描主机需要构造适用于这种扫描的 IP 包，而通常情况下，构造自己的 SYN 数据包必须要有 root 权限。

　　3．秘密扫描

　　秘密扫描是一种不被审计工具所检测的扫描技术。

　　它通常用于在通过普通的防火墙或路由器的筛选（Filtering）时隐藏自己。

　　秘密扫描能躲避 IDS、防火墙、包过滤器和日志审计，从而获取目标端口的开放或关闭

的信息。由于没有包含 TCP 三次握手协议的任何部分，所以无法被记录下来，比半连接扫描更为隐蔽。但是这种扫描的缺点是扫描结果的不可靠性会增加，而且扫描主机也需要自己构造 IP 包。现有的秘密扫描有 TCP FIN 扫描、TCP ACK 扫描、NULL 扫描、XMAS 扫描和 SYN/ACK 扫描等。

（1）TCP FIN 扫描。很多的过滤设备能过滤 SYN 数据报文，但是允许 FIN 数据报文通过。因为 FIN 是中断连接的数据报文，所以很多日志系统都不记录这样的数据报文。利用这一点的扫描就是 TCP FIN 扫描。TCP FIN 扫描的原理是扫描主机向目标主机发送 FIN 数据包来探听端口，若 FIN 数据包到达的是一个打开的端口，数据包则被简单地丢掉，并不返回任何信息。

当 FIN 数据包到达一个关闭的端口，TCP 会把它判断成是错误，数据包会被丢掉，并且返回一个 RST 数据包。

这种方法与系统的 TCP/IP 实现有一定的关系，并不能应用在所有的系统上，有的系统不管端口是否打开，都回复 RST，这样，这种扫描方法就不适用了。但这种方法可以用来区别操作系统是 UNIX 还是 Windows。

（2）TCP ACK 扫描。扫描主机向目标主机发送 ACK 数据包。根据返回的 RST 数据包有两种方法可以得到端口的信息。方法一是： 若返回的 RST 数据包的 TTL 值小于或等于 64，则端口开放，反之端口关闭。方法二是： 若返回的 RST 数据包的 WINDOW 值非零，则端口开放，反之端口关闭。

（3）NULL 扫描。扫描主机将 TCP 数据包中的 ACK（确认）、FIN（结束连接）、RST（重新设定连接）、SYN（连接同步化要求）、URG（紧急）、PSH(接收端将数据转由应用处理)标志位置空后（保留的 RES1 和 RES2 对扫描的结果没有任何影响）发送给目标主机。若目标端口开放，目标主机将不返回任何信息。

若目标主机返回 RST 信息，则表示端口关闭。

（4）XMAS 扫描。XMAS 扫描原理和 NULL 扫描的类似，将 TCP 数据包中的 ACK、FIN、RST、SYN、URG、PSH 标志位置 1 后发送给目标主机。在目标端口开放的情况下，目标主机将不返回任何信息。

若目标端口关闭，则目标主机将返回 RST 信息。

这里要说明的是，MS Windows、Cisco、BSDI、HP/UX、MVS 及 IRIX 等操作系统如果通过 TCP FIN、XMAS 和 NULL 扫描等方式进行扫描，对于打开的端口也会发送 RST 数据包，即使所有端口都关闭，也可以进行应答。根据制作 Nmap 的 Fyodor 的方案，使用 FIN、XMAS 或者 NULL 方式进行扫描的话，如果所有端口都关闭，那么就可以进行 TCP SYN 扫描。如果出现打开的端口，操作系统就会知道是属于 MS Windows、Cisco、BSDI、HP/UX、MVS 及 IRIX 中的哪个了。

（5）SYN/ACK 扫描。这种扫描故意忽略 TCP 的三次握手。原来正常的 TCP 连接可以简化为 SYN– SYN /ACK–ACK 形式的三次握手来进行。这里，扫描主机不向目标主机发送 SYN 数据包，而先发送 SYN/ACK 数据包。目标主机将报错，并判断为一次错误的连接。若目标端口开放，目标主机将返回 RST 信息。

若目标端口关闭，目标主机将不返回任何信息，数据包会被丢掉。

4．UDP 端口扫描

UDP 是无连接不可靠的协议，因此，UDP 端口扫描也是不可靠的。

（1）UDP ICMP 端口不可到达扫描。扫描主机发送 UDP 数据包给目标主机的 UDP 端口，等待目标端口的端口不可到达（ICMP_PORT_UNREACH）的 ICMP 信息。若超时也未能接收到端口不可到达的 ICMP 信息，则表明目标端口可能处于监听的状态。

若这个 ICMP 信息及时接收到，则表明目标端口处于关闭的状态。

这种扫描方法可以扫描非 TCP 端口，避免了 TCP 的入侵检测，但是由于是基于简单的 UDP 协议，扫描相对困难，速度很慢而且需要 root 权限。同时这种方法十分不可靠。

（2）UDP recvfrom() 和 write() 扫描。当非 root 用户不能直接读到端口不可到达错误时，Linux 能间接地在它们到达时通知用户。比如，对一个关闭的端口的第二个 write() 调用将失败。在非阻塞的 UDP 套接字上调用 recvfrom() 时，如果 ICMP 出错还没有到达时会返回 eagain（重试）。如果 ICMP 到达时，将返回 econnrefused（连接被拒绝），这样就能查看目标端口是否打开。

5. IP 头信息 dumb 扫描

dumb 主机与一般的主机相比，网络接收或发出通信量很少，是参与配合扫描的第三方主机。

首先扫描主机 A 向 dumb 主机 B 发送连续的 Ping 数据包，dumb 主机 B 接收到后，会返回包含有 ID 头的顺序数据包，每一顺序数据包的 ID 头的值会顺序增 1。扫描主机 A 为了测试出目标主机 C 任一端口（1～65 535）是开放还是关闭，就会使用 dumb 主机 B 的源地址向目标主机 C 的该端口发送欺骗性的 SYN 数据包。此时，目标主机 C 向 dumb 主机 B 发送的数据包有两种可能的结果：

（1）SYN/ACK。若目标主机 C 向 dumb 主机 B 响应的是 SYN/ACK，则表明目标端口处于监听（打开）状态，dumb 主机 B 将返回 RST 响应，连接自动被切断。

（2）RST/ACK。若目标主机 C 向 dumb 主机 B 响应的是 RST/ACK，则表明端口处于关闭状态，dumb 主机 B 会忽略发送的数据包而不作任何响应。

扫描主机从后面连续的响应 ping 数据包的 ID 头的值，可以判断目标端口的开放与否。若 ID 头的值不是递增 1，而是大于 1，则表明目标端口是处于监听（开放）状态的；若 ID 头的值规律的递增 1，则表明目标端口是关闭的。

6. IP 分段扫描

IP 分段扫描不能算是新方法，只是其他技术的变化。

扫描主机并不是直接发送 TCP 探测数据包，而是将数据包分成两个较小的 IP 段。这样就将一个 TCP 头分成好几个数据包，从而过滤器就很难探测到，扫描就可以在不被发现的情况下进行。但是需要注意的是，一些程序在处理这些小数据包时会有些麻烦，并且不同的操作系统在处理这个数据包的时候，通常会出现问题。

7. 慢速扫描

随着防火墙的广泛应用，普通的扫描很难穿过防火墙去扫描受防火墙保护的网络。即使扫描能穿过防火墙，扫描的行为仍然有可能会被防火墙记录下来。

如果扫描是对非连续性端口、源地址不一致、时间间隔很长且没有规律的扫描的话，这些扫描的记录就会淹没在其他众多杂乱的日志内容中。使用慢速扫描的目的也就是这样，骗过防火墙和入侵检测系统而收集信息。虽然扫描所用的时间较长，但这是一种比较难以被发现的扫描。

8．乱序扫描

乱序扫描也是一种常见的扫描技术，扫描器扫描的时候不是进行有序的扫描，扫描端口号的顺序是随机产生的，每次进行扫描的顺序都完全不一样，这种方式能有效地欺骗某些入侵检测系统而不会被发觉。

6.2.3　操作系统指纹扫描

操作系统指纹扫描的目的就是为了鉴别出目标主机所使用的操作系统类型，从而确定后续的攻击或防御方法，缩小尝试的范围。这是因为不同的操作系统有着不同的漏洞和薄弱点。

1．基本思路

操作系统指纹扫描有多种方法，例如根据 Telnet 服务器、FTP 服务器等与客户端通信时所传送过来的旗标（Banner）大致确定相应的操作系统。还可以根据系统开放的端口进行猜测等，这是早期的一些简单探测方法，称为使用系统服务旗标识别方法。栈指纹识别技术则是新出现的操作系统指纹识别技术，其识别的准确性、速度、效率等都非常高，不会因一些简单的系统标识的修改而出现判断错误。

栈指纹识别（Stack Finger Printing）是最早从技术的角度研究如何识别远程操作系统的。所谓栈指纹识别是指通过分析远程主机操作系统实现的协议堆栈对不同请求的响应来区分其系统。根据是否主动发送数据包可以将其分为两类：主动探测和被动探测。主动探测会向目标主机发送探测数据包；被动探测则是通过分析嗅探到的正常通信报文来判别远程操作系统，它不发送任何探测报文。下面介绍的 TCP/IP 栈指纹识别技术和 ICMP 栈指纹识别技术都属于主动探测。

TCP/IP 协议栈指纹是指操作系统的 TCP/IP 协议堆栈对不同请求在响应上的差异。

其后出现的是 ICMP 栈指纹识别技术，ICMP 栈指纹是指操作系统的 ICMP 协议堆栈对不同请求在响应上的差异。

随着防火墙和入侵检测技术的逐渐成熟，主动探测可以很容易被发现和阻断，在这种情况下被动探测技术很快就被提了出来。

当前几乎所有操作系统网络部分的实现都是基于同样的 TCP/IP 协议体系标准，那为什么远程操作系统可以被识别呢？究其原因，主要有以下几点。

（1）每个操作系统通常会使用它们自己的 IP 栈。

（2）TCP/IP 规范并不是被严格的执行，每个不同的实现都拥有它们自己的特性。

（3）规范可能被打乱，一些选择性的特性被使用，而其他的一些系统则可能没有使用。

（4）某些私自对 IP 协议的改进也可能被实现，这就成了某些操作系统的特性。

通过对不同操作系统的 TCP/IP 协议栈和 ICMP 协议栈存在的细微差异来判定操作系统类型和版本的技术，就类似于人们应用指纹来标明是否是同一个人。

2．TCP/IP 栈指纹扫描技术

最早将 TCP/IP 栈指纹扫描技术应用到网络探测上的是探测工具 Queso。此后 Fyodor 将这一技术集成到 Nmap 软件里面。

TCP/IP 栈指纹识别技术的理论依据是每一个操作系统的 TCP/IP 栈都有其特性。特别的是，每一个操作系统对各种各样畸形数据包的响应是不一样的。所以这些工具先要建立一个基于不同的操作系统对应不同的信息包的数据库，然后当需要判断远程主机操作系统时，发送多种探测的信息包，检测目标主机是怎样响应这些信息包的，再与数据库进行对比做出判断，找出其操作系统的类型和版本。

TCP/IP 协议栈的特性如下：

通常 TCP/IP 协议簇被划分为 4 层，称为 TCP/IP 模型，与 OSI 参考模型的对应关系及 TCP/IP 协议栈示意图如图 6-3 所示。

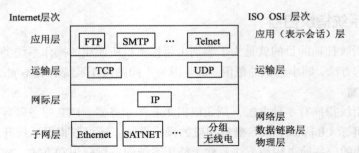

图 6-3　TCP/IP 模型与 OSI 参考模型的对应关系及 TCP/IP 协议栈示意图

传输控制协议（TCP）提供了可靠的报文流传输和对上层应用的连接服务，TCP 使用顺序的应答，能够按需重传报文。

IP 协议用于管理客户端和服务器端之间的报文传送。

构造探测远程操作系统用的数据包可以从以下几个方面入手。

① FIN 探测。FIN 是 TCP 协议头中的完成数据发送标志。根据 RFC 793 文档，向目标主机上一个打开的端口发送一个包含 FIN 标志的报文，正确的响应行为应该是无任何响应。但是，许多操作系统的 TCP/IP 协议栈实现上会返回一个 FIN/ACK 分组（例如 Windows 系列、Cisco、HP/UX、IRIX、MVS 等）。

② 假标记（BOGUS Flag）探测。在 SYN 数据包的 TCP 首部设置一个未定义的 TCP 标记，一些操作系统如低于 2.0.35 版本的 Linux 内核会在回应包中保持这个标记，而其他操作系统对此不作任何反应。还有一些操作系统在接收到一个 SYN+BOGUS 数据包时会复位连接，这样也可以区分出一部分操作系统。

③ TCP ISN 取样探测。这种探测方法的基本思想是找出 TCP 实现中当响应一个连接请求时所选择的初始化序列数的模式，如随机增量、真 "随机"、"时间相关" 模型。通过分析比较找出对应的模式，则操作系统也就一目了然了。

④ IP ID 取样探测。多数操作系统每发送一个数据包，就会给 IP 的 ID 值加 1。而其他的一些，例如 OpenBSD，使用随机的 IP ID；LINUX 系统当 "不分段" 位没有设置时多数情况下会使用 0 作为 IP ID；而 Windows 不按照网络字节的顺序设置 IP ID，因此它每发送一个数据包 IP ID 就增加 256。这些也可以用来区分操作系统。

⑤ TCP 时间戳探测。部分操作系统不支持这个参数，而另外一些操作系统按照 2 Hz、100 Hz 的频率增长这个值或者直接返回为 0。因此也可以依据这个值对操作系统进行划分。

⑥ DF（Do not Fragment，不分段）位探测。一些操作系统会设置 IP 数据报头中的 "Do not Fragment" 标志以改善性能，但是设置的值上却不尽相同。依据这一点就可以区分部分操作系统。

⑦ TCP 初始窗口探测。检查响应数据包内设置的初始窗口大小。某些操作系统在这里通常使用一些非常独特的值，这也是区分操作系统的一个重要方面。

⑧ ACK 值探测。操作系统在 ACK 域值的实现也有所不同。如果向打开的端口发送 SYN|FIN|URG|PSH 包，Windows 的返回值就会非常不确定，这也构成了区分操作系统的一项参考。

⑨ ICMP 错误信息抑制探测。一些操作系统遵循 RFC 1812 的建议限制各种错误信息的发送率。通过向某个随机选定的高端口发送一系列 UDP 数据包，统计出一个时间段内收到的 ICMP 不可达消息，与操作系统默认的值相比较，可以缩小判断的范围。

⑩ 分段控制探测。当数据分段发送的时候，不同操作系统经常以不同方式处理重叠片段。通过检查目标系统是如何重组数据包的，就可以对其类型做出假设。

此外，还有 TCP 选项探测。TCP 选项由 RFC 793 和 RFC 1323 定义。由于 TCP 选项是 "可选择" 实现的，因此就会出现有的操作系统实现了一部分功能，而另外的操作系统实现了别的一些功能，这就构成了实现上的差异。通过向目标主机发送带有可选项标记的数据包，检查返回包的相应值就可以区别大部分操作系统。

3．ICMP 栈指纹扫描技术

最早基于 ICMP 栈指纹识别技术的软件是 X-probe。ICMP 栈指纹探测是一种非常简单有效的探测方法。ICMP 探测也有弱点，就是很容易被防火墙封堵。

ICMP 栈指纹扫描技术和 TCP/IP 栈指纹扫描技术的基本原理是一致的，都是通过发送构造的探测数据包，然后根据返回数据包的内容进行分析判别，从而确定相对应的操作系统类型和版本。

（1）ICMP 协议

ICMP（Internet Control Message Protocol）协议用来传送差错报文和其他一些需要注意的信息报文，通常看作与 IP 同层，不过其数据是封装在 IP 数据包内传送的。ICMP 协议的正式规范见 RFC 792。

ICMP 协议在 IP 报文中的封装和报文格式如图 6-4 所示，包括报文类型、代码、校验和，以及数据项 4 部分。由类型和代码的不同组合代表报文传递的不同信息，具体参考图 6-5 中所列出的部分常用 ICMP 消息。相应的数据项的内容也存在很大的差异，详细内容可以参考相关 RFC 文档和一些介绍 ICMP 协议的资料。

IP首部 （20B）	ICMP报文			
IP首部 （20B）	类型 （8bit）	代码 （8bit）	校验和 （16bit）	数据项

图 6-4　ICMP 报文及其在 IP 数据报中的封装

ICMP 报文总的来说有两大类：查询报文和差错报文。之所以这样区分是因为差错报文需要一些特殊处理。当发送一份 ICMP 差错报文时，报文会引用导致这个差错报文的数据报的一些数据内容，从而与相应的协议和用户进程关联起来。

最常见的使用 ICMP 协议实现的软件是 Ping 和 Traceroute（Windows 下为 Tracert）。Ping 程序的目的是为了测试另一台主机是否可达，它发送一份 ICMP 回显请求报文给目标主机，并等待返回 ICMP 回显应答，可以查询目标主机是否可达，如果不可达，还会返回详细的不可达的信息。

Traceroute 程序用于收集从本机到目标主机在因特网上所经过的路径。traceroute 程序的设计是利用 ICMP 及 IP header 的 TTL 标记。

（2）ICMP 栈指纹

使用 ICMP 栈指纹的方法进行远程操作系统探测可以实现得非常隐蔽，主要是因为这种方法不需要发送畸形数据包，而发送的正常数据包每天在网上数以万计，这样的话，防火墙或入侵监测系统不会因为收到这样的数据包而被激活，从而不为目标主机所发觉。

ICMP 栈指纹识别技术的基本原理和 TCP/IP 栈指纹识别技术的原理基本类似，都是由于协议栈实现上的不同导致对响应数据包所包含信息的多少不一致，从而构成了识别操作系统的关键。

识别远程操作系统重点考虑的是 ICMP 差错报文，这是由于查询报文主要是向外发出的，而差错报文是远端主机反馈回来的数据包。常见的几种差错报文的数据报结构如图 6-5 所示。识别远程操作系统需要考虑以下几个方面。

① ICMP 报文的 IP 头；

② ICMP 报文；

③ ICMP 报文所引用的数据项。

这三方面已经将 ICMP 应答报文的各部分全都考虑在内了。封装在 IP 报文里面的 ICMP 数据包共有三部分：IP 头、ICMP 头和对应数据项。通常 ICMP 差错报文的数据项规定引用导致此差错报文的数据报的 IP 头和部分数据，但实际实现上在所难免的会存在差异，这也是 ICMP 栈指纹识别技术重点考虑的地方。

8位类型	8位代码	16位校验和
网关Internet地址（32位）		
Internet包头+源数据包前64位		

重定向

8位类型	8位代码	16位校验和
8位指针	未使用（24位）	
Internet包头+源数据包前64位		

参数问题

8位类型	8位代码	16位校验和
未使用（32位）		
Internet包头+源数据包前64位		

目标不可达：源端被关闭；超时

图 6-5　几种常见 ICMP 差错报文的格式

由图 6-4 可以知道 ICMP 报文事实上是封装在 IP 数据报里面发送的。IP 报文头部中，与 ICMP 报文的传送关系密切的有如下几个：

① 优先级子字段。在 IP 报文头部的 8 位服务类型（TOS）域中包含有 3 位的优先级子字段，如图 6-6 所示。

3位优先级	1位最小时延	1位最大吞吐量	1位最高可靠性	1位最小费用	1位保留（置0）

图 6-6　服务类型域结构

② 分段标志字段。一些 TCP/IP 堆栈会在 ICMP 差错报文中响应 DF 位，其他的（如 Linux）会复制引发此差错报文的对应字段，并将部分位清零。还有一些实现会忽略这个字段而设置其自身相关的值。

③ IP ID 字段。基于 Linux 2.4.0 – 2.4.4 内核的 Linux 机器会在 ICMP 查询请求和应答信息中设置 IP 标识为零值。这部分在 Linux 2.4.5 和以上版本中得到改正。

④ IP TTL 字段。TTL 值设置的实际目的就是设置一个数据包生存时间上限，以防止数据

包在因特网上永不终止地循环。

IP TTL 字段可以鉴别部分操作系统类型和版本，基于 TTL 的识别技术需要预先对 TTL 距离进行计算，然后经过比较才能进行辨别。

⑤ TOS 字段。RFC 1349 中定义了 ICMP 信息中服务类型字段的值，描述了在 ICMP 错误信息（目的不可达、源站抑制、重定向、超时和参数问题）、ICMP 请求信息（请求回显、路由请求、时间戳、信息请求、地址掩码请求）和 ICMP 应答信息（回显应答、路由通告、时间戳应答、信息应答、地址掩码应答）之间的区别。

针对 ICMP 协议的相关 RFC 文档包括 RFC 792、RFC 1122、RFC 1256、RFC 1340、RFC 1349、RFC 1812、RFC 2521 等系列，在这些文档中大部分是对以前版本的修正或改进，因此在支持新老版本的实现上各操作系统是不一致的，可以根据这些信息来区分系统。

① ICMP 错误信息引用。根据 RFC 792 的规定，ICMP 差错报文必须包括生成该差错报文的数据包的因特网包头和源数据包内容的前 64 位，但是在 RFC 1122 中建议源数据包可以包含到 4 608 位（576 字节）。

② ICMP 错误信息应答完整性。部分操作系统的协议栈实现会修改 ICMP 差错报文所引用的源数据包头和数据，这也造成了系统之间的差异，可以作为识别远程操作系统的一个方面。例如，AIX 和 BSDI 会修改 IP 头部的"总长"域；而其他一些如 FreeBSD、OpenBSD、ULTRIX、和 VAXen 会改变原始的 IP ID；有些操作系统会因为 TTL 改变而改变检查和，例如送回错误的或直接设置为 0 的校验和等。

③ ICMP 回显请求。ICMP 回显请求和应答的数据包格式如图 6-7 所示。通常当 ICMP 请求回显信息（类型 8）中 ICMP 代码段值不等于 0 时，基于 Microsoft 的操作系统会在返回 ICMP 回显应答数据包中设置 ICMP 代码段的值为 0，而其他一些操作系统和网络设备则会使用 ICMP 回显请求中相同的 ICMP 代码段值。

类型(0或8)	代码=0	16位校验和
标识符		序列号
选项数据		

图 6-7　回显请求和应答数据报文格式

④ 其他 ICMP 信息。针对 ICMP 时间戳请求报文、ICMP 信息请求报文、ICMP 地址掩码请求报文等一些特殊的报文，有些操作系统会做出响应，而有些则什么也不做。例如，ICMP 信息请求报文已经被废弃不用，但是一些早期版本的操作系统仍然会对这个请求做出响应。

ICMP 协议有一条规则：ICMP 差错报文必须包括产生该差错报文的数据报相关数据。通常会包括 IP 首部以及后面的 TCP 或者 UDP 首部里的端口号。这样的话，就可以将 ICMP 差错报文与对应的主机还有特定的程序进程关联起来。下面详细考虑这些被引用的信息。

① IP 总长度。IP 总长度是指整个 IP 数据报的长度，以字节为单位。一些操作系统会在原始 IP 总长度域上增加 20 字节。而另一些操作系统会在返回的数据包中在原始 IP 总长度域上减掉 20 个字节。还有一些操作系统会正常响应这个域的值。

② IP 标识。IP 标识域用来唯一地标识主机发送的每一份数据报。通常每发送一份报文它的值就会加 1。部分操作系统在发送 ICMP 差错报文时不能正常地引用这个域的值，例如修改这个域的某些位等。

③ IP 分段标志和分段偏移。IP 分段标志域用来标识是否对数据报进行了分段，长度是 3 位。第一位保留并设为 0；第二位为 0 表示报文被分段，为 1 表示不分段；第三位只有在第二位为 0 的情况下才有意义，其值为 0 表示此报文是分段的最后一个。8 位分段偏移指出分

段报文相对于整个报文开始处的偏移。和 IP 标识一样，部分操作系统不能正常地引用这个域，会修改某些位的值。

④ IP 首部校验和。IP 首部校验和是根据 IP 首部计算的校验和，不对首部后面的数据进行计算。操作系统发送 ICMP 差错报文时需要重新计算源数据报的 IP 首部校验和，但是其中一些操作系统会错误的计算这个域的值，而另一些会将这个域直接置 0，只有一部分操作系统能正确地响应这个域的值。

⑤ UDP 校验和。UDP 校验和覆盖 UDP 首部和 UDP 数据，这个域的值是可选的。同上面 IP 首部校验和问题一样，UDP 校验和也存在计算错误的问题。

（3）ICMP 栈指纹扫描实例分析

X-probe I 采用的识别方法是逻辑树法。这种方法采用常见的树结构，当接收到远端主机返回的 ICMP 数据包时，提取数据包的内容从树的根部开始匹配，然后一级一级向下推进，直至到达某一个叶子结点，这个结点则对应着某一类或者某一个操作系统。

X-probe I 通常只需要发送 4 个数据包就可以完全确定远程主机的操作系统类别和版本，因而识别效率高、准确性好。下面举例说明逻辑树的构成。

第 1 步：向远程主机的关闭端口发送 UDP 数据包，分析返回的 ICMP 端口不可达消息。这时会出现两种情况。

① 收到 ICMP 端口不可达消息。说明远程主机开启并且没有设置防火墙或防火墙允许返回 ICMP 差错报文。

② 没收到任何响应。说明远程主机安装有消息过滤的相关软件。

在发送 UDP 探测数据包时可以结合 5.3.2 节中提到的几种方法，如设置 UDP 探测数据包的 DF 位，让 UDP 数据包携带一定字节的数据等。当接收到 ICMP 端口不可达消息后，其判断逻辑树结构如图 6-8 和图 6-9 所示。

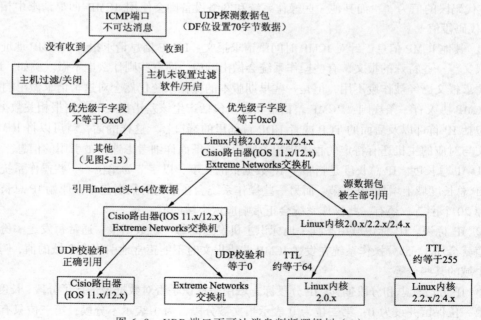

图 6-8　UDP 端口不可达消息判断逻辑树（1）

第 2 步：发送 ICMP 回显请求探测数据包，分析 ICMP 回显应答消息，细分"Linux 内核 2.2.x/2.4.x"结点，逻辑树如图 6-10 所示。

第 3 步：发送 ICMP 时间戳请求探测数据包；分析 ICMP 时间戳应答；区分"Sun Solaris 2.3-2.8、HPUX 11.x、MacOS 7.x-9.x"结点；参考图 6-11 确定操作系统。

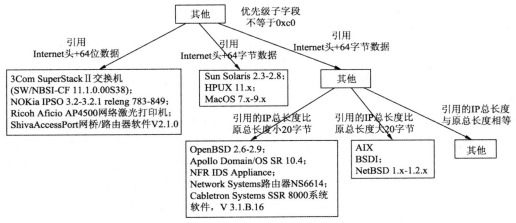

图 6-9　UDP 端口不可达消息判断逻辑树（2）

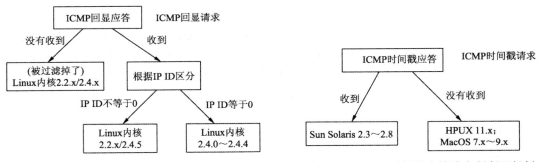

图 6-10　ICMP 回显应答消息判断逻辑树　　　图 6-11　ICMP 时间戳应答消息判断逻辑树

X-probe I 在目前的版本中最多只需要 4 次就能够确定一台远程主机的操作系统，可见其识别效率要比其他同类型软件高得多。

X-probe I 的最大缺点是这种探测方法很容易为防火墙或同类功能软件所阻挡，因此适用范围小。同时 X-probe I 将逻辑树集成在程序里面，因此当需要增加对新的操作系统的识别判断时就要对软件重新编写，可扩展性差。

4．作系统被动指纹扫描技术

被动指纹扫描技术不主动向目标主机发送探测数据包，而是通过被动监测网络通信，分析正常数据流中远程主机所发出的数据包的一些特殊字段，与指纹数据库相比较，最终确定系统类型和版本。

（1）实现原理

被动指纹识别所考虑的因素称为"特征"（Signature），指用于判别通信信息种类的样板数据。通常包括以下几个方面：

TTL——IP 首部中的生存时间字段（8 位）。决定了报文在网络中被丢弃前可以传送多久，每经过一跳（Hop）TTL 的值就会减 1，到达 0 时数据报文就会被丢弃。这个值通常由源端主机设定。

窗口大小——TCP 首部窗口大小字段（16 位），用于 TCP 的流量控制。这个字段的目的是告诉目标主机自己期望接收的每个 TCP 数据段的大小。

DF 位——IP 首部中的分段标志字段（3 位），用于标识报文是否允许被分段。这个字段的值也是由源端主机设定的。

TOS——IP 首部的服务类型字段（8 位），用于设定报文的优先权、最小时延、最大吞吐量、最高可靠性和最小费用，详细的值可以参考 RFC 1349。

除这四个特征之外，还有其他一些特征也可以用来识别远程系统。如初始化序列号（ISN）、IP 标识、TCP 选项、IP 选项或 ICMP 数据项等。

依据上面所提到的这几方面特征对操作系统建立对应的特征数据库，当通过网络监听收集到足够多的特征值时，远程主机的操作系统就可以完全确定了。表 5-2 是一个特征库的实例。

被动指纹扫描技术通常用于入侵检测系统（IDS）和 Honeynet 系统中，用于识别远程的恶意攻击或扫描者是基于什么样的系统平台来实施破坏活动的，从而做到有针对性的防御。被动指纹扫描技术与主动指纹扫描技术相比探测的速度比较缓慢，但是探测的精确性、隐蔽性和渗透能力要好很多。

被动指纹扫描有一些主动扫描无法相比的优势。被动指纹扫描技术也有其受限的地方，修改一些系统默认的 TCP/IP 参数就能够将识别软件蒙骗过去。

被动指纹扫描技术也可与传统的一些应用层操作系统识别方法相结合使用，如读取 FTP/Telnet 的旗标以及收集 HTTP 的请求回应标识方法等。大部分的 HTTP 服务器在对客户端的回应里面都会包含其系统类型和版本，这些信息在系统识别方面特别有用。

（2）被动指纹扫描实例分析

以 p0f 为例举例说明如何编程实现被动指纹扫描。

p0f 是利用 SYN 数据包实现操作系统被动检测技术的，基于被动指纹扫描技术的特殊性，其识别过程几乎无法被检测到。而且 p0f 是专门的系统识别工具，其指纹数据库非常详尽，更新也比较快。相比较而言，其识别的准确率比 Nmap 要高些。p0f 特别适合于安装在网关中。

p0f 指纹数据库中一条记录的格式为："wwww：ttt：mmm：D：W：S：N：I：操作系统描述"，其中各个参数的含义如下。

wwww：窗口大小。

ttt：TTL，生存期。

mmm：最大段长度（Maximum Segment Size，MSS）。

D：DF 位。

W：窗口扩大选项（Window Scaling），其中-1 表示没有使用，其他值则为对应的值。

S：选择性应答选项，0 表示未设置，1 表示设置。

N：nop 标记，0 表示未设置，1 表示设置。

I：报文的大小，-1 表示未知大小。

举例如下：

8760：255：1460：1：0：0：0：44：Solaris 2.6 or 2.7（1）

8192：128：1460：1：0：0：0：44：Windows NT 4.0（1）

8192：128：1460：1：0：1：1：48：Windows 9x（1）

2144：64：536：1：0：1：1：60：Windows 9x（4）

16384：128：1460：1：0：1：1：48：Windows 2000（1）

数据报文中还会有许多参数可以用来作为识别远程操作系统的"特征"，要利用这些特征还依赖于大量的相关信息的收集，所以在被动指纹扫描方面还有大量的工作需要继续研究。

5．其他方法

远程主机操作系统的类型和版本是入侵或安全检测过程中需要收集的重要信息，是分析漏洞和各种安全隐患的基础。只有确定了远程主机的操作系统类型、版本，才能对其安全状况做进一步评估。

识别远程主机操作系统的目的是为了发现其系统漏洞（一个入侵者关注的漏洞大致包括3个方面：网络传输和协议的漏洞、系统的漏洞和管理的漏洞），找出系统的脆弱点。其识别方法包括简单探测方法和栈指纹识别技术。简单探测方法主要是利用一些软件或服务在连接过程中泄露出来的相关信息来猜测远程主机的系统类型，具有很大的盲目性。

栈指纹识别技术主要是利用各个操作系统对协议栈实现上的不同，通过与远程主机通信取得相关的指纹，经过比较从而确定远程系统的类型和版本。由于协议栈属于操作系统的底层实现，普通网管或用户很难对其进行修改，因此识别准确性高。相关技术包括 TCP/IP 栈指纹扫描技术、ICMP 栈指纹扫描技术和被动指纹扫描技术等。

除了上面详细地介绍的几种方法，未提及的一些诸如通过 whois、ns lookup、DNS、搜索引擎等进行查询或检索的方法都是一些简单软件或简单方法的运用。

6.3　安全扫描器

当前情况下，每天都会出现许多新的漏洞，仅靠手工方式来扫描漏洞的存在是不现实的，因此需要采取自动检测漏洞的方式，这也就促使了安全扫描器的产生和应用。针对这种情况，有必要对安全扫描器做系统的介绍和分析，使读者对设计一个安全扫描器的关键问题和考虑点有个较好的理解。

6.3.1　安全扫描器概述

1．全扫描器的概念

所谓安全扫描器，是一种通过收集系统的信息来自动检测远程或本地主机安全性脆弱点的程序。通过安全检测，可以发现有可能会被黑客利用的漏洞情况，并且能够为发现的漏洞提供修补建议或措施。一般情况下，安全扫描器主要是要解决以下问题。

（1）发现一个主机或者网络；

（2）发现网络或者主机运行的服务；

（3）发现服务存在的漏洞，并提供漏洞的解决方案建议，从而为制定安全规则提供依据。

安全扫描器最有代表性的有由 Fyodor 制作的端口扫描工具 Nmap、免费软件漏洞扫描器 Nessus。

2．安全扫描器的分类

根据不同的标准，安全扫描器主要可以分为两类。

（1）主机型安全扫描器和网络型安全扫描器

这种分类方法是基于扫描器的整体结构和采用的扫描检测方法的不同为出发点的。

（2）端口安全扫描器和漏洞安全扫描器

这种分类方法是基于扫描器检测对象的性质不同作为出发点的。

端口安全扫描器：检测目标主机的任意 TCP/UDP 端口，来查看目标主机提供了哪些服务。

漏洞安全扫描器：自动检测目标主机和网络设备的安全漏洞。

3．安全扫描器的功能

（1）信息收集

信息收集是安全扫描器的主要作用，也是安全扫描器的价值所在。信息收集包括：

① 远程操作系统识别；

② 网络结构分析；

③ 端口开放情况；

④ 其他敏感信息搜集。

（2）漏洞检测

漏洞检测是漏洞安全扫描器的核心功能，目的是对主机上存在的漏洞进行检测并将检测结果形成报告。

① 已知安全漏洞的检测；

② 错误的配置检测；

③ 弱口令检测。

一个优秀的安全扫描器可以帮助网络管理员或者一般用户轻松发现自身的漏洞并及时补救，并把分析结果以统一的格式、容易参考和分析的方式输出给用户。因此安全扫描器已经成为安全管理工具的重要成员。

6.3.2　安全扫描器的原理与逻辑结构

1．安全扫描器的原理

不同的扫描器功能和结构差别比较大，但是其核心原理是相同的。

当前比较普遍的安全扫描器的分类是主机型安全扫描器和网络型安全扫描器两种。

（1）主机型安全扫描器

主机型安全扫描器的体系结构如图 6-12 所示。工作原理如图 6-13 所示。

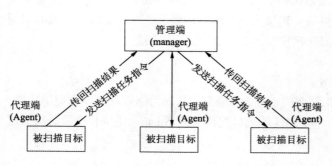

图 6-12　主机型安全扫描器体系结构

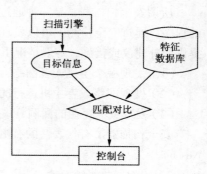

图 6-13　安全扫描器工作原理

（2）网络型安全扫描器

① 体系结构如图 6-14 所示。

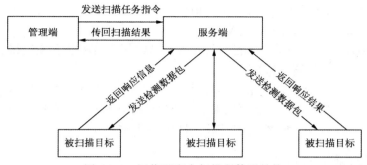

图 6-14　网络型安全扫描器体系结构

② 工作原理。利用 TCP/IP、UDP 以及 ICMP 协议的原理和缺点，扫描引擎首先向远端目标发送特殊的数据包，记录返回的响应信息，然后与已知漏洞的特征库进行比较，如果能够匹配，则说明存在相应的开放端口或者漏洞。此外，还可以通过模拟黑客的进攻手法，对目标主机系统发送攻击性的数据包，如进行测试弱口令等。

2．安全扫描器的逻辑结构

不管是主机型还是网络型安全扫描器，其核心逻辑结构都可以分为 5 个主要组成部分。如图 6-15 所示，它们分别是：

（1）策略分析部分；

（2）获取检测工具部分；

（3）获取数据部分；

（4）事实分析部分；

（5）报告分析部分。

3．安全扫描器的相关技术

（1）基于主机的安全扫描技术

一般情况下，主机型扫描技术是以系统管理员的权限为基础的，采用被动的，非破坏性的办法对系统进行检测。通常它涉及系统的内核、文件的属性、操作系统的补丁、口令的解密以及漏洞情况等问题。

为实现对系统信息和漏洞情况的检测，主机型安全扫描器主要采用以下这几类方法：

① 利用注册表信息。这一方法对于 Windows 系统尤为重要。

② 系统配置文件的检测。对于像 Linux 这样的操作系统，其系统信息一般可以通过检查系统配置文件来获取。

③ 漏洞特征匹配方法。可以用 root 身份按照需要检测的范围对系统内的系统属性、系统配置以及应用软件可能存在的缺陷等进行扫描，然后与漏洞特征库进行比较，如与之匹配则

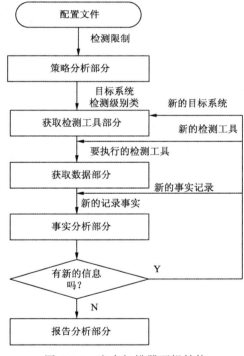

图 6-15　安全扫描器逻辑结构

说明相应的漏洞存在。

（2）基于网络的安全扫描技术

① 网络技术。由于基于网络的安全扫描技术是要通过网络途径向目标主机进行检测的，因此与网络特征和网络协议等密切相关。

② 端口扫描技术和操作系统特征分析技术。端口扫描技术和操作系统特征分析技术是基于网络的安全扫描技术的核心和关键。

③ 漏洞特征匹配技术。基于网络的漏洞特征匹配技术与基于主机的漏洞特征匹配技术有着很大的不同，其实现难度比后者更加困难。通过分析目标返回的数据包的响应信息，然后与漏洞特征库进行比较，如与之匹配者则说明相应的漏洞存在。

6.3.3 安全扫描器的应用

典型的安全扫描器 Nmap（Network Mapper）是由 Fyodor 制作的端口扫描工具，除了提供基本的 TCP 和 UDP 端口扫描功能外，还综合集成了众多扫描技术。此外，Nmap 还有一个卓越的功能，那就是采用一种称为"TCP 栈指纹鉴别"的技术来探测目标主机的操作系统类型。

Nmap 是在免费软件基金会的 GNU General Public License（GPL）下发布的，目前的最新版本是 V4.68。以下是 Windows 下 Nmap 提供的一些基本使用方法：

```
Nmap 4.68 ( http://nmap.org )
Usage: nmap [Scan Type(s)] [Options] {target specification}
TARGET SPECIFICATION:
  Can pass hostnames, IP addresses, networks, etc.
  Ex: scanme.nmap.org, microsoft.com/24, 192.168.0.1; 10.0.0-255.1-254
  -iL <inputfilename>: Input from list of hosts/networks
  -iR <num hosts>: Choose random targets
  --exclude <host1[,host2][,host3],...>: Exclude hosts/networks
  --excludefile <exclude_file>: Exclude list from file
HOST DISCOVERY:
  -sL: List Scan - simply list targets to scan
  -sP: Ping Scan - go no further than determining if host is online
  -PN: Treat all hosts as online -- skip host discovery
  -PS/PA/PU [portlist]: TCP SYN/ACK or UDP discovery to given ports
  -PE/PP/PM: ICMP echo, timestamp, and netmask request discovery probes
  -PO [protocol list]: IP Protocol Ping
  -n/-R: Never do DNS resolution/Always resolve [default: sometimes]
  --dns-servers <serv1[,serv2],...>: Specify custom DNS servers
  --system-dns: Use OS's DNS resolver
SCAN TECHNIQUES:
  -sS/sT/sA/sW/sM: TCP SYN/Connect()/ACK/Window/Maimon scans
  -sU: UDP Scan
  -sN/sF/sX: TCP Null, FIN, and Xmas scans
  --scanflags <flags>: Customize TCP scan flags
  -sI <zombie host[:probeport]>: Idle scan
  -sO: IP protocol scan
  -b <FTP relay host>: FTP bounce scan
  --traceroute: Trace hop path to each host
  --reason: Display the reason a port is in a particular state
```

```
PORT SPECIFICATION AND SCAN ORDER:
  -p <port ranges>: Only scan specified ports
    Ex: -p22; -p1-65535; -p U:53,111,137,T:21-25,80,139,8080
  -F: Fast mode - Scan fewer ports than the default scan
  -r: Scan ports consecutively - don't randomize
  --top-ports <number>: Scan <number> most common ports
  --port-ratio <ratio>: Scan ports more common than <ratio>
SERVICE/VERSION DETECTION:
  -sV: Probe open ports to determine service/version info
  --version-intensity <level>: Set from 0 (light) to 9 (try all probes)
  --version-light: Limit to most likely probes (intensity 2)
  --version-all: Try every single probe (intensity 9)
  --version-trace: Show detailed version scan activity (for debugging)
SCRIPT SCAN:
  -sC: equivalent to --script=default
  --script=<Lua scripts>: <Lua scripts> is a comma separated list of
           directories, script-files or script-categories
  --script-args=<n1=v1,[n2=v2,...]>: provide arguments to scripts
  --script-trace: Show all data sent and received
  --script-updatedb: Update the script database.
OS DETECTION:
  -O: Enable OS detection
  --osscan-limit: Limit OS detection to promising targets
  --osscan-guess: Guess OS more aggressively
TIMING AND PERFORMANCE:
  Options which take <time> are in milliseconds, unless you append 's'
  (seconds), 'm' (minutes), or 'h' (hours) to the value (e.g. 30m).
  -T[0-5]: Set timing template (higher is faster)
  --min-hostgroup/max-hostgroup <size>: Parallel host scan group sizes
  --min-parallelism/max-parallelism <time>: Probe parallelization
  --min-rtt-timeout/max-rtt-timeout/initial-rtt-timeout <time>: Specifies
      probe round trip time.
  --max-retries <tries>: Caps number of port scan probe retransmissions.
  --host-timeout <time>: Give up on target after this long
  --scan-delay/--max-scan-delay <time>: Adjust delay between probes
  --min-rate <number>: Send packets no slower than <number> per second
FIREWALL/IDS EVASION AND SPOOFING:
  -f; --mtu <val>: fragment packets (optionally w/given MTU)
  -D <decoy1,decoy2[,ME],...>: Cloak a scan with decoys
  -S <IP_Address>: Spoof source address
  -e <iface>: Use specified interface
  -g/--source-port <portnum>: Use given port number
  --data-length <num>: Append random data to sent packets
  --ip-options <options>: Send packets with specified ip options
  --ttl <val>: Set IP time-to-live field
  --spoof-mac <mac address/prefix/vendor name>: Spoof your MAC address
  --badsum: Send packets with a bogus TCP/UDP checksum
OUTPUT:
  -oN/-oX/-oS/-oG <file>: Output scan in normal, XML, s|<rIpt kIddi3,
      and Grepable format, respectively, to the given filename.
```

```
    -oA <basename>: Output in the three major formats at once
    -v: Increase verbosity level (use twice or more for greater effect)
    -d[level]: Set or increase debugging level (Up to 9 is meaningful)
    --open: Only show open (or possibly open) ports
    --packet-trace: Show all packets sent and received
    --iflist: Print host interfaces and routes (for debugging)
    --log-errors: Log errors/warnings to the normal-format output file
    --append-output: Append to rather than clobber specified output files
    --resume <filename>: Resume an aborted scan
    --stylesheet <path/URL>: XSL stylesheet to transform XML output to HTML
    --webxml: Reference stylesheet from Nmap.Org for more portable XML
    --no-stylesheet: Prevent associating of XSL stylesheet w/XML output
MISC:
    -6: Enable IPv6 scanning
    -A: Enables OS detection and Version detection, Script scanning and
Traceroute
    --datadir <dirname>: Specify custom Nmap data file location
    --send-eth/--send-ip: Send using raw ethernet frames or IP packets
    --privileged: Assume that the user is fully privileged
    --unprivileged: Assume the user lacks raw socket privileges
    -V: Print version number
    -h: Print this help summary page.
EXAMPLES:
    nmap -v -A scanme.nmap.org
    nmap -v -sP 192.168.0.0/16 10.0.0.0/8
    nmap -v -iR 10000 -PN -p 80
SEE THE MAN PAGE FOR MANY MORE OPTIONS, DESCRIPTIONS, AND EXAMPLES
```

下面是使用 Nmap 进行扫描的两个例子。

使用–sS 选项对目标系统进行 TCP SYN 扫描，这需要最高用户权限。对 192.168.1.11 进行 SYN 扫描的命令格式为

```
nmap -sS 192.168.1.11
```

使用–sP 选项进行 ping 扫描，默认情况下，Nmap 给每个扫描到的主机发送一个 ICMP echo 包和一个 TCP ACK 包，主机对这两种包的任何一种产生的响应都会被 Nmap 得到。Nmap 也提供扫描整个网络的简易手段。对 192.168.1.11 至 192.168.1.16 进行 ping 扫描的命令格式为

```
nmap -sP 192.168.1.11/16
```

如果想把结果保存到一个以 Tab 键作为分隔符的文件中，以便稍后编程分析它，那就使用–oM 选项。由于这种扫描有可能收到大量结果信息，因此使用任何一种格式把结果保存起来而不是输出到屏幕是个合理的想法。某些情况也可以组合–oN 和–oM 选项，把结果输出并以两种格式同时保存。

使用–sT 选项指定进行 TCP connect 端口扫描，如果不指定端口号，默认情况下 Nmap 会扫描 1~1024 和 nmap-services 文件(在 Nmap 下载包中)中列出的服务端口号。例如用命令：

```
nmap -sT 192. 168. 0. 1 -p 21-150
```

可以对主机进行 TCP Connect 扫描，扫描端口为 TCP 21~150 端口，最终结果显示，哪些端口是开放的。

Nmap 也可以用于进行 UDP 端口扫描，只需要指定–sU 选项，或者还可以指定扫描的目标端口，扫描时可以用命令：

```
nmap -sU 192. 168. 0. 1 -p 21-150
```

可以使用–PT 选项指定进行 TCP Ping 扫描目标端口号，一般来说，如果向目标主机某个端口发送 ACK 包，该主机如果是激活的，无论其端口是否开放，都会返回一个 RST 响应包，这样，就可以判断对方是否激活。如果不指定–PT 选项，只使用–sP 选项，默认 Nmap 会向目标主机 80 端口发送 ACK 包。此外，可以使用–PS 选项进行 TCP Ping 扫描，这里，Nmap 发送的不是 ACK 包，而是 SYN 包，如果目标主机是激活的，会返回 RST 包(目标端口是关闭的)或 SYN/ACK 包(目标端口开放)，–PS 后面是指定端口，如–PS80。–PI 选项指定进行纯粹的 ICMP Echo 扫描，而不像–sP 选项那样，除了进行 ICMP echo 扫描外，还要使用 TCP ping 进行扫描。–PB 选项则是–PI 和–PT 的综合，其后可以指定目标端口。

假设某个单位使用一个简单的分组过滤设备作为主防火墙，可以使用 Nmap 的–f 选项把分组划分成片段。该选项实质上把 TCP 首部分割到若干个分组中，从而有可能给访问控制设备或 IDS 系统增加检测扫描的难度。大多数情况下，现代的分组过滤设备和基于应用程序的防火墙会在决定是否放行 IP 片段前排队重组它们（分片的逆过程）。不过较老的访问控制设备或要求达到最高性能级别的设备可能不重组片段就放行它们了。

至此，执行过的扫描可能已被目标站点轻易地检测到了，这得取决于目标网络和主机的先进程度。Nmap 提供了额外的欺骗能力，使用–D 选项给目标站点灌输多余的信息。隐含在该选项背后的基本前提是，在发起真实扫描的同时发起欺骗性扫描。

这是通过源地址假冒真实的服务器，并把这些虚假的扫描与真实的扫描混杂在一起来完成的。目标系统除对真实的端口扫描做出相应检测外，对虚假扫描也不例外。另外，目标系统为了确定哪些扫描是真实的，哪些又是虚假的，必然会增添试图追踪所有扫描的负担。需要记住的是，虚假地址必须是活动的，否则这样的扫描可能导致 SYN 分组淹没目标系统，造成拒绝服务的后果。

Nmap 可以进行目标主机操作系统类型的探测，这需要使用–O 选项。另外，可以使用–P0 选项来指定不进行 Ping 扫描。–v 选项可以指定输出详细结果。例如可以应用命令：

```
nmap  -sT -p 20-140 -o -po 192.168.1.1
```

6.4 反扫描技术概述

黑客常常利用扫描技术进行信息的收集，因此，网络管理员或者个人用户为了阻止非正常的扫描操作并防止网络攻击，增加系统安全性，就有必要研究反扫描技术。

1. 反扫描技术的原理

扫描技术一般可以分为主动扫描和被动扫描两种，它们的共同点在于在其执行的过程中都需要与受害主机互通正常或非正常的数据报文，其中主动扫描是主动向受害主机发送各种探测数据包，根据其回应判断扫描的结果。因此防范主动扫描可以从以下几个方面入手。

（1）减少开放端口，做好系统防护；

（2）实时监测扫描，及时做出警告；

（3）伪装知名端口，进行信息欺骗。

被动扫描由其性质决定，主动的一方与受害主机建立的通常是正常连接，发送的数据包也属于正常范畴，而且被动扫描不会向受害主机发送大规模的探测数据，因此其防范方法到目前为止只能采用信息欺骗这一种方法。

2．反扫描技术的组成

基于以上考虑，在反扫描技术领域中常用到的几种网络安全技术分别是防火墙技术、入侵检测技术、审计技术和访问控制技术。

上面提到的这几种技术都具有很强的理论性，还有一些反扫描的方法如修改系统旗标（Banner）、信息欺骗等，其理论性和技术性都不是很高，易于实现而且操作方便。

（1）防火墙技术。防火墙技术是一种允许内部网接入外部网络，但同时又能识别和抵抗非授权访问的网络技术，是网络控制技术中的一种。防火墙的目的是要在内部、外部两个网络之间建立一个安全控制点，所有从因特网流入或流向因特网的信息都经过防火墙，并检查这些信息，通过允许、拒绝或重新定向经过防火墙的数据流，防止不希望的、未经授权的通信进出被保护的内部网络，实现对进、出内部网络的服务和访问的审计和控制。它是实现网络安全策略的一个重要组成部分。纵观防火墙的发展过程，其核心技术经历了包过滤、应用代理和状态检测三个阶段。

（2）入侵检测技术。入侵检测是指发现未经授权非法使用计算机系统的个体或合法访问系统但滥用其权限的个体。其目的是从计算机系统和网络的不同关键点采集信息，然后分析这些信息以寻找入侵的迹象，针对外部攻击、内部攻击和误操作给系统提供安全保护。入侵检测系统按其实现方式可以分为基于主机的入侵检测系统、基于网络的入侵检测系统和分布式入侵检测系统；按照信息的处理机制又可以分为分布式和集中式；按照其入侵检测模型的分类可以分为异常检测、滥用检测和复合检测。

（3）审计技术。审计技术是使用信息系统自动记录下网络中机器的使用时间、敏感操作和违纪操作等，为系统进行事故原因查询、定位、事故发生后的实时处理提供详细可靠的依据或支持。它是发现攻击、修补漏洞的主要手段。一个安全系统中的审计系统是对系统中任一或所有的安全事件进行记录、分析和再现的处理系统。它的主要目的就是检测和阻止非法用户对计算机系统的入侵，并记录合法用户地误操作。

（4）访问控制技术。访问控制是指对主体访问客体的权限或能力的限制，包括限制进入物理区域（出入控制）和限制使用计算机系统资源（存取控制），其目的是保证网络资源不被非法使用和非法访问。访问控制模型从 20 世纪 70 年代开始至今已经经过了数代的更新，其中著名的有自主访问控制模型（DAC）、强制访问控制模型（MAC）、基于角色的访问控制模型（RBAC）和最新的基于任务的访问控制模型（TBAC）。

6.5　扫描技术的应用

扫描技术的多样化促进了安全扫描器的发展，基于各种扫描技术的安全扫描器在信息安全系统中得到大量应用。如何根据需要选择合适的扫描技术？如何把这些扫描技术应用于网络安全领域中？为了回答这些问题，需要进行系统的总结。本节将从扫描技术、扫描技术应用的效果、应用方法、应用步骤及应用原则等方面进行阐述。

6.5.1 扫描技术应用概述

1．扫描技术概述

一般情况下，搜集一个网络或者系统的信息，是一个比较综合的过程。可以从下面几点进行：

（1）找到网络地址范围和关键的目标机器 IP 地址。

（2）找到开放端口和入口点。

（3）找到系统的制造商和版本。

（4）找到某些已知的漏洞。

因此，基于上面扫描过程的不同方面，按照扫描过程来分，扫描技术基本可以分为四大部分：

（1）Ping 扫描技术；

（2）端口扫描技术；

（3）操作系统探测扫描技术；

（4）已知漏洞的扫描技术。

在这四大扫描技术中，端口扫描技术无疑成为最关键和最重要的部分，通过端口扫描，可以做到：

① 识别目标系统上正在运行的 TCP 和 UDP 服务；

② 可能识别目标系统的操作系统类型（Windows 9x, Windows NT 或 UNIX 等）；

③ 可能识别某个应用程序或某个特定服务的版本号。

因此端口扫描技术就显得格外引人关注，也正是这个原因，端口扫描技术发展得最为完善和丰富。在某些特殊情况下，需要对端口扫描过程进行隐蔽，使得目标主机很难察觉被扫描，这就促使了端口扫描隐蔽技术的发展。

端口扫描技术中实现隐蔽性的主要技术有：包特征的随机选择、慢速扫描、分片扫描、源 IP 欺骗、FTP 跳转扫描以及分布式（合作）扫描。

包特征的随机选择： 在正常的通信中，某主机收到的数据包一般是杂乱无章的，所以为了将扫描行为伪装成正常通信，黑客就会将这些包特征随机化。

慢速扫描：谨慎的黑客会用很慢的速度来扫描对方主机。

分片扫描：所有的存在有效载荷的 IP 数据包都可以进行分片。在 IP 头部有分片设置位，对方操作系统查看该标志位，并据此进行包的重组。

源 IP 欺骗：黑客为了使自己电脑的真实 IP 不被发现，在进行端口扫描时，伪造大量含有虚假 IP 地址的数据包同时发给扫描目标。

FTP 跳转扫描：这种方式的隐蔽性很不错，在某些条件下也可以突破防火墙。

分布式扫描：又称为合作扫描。即一组黑客共同对一台目标主机或某个网络进行扫描，他们之间就可以进行扫描分工。

2．扫描技术的应用效果

不同的人使用扫描技术的目的和方法都不尽相同。

（1）网络管理员的应用

网络管理员应用扫描技术，可以弥补防火墙的某些缺陷；检测网络中关键结点存在的对外服务、错误的配置以及可能会被黑客利用的漏洞；协助对网络或主机进行安全性评估。通过关闭不必要的服务、修补已经发现的漏洞等措施来加强安全。

（2）攻击者的应用

攻击者可以利用的脆弱点如下：

① 网络传输和协议的漏洞；

② 系统漏洞；

③ 管理的漏洞。

在这些脆弱点的信息获取方法中，比较实用的就是利用扫描技术，采用现有的扫描工具，对目标网络进行有针对性的扫描。扫描的最终结果将有助于帮助攻击者决定能否对目标网络或主机进行攻击，有助于他们更快、更方便地进行攻击操作。

在网络入侵中，几乎所有攻击行为的前奏都是针对目标主机的安全扫描，入侵者通过扫描发现目标系统的漏洞，然后采取针对性的攻击手段。

6.5.2　扫描技术应用分类

安全扫描器是一个对扫描技术进行软件化、自动化实现的工具。扫描技术的应用也就主要体现在对安全扫描器的使用方面。

1．安全扫描器应用分类

根据安全扫描器的功能特点，大致分为端口扫描、操作系统类型探测、针对特定应用和服务的漏洞扫描以及综合性网络安全扫描等四大类。

（1）端口扫描

① 图形界面类型。这些端口扫描工具比较多，如 SuperScan 就是一款非常优秀的端口扫描工具，它具有速度快、可靠性高、多线程等优点，SuperScan 具有以下功能：

通过 Ping 命令来检验 IP 是否在线；

IP 和域名相互转换；

检验目标计算机提供的服务类别；

检验一定范围内目标计算机是否在线以及端口开放情况；

工具自定义列表检验目标计算机是否在线和端口情况；

自定义要检验的端口，并可以保存为端口列表文件；

软件自带一个木马端口列表 trojans.lst，通过这个列表可以检测目标计算机是否有木马，同时也可以自己定义修改这个木马端口列表。

但是需要强调的是，它会很容易留下扫描痕迹，隐蔽性较差，许多 IDS 都是针对 SuperScan 的特征进行记录的。

② 命令行方式类型。这类专门的端口扫描工具比较少，例如 scanline，它是 Windows 平台命令行端口扫描工具 Fscan 的改进版本。Fscan 的使用方法与 scanline 类似。

③ 经典的多功能类型。所谓多功能，是指其端口扫描的技术和方法比较多，另外还可能采用其他高级扫描技术。比较典型的代表作就是 Nmap 端口扫描工具，它除了提供基本的 TCP 和 UDP 端口扫描功能外，还综合集成了众多的扫描技术。

（2）操作系统类型探测

① 主动探测。Nmap 可以探测目标主机的操作系统类型，它利用的是一项称为 TCP Stack

Finger Printing 的技术，即 TCP 栈指纹探测技术。

通常称利用这种技术的过程为主动探测操作系统。它是利用不同操作系统下 TCP/IP 协议栈在具体实现时存在细微差别这一特点来实现的。典型采用这种技术的工具有 Queso 和 Nmap。

除了 TCP 栈指纹探测技术外，还有比较新的操作系统探测技术，即 ICMP 栈指纹探测技术。采用这种技术的工具有 X-probe、hping 等。

② 被动探测。被动探测（Passive OS Finger Printing）技术是基于对远程主机通信的嗅探，通过抓取从远程主机发送过来的信息包，然后进一步分析判断目标的操作系统类型。采用这种技术的操作系统探测工具有 p0f、siphon、passfing 等。

（3）针对特定应用和服务的漏洞扫描

对于某些特定的应用和服务，可能需要对潜在的漏洞更加深入地进行检测。这种情况促使了针对特定应用和服务的漏洞扫描的发展和应用。

① Web 服务器的漏洞扫描。Web 漏洞扫描工具其中大部分内容是专门针对 Web 服务器上的各类 CGI 程序的。

这种安全扫描器与一般的安全扫描器的实现原理基本相同。

比较有代表性，并且优秀的这类安全扫描工具有 twwwscan/arirang、webscanner 和 whisker 扫描器等。

② 数据库漏洞扫描。当前比较优秀的针对数据库进行漏洞扫描的工具有 ISS 公司的 Database scanner 和俄罗斯的 shadow DataBase scanner。

ISS DataBase scanner 是世界上第一个针对数据库管理系统风险评估的检测工具。

它的扫描实现是通过模拟数据库客户从远程登录到数据库服务端进行的。

该数据库安全扫描器的检测内容涉及数据库认证、授权、系统完整性、脆弱口令，甚至后门木马等。

该数据库安全扫描器检测对象都是数据库系统。可以产生通俗的报告，对违反和不遵循策略的配置提出修改建议。

③ 防火墙漏洞扫描。由于防火墙自身系统的配置要求比较严格，因此依靠一般安全扫描器来检测防火墙漏洞是远远不够的，从而引入了防火墙漏洞扫描软件。对防火墙漏洞的扫描主要是针对防火墙的过滤规则，当前比较好的防火墙漏洞扫描工具有 hping2 数据包生成器和 firewalk 等。

firewalk 有 gtk 图形界面，有专门的配置面板，允许配置 TCP 或 UDP 报文的初始端口以及其他参数，以类似 traceroute 的方式来检测目标系统。

firewalk 通过发送 IP TTL 值比到达目标网关的跳数（hop）大 1 的 TCP 或 UDP 数据包来实现目标检测。

（4）综合性网络安全扫描

这种安全扫描器不但具备端口扫描的功能、操作系统类型识别的功能，还具备常用操作系统、应用服务以及网络设备等的安全漏洞扫描功能。下面简单介绍此类经典的工具 Nessus 和 X-Scan。

① Nessus。Nessus 是一种典型的综合性安全扫描器，它是由法国黑客 Renaud Derasion 编写的。其特点如下：

是一个免费软件；

功能强大、操作方便；

具有即时和离线扫描的功能；

通过模拟真实的攻击来测试系统漏洞，并为找到的漏洞提供解决方法；

使用 C/S 架构，由 Server 端进行探测，回报给 Client 端检视报告；

引进了一种可扩展的插件模型，可以随意添加扫描模块。

下面简单介绍 Nessus 的使用方法。

对于 Server 端（UNIX 操作系统类型），首先安装 Nessus；然后执行 nessus-adduser 建立使用者账号和密码；接着执行 nessus-update-plugins，获取最新的插件；最后执行 nessusd –D，启动 Nessus 服务器端。

对于 Client 端（UNIX 或者 Windows 32 位操作系统），只需要下载并安装即可。

然后就可以进行扫描。在扫描过程中，首先配置客户端（Windows 32 位操作系统），使之连接到服务器端；然后定义扫描目标，接着设置扫描选项，选择需要检查的漏洞；设置完毕，发送扫描开始命令到服务器端；最后接收扫描出来的漏洞信息，并最终生成报告。

② X–Scan 扫描器。X–Scan 是 Windows 平台上的一个很不错的国产图形界面的安全漏洞扫描工具。

X–Scan 采用多线程方式对指定 IP 地址段(或单机)进行安全漏洞扫描，支持插件功能，提供了图形界面和命令行两种操作方式。

其扫描内容比较多，包括：标准端口状态及端口 Banner 信息、远程操作系统类型及版本、CGI 漏洞、RPC 漏洞、SQL–Server 默认账户、FTP 弱口令、NT 主机共享信息、用户信息、组信息、NT 主机弱口令用户等。对于一些已知漏洞，给出了相应的漏洞描述和修补解决方案。

用户扫描前需要设置扫描参数（包括扫描目标 IP、线程数、端口、所选用的 HTTP 请求方法、CGI 相关设置等）。当设置完成后，即可执行扫描命令。

2．扫描结果分析与处理

应用扫描技术的最终目的是为了从扫描结果中获取有用的信息。因此，通过对扫描结果的分析和处理，可以获取扫描出来的开放端口、漏洞信息等情况。

作为一个比较全面的安全扫描器，它所生成的扫描结果应该包含以下几部分：

（1）综述

（2）漏洞归类

（3）漏洞风险级别

（4）开放端口以及其对应的服务名称

（5）漏洞特点以及其修补方法

当获得一个扫描结果（包括上面几点）时，按照如下步骤进行扫描结果的处理：

① 首先根据本单位、企业和公司的特点和要求，分析哪些方面是最有威胁性的。

② 根据前面的分析结果，关闭多余的服务、重新检查错误的配置结点和漏洞情况。

③ 在上一步的基础上，重新对网络和主机进行安全配置，并对已经发现的具有较高威胁性的漏洞进行修补。这一步是安全扫描的目的。

④ 对完善后的网络和系统进行再次扫描，分析扫描结果，判断改进过后的系统是否满足当前的安全要求，如果还没达到，则需要进一步的完善。

3．安全扫描器的选择

购买安全扫描器之前首先需要确定自己的需求。所有这些需求都会对欲选择的扫描器类型产生极大的影响。

在选择安全扫描器时一般需要注意以下因素：

（1）漏洞检测的完整性。

（2）漏洞检测的精确性。

（3）漏洞检测的范围。

（4）及时更新。

（5）报告功能。

（6）许可和定价问题。

4．应用举例

下面以一个大企业应用安全扫描技术的实例来说明如何根据实际情况选择合适的安全扫描器。

此应用方案采用了一个独立的子网作为专用的安全扫描系统，如图6-16所示。

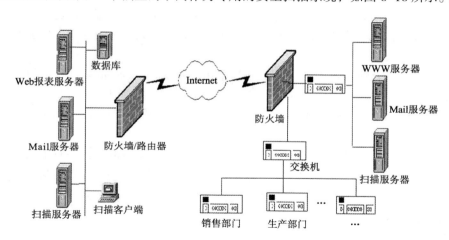

图 6-16　安全扫描器的一个应用实例

图6-16的设计思想是分散扫描各子网的安全状况（各子网采用内部扫描的方式）、统一管理各子网安全扫描策略以及集中管理扫描结果。实现中，在每个子网内安置一个扫描服务端，而所有子网共用一个扫描客户端。由于扫描服务端需要与扫描目标之间频繁地交互数据，所以通信量很大，如果采用所有子网共用一个扫描服务端的做法将浪费宝贵的子网之间的带宽资源，并且增加了网络受攻击的可能性。

图中左边部分定义为扫描专用子网，主要是由扫描服务端、Web 报表服务器、Mail 服务器、数据库、扫描客户端以及防火墙等组成。

（1）扫描服务端：根据扫描客户端的控制要求对本子网进行安全扫描。

（2）Web 报表服务器：为公司内所有员工提供查看自身安全状况的功能，为网络管理员提供子网安全情况查阅的功能，方便使用，并以报表方式呈现给员工和管理员。

（3）Mail 服务器：一方面，可以接收扫描服务端以邮件方式发送的扫描结果；另一方面，也能按照一定的时间周期主动地给所有员工和网络管理员以 E-mail 方式发送扫描结果。

（4）数据库：便于对扫描结果进行集中处理，有利于管理和访问。

（5）扫描客户端：控制整个公司安全扫描的执行。按照一定的扫描周期以及扫描策略，给各子网的扫描服务端发送扫描命令，同时，能根据网络使用情况调节扫描过程。

（6）防火墙：保护本子网。

本方案的安全扫描过程如下：

① 公司管理员制定整个网络的安全扫描周期表和安全扫描策略。

② 根据公司网络状况，管理员设置扫描客户端，并向各子网的扫描服务端发送扫描操作命令。

③ 各子网的扫描服务端接收到扫描命令后，执行对本子网内相关结点（包括 Web 服务器、Mail 服务器、个人主机、数据库、防火墙以及扫描服务端本身等）的安全扫描操作。

④ 各子网扫描服务端执行完此次的安全扫描操作后，将扫描结果以邮件方式发送到扫描专用子网中的 Mail 服务器。

⑤ Mail 服务器接收到邮件后经过一定的处理后，将处理后的扫描结果保存到数据库。

⑥ 任何需要了解自身安全漏洞情况的个人或网络管理员，通过一定的认证机制，都可以从扫描专用子网的 Web 报表服务器中获取相应的信息；同时，Mail 服务器也会根据一定的策略安排，把扫描结果发送给公司成员和网络管理员，从而能周期性的提醒用户了解各自主机和网络的安全状况。

如果需要扫描网络整体安全状况时，可以采用 Nessus 和 X-Scan 等综合性的网络安全扫描器。如果要对服务器、数据库及防火墙等进行详细的漏洞扫描时，则需要专门的安全扫描器，例如针对 Web 漏洞扫描的 Twwwscan、针对数据库的 ISS DataBase Scanner 以及针对防火墙的 Firewalk 等。

在此应用方案中，根据需要添加了其他功能。例如采用 E-mail 方式来收集和分发扫描结果，利用数据库来统一管理扫描结果等。这些都需要在现有的安全扫描器的基础上进行某些改进和增强。

6.5.3　扫描技术的应用原则

（1）因地制宜的原则。

（2）全面性原则。

（3）非破坏性原则。

（4）周期性原则。

在制定扫描周期表时需要遵循以下几点要求：

① 与系统（主机或者网络）配置修改挂钩，当配置修改完毕就应该执行漏洞扫描。

② 与漏洞库及漏洞扫描器软件升级挂钩，当升级完毕就应该执行漏洞扫描。

③ 与漏洞修补工作挂钩，当修补工作完毕就应该执行漏洞扫描。

④ 对于规模较大的网站，扫描周期以一周为宜。

（5）修补原则

① 对于系统管理员错误配置，及时参考有关手册，得出正确的配置方案并对其进行更正。

② 对于操作系统和应用软件自身的缺陷，应该向开发商寻求升级版本或有关补丁。

③ 对于黑客行为，弄清楚其留下的木马或后门的原理和位置，并及时清除。

（6）实时性原则

① 对于商业软件，可从开发商手中获取升级信息。

② 系统管理员直接从诸如 www.cert.org 等安全网站下载漏洞信息，自己进行升级。

③ 系统管理员根据自己的工作经验特别是与黑客较量中获得的经验教训，自己编制漏洞库进行升级。

总之，在应用扫描技术时，必须根据自己的需要选择合适的技术和安全扫描工具。运用扫描技术从而了解检测目标主机或者网络的对外开放端口、对外服务名称、操作系统类型、错误配置及已知漏洞。遵循上述原则，可以更好地使用扫描技术。

习　题

1. 描述以下术语的含义：

安全漏洞、ping 扫描、ICMP 扫描、TCP 扫描。

2. 目前，网络中存在哪几类安全漏洞？

3. 为什么通过网络安全扫描能检测出工作站、服务器、交换机、数据库等各种对象的安全漏洞？

4. 目前网络中可能存在的安全漏洞都能检查出来吗？

5. TCP 扫描与 TCP SYN 扫描有什么区别？

6. 简述反扫描技术的原理。

第 7 章 网络入侵检测

网络入侵检测是为了找出网络中不安全的操作。本章介绍网络中常见的不安全操作，包括黑客攻击、病毒感染等，入侵检测的原理、方法，入侵检测系统的设计方法，检测出入侵后的响应方法，以及计算机取证和密网技术。

7.1 网络入侵问题分析

自有计算机网络以来，网络的安全问题就成为网络使用者不得不面对的问题，而 Internet 的普及和新技术的层出不穷又给网络攻击者以更多的便利。

要保证网络本身的安全，就需要人们从网络内部和外部两方面加以防范。相对而言，内部的安全问题可以预测，并据此制定相应的防范措施，防止来自企业内部的非法访问和恶意破坏；而来自网络外部的攻击则难以预测，因为技术的发展使网络攻击也变得更加容易，任何一种新的攻击手段都可能使黑客们手痒难抑，忍不住一试身手。再者，Internet 的开放性以及其他方面的因素导致了网络环境下的计算机系统存在很多安全问题。为了解决这些安全问题，各种安全机制、策略和工具被研究和应用。然而，即使在使用了现有的安全工具和机制的情况下，网络的安全仍然存在很大隐患，这些安全隐患主要归结为以下几点：

（1）每一种安全机制都有一定的应用范围和应用环境。防火墙是一种有效的安全工具，它可以隐蔽内部网络结构，限制外部网络到内部网络的访问。但是对于内部网络之间的访问，防火墙往往是无能为力的。因此，对于内部网络之间的入侵行为和内外勾结的入侵行为，防火墙是很难发觉和防范的。

（2）安全工具的使用受到人为因素的影响。一个安全工具能不能实现期望的效果，在很大程度上取决于使用者，包括系统管理者和普通用户，不正当的设置就会产生不安全因素。例如，UNIX 等操作系统在进行合理的设置后可以达到 C2 级的安全性，但很少有人能够对 UNIX 本身的安全策略进行合理的设置。虽然在这方面，可以通过静态扫描工具来检测系统是否进行了合理的设置，但是这些扫描工具基本上也只是基于一种默认的系统安全策略进行比较，针对具体的应用环境和专门的应用需求就很难判断设置的正确性。

（3）系统的后门是传统安全工具难以考虑到的地方。防火墙很难考虑到这类安全问题，多数情况下，这类入侵行为可以堂而皇之地经过防火墙而很难被察觉。比如说，众所周知的

ASP 源码问题，这个问题在 IIS 服务器 4.0 以前一直存在，它是 IIS 服务器的设计者留下的一个后门，任何人都可以使用浏览器从网络上方便地调出 ASP 程序的源码，从而可以收集系统信息，进而对系统进行攻击。对于这类入侵行为，防火墙是无法发觉的，因为对于防火墙来说，该入侵行为的访问过程和正常的 Web 访问是相似的，唯一区别是入侵访问在请求链接中多加了一个后缀。

（4）只要有程序，就可能存在 Bug，甚至连安全工具本身也可能存在安全漏洞。几乎每天都有新的 Bug 被发现和公布出来，程序设计者在修改已知的 Bug 的同时又可能使它产生了新的 Bug。系统的 Bug 经常被黑客利用，而且这种攻击通常不会产生日志，几乎无据可查。比如说现在很多程序都存在内存溢出的 Bug，现有的安全工具对于利用这些 Bug 的攻击几乎无法防范。

（5）黑客的攻击手段在不断地更新，几乎每天都有不同系统安全问题出现。然而安全工具的更新速度太慢，绝大多数情况需要人为参与才能发现以前未知的安全问题，这就使得它们对新出现的安全问题总是反应太慢。当安全工具刚发现并努力更正某方面的安全问题时，其他的安全问题又出现了。因此，黑客总是可以使用先进的、安全工具不知道的手段进行攻击。

对于以上提到的问题，改进防火墙等更强大的主动策略和方案可以增强网络的安全性，然而另一个更为有效的解决途径就是入侵检测。在入侵检测之前，大量的安全机制都是从主观的角度设计的，它们没有根据网络攻击的具体行为来决定安全对策，因此，它们对入侵行为的反应非常迟钝，很难发现未知的攻击行为，不能根据网络行为的变化来及时地调整系统的安全策略。而入侵检测正是根据网络攻击行为而进行设计的，它不仅能够发现已知入侵行为，而且有能力发现未知的入侵行为，并可以通过学习和分析入侵手段，及时地调整系统策略以加强系统的安全性。

7.2 病毒入侵与防治技术

7.2.1 恶意代码

代码是指计算机程序代码，可以被执行完成特定功能。任何事物都有正反两面，人类发明的所有工具既可造福也可作孽，这完全取决于使用工具的人。计算机程序也不例外，在善良的软件工程师编写了大量的有用软件（操作系统、应用系统、数据库系统等）的同时，黑客却在编写着扰乱社会和他人，甚至起着破坏作用的计算机程序，这就是恶意代码。

恶意代码可以按照两种分类标准，从两个角度进行直交分类。一种分类标准是，恶意代码是否需要宿主，即特定的应用程序、工具程序或系统程序。需要宿主的恶意代码具有依附性，不能脱离宿主而独立运行；不需宿主的恶意代码具有独立性，可不依赖宿主而独立运行。另一种分类标准是，恶意代码是否能够自我复制。不能自我复制的恶意代码是不感染的；能够自我复制的恶意代码是可感染的。

由此，可以得出以下四大类恶意代码：

不感染的依附性恶意代码；

不感染的独立性恶意代码；

可感染的依附性恶意代码；

可感染的独立性恶意代码。

1．不感染的依附性恶意代码

（1）特洛伊木马

关于特洛伊木马（Trojan Horse）有一个典故。大约在公元前 12 世纪，因为特洛伊王子劫持了斯巴达国王梅尼拉斯的妻子海伦，希腊向特洛伊城宣战。战争持续了 10 年，特洛伊城非常坚固，希腊军队无法攻入。后来，希腊军队撤退，在特洛伊城外留下了很多巨大的木马。特洛伊城的军民以为这是希腊军队留给他们的礼物，就将这些木马运进城内。没想到木马中隐藏着希腊最好的战士，到了夜晚，这些希腊士兵在奥迪塞斯的带领下打开特洛伊城的城门，于是希腊军队夺下了特洛伊城。据说"小心希腊人的礼物"这一谚语也是出于这个典故。

在计算机领域，特洛伊木马是一段吸引人而不为人警惕的程序，但它们可以执行某些秘密任务。大多数安全专家统一认可的定义是："特洛伊木马是一段能实现有用的或必需的功能的程序，但是同时还完成一些不为人知的功能，这些额外的功能往往是有害的。"

这个定义中有三点需要进一步解释：

第一，"有用的或必需的功能的程序"只是诱饵，就像典故里的特洛伊木马，表面看上去很美但实际上暗藏危机。

第二，"为人不知的功能"定义了其欺骗性，是危机所在之处，为几乎所有的特洛伊木马所必备的特点。

第三，"往往是有害的"定义了其恶意性，恶意企图包括：

① 试图访问未授权资源（如盗取口令、个人隐私或企业机密）；

② 试图阻止正常访问（如拒绝服务攻击）；

③ 试图更改或破坏数据和系统（如删除文件、创建后门等）。

特洛伊木马一般没有自我复制的机制，所以不会自动复制自身。电子新闻组和电子邮件是特洛伊木马的主要传播途径。特洛伊木马的欺骗性是其得以传播的根本原因。特洛伊木马经常伪装成游戏软件、搞笑程序、屏保、非法软件等，上载到电子新闻组或通过电子邮件直接传播，很容易被不知情的用户接收和继续传播。

1997 年 4 月，一伙人开发出一个名叫 AOL4FREE.COM 的特洛伊木马，声称可以免费访问 AOL，但它能损坏执行它的机器硬盘。

（2）逻辑炸弹

逻辑炸弹（Logic bomb）是一段具有破坏性的代码，事先预置于较大的程序中，等待某扳机事件发生触发其破坏行为。扳机事件可以是特殊日期，也可以是指定事件。逻辑炸弹往往被那些有怨恨的职员利用，他们希望在离开公司后，通过启动逻辑炸弹来损伤公司利益。一旦逻辑炸弹被触发，就会造成数据或文件的改变或删除、计算机死机等破坏性事件。

一个著名的例子是美国马里兰州某县的图书馆系统，开发该系统的承包商在系统中插入了一个逻辑炸弹，如果承包商在规定日期得不到全部酬金，它将在该日期使整个系统瘫痪。当图书馆因系统响应时间过长准备扣留最后酬金时，承包商指出了逻辑炸弹的存在，并威胁如果酬金不到位的话就会让它爆炸。

（3）后门或陷门

后门（Backdoor）或陷门（Trap door）是进入系统或程序的一个秘密入口，它能够通过识别某种特定的输入序列或特定账户，使访问者绕过访问的安全检查，直接获得访问权利，并且通常高于普通用户的特权。多年来，程序员为了调试和测试程序一直合法地使用后门，但当程序员或他所在的公司另有企图时，后门就变成了一种威胁。

2．不感染的独立性恶意代码

（1）点滴器

点滴器（Dropper）是为传送和安装其他恶意代码而设计的程序，它本身不具有直接的感染性和破坏性。点滴器专门对抗反病毒检测，使用了加密手段，以阻止反病毒程序发现它们。当特定事件出现时，它便启动，将自身包含的恶意代码释放出来。

（2）繁殖器

繁殖器（Generator）是为制造恶意代码而设计的程序，通过这个程序，只要简单地从菜单中选择你想要的功能，就可以制造恶意代码，不需要任何程序设计能力。事实上，它只是把某些已经设计好的恶意代码模块按照使用者的选择组合起来而已，没有任何创造新恶意代码的能力。因此，检测由繁殖器产生的任何病毒都比较容易，只要通过搜索一个字符串，每种组合都可以被发现。繁殖器的典型例子是 VCL（Virus Creation Laboratory）。

（3）恶作剧

恶作剧（Hoax）是为欺骗使用者而设计的程序，它侮辱使用者或让其做出不明智的举动。恶作剧通过"心理破坏"达到"现实破坏"。例如，UltraCool 声称"如果不按退出按钮的话，一个低水平的硬盘格式化会在 27 s 内完成"，然而如果一直用鼠标按住退出按钮的话，直到计时到 0 时，便会出现一个"只是玩笑"的信息。这只是愚弄而已，严重的问题是有些恶作剧会让受骗者相信他的数据正在丢失或系统已经损坏需要重新安装，惊慌失措的受骗者可能会做出不明智的操作，如设法恢复丢失的数据或阻止数据再次丢失，或进行系统重新安装而致使数据丢失甚至无法进入系统，从而导致真正的破坏。

3．可感染的依附性恶意代码

计算机病毒（Viru）是一段附着在其他程序上的可以进行自我繁殖的代码。由此可见，计算机病毒是既有依附性，又有感染性。

由于绝大多数恶意代码都或多或少地具有计算机病毒的特征，因此在下一节中专门论述计算机病毒，这里不多做解释。

4．可感染的独立性恶意代码

（1）蠕虫

计算机蠕虫（Worm）是一种通过计算机网络能够自我复制和扩散的程序。蠕虫与病毒的区别在于"附着"。蠕虫不需要宿主，不会与其他特定程序混合。因此，与病毒感染特定目标程序不同，蠕虫感染的是系统环境（如操作系统或邮件系统）。

蠕虫利用一些网络工具复制和传播自身，其中包括：

① 电子邮件蠕虫会把自身的副本邮寄到其他系统中；

② 远程执行蠕虫能够执行在其他系统中的副本；

③ 远程登录蠕虫能够像用户一样登录到远程系统中，然后使用系统命令将其自身从一个系统复制到另一个系统中。

上述方式的递归过程，即新感染系统采取同样的方式进行复制和传播，使得蠕虫传播非常迅速。蠕虫可以大量地消耗计算机时间和网络通信带宽，导致整个计算机系统及其网络的崩溃，成为拒绝服务攻击的工具。

CareyNachenberg 建议对蠕虫进行如下分类。

根据传播方式可分为：

① 电子邮件蠕虫（E-mail Worm）通过电子邮件传播；

② 任意协议蠕虫（Arbitrary Protocol Worm）通过电子邮件以外的其他网络协议传播。

根据启动方式可分为：

① 自动启动蠕虫（Self-Launching Worm）不需要与受害者交互而自动执行，如 MorrisWorm；

② 用户启动蠕虫（User-Launched Worm）必须由使用者来执行，因此需要一定的伪装，如 CHRISTMAEXEC；

③ 混合启动蠕虫（Hybrid-LaunchWorm）包含上述两种启动方式。

（2）细菌

计算机细菌（Germ）是一种在计算机系统中不断复制自己的程序。一个典型的细菌是在多任务系统中生成它的两个副本，然后同时执行这两个副本，这一过程递归循环，迅速以指数形式膨胀，最终会占用全部的处理器时间和内存或磁盘空间，从而导致计算资源耗尽无法为用户提供服务。细菌通常发生在多用户系统和网络环境中，目的就是占用所有的资源。

上述分类是为了从概念上把握恶意代码的主要特征，便于理解和研究。随着恶意代码的不断进化，实际中的许多恶意代码同时具有多种特征，这样可以具有更大的威胁性。最典型的是蠕虫病毒，它是蠕虫和病毒的混合体，同时具有蠕虫和病毒的特征。

7.2.2　计算机病毒

严格地从概念上讲，计算机病毒是恶意代码的一种，即可感染的依附性恶意代码，这是纯粹意义上的计算机病毒概念。实际上，目前发现的恶意代码几乎都是混合型的计算机病毒，即除了具有纯粹意义上的病毒特征外，还带有其他类型恶意代码的特征。

蠕虫病毒就是最典型和最常见的恶意代码，它是蠕虫和病毒的混合体。加之"病毒"一词非常形象且很具感染力，因此，媒体、杂志，包括很多专业文章和书籍都喜欢用"计算机病毒"来指学术上的恶意代码。在这个意义上讲，"计算机病毒"一词就不仅限于纯粹的计算机病毒，而是指混合型的计算机病毒。

本节在概念论述上给出纯粹意义上的计算机病毒的定义，在技术说明上则涉及范围更广的混合型计算机病毒。

1．计算机病毒的概念

"计算机病毒"最早是由美国计算机病毒研究专家 FredCohen 博士正式提出的。"病毒"一词来源于生物学，因为计算机病毒与生物病毒在很多方面有着相似之处。

FredCohen 博士对计算机病毒的定义是："病毒是一种靠修改其他程序来插入或进行自身复制，从而感染其他程序的一段程序。"这一定义作为标准已被普遍地接受。

在《中华人民共和国计算机信息系统安全保护条例》中的定义为："计算机病毒是指编制者在计算机程序中插入的破坏计算机功能或者数据，影响计算机使用并且能够自我复制的一组计算机指令或者程序代码。"

计算机病毒（简称病毒）具有以下特征：

（1）传染性。病毒通过各种渠道从已被感染的计算机扩散到未被感染的计算机。病毒程序一旦进入计算机并得以执行，就会寻找符合感染条件的目标，将其感染，达到自我繁殖的目的。所谓"感染"，就是病毒将自身嵌入合法程序的指令序列中，致使执行合法程序的操作会招致病毒程序的共同执行或以病毒程序的执行取而代之。

因此，只要一台计算机染上病毒，如不及时处理，那么病毒会在这台机子上迅速扩散，其中的大量文件（一般是可执行文件）就会被感染。而被感染的文件又成了新的传染源，再与其他机器进行数据交换或通过网络接触，病毒会继续传染。病毒通过各种可能的渠道，如可移动存储介质（如 U 盘）、计算机网络去传染其他计算机。往往曾在一台染毒的计算机上用过的 U 盘已感染上了病毒，与这台机器联网的其他计算机也许也被染上病毒了。传染性是病毒的基本特征。

（2）隐蔽性。病毒一般是具有很高编程技巧的、短小精悍的一段代码，躲在合法程序中。如果不经过代码分析，病毒程序与正常程序是不容易区别开来的。这是病毒程序的隐蔽性。在没有防护措施的情况下，病毒程序取得系统控制权后，可以在很短的时间里传染大量其他程序，而且计算机系统通常仍能正常运行，用户不会感到任何异常，好像在计算机内不曾发生过什么。这是病毒传染的隐蔽性。

（3）潜伏性。病毒进入系统之后一般不会马上发作，可以在几周或者几个月，甚至几年内隐藏在合法程序中，默默地进行传染扩散而不被人发现，潜伏性越好，在系统中的存在时间就会越长，传染范围也就会越大。病毒的内部有一种触发机制，不满足触发条件时，病毒除了传染外不做什么破坏。一旦触发条件得到满足，病毒便开始表现，有的只是在屏幕上显示信息、图形或特殊标识，有的则执行破坏系统的操作，如格式化磁盘、删除文件、加密数据、封锁键盘、毁坏系统等。触发条件可能是预定时间或日期、特定数据出现、特定事件发生等。

（4）多态性。病毒试图在每一次感染时改变它的形态，使对它的检测变得更困难。一个多态病毒还是原来的病毒，但不能通过扫描特征字符串来发现。病毒代码的主要部分相同，但表达方式发生了变化，也就是同一程序由不同的字节序列表示。

（5）破坏性。病毒一旦被触发而发作就会造成系统或数据的损伤甚至毁灭。病毒都是可执行程序，而且又必然要运行，因此所有的病毒都会降低计算机系统的工作效率，占用系统资源，其侵占程度取决于病毒程序自身。病毒的破坏程度主要取决于病毒设计者的目的，如果病毒设计者的目的在于彻底破坏系统及其数据，那么这种病毒对于计算机系统进行攻击造成的后果是难以想象的，它可以毁掉系统的部分或全部数据并使之无法恢复。虽然不是所有的病毒都对系统产生极其恶劣的破坏作用，但有时几种本没有多大破坏作用的病毒交叉感染，也会导致系统崩溃等重大恶果。

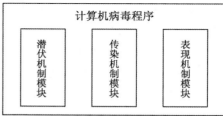

图 7-1　计算机病毒程序结构

2．计算机病毒的结构

计算机病毒主要由潜伏机制、传染机制和表现机制构成。在程序结构上由实现这三种机制的模块组成（见图 7-1）。

若某程序被定义为计算机病毒，只有传染机制是强制性的，潜伏机制和表现机制是非强制性的。

（1）潜伏机制。潜伏机制的功能包括初始化、隐藏和捕捉。潜伏机制模块随着感染的宿主程序的执行进入内存，首先，初始化其运行环境，使病毒相对独立于宿主程序，为传染机制做好准备。然后，利用各种可能的隐藏方式，躲避各种检测，欺骗系统，将自己隐蔽起来。最后，不停地捕捉感染目标交给传染机制，不停地捕捉触发条件交给表现机制。

（2）传染机制。传染机制的功能包括判断和感染。传染机制先是判断候选感染目标是否已被感染，感染与否通过感染标记来判断，感染标记是计算机系统可以识别的特定字符或字符串。一旦发现作为候选感染目标的宿主程序中没有感染标记，就对其进行感染，也就是将病毒代码和感染标记放入宿主程序中。早期的有些病毒是重复感染型的，它不做感染检查，也没有感染标记，因此这种病毒可以再次感染自身。

（3）表现机制。表现机制的功能包括判断和表现。表现机制首先对触发条件进行判断，然后根据不同的条件决定什么时候表现、如何表现。表现内容多种多样，然而不管是炫耀、玩笑、恶作剧，还是故意破坏，或轻或重都具有破坏性。表现机制反映了病毒设计者的意图，是病毒间差异最大的部分。潜伏机制和传染机制是为表现机制服务的。

7.2.3　防治措施

恶意代码或计算机病毒（这里把两者基本等同起来）带来的危害已经严重地影响了人们的工作和生活，威胁着社会的秩序和安全。全球对防治病毒的关注不断升温，病毒防治技术也随之迅速发展，与病毒制造技术展开了前所未有的竞赛。病毒制造技术与病毒防治技术是"矛"与"盾"的辩证发展关系，互为发展动力。

防治病毒，顾名思义，一是"防"，二是"治"。"防"是主动的，"治"是被动的。首先要积极地"防"，尽量避免病毒入侵，然而"防"是有时效性的，今天防住了，明天就有可能被突破。对于入侵的病毒当然要努力地"治"，以尽量减少和挽回病毒造成的损失，并且通过"治"的过程掌握病毒的机理，反过来又可以加强"防"了。因此，病毒防治应采取"以防为主、与治结合、互为补充"的策略，不可偏废任何一方面。

1．病毒防治的技术

如上所述，病毒防治技术分为"防"和"治"两部分。"防"毒技术包括预防技术和免疫技术；"治"毒技术包括检测技术和消除技术。

病毒预防是指在病毒尚未入侵或刚刚入侵还未发作时，就进行拦截阻击或立即报警。要做到这一点，首先要清楚病毒的传播途径和寄生场所，然后对可能的传播途径严加防守，对可能的寄生场所实时监控，达到封锁病毒入口，杜绝病毒载体的目的。不管是传播途径的防守还是寄生场所的监控，都需要一定的检测技术手段来识别病毒。有关病毒识别的检测技术，将在病毒检测技术一节中详细介绍。

病毒的传播途径和寄生场所都是实施病毒预防措施的对象。

（1）病毒的传播途径及其预防措施

① 不可移动的计算机硬件设备，包括 ROM 芯片、专用 ASIC 芯片和硬盘等。目前的个人计算机主板上分离元器件和小芯片很少，主要靠几块大芯片，除 CPU 外其余的大芯片都是 ASIC 芯片。利用先进的集成电路工艺，在芯片内可制作大量的单元电路，集成各种复杂的电路。这种芯片带有加密功能，除了知道密码的设计者外，写在芯片中的指令代码没人能够知道。如果将隐藏有病毒代码的芯片安装在敌对方的计算机中，通过某种控制信号激活病毒，就可对敌手实施出乎意料的、措手不及的打击。这种新一代的电子战、信息战的手段已经不是幻想。

在 1991 年的海湾战争中,美军对伊拉克部队的计算机防御系统实施病毒攻击,成功地使该系统一半以上的计算机染上病毒,遭受破坏。这种病毒程序具有很强的隐蔽性、传染性和破坏性;在没有收到指令时会静静地隐藏在专用芯片中,极不容易发现;一旦接到指令,便会发作,不断扩散和破坏。这种传播途径的病毒很难遇到,目前尚没有较好的发现手段对付。

为此,主要采取预防措施:对于新购置的计算机系统用检测病毒软件或其他病毒检测手段(包括人工检测方法)检查已知病毒和未知病毒,并经过实验,证实没有病毒感染和破坏迹象后再实际使用。对于新购置的硬盘可以进行病毒检测,更保险起见也可以进行低级格式化。注意,对硬盘只做 DOS 下的 Format 格式化不能除去主引导区中的病毒。

② 可移动的存储介质设备,包括软盘、磁带、光盘、U 盘以及可移动硬盘等。软盘曾是使用最广泛、携带最便利、移动最频繁的存储介质,因此,成了计算机病毒寄生的"温床",大多数计算机都是从这类途径感染病毒的。

具体预防措施包括以下几项:

在保证硬盘无病毒的情况下,尽量用硬盘而不要用软盘启动计算机。启动前,要保证软盘驱动器中无任何软盘。注意,即使不是系统盘,染毒的数据盘也会将病毒带入系统。

尽量将程序文件和数据文件分开存放在不同的软盘中,将装有程序文件的软盘设置到写保护状态。目前还没有只用软件就可以避开写保护的方法。

建立封闭的使用环境,即做到专机、专人、专盘和专用。如果通过软盘等与外界交互,不管是自己的软盘在别人的机器上用过,还是别人的软盘在自己的机器上使用,都要进行病毒检测。

任何情况下,保留一张写保护的、无病毒的并带有各种基本系统命令的系统启动软盘。一旦系统出现故障,不管是因为染毒或是其他原因,就可用于恢复系统。

③ 计算机网络,包括局域网、城域网、广域网,特别是 Internet 的各种网络应用(如E-mail、FTP、Web 等)使得网络途径更为多样和便捷。计算机网络是病毒目前传播最快、最广的途径,由此造成的危害蔓延最快、数量最大。从 1988 年的 Morris 蠕虫开始,席卷全球的网络蠕虫事件一浪接一浪,愈演愈烈。

采取各种措施保证网络服务器上的系统、应用程序和用户数据没有染毒,如坚持用硬盘引导启动系统,经常对服务器进行病毒检查等。

将网络服务器的整个文件系统划分成多卷文件系统,各卷分别为系统、应用程序和用户数据所独占,即划分为系统卷、应用程序卷和用户数据卷。这样各卷的损伤和恢复是相互独立的,十分有利于网络服务器的稳定运行和用户数据的安全保障。

除网络系统管理员外,系统卷和应用程序卷对其他用户设置的权限不要大于只读,以防止一般用户的写操作带进病毒。

系统管理员要对网络内的共享区域,如电子邮件系统、共享存储区和用户数据卷进行病毒扫描监控,发现异常及时处理,防止在网上扩散。

在应用程序卷中提供最新的病毒防治软件,为用户下载使用。

严格管理系统管理员的口令,为了防止泄露应定期或不定期地进行更换,以防非法入侵带来病毒感染。

由于不能保证网络,特别是 Internet 上的在线计算机百分之百不受病毒感染,所以,一旦某台计算机出现染毒迹象,应立即隔离并进行杀毒处理,防止它通过网络传染其他计算机。

同时，密切观察网络及网络上的计算机状况，以确定是否已被病毒感染。如果网络已被染毒，应马上采取进一步的隔离和排毒措施，尽可能地阻止传播、减小传播范围。

网络是蠕虫传播的最重要途径，尤其通过电子邮件传播。为了预防和减少邮件蠕虫病毒的危害，可采取如下方法：

设定邮件的路径在 C:以外，因为 C 分区是病毒攻击频率最高的地方，这样既可减轻对 C 分区的病毒攻击，万一出现情况也可减少损失。

收到新邮件后，尽量使用"另存为"选项为邮件做备份，分类存储，避免在同一根目录下放全部的邮件。既做到备份，又方便管理和查阅，一举两得。

在"通讯簿"尽量不要设置太多的名单，如果要发送新邮件，可以进入邮件的储存目录，打开客户发来的邮件，利用"回复"功能来发送新邮件（删除原有内容即可）；如果客户较多，可建立一个文本文件存放所有客户的邮件地址，要发新邮件时，利用"粘贴"功能把客户邮件地址复制到"收件人"栏中去。这样能够有效地防止邮件蠕虫病毒通过"通讯簿"的进一步传播。

遇到可执行文件（*.EXE、*.COM）或有宏功能文档（*.DOC 等）的附件，不要打开，先选择为"另存为"到磁盘上，用病毒防治软件先进行检查和杀毒后再使用。

④ 点对点通信系统，指两台计算机之间通过串行/并行接口，或者使用调制解调器经电话网进行数据交换。

具体预防措施为，通信之前对两台计算机进行病毒检测，确保没有病毒感染。

（2）病毒的寄生场所及其预防措施

① 引导扇区，即软盘的第一物理扇区或硬盘的第一逻辑扇区，是引导型病毒寄生的地方。

具体预防措施为，用 Bootsafe 等实用工具或 DEBUG 编程等方法对干净的引导扇区进行备份。备份既可用于监控，又可用于系统恢复。监控是比较当前引导扇区的内容和干净的备份，如果发现不同，则很可能是感染了病毒。

② 计算机文件，包括可执行的程序文件、含有宏命令的数据文件，是文件型病毒寄生的地方。

具体预防措施包括以下几项：

检查.COM 和.EXE 可执行文件的内容、长度、属性等，判断是否感染了病毒。重点检查可执行文件的头部（前 20 个字节左右），因为病毒主要改写文件的起始部分。病毒代码可能就在文件头部，即使在文件尾部或其他地方，文件头部中也必有一条跳转指令指向病毒代码。

对于新购置的计算机软件要进行病毒检测。

定期与不定期地进行文件的备份。备份既可通过比较发现病毒，又可用做灾难恢复。

为了预防宏病毒，将含有宏命令的模板文件，如常用的 Word 模板文件改为只读属性，可防止 Word 系统被感染，DOS 系统下的 autoexec.bat 和 config.sys 文件最好也都设为只读属性文件。将自动执行宏功能禁止，这样即使有宏病毒存在，也无法激活，能起到防止病毒发作的效果。

③ 内存空间，病毒在传染或执行时，必然要占用一定的内存空间，并驻留在内存中，等待时机再进行传染或攻击。

具体预防措施为，采用 PCTOOLS、DEBUG 等软件工具，检查内存的大小和内存中的数据来判断是否有病毒进入。

病毒驻留内存后，为了防止被系统覆盖，通常要修改内存控制块中的数据。如果检查出来的内存可用空间为 635 KB，而真正配置的内存空间为 640 KB，则说明有 5 KB 内存空间被病毒侵占。

系统一些重要的数据和程序放在内存的固定位置，如 DOS 系统启动后，BIOS、变量、设备驱动程序等放在内存的 0:4000H～0:4FF0H 区域内，可以首先检查这些地方是否有异常。

④ 文件分配表（FAT），病毒隐藏在磁盘上时，一般要对存放的位置做出"坏簇"标志反映在 FAT 表中。

具体预防措施为，检查 FAT 表有无意外坏簇来判断是否感染了病毒。

⑤ 中断向量，病毒程序一般采用中断的方式执行，即修改中断变量，使系统在适当的时候转向执行病毒程序，在病毒程序完成传染或破坏目的后，再转回执行原来的中断处理程序。

具体预防措施为，检查中断向量有无变化来确定是否感染了病毒。

2．病毒免疫技术

病毒具有传染性。一般情况下，病毒程序在传染完一个对象后，都要给被传染对象加上感染标记。传染条件的判断就是检测被攻击对象是否存在这种标记，若存在这种标记，则病毒程序不对该对象进行传染；若不存在这种标记，病毒程序就对该对象实施传染。

最初的病毒免疫技术就是利用病毒传染这一机理，给正常对象加上这种标记，使之具有免疫力，从而可以不受病毒的传染。因此，当感染标记用作免疫时，又称免疫标记。例如，使用这种技术可有效地防御 1575 等病毒。

（1）针对某一种病毒进行的免疫方法

例如，对小球病毒，在 DOS 引导扇区的 1FCH 处填上 1357H，小球病毒一检查到这个标记就不再对它进行传染了。又如，对于 1575 病毒，免疫标记是文件尾的内容为 0CH 和 0AH 的两个字节，1575 病毒若发现文件尾含有这两个字节，则不进行传染。

然而，有些病毒在传染时不判断是否存在感染标记，病毒只要找到一个可传染对象就进行一次传染。就像黑色星期五病毒那样，一个文件可能被该病毒反复传染多次，滚雪球一样越滚越大。其实，黑色星期五病毒的程序中具有判别感染标记的代码，由于程序设计错误，使判断失效，造成这种情况，对文件会反复感染，感染标记形同虚设。

目前，常用的病毒免疫方法有两种：

这种方法对防止某一种特定病毒的传染行之有效，但也存在一些缺点，主要有以下几点：

① 对于不设有感染标记的病毒不能达到免疫的目的，这种病毒会无条件传染，而不论被传染对象是否已经被感染过或者是否具有感染标记。

② 当某种病毒的变种不再使用其感染标记时，或出现新病毒时，现有免疫标记就发挥不了作用。

③ 一些病毒的感染标记不容易仿制，如非要加上这种标记不可，则对原来的文件要做大的改动。例如，对大麻病毒就不容易做免疫标记。

④ 由于病毒的种类较多，又由于技术上的原因，不可能对一个对象加上各种病毒的免疫标记，这就使得该对象不能对所有的病毒具有免疫作用。

⑤ 这种方法能阻止传染，却不能阻止病毒的破坏行为，仍然放任病毒驻留在内存中。

目前使用这种免疫方法的商品化防治病毒软件已不多见了。

（2）基于自我完整性检查的免疫方法

目前，这种方法只能用于文件而不能用于引导扇区。这种方法的工作原理是，为可执行程序增加一个免疫外壳，同时在免疫外壳中记录用于恢复自身的信息。免疫外壳占 1～3 KB。执行具有这种免疫功能的程序时，免疫外壳首先得到运行，检查自身的程序大小、校验和、生成日期和时间等情况，没有发现异常后，再转去执行受保护的程序。若不论什么原因使这些程序本身的特性受到改变或破坏，免疫外壳都可以检查出来，并进行报警，由用户选择应采取的措施，包括自毁、重新引导启动计算机、自我恢复后继续运行。

这种免疫方法是一种通用的自我完整性检验方法，它不只是针对病毒，由于其他原因造成的文件变化同样能够检查出来，在大多数情况下免疫外壳程序都能使文件自身得到复原。

但这种免疫方法也有其缺点和不足，归纳如下：

① 每个受到保护的文件都要增加 1～3 KB，需要额外的存储空间。

② 现在使用的一些校验码算法不能满足检测病毒的需要，被某些种类的病毒感染的文件不能被检查出来。

③ 无法对付覆盖式的文件型病毒。

④ 有些类型的文件不能使用外加免疫外壳的防护方法，这样会使那些文件不能正常执行。

⑤ 当某些尚不能被病毒检测软件检查出来的病毒感染了一个文件，而该文件又被免疫外壳包在里面时，这个病毒就像穿了"保护盔甲"，使查毒软件查不到它，而它却能在得到运行机会时继续传染扩散。

尽管尚不存在完美和通用的病毒免疫方法，但它在病毒防御措施中仍占一席之地。

3．病毒检测技术

病毒检测就是采用各种检测方法将病毒识别出来。识别病毒包括对已知病毒的识别和对未知病毒的识别。目前，对已知病毒的识别主要采用特征判定技术，即静态判定技术，对未知病毒的识别除了特征判定技术外，还有行为判定技术，即动态判定技术。

（1）特征判定技术

特征判定技术是根据病毒程序的特征，如感染标记、特征程序段内容、文件长度变化、文件校验和变化等，对病毒进行分类处理，而后在程序运行中凡有类似的特征点出现，则认定是病毒。

特征判定技术主要有以下几种方法：

① 比较法。比较法的工作原理是，将可能的感染对象（引导扇区或计算机文件）与其原始备份进行比较，如果发现不一致则说明有染毒的可能性。这种比较法不需要专门的查毒程序，用常规的具有比较功能的（如 PCTOOLS 等）工具软件就可以进行。比较法不仅能够发现已知病毒，还能够发现未知病毒。保留好干净的原始备份对于比较法非常重要，否则比较就失去了意义，比较法也就不起作用了。

比较法的优点是简单易行，不需要专用查毒软件，缺点是无法确认发现的异常是否真是病毒，即使是病毒也不能识别病毒的种类和名称。

② 扫描法。扫描法又称搜索法，其工作原理是，用每一种病毒代码中含有的特定字符或字符串对被检测的对象进行扫描，如果在被检测对象内部发现某一种特定字符或字符串，则表明发现了该字符或字符串代表的病毒。前面介绍传染机制时提到的感染标记就是一种识别病毒的特定字符。实现这种扫描的软件称为特征扫描器。根据扫描法的工作原理，特征扫描

器由病毒特征码库和扫描引擎两部分组成。病毒特征码库包含了经过特别选定的各种病毒的反映其特征的字符或字符串。扫描引擎利用病毒特征码库对检测对象进行匹配性扫描，一旦有匹配便发出告警。显然，病毒特征码库中的病毒特征码越多，扫描引擎能识别的病毒也就越多。

病毒特征码的选择非常重要，一定要具有代表性，也就是说，在不同环境下，使用所选的特征码都能够正确地检查出它所代表的病毒。如果病毒特征码选择得不准确，就会带来误报（发现的不是病毒）或漏报（真正病毒没有发现）。

特征扫描器的优点是能够准确地查出病毒并确定病毒的种类和名称，为消除病毒提供了确切的信息，但其缺点是只能查出载入病毒特征码库中的已知病毒。特征扫描器是目前最流行的病毒防治软件。随着新病毒的不断发现，病毒特征码库必须不断丰富和更新。现在绝大多数的商业病毒防治软件商，提供每周甚至每天一次的病毒特征码库在线更新。

③ 校验和法。校验和法的工作原理是，计算正常文件内容的校验和，将该校验和写入文件中或写入别的文件中保存。在文件使用过程中，定期地或每次使用文件前，检查文件当前内容算出的校验和与原来保存的校验和是否一致，如果不一致便发出染毒报警。

这种方法既能发现已知病毒，也能发现未知病毒，但是，它不能识别病毒种类，不能报出病毒名称。由于病毒感染并非文件内容改变的唯一的排他性原因，文件内容的改变有可能是正常程序引起的，如软件版本更新、变更口令以及修改运行参数等，所以，校验和法常常有虚假报警，而且此法也会影响文件的运行速度。另外，校验和法对某些隐蔽性极好的病毒无效。这种病毒进驻内存后，会自动剥去染毒程序中的病毒代码，使校验和法受骗，对一个有毒文件算出正常校验和。因此，校验和法的优点是方法简单、能发现未知病毒、被查文件的细微变化也能发现；其缺点是必须预先记录正常态的校验和、会有虚假报警、不能识别病毒名称、不能对付某些隐蔽性极好的病毒。

④ 分析法。分析法是针对未知的新病毒采用的技术。分析法的工作过程如下：

确认被检查的磁盘引导扇区或计算机文件中是否含有病毒。

确认病毒的类型和种类，判断它是否是一种新病毒。

分析病毒程序的大致结构，提取识别用的特征字符或字符串，用于添加到病毒特征码库中。

分析病毒程序的详细结构，为制定相应的反病毒措施提供方案。

分析法对使用者的要求很高，不但要具有较全面的计算机及操作系统的知识，还要具备专业的病毒方面的知识。一般使用分析法的人不是普通用户，而是反病毒技术人员。使用分析法需要 DEBUG、Proview 等分析工具程序和专用的试验用计算机。即使是很熟练的反病毒技术人员，使用功能完善的分析软件，也不能保证在短时间内将病毒程序完全分析清楚，病毒有可能在分析阶段继续传染甚至发作，毁坏整个软盘或硬盘内的数据，因此，分析工作一定要在专用的试验用机上进行。很多病毒采用了自加密和抗跟踪等技术，使得分析病毒的工作经常是冗长和枯燥的，特别是某些文件型病毒的程序代码有 10 KB 以上，并与系统牵扯的层次很深，使详细的剖析工作变得十分复杂。

（2）行为判定技术

识别病毒是以病毒的机理为基础，不仅识别现有病毒，还以现有病毒的机理设计出对一类病毒（包括基于已知病毒机理的未来新病毒或变种病毒）的识别方法，其关键是对病毒行为的判断。行为判定技术就是要解决如何有效辨别病毒行为与正常程序行为，其难点在于如何快速、准确、有效地判断病毒行为。如果处理不当，就会带来虚假报警，就像"狼来了"的寓言一样，频频虚假报警的后果是报警不再引起用户的警惕。

另外，防毒对于不按现有病毒机理设计的新病毒也可能无能为力，如在 DIR2 病毒出现之前推出的防病毒软件，几乎没有一个能控制该病毒，原因就在于该病毒的机理已经超出当时的防病毒软件所考虑的范围。如今，该病毒的机理已被人们认识，所以新推出的防病毒软件和防病毒卡，几乎没有一个不能控制该病毒及其变种病毒的。

行为监测法是常用的行为判定技术，其工作原理是利用病毒的特有行为特性进行监测，一旦发现病毒行为则立即报警。经过对病毒多年的观察和研究，人们发现病毒的一些行为是共同行为，而且比较特殊。在正常程序中，这些行为比较罕见。监测病毒的行为特征列举如下：

① 占用 INT13H。引导型病毒攻击引导扇区后，一般都会占用 INT13H 功能，在其中放置病毒所需的代码，因为其他系统功能还未设置好，无法利用。

② 修改 DOS 系统数据区的内存总量。病毒常驻内存后，为了防止 DOS 系统将其覆盖，必须修改内存总量。

③ 向.COM 和.EXE 可执行文件做写入动作。写.COM 和.EXE 文件是文件型病毒的主要感染途径之一。

④ 病毒程序与宿主程序的切换。染毒程序运行时，先运行病毒，而后执行宿主程序。在两者切换时，有许多特征行为。

行为监测法的长处在于可以相当准确地预报未知的多数病毒，但也有其短处，即可能虚假报警和不能识别病毒名称，而且实现起来有一定难度。

不管采用哪种判定技术，一旦病毒被识别出来，就可以采取相应措施，阻止病毒的下列行为：进入系统内存，对磁盘操作尤其是写操作，进行网络通信与外界交换信息。一方面防止外界病毒向机内传染，另一方面抑制机内病毒向外传播。

4．病毒消除技术

病毒消除的目的是清除受害系统中的病毒，恢复系统的原始无毒状态。具体来讲，就是针对系统中的病毒寄生场所或感染对象进行——杀毒。对于不同的病毒类型及其感染对象，采取不同的杀毒措施。

（1）消除引导型病毒

引导型病毒的物理载体是磁盘，主要包括系统软盘、数据软盘和硬盘。

① 修复染毒的系统软盘。找一台同样操作系统的未染毒的计算机，把染毒的系统软盘插入软盘驱动器中，从硬盘执行可以对软盘重新写入系统的命令，如 DOS 系统情况下的 SYSA：命令。这样软盘上的系统文件就会被重新安装，并且覆盖引导扇区中染毒的内容，从而恢复成为干净的系统软盘。

② 修复染毒的数据软盘。把染毒的数据软盘插入一台未染毒的计算机中，把所有文件从软盘复制到硬盘的一个临时目录中，用系统磁盘格式化命令，如 DOS 系统情况下的 FORMATA:/U 命令，无条件重新格式化软盘，这样软盘的引导扇区会被重写，从而清除其中的病毒。然后把所有文件备份复制回到软盘。

③ 修复染毒的硬盘。硬盘中操作系统的引导扇区包括第一物理扇区和第一逻辑扇区。硬盘第一物理扇区存放的数据是主引导记录（MBR），MBR 包含表明硬件类型和分区信息的

数据。硬盘第一逻辑扇区存放的数据是分区引导记录。主引导记录和分区引导记录都有感染病毒的可能性。重新格式化硬盘可以清除分区引导记录中的病毒，却不能清除主引导记录中的病毒。修复染毒的主引导记录的有效途径是使用 FDISK 这种低级格式化工具，输入 FDISK /MBR，便会重新写入主引导记录，覆盖掉其中的病毒。

以上均是采用人工方法清除引导型病毒。人工方法要求操作者对系统十分熟悉，且操作复杂，容易出错，有一定的危险性，一旦操作不慎就会导致意想不到的后果。这种方法常用于消除自动方法无法消除的新病毒。

另外一种是自动方法，针对某一种或多种病毒采用专门的病毒防治软件自动检测和消除病毒。这种方法不会破坏系统数据，操作简单，运行速度快，是一种较为理想且目前较为通用的病毒防治方法。

大多数病毒防治软件能够检测和清除已知的引导型病毒。通过监测磁盘的引导扇区，包括硬盘的主引导记录（MBR），可以自动检测出病毒，并准确识别病毒，包括病毒的类型和名称；然后自动修复被感染的引导扇区。

（2）消除文件型病毒

文件型病毒的载体是计算机文件，包括可执行的程序文件和含有宏命令的数据文件。

修复染毒的可执行文件最有效的方法是用干净的备份代替它。如果没有备份，就使用病毒防治软件进行检测、杀毒并修复。对于被非覆盖型病毒感染的文件，病毒防治软件有可能将其修复，但对于覆盖型病毒就无能为力了。

非覆盖型病毒感染可执行文件时，只是将自身附加到感染对象的头部或尾部或其他空白地方，并没有破坏文件的有效内容，而且必须存放有关宿主程序的特定信息，以便自己执行完后把控制权交还给原来的程序。因此，病毒防治软件可以根据这一特定信息定位病毒，然后"顺藤摸瓜"，将病毒从文件中"切掉"。

（3）消除宏病毒

宏病毒是一种文件型病毒，其载体是含有宏命令的数据文件——文档或模板。

手工清除方法为：

① 在空文档的情况下，打开宏菜单，在通用模板中删除被认为是病毒的宏。

② 打开带有病毒宏的文档或模板，然后打开宏菜单，在通用模板和定制模板中删除认为是病毒的宏。

③ 保存清洁的文档或模板。

自动清除方法为：

① 用 WordBasic 语言以 Word 模板方式编制杀毒工具，在 Word 环境中杀毒。这种方法杀毒准确，兼容性好。

Word-VRV 就是采用这种方法的典型杀毒工具。Word-VRV 由 WORDVRV.DOT（用于中文版 Word）、EWORD VRV.DOT（用于英文版 Word）和 README.EXE 三个文件组成。Word-VRV 是个可自升级的 Word 杀毒器，可自动检测并清除 Word 模板中的病毒。Word-VRV 允许用户通过编辑 WORDVRV.DAT 文件，自我扩充新的宏病毒特征，来杀除新的宏病毒。

② 根据 WordBFF 格式，在 Word 环境外解剖病毒文档或模板，去掉病毒宏。由于各个版本的 WordBFF 格式都不完全兼容，每次 Word 升级时也必须跟着升级。

（4）消除蠕虫病毒

蠕虫病毒是蠕虫和病毒的混合体，即具有病毒的传染机制，又具有蠕虫的自我复制和网络传播的机制。消除蠕虫病毒从本机杀毒和网络封锁两个方面同时进行，才是万全之策。清除了本机病毒，就消灭了病毒源；截获了网络蠕虫，就切断了病毒的网络传播途径。

① 清除本机病毒。根据病毒的感染对象，采取上述相应的人工或自动杀毒方法。

② 截获网络蠕虫。在网络出入口处，特别是电子邮件的收发，采取人工的或自动的方法截获蠕虫。人工的方法是，网络管理员和电子邮件用户，根据蠕虫病毒的活动规律，主动识别收发信息中的蠕虫病毒，主要是病毒防治软件不能识别的可疑的或新的蠕虫病毒。自动的方法是，在网络出入口处，安装病毒防治软件，监控入出信息，一旦发现病毒，立即截获并消除。

5．病毒防治的部署

有效的病毒防治部署是采用基于网络的多层次的病毒防御体系。该体系在整个网络系统的各组成环节处，包括客户端、服务器、Internet 网关和防火墙，设置防线，形成多道防线。即使病毒突破了一道防线，还有第二、第三道防线拦截，因此，能够有效地遏制病毒在网络上的扩散。

（1）客户端防线。客户端主要是指用户桌面系统和工作站，它们是主要的病毒感染源。因此，有必要在客户端实施面向桌面系统和工作站的病毒防治措施，增强客户端系统的抗病毒能力。对于有相当规模的企业网络系统，工作站的病毒防治系统应该具有集中管理、统一策略、同时更新和自动运行的特点。

（2）服务器防线。服务器是基于网络的各种服务的提供者，被大量的在线用户访问，一旦染毒，其后果将不堪设想。因此，非常有必要在服务器实施最严格的病毒防治措施，确保服务器系统的万无一失。尤其是对于电子邮件服务器，如 MicrosoftExchange 和 LotusNotes/Domino 服务器，要特别重点保护，因为电子邮件是目前传播最快、范围最广、危害最大的蠕虫病毒的最主要的传播途径。

（3）Internet 网关防线。在 Internet 网关处装备病毒扫描器可有效地对付以 Internet 应用为载体的病毒，包括通过电子邮件传播的病毒。

（4）防火墙防线。在防火墙设置病毒扫描器，可以扫描到经过防火墙的所有网络数据帧，因此，有条件全面地检测和阻止内外网络交接处的病毒。

7.2.4 病毒防治的管理

病毒防治不仅是技术问题，更是社会问题、管理问题和教育问题。作为社会问题，涉及国家法律和行政法规；作为管理问题，涉及管理制度、行为规章和操作规程；作为教育问题，涉及宣传和培训。因此，要做到以下几点：

建立和健全相应的国家法律和法规；

建立和健全相应的管理制度和规章；

加强和普及相应的知识宣传和培训。

7.2.5 病毒防治软件

1．病毒防治软件的类型

病毒防治软件按其查毒杀毒机制可分为以下三种类型：

（1）病毒扫描型。病毒扫描型软件采用特征扫描法，根据病毒特征扫描可能的感染对象来发现病毒。这类软件具有检测速度快、误报率低和准确度高的优点，正因为能准确识别已知病毒，所以对被已知病毒感染的程序和数据一般都能恢复。但是，要一直保证病毒防治的有效性，病毒特征码库和扫描引擎必须经常升级，以便跟上病毒技术和反病毒技术的发展。病毒防治软件中以病毒扫描型为主，是最为流行的产品。

（2）完整性检查型。完整性检查型软件采用比较法和校验和法，监视观察对象（包括引导扇区和计算机文件等）的属性（包括大小、时间、日期和校验和等）和内容是否发生改变，如果检测出变化，则观察对象极有可能已遭病毒感染。遗憾的是这类软件只能在发生病毒感染之后，才能发现病毒，而且"误诊"率相对较高，这是因为正常的程序升级和设置改变等原因都可以导致"误诊"。另外，尽管这类软件不能报出病毒的类型和名称，但能够发现多态病毒和新的未知病毒，所以反病毒的能力相当强。

（3）行为封锁型。行为封锁型软件采用驻留内存在后台工作的方式，监视可能因病毒引起的异常行为，如果发现异常行为，便及时警告用户，由用户决定该行为是否继续。这类软件试图阻止任何病毒的异常行为，因此可以防止新的未知病毒的传播和破坏。当然，有的"可疑行为"是正常的，所以出现"误诊"总是难免的。

这种监视技术的进一步发展和完善就是智能式探测器。在智能式探测器中，设计有病毒行为知识库、应用人工智能技术、有效判别正常程序行为和病毒程序行为。误报率的高低取决于行为知识库选取的合理性。目前，有些病毒防治卡采用了这种技术，设计了病毒特征码库（静态）、病毒行为知识库（动态）、受保护对象行为知识库（动态）等多个知识库及相应的可变推理机，通过调整推理机，能够对付新类型病毒，减少误报和漏报。这是未来病毒防治技术的一个发展方向。

2．病毒防治软件的选购

选购病毒防治软件时，需要注意的指标包括检测速度、识别率、清除效果、可管理性、操作界面友好性、升级难易度、技术支持水平等诸多方面。

（1）检测速度。对于采用特征扫描法检测病毒的，一般选择每 30 s 能够扫描 1 000 个文件以上的病毒防治软件。

（2）识别率。识别率越高，误报率和漏报率也就越低。可通过使用一定数量的病毒样本进行测试来鉴别识别率的高低，测试环境应达到正规的病毒样本测试数量在 10 000 种以上，每种病毒的变种数量在 200 种以上。

（3）清除效果。可靠、有效地清除病毒，并保证数据的完整性，是一件非常必要且复杂的工作。

① 对于被感染的引导扇区，虽不一定要求恢复被破坏软盘的引导功能，但要求能够恢复被破坏硬盘的引导过程，否则不能算病毒清除成功。

② 对于被感染的可执行文件，不必要求清除后的文件与正常文件一模一样，只要可以正常、正确地运行即可。

③ 对于含有宏病毒的文档文件，要求能够清除其中的宏病毒，保留正常的宏语句。

④ 对于病毒的变种，优秀的病毒防治软件不仅能够正确识别已有的病毒变种，而且也能够修复感染对象，使其正常工作。测试病毒防治软件对病毒变种的适应能力，是对产品质量和技术水平的最好评估。

7.3 黑客攻击与防御技术

7.3.1 黑客的动机

黑客的动机究竟是什么？在回答这个问题前，我们应对黑客的种类有所了解，原因是不同种类的黑客动机有着本质的区别。从黑客行为上划分，黑客有"善意"与"恶意"两种，即所谓白帽（WhiteHat）及黑帽（BlackHat）。白帽利用他们的技能做一些善事，而黑帽则利用他们的技能做一些恶事。白帽长期致力于改善计算机社会及其资源，为了改善服务质量及产品，他们不断寻找弱点及脆弱性并公布于众。与白帽的动机相反，黑帽主要从事一些破坏活动，从事的是一种犯罪行为。

大量的案例分析表明黑帽具有以下主要犯罪动机。

（1）好奇心。许多黑帽声称，他们只是对计算机及电话网感到好奇，希望通过探究这些网络更好地了解它们是如何工作的。

（2）个人声望。通过破坏具有高价值的目标以提高在黑客社会中的可信度及知名度。

（3）智力挑战。为了向自己的智力极限挑战或为了向他人炫耀，证明自己的能力；还有些甚至不过是想做个"游戏高手"或仅仅为了"玩玩"而已。

（4）窃取情报。在 Internet 上监视个人、企业及竞争对手的活动信息及数据文件，以达到窃取情报的目的。

（5）报复。计算机罪犯感到其雇主本该提升自己、增加薪水或以其他方式承认他的工作。电脑犯罪活动成为他反击雇主的方法，也希望借此引起别人的注意。

（6）金钱。有相当一部分计算机犯罪是为了赚取金钱。

（7）政治目的。任何政治因素都会反映到网络领域。主要表现有：

① 敌对国之间利用网络的破坏活动；

② 个人及组织对政府不满而产生的破坏活动。这类黑帽的动机不是钱，一般采用的手法包括更改网页、植入计算机病毒等。

7.3.2 黑客攻击的流程

尽管黑客攻击系统的技能有高低之分，入侵系统手法多种多样，但他们对目标系统实施攻击的流程却大致相同。其攻击过程可归纳为以下 9 个步骤：踩点（Foot Printing）、扫描（Scanning）、查点（Enumeration）、获取访问权（Gaining Access）、权限提升（Escalating Privilege）、窃取（Pilfering）、掩盖踪迹（Covering Track）、创建后门（Creating Back Doors）、拒绝服务攻击（Denial of Services）。

1. 踩点

在黑客攻击领域，"踩点"是传统概念的电子化形式。"踩点"的主要目的是获取目标的如下信息：

（1）因特网网络域名、网络地址分配、域名服务器、邮件交换主机、网关等关键系统的位置及软硬件信息。

（2）内联网与 Internet 内容类似，但主要关注内部网络的独立地址空间及名称空间。

（3）远程访问模拟/数字电话号码和 VPN 访问点。

（4）外联网与合作伙伴及子公司的网络的连接地址、连接类型及访问控制机制。

（5）开放资源未在前 4 类中列出的信息，例如 Usenet、雇员配置文件等。

为达到以上目的，黑客通过一些标准搜索引擎，揭示一些有价值的信息。也可能通过网络操作比如 DNS 区域传送获得踩点信息。

DNS 区域传送是一种 DNS 服务器的冗余机制。通过该机制，辅 DNS 服务器能够从其主 DNS 服务器更新自己的数据，以便主 DNS 服务器不可用时，辅 DNS 服务器能够接替主 DNS 服务器工作。正常情况下，DNS 区域传送操作只对辅 DNS 服务器开放。然而，当系统管理员配置错误时，将导致任何主机均可请求主 DNS 服务器提供一个区域数据的副本，以至于目标域中所有主机信息泄露。能够实现 DNS 区域传送的常用工具有 dig、nslookup 及 Windows 版本的 SamSpade。

2．扫描

通过踩点已获得一定信息（IP 地址范围、DNS 服务器地址、邮件服务器地址等），下一步需要确定目标网络范围内哪些系统是"活动"的，以及它们提供哪些服务。与盗窃案之前的踩点相比，扫描就像是辨别建筑物的位置并观察它们有哪些门窗。扫描的主要目的是使攻击者对攻击的目标系统所提供的各种服务进行评估，以便集中精力在最有希望的途径上发动攻击。

扫描中采用的主要技术有 Ping 扫射（Ping Sweep）、TCP/UDP 端口扫描、操作系统检测以及旗标（Banner）的获取。

3．查点

通过扫描，入侵者掌握了目标系统所使用的操作系统，下一步工作是查点。查点就是搜索特定系统上用户和用户组名、路由表、SNMP 信息、共享资源、服务程序及旗标等信息。查点所采用的技术依操作系统而定。

在 Windows 系统上主要采用的技术有"查点 NetBIOS"线路、空会话（Null Session）、SNMP 代理、活动目录（Active Directory）等。Windows 系统上主要使用以下工具：

（1）Windows 系统命令：

Netview；

Nbtstat；

Nbtscan；

Nltest。

（2）第三方软件：

Netviewx；

Userdump；

User2sid；

GetAcct；

DumpSec；

Legion；

NAT。

在 UNIX 系统上采用的技术有 RPC 查点、NIS 查点、NFS 查点及 SNMP 查点等。UNIX 系统上常用的工具有 rpcinfo、rpcdump、showmount、finger、rwho、ruser、nmap、telnet、nc 及 snmpwalk 等。

4．获取访问权

在搜集到目标系统的足够信息后，下一步要完成的工作自然是得到目标系统的访问权进而完成对目标系统的入侵。对于 Windows 系统采用的主要技术有 NetBIOS SMB 密码猜测（包括手工及字典猜测）、窃听 LM 及 NTLM 认证散列、攻击 IISWeb 服务器及远程缓冲区溢出。而 UNIX 系统采用的主要技术有蛮力密码攻击；密码窃听；通过向某个活动的服务发送精心构造的数据，以产生攻击者所希望的结果的数据驱动式攻击(例如缓冲区溢出、输入验证、字典攻击等)；RPC 攻击；NFS 攻击以及针对 X-Window 系统的攻击等。

著名的密码窃听工具有 sniffer pro、TCP dump、LC4、readsmb。字典攻击工具有 LC4、John the RIPper、NAT、SMBGrind 及 fgrind。

5．权限提升

一旦攻击者通过前面 4 步获得了系统上任意普通用户的访问权限后，攻击者就会试图将普通用户权限提升至超级用户权限，以便完成对系统的完全控制。这种从一个较低权限开始，通过各种攻击手段得到较高权限的过程称为权限提升。权限提升所采取的技术主要有通过得到的密码文件，利用现有工具软件，破解系统上其他用户名及口令；利用不同操作系统及服务的漏洞（例如 Windows 2000 NetDDE 漏洞），利用管理员不正确的系统配置等。

常用的口令破解工具有 John the RIPper，得到 Windows NT 管理员权限的工具有 lc_message、getadmin、sechole、Invisible Key stroke Logger。

6．窃取

一旦攻击者得到了系统的完全控制权，接下来将完成的工作是窃取，即进行一些敏感数据的篡改、添加、删除及复制（例如 Windows 系统的注册表、UNIX 系统的 rhost 文件等）。通过对敏感数据的分析，为进一步攻击应用系统做准备。

7．掩盖跟踪

黑客并非踏雪无痕，一旦黑客入侵系统，必然留下痕迹。此时，黑客需要做的首要工作就是清除所有入侵痕迹，避免自己被检测出来，以便能够随时返回被入侵系统继续干坏事或作为入侵其他系统的中继跳板。掩盖踪迹的主要工作有禁止系统审计、清空事件日志、隐藏作案工具及使用人们称为 rootkit 的工具组替换那些常用的操作系统命令。常用的清除日志工具有 zap、wzap、wted。

8．创建后门

黑客的最后一招便是在受害系统上创建一些后门及陷阱，以便入侵者一时兴起时，卷土重来，并能以特权用户的身份控制整个系统。创建后门的主要方法有创建具有特权用户权限的虚假用户账号、安装批处理、安装远程控制工具、使用木马程序替换系统程序、安装监控机制及感染启动文件等。

黑客常用的工具有 rootkit、sub7、cron、at、UNIX 的 rc、Windows 的"启动"文件夹、Netcat、VNC、BO2K、secadmin、Invisible Key stroke Logger、remove.exe 等。

9．拒绝服务攻击

如果黑客未能成功地完成第四步的获取访问权，那么他们所能采取的最恶毒的手段便是进行拒绝服务攻击。即使用精心准备好的漏洞代码攻击系统使目标服务器资源耗尽或资源过载，以至于没有能力再向外提供服务。攻击所采用的技术主要是利用协议漏洞及不同系统实现的漏洞。

7.3.3 黑客技术概述

网络是多种信息技术的集合体，它的运行依靠相关的大量技术标准和协议。作为网络的入侵者，黑客的工作主要是通过对技术和实际实现中的逻辑漏洞进行挖掘，通过系统允许的操作对没有权限操作的信息资源进行访问和处理。目前，黑客对网络的攻击主要是通过网络中存在的拓扑漏洞及对外提供服务的实现漏洞实现成功的渗透。

除了使用这些技术上的漏洞，黑客还可以充分利用人为运行管理中存在的问题对目标网络实施入侵。通过欺骗、信息搜集等社会工程学的方法，黑客可以从网络运行管理的薄弱环节入手，通过对人本身的习惯的把握，迅速地完成对网络用户身份的窃取并进而完成对整个网络的攻击。

可以看出，黑客的技术范围很广，涉及网络协议解析、源码安全性分析、密码强度分析和社会工程学等多个不同的学科。入侵一个目标系统，在早期需要黑客具有过硬的协议分析基础、深厚的数学功底。但由于网络的共享能力以及自动攻击脚本的成熟与广泛的散播，现在黑客的行为愈演愈烈，而对黑客的技术要求也在不断地降低。

目前，在实施网络攻击中，黑客所使用的入侵技术主要包括以下几种：协议漏洞渗透、密码分析还原、应用漏洞分析与渗透、社会工程学、拒绝服务攻击、病毒或后门攻击。

1. 协议漏洞渗透

网络中包含着种类繁多但层次清晰的网络协议规范。这些协议规范是网络运行的基本准则，也是构建在其上的各种应用和服务的运行基础。但对于底层的网络协议来说，对于安全的考虑有着先天的不足，部分网络协议具有严重的安全漏洞。通过对网络标准协议的分析，黑客可以从中总结出针对协议的攻击过程，利用协议的漏洞实现对目标网络的攻击。

随着网络的不断发展，网络安全越来越得到管理者的重视，大量陈旧的网络协议被新的更安全的网络协议所代替。作为现代网络的核心协议，TCP/IP协议正在不断地得到安全的修补，即在不破坏正常协议流程的情况下，修改影响网络安全的部分。当然，由于先天不足，一些协议上的漏洞是无法通过修改协议弥补的。通过应用这些固有的协议漏洞，黑客开发出了针对特定网络协议环境下的网络攻击技术，这些技术以会话侦听与劫持技术和地址欺骗技术应用较多。

（1）会话侦听与劫持技术

传统的以太网络使用共享的方式完成对数据分组的传送。这在目前尤其在一些已经有一定历史的网络中是主要的分组发送方式。在这种方式下，发往目的结点的分组数据实际上被发送给了所在网段的每一个结点。目的结点接收这些分组，并与其他结点共享传送带宽。虽然这样做的带宽利用率并不高，但由于实现较为简单，同时造价较低，因此在网络中得到了广泛的应用。正是根据共享式的网络环境的数据共享特性，黑客技术中出现了会话窃听与劫持技术。

只要可以作为目标网络环境的一个结点，就可以接收到目标网络中流动的所有数据信息。这种接收的设置非常简单，对于普通的计算机，只要将网卡设为混杂模式就可以达到接收处理所有网络数据的目的。利用会话窃听技术，入侵者可以通过重组数据包将网络内容还原，轻松地获得明文信息。例如，当前的网站登录中，在密码传输方面使用的方式几乎都是明文传送。因此，这类密码也就相当容易获得。由于人的因素，每个人使用的用户名和密码都只限于几个。通过获取明文密码信息，入侵者不但可以轻易地以被监听者的身份进入到各个网站，还可以通过搜集的用户密码表进入被监听人的计算机进行破坏。

会话窃听技术是网络信息搜集的一种重要方式，而利用 TCP 协议的漏洞，黑客更可以对所窥探的 TCP 连接进行临时的劫持，以会话一方用户的身份继续进行会话。会话劫持的根源在于 TCP 协议中对分组的处理。

（2）地址欺骗技术

在传统的网络中，存在着大量的简单认证方式，这些方式的基本原则就是以主机的 IP 地址作为认证的基础，即所谓的主机信任。通过设定主机信任关系，用户对网络的访问和管理行为变得简单，很大程度上提高了网络的易用性。

这样的认证行为基于以下网络协议原则，即在网络中，所有的计算机都是通过如 IP 这样的地址进行辨认，每一个主机具有固定的并且是唯一（这里的唯一相对于所在网络而言）的地址。通过确认 IP 地址就可以确认目标主机的身份。但就像现实中有假的身份证一样，网络的地址也可以被假冒，这就是所谓 IP 地址的欺骗。由于网络的基础协议在安全性上的漏洞，这种假冒远较现实中的假冒方便简单。通过对地址的假冒，入侵者可以获得所仿冒地址计算机的所有特权，也就容易攻入其他给被仿冒计算机提供信任连接的计算机上，造成机密泄露。如果防火墙配置不当，这种攻击甚至可以绕过防火墙，破坏防火墙内的计算机。

2．密码分析还原

为了保证数据的安全性，现在通常的方法是对数据进行加密，防止可疑的截取行为造成的信息泄露。对于数据的加密通常需要一个密钥，数据与密钥通过加密算法自动机进行合成，生成密文。对于不知道密钥的攻击者来说，截获的密文难以理解。而对于非对称加密算法，即使攻击者知道密钥，也无法从密文中还原出明文信息。这样就可以保证网络通信信息的安全性。同样，对于认证用的密码信息，一般也是使用强度较高的加密算法进行加密，以密文的形式存储在系统中。这些密文使用加密算法的强度一般较高，黑客即使获得密文存储文件，也难以从这些密文中分析出正确的密码。

密码学等加密技术向人们做出保证，密码的攻破理论上是不可行的，如果采用蛮力攻击的话，所用的时间将长到足够保证安全的程度。但现实中，密码的破解却并不如理论中所保证的那样困难。随着计算机运算速度的指数级提高，相同的运算量所使用的时间明显地缩短。同时，对加密算法的强度分析以及社会工程学的密码筛选技术的不断发展，现实网络中的大量密码可以在可接受的时间内被分析还原。密码分析与还原技术不使用系统和网络本身的漏洞，虽然涉及对密码算法的强度分析，但它主要利用的是人的惰性以及系统的错误配置。应用这类技术手段攻击通常是可以通过人工手段避免的，只要严格要求网络所在用户的密码强度，还是可以避免大部分的攻击，但由于这涉及人员管理，代价也非常大。

目前网络中使用的加密算法，从加密的种类上来分，主要包括对称加密和非对称加密两种基本的类别。根据分析的出发点不同，密码分析还原技术主要分为密码还原技术和密码猜测技术。对于网络上通用的标准加密算法来说，攻击这类具有很高强度加密算法的手段通常是使用后一种技术。在进行攻击的时候，密码分析还原所针对的对象主要是通过其他侦听手段获取到的认证数据信息，包括系统存储认证信息的文件或利用连接侦听手段获取的用户登录的通信信息数据。

（1）密码还原技术

密码还原技术主要针对的是强度较低的加密算法。通过对加密过程的分析，从加密算法中找出算法的薄弱环节，从加密样本中直接分析出相关的密钥和明文。对于非对称算法，可以通过对密文的反推将明文的可能范围限定在有限的范围内，达到还原密文的结果。这种方法需要对密码算法有深入的研究，同时，相关算法的密码还原过程的出现，也就注定了相应加密算法寿命的终结。

对于目前网络上通行的标准加密算法来说，从理论和实践中还没出现对应的密码还原过程，因此密码还原技术的使用并不多。但对于没有公开加密算法的操作系统来说，由于算法的强度不够，在过程被了解后，黑客就会根据分析中获得的算法漏洞完成密码还原的算法。现在，对于 Windows 操作系统来说，用户认证的加密算法就已经被分析攻破，用户只要使用密码破解程序就可以完成对系统上所有密码的破解，获取系统上所有用户的访问权限。

（2）密码猜测技术

密码还原技术需要目标系统使用强度不高的、有一定安全漏洞的加密算法，而对于一般的成熟加密算法，密码攻击主要使用的是密码猜测技术。密码猜测技术的原理主要是利用穷举的方法猜测可能的明文密码，将猜测的明文经过加密后与实际的密文进行比较，如果所猜测的密文与实际的密文相符，则表明密码攻击成功，攻击者可以利用这个密码获得相应用户的权限。往往这样猜测出来的密码与实际的密码相一致。

密码猜测技术的核心在于如何根据已知的信息调整密码猜测的过程，在尽可能短的时间内破解密码。从理论上讲，密码猜测的破解过程需要一段很长的时间，而实际上，应用密码猜测技术实现对系统的攻击是目前最为有效的攻击方式。这种方法比想象的更加有效的原因是许多人在选择密码时，技巧性都不是很好，密码复杂性不高。简单的密码非常容易猜到，例如，很多人使用用户名加上一些有意义的数字（生日或是连续数字序列等）作为自己的密码，甚至有些人的密码与用户名相同，一些密码长度只有几个甚至一个字符。这类密码容易记忆，但也方便了入侵者。

密码猜测技术就是利用人们的这种密码设置习惯，针对所搜集到的信息，对有意义的单词和用户名与生日形式的数列代码或简单数字序列进行排列组合，形成密码字典，同时根据所搜集到的用户信息，对字典的排列顺序进行调整。以这个生成的字典作为基础，模拟登录的方式，逐一进行匹配操作，密码猜测工具可以利用这种方式破解大量的系统。密码猜测技术的核心就是这种密码字典的生成技术。上述的生成方式是密码字典的基本生成原则。

随着对目标网络用户信息搜集的深入，密码猜测工具对字典进行的筛选越来越精细，字典序列调整的依据也就越多。对于攻击用的密码猜测技术，其主要目的就是为了获取对目标网络的访问权限，它是黑客入侵过程中介于信息搜集和攻击之间的攻击过程。从对目标网络的密码猜测攻击中就可以了解到目标网络对安全的重视程度。在以往黑客攻击的事件中，有大量目标网络由于不重视安全管理，用户的密码强度不够，黑客可以在几分钟甚至几秒钟的时间内破解大量一般用户甚至是管理员账户的密码。

3．应用漏洞分析与渗透

任何的应用程序都不可避免地存在着一些逻辑漏洞，这在 IT 行业中已经形成了共识。这一点，对于安全隐患也同样适用。在这方面操作系统也不例外，几乎每天都有人宣布发现了某个操作系统的安全漏洞。而这些安全漏洞也就成了入侵者的攻击对象。通过对这些安全漏洞的分析，确认漏洞的引发方式及引发后对系统造成的影响，攻击者可以使用合适的攻击程序引发漏洞的启动，破坏整个服务系统的运行过程，进而渗透到服务系统中，造成目标网络的损失。

目前，对各个网站的攻击几乎都使用到了应用漏洞分析与渗透技术，攻击者或是利用 WWW 服务器的漏洞，或是利用操作系统的缺陷攻入服务器，篡改网站主页。最近经常提及的对微软的 IIS 服务器的攻击，就是利用 IIS 对 unicode 解释的缺陷实现的。由于这类错误，入侵者甚至只使用浏览器就可以随意地篡改网站服务器的内容。例如，病毒 Nimda 就是利用了 Outlook Express 的安全漏洞迅速地传播开来的。

应用漏洞从错误类型上主要包括服务流程漏洞和边界条件漏洞。

（1）服务流程漏洞

服务流程漏洞指服务程序在运行处理过程中，由于流程次序的颠倒或对意外条件的处理的随意性，造成用户有可能通过特殊类型的访问绕过安全控制部分或使服务进入到异常的运行状态。

例如，著名的 IIS 漏洞就是由 Unicode 的解释过程在路径安全确认过程之后这样的流程错误产生的。利用这种流程错误，用户可以将路径分割符分解为 Unicode 编码中的两个字符，造成服务在确认路径的时候被误认为属于文件名而分析通过，在经过 Unicode 解释后，系统根据指定的路径达到了对系统非公开资源的非法访问。又如用户可以对处理输入不严密的 CGI 程序输入含有运行代码的请求，如果没有对输入进行合法性的处理，CGI 程序就会在执行的过程中启动用户写入的运行代码，造成系统信息的泄漏或破坏。

（2）边界条件漏洞

边界条件漏洞则主要针对服务程序中存在的边界处理不严谨的情况。在对服务程序的开发过程中，很多边界条件尤其是对输入信息的合法性处理往往很难做到周全，在正常情况下，对边界条件考虑的不严密并不会造成明显可见的错误，但这种不严密的处理却会带来严重的安全隐患。在边界漏洞中，以内存溢出错误最为普遍，影响也最为严重。有很多攻击都是利用超长的数据填满数据区并造成溢出错误，利用这种溢出在没有写权限的内存中写入非法数据。

这些数据有些只是单纯地造成相关服务的停止，而另一些则带有可运行信息，通过溢出，重定向了返回指针，启动写入数据中的运行代码，获取远程操作系统的超级管理员权限或是对数据进行破坏，造成服务甚至整个系统的崩溃。由于这种攻击涉及系统内核和内存分配，与操作系统直接相关，但往往非常有效，并且很难杜绝。这种类型的攻击是目前应用最多的攻击方式，对于网络的影响也最为严重。这类攻击包括 BIND 溢出攻击、Sendmail 溢出攻击、Linuxbash 缓冲溢出攻击等。随着应用程序的复杂性不断提高，边界条件类型的漏洞将会不断出现，而基于这种漏洞的攻击也会不断增加。

4．社会工程学

社会工程学与黑客使用的其他技术具有很大的差别，它所研究的对象不是严谨的计算机技术，而是目标网络的人员。社会工程学主要是利用说服或欺骗的方法来获得对信息系统的访问。这种说服和欺骗通常是通过和人交流或其他互动方式实现的。

简单地说，社会工程学就是黑客对人类天性趋于信任倾向的聪明利用。黑客的目标是获得信息，通过获得那些重要系统未授权的访问路径来获取该系统中的某些信息。信任是一切安全的基础。一般认为对于保护与审核的信任是整个安全链中最薄弱的一环，人类那种天生愿意相信其他人说词的倾向让大多数人容易被这种手段所利用。这也是许多很有经验的安全专家所强调的。

可以从两个层次来对社会工程学类的攻击进行分析：物理上的和心理上的。

（1）物理分析

物理上，入侵发生的物理地点可以是工作区、电话、目标企业垃圾堆，甚至是在网上。

对于工作区来说，黑客可以只是简单地走进来，冒充允许进入公司的维护人员或是顾问。大多数情况下，入侵者可以对整个工作区进行深入的观察，直到找到一些密码或是一些可以利用的资料之后离开。另一种获得审核信息的手段就是站在工作区观察公司雇员如何键入密码并偷偷记住。

最流行的社会工程学手段是通过电话进行的。黑客可以冒充一个权力很大或是很重要的人物的身份，打电话从其他用户那里获得信息。一般机构的咨询台容易成为这类攻击的目标。咨询台之所以容易受到社会工程学的攻击，是因为他们所处的位置就是为他人提供帮助的，因此就可能被人利用来获取非法信息。咨询台人员一般接受的训练都是要求他们待人友善，并能够提供别人所需要的信息，所以这就成了社会工程学家们的金矿。大多数的咨询台人员所接受的安全领域的培训与教育很少，这就造成了很大的安全隐患。

翻垃圾是另一种常用的社会工程学手段。因为企业的垃圾堆里面往往包含了大量的信息。在垃圾堆中可以找出很多危害安全的信息，包括企业的电话簿、机构表格、备忘录等。这些资源可以向黑客提供大量的信息。电话簿可以向黑客提供员工的姓名、电话号码来作为目标和冒充的对象。机构的表格包含的信息可以让他们知道机构中的高级员工的姓名。备忘录中的信息可以让他们一点点地获得有用信息来帮助他们扮演可信任的身份。企业的规定可以让他们了解机构的安全情况如何。日期安排表更是重要，黑客可以知道在某一时间有哪些员工出差不在公司。系统手册、敏感信息，还有其他的技术资料可以帮助黑客闯入机构的计算机网络。废旧硬件，特别是硬盘，黑客可以对它进行恢复来获取有用信息。

Internet 是使用社会工程学来获取密码的乐园。这主要是因为许多用户都把自己所有账号的密码设置为同一个。所以一旦黑客拥有了其中的一个密码以后，他就获得了多个账号的使用权。黑客常用的一种手段是通过在线表格进行社会工程学攻击。他可以发送某种彩票中奖的消息给用户，然后要求用户输入姓名（以及电子邮件地址，这样他甚至可以获得用户在机构内部使用的账号名）以及密码。这种表格不仅可以以在线表格的方式发送，同样可以使用普通邮件进行发送。况且，如果是使用普通信件方式，这些表格看上去就会更加像是从合法的机构中发出的，欺骗性也就更大了。黑客在线获得信息的另一种方法是冒充为该网络的管理员，通过电子邮件向用户索要密码。

这种方法并不是十分有效，因为用户在线的时候对黑客的警觉性比不在线时要高，但是该方法仍然是值得考虑的。此外，黑客也有可能放置弹出窗口，并让它看起来像是整个网站的一部分，声称是用来解决某些问题的，诱使用户重新输入账号与密码。这时用户一般会知道不应当通过明文来传输密码，但是，即使如此，管理员也应当定期提醒用户防范这种类型的欺骗。如果想做到更加安全，系统管理员应当警告用户，除非是与合法可信网络工作员工进行面对面交谈，否则任何时候都不能公开自己的密码。

电子邮件同样可以用来作为更直接获取系统访问权限的手段。例如，从某位有信任关系的人那里发来的电子邮件附件中可能携带病毒、蠕虫或者木马。为了攻击目标网络，黑客通常会将包含后门的邮件发送给目标网络中的用户。只要存在缺乏安全防范意识的用户，后门就可能被安装，黑客就获得了一个隐蔽的攻击通道，为下一步攻击更重要的系统做准备。

（2）心理分析

除了这些物理手段以外，黑客也可能充分利用用户的心理，从心理学角度进行社会工程学式的攻击。基本的说服手段包括扮演、讨好、同情、拉关系等。不论是使用哪一种方法，主要目的还是说服目标泄露所需要的敏感信息。

扮演一般来讲是构造某种类型的角色并按该角色的身份行事。经常采用的角色包括维修人员、技术支持人员、经理、可信的第三方人员或者企业同事。角色通常是越简单越好。某些时候就仅仅是打电话给目标，索取需要的信息。但是这种方式并不是任何时候都有效。在其他情况下，黑客会专心调查目标机构中的某一个人，并在他外出的时候冒充他的声音来打电话询问信息。

还有一种比较有争议的社会工程学手段是仅仅简单地表现出友善的一面来套取信息。其理由是大多数人都愿意相信打电话来寻求帮助的同事所说的话。所以黑客只需要获得基本的信任就可以了，稍稍恭维一下就会让其乐意进一步合作。

获得非法信息更为高级的手段称为"反向社会工程学"。黑客会扮演一个不存在的但是权利很大的人物，让企业雇员主动地向他询问信息。如果深入地研究、细心地计划与实施的话，反向社会工程学攻击手段可以让黑客获得更多更好的机会来从雇员那里获得有价值的信息。但是这需要大量的时间来准备，研究以及进行一些前期的黑客工作。反向社会工程学包括三个部分：暗中破坏，自我推销和进行帮助。黑客先是对网络进行暗中破坏，让网络出现明显的问题，然后对网络进行维修并从雇员那里获得真正需要的信息。那些雇员不会知道他是个黑客，因为网络中出现的问题得到解决，所有人都会很高兴。

社会工程学的攻击对象是目标网络中的工作人员和目标网络中的运行管理制度。对于人员的安全管理，包括安全知识的培训，其花费往往是巨大的。社会工程学没有或是很少利用目标网络中的技术漏洞，它利用人员对制度实际操作中的灵活性，对目标网络进行渗透。这种攻击技术很难防范，而对于受到这种攻击的企业，由于涉及暴露其自身的制度和管理漏洞，在某种程度上会损害企业的形象，因此也只能自认倒霉。因此，社会工程学作为一种重要的信息搜集的方式，在黑客攻击的踩点阶段被广泛采用。

5. 恶意拒绝服务攻击

拒绝服务攻击最主要的目的是造成被攻击服务器资源耗尽或系统崩溃而无法提供服务。这样的入侵对于服务器来说可能并不会造成损害，但可以造成人们对被攻击服务器所提供服务的信任度下降，影响公司的声誉及用户对网络服务的使用。这类攻击主要还是利用网络协议的一些薄弱环节，通过发送大量无效请求数据包造成服务器进程无法短期释放，大量积累耗尽系统资源，使得服务器无法对正常的请求进行响应，造成服务的瘫痪。

通过普通的网络连线，使用者传送信息要求服务器予以确定，于是服务器回复用户。用户被确定后，就可登入服务器。"拒绝服务"的攻击方式就是利用了服务器在回复过程中存在的资源占用缺陷，用户将众多要求确认的信息传送到服务器，使服务器里充斥着这种无用的信息。所有的信息都有需回复的虚假地址，以至于当服务器试图回传时，却无法找到用户。根据协议的规定，服务器相关进程会进行暂时的等候，有时超过一分钟，之后才进行进程资源的释放。由于不断地发送这种虚假的连接请求信息，当进入等待释放的进程增加速度远大于系统释放进程的速度时，就会造成服务器中待释放的进程不断积累，最终造成资源的耗尽而导致服务器瘫痪。

最基本的 DoS 攻击就是利用这种合理的服务请求来占用过多的服务资源，从而使合法用户无法得到服务器的响应。而 DDoS 攻击手段是在传统的 DoS 攻击基础之上产生的一类攻击方式。单一的 DoS 攻击一般是采用一对一的方式，当攻击目标 CPU 速度低、内存小或者网络带宽小等各项性能指标不高时，效果是明显的。随着计算机与网络技术的发展，计算机的处理能力迅速增长，内存大大增加，同时也出现了千兆级别的网络，这使得 DoS 攻击的困难程度加大了。这样分布式的拒绝服务攻击手段（DDoS）就应运而生了。它利用大量的傀儡机来发起进攻，用比从前更大的规模来进攻受害者。

高速广泛连接的网络给大家带来了方便，也为 DDoS 攻击创造了极为有利的条件。在低速网络时代，黑客占领攻击用的傀儡机时，总是会优先考虑离目标网络距离近的机器，因为经过路由器的跳数少，效果好。而现在电信骨干结点之间的连接都是以 G 为级别的，大城市之间更可以达到 2.5 Gbit/s 的连接，这使得攻击可以从更远的地方或者其他城市发起，攻击者的傀儡机位置可以分布在更大的范围内，选择起来更灵活了。

一个比较完善的 DDoS 攻击体系分成三大部分：傀儡控制、攻击用傀儡和攻击目标。傀儡控制和攻击用傀儡分别用做控制和实际发起攻击。对攻击目标来说，DDoS 的实际攻击包是从攻击用傀儡机上发出的，傀儡控制机只发布命令而不参与实际的攻击。对傀儡控制和攻击用傀儡计算机，黑客有控制权或者是部分的控制权，并把相应的 DDoS 程序上传到这些平台上，这些程序与正常的程序一样运行并等待来自黑客的指令，通常它还会利用各种手段隐藏自己不被别人发现。

在平时，这些傀儡机器并没有什么异常，只是一旦黑客与它们连接进行控制，并发出指令的时候，攻击傀儡机就成为害人者并发起攻击了。发起拒绝服务攻击时，黑客通常要进行信息搜集，攻击其他的安全强度较低的网络，在被攻击网络的主机中安装傀儡程序作为攻击主机。完成以上工作后，黑客就明确了攻击目标，并组成了 DDoS 攻击体系中的傀儡控制和攻击用傀儡部分，可以进行实际的攻击了。

拒绝服务攻击由于不是使用什么漏洞，目前还没有很好的解决方案，因此也就被恶意的入侵者大量地使用。前面提到的地址欺骗攻击方式中，入侵者一般先要对被仿冒计算机进行拒绝服务攻击，使得被仿冒计算机无法进行正常响应，从而假冒应答完成地址欺骗。

6．病毒或后门攻击

计算机病毒检测与网络入侵防御在计算机与网络技术不断发展的促进下，出现了需要共同防御的敌人。现在的病毒不仅仅是通过磁盘才能传播，为了适应网络日益普及的形式，病毒也在自身的传播方式中加入了网络这个可能会造成更大危害的传播媒介。为了能够在网络上传播，病毒也越来越多地继承了网络入侵的一些特性，成为一种自动化的软体网络入侵者。它们利用网络入侵技术，通过网络进行广泛的传播渗透，Nimda 病毒就属此类。它们利用网络入侵的方式，侵入计算机并利用被感染计算机，对周围的计算机进行入侵扫描以进一步传播感染其他的计算机。

有些病毒（或者叫木马）感染计算机，为远程入侵者提供可以控制被感染计算机的后门，著名的冰河病毒就属此类。入侵者通过各种手段，在用户主机上安装后门服务程序，并利用自身的客户程序监视主机的行为，甚至控制主机的操作。

病毒或后门攻击技术主要是漏洞攻击技术和社会工程学攻击技术的综合应用。通常入侵者会利用社会工程学将病毒或后门绕过安全防御体系引入到目标网络内部。在进入内部后，病毒或后门自身在提供黑客进行访问和攻击的通道的同时，还不断地利用掌握的应用漏洞在目标网络内部进行广泛的散播。由于病毒有很强的自我保护和复制能力，因此，借助于目标网络内部的网络环境，可以迅速感染目标网络中的其他主机。随着现在用户间数据交换的日益普及，后门和病毒被广泛地传播，对网络的安全以及用户的利益造成了极大的危害。

7.3.4 针对网络的攻击与防范

除了针对不同的操作系统进行攻击外，还有针对网络设备的攻击。物理网络是网络服务的基础，在脆弱的网络上是不可能有坚固的系统的。只要网络中存在远程控制的渠道，就有可能被黑客利用对整个网络进行破坏。针对网络的攻击，主要的目标集中在网络的访问设备，如拨号服务器、VPN 访问，同时也会针对防火墙等安全防护设备。对于无线访问式的网络，黑客通常尝试对无线信号进行接收实现对网络中内容的获取。除了达到渗透的目的，攻击者还经常通过拒绝服务的攻击方式对网络进行攻击，阻碍目标网络对外提供正常的服务，从而对企业，尤其是网络服务企业的形象造成极大的影响。

1. 拨号和 VPN 攻击

随着技术的进步，ADSL 等宽带入户的解决方案进入了千家万户。但拨号网络访问以其稳定性和设备的简单性，到现在还被广泛地使用。甚至在一些拥有高速网络接口的企业，由于老设备继续使用、内部办公需要等原因，通常会保留拨号访问的接口。而正是这些接口，可能会对企业网造成可怕的安全影响。对于存在安全保护不当的远程访问服务器的网络，黑客完全可以不必在拥有防火墙保护的接口上费心。通过这些照管不周的接口就可以顺利地实现对网络的入侵。拨号攻击与其他攻击类似，同样要经过踩点、扫描、查点和漏洞发掘四个步骤。

拨号攻击的过程主要是利用拨号攻击工具顺序地拨打大量的电话号码，记录有效的数据连接，尝试确认在电话线另一端的系统，再通过猜测，以常用的用户名和保密短语有选择地尝试登录。

（1）准备拨号攻击

拨号攻击首先要确认目标电话号码范围。恶意的黑客通常会从企业名称着手，从能够想到的尽可能多的来源汇集出一个潜在号码范围的清单。这其中最明显的方式是查找电话号码簿。一旦找到企业的主电话号码，入侵者通常会利用自动程序尝试拨打这个端局交换机号码，根据反馈的连接尝试结果获得拨号服务器的号码。

另一个可能的策略是利用社会工程学技术，从安全意识不强的企业人员口中套出目标公司的电话号码信息。这是获得公开的远程访问或数据中心电话线路信息的好方法，通常可以获得与主电话号码不属于同一端局的拨号服务器号码。除了使用电话簿外，目标公司网站也是寻找电话号码的重要信息来源。许多企业会在 Internet 上发布企业完整的电话目录。

除了这些信息以外，对于企业相关人员对外注册信息的搜集更可以进一步获得有用的攻击信息。例如，从网络上公布的域名注册详细信息，攻击者可以获得注册企业的主电话号码，同时，还可以根据注册人猜测出一个可能的网络用户名称，而通常这个名称的主人属于企业的高层用户或系统的高级管理人员。

除了通过拨号获得拨号服务器可能的号码以外，通过拨号分析，入侵者还可以了解到公司人员的姓名以及工作状态信息，包括员工是否在较长时间无法注意到自身用户账号上的异常行为。通过对员工电话问候语的分析，入侵者甚至可以了解到各个人员在企业中的重要程度，并以此进行攻击优先次序的调整。

通过对拨号服务器反馈信息的分析，可以找到易于渗透的调制解调器，在确认这个连接到底有多脆弱时，往往需要仔细检查拨号的信息并手工进行跟踪处理。通过对反馈信息的分析，攻击者可以获得服务器的生产商以及服务器的型号版本，根据这些信息，可以选择正确的登录模式并根据服务器可能的默认账户和存在的漏洞进行进一步的攻击。

（2）拨号攻击渗透

当信息搜集有了成果，下一步就是将得到的有价值信息进行分类。通过对服务器连接特性的分析，攻击者构成专门的攻击脚本。利用专门的攻击进行访问性的猜测攻击。影响攻击脚本的因素主要包括：

- 连接是否超时或尝试次数的阈值；
- 超过阈值后的处理措施，如使当前连接无效等；
- 连接是否只在一定时间内允许；
- 认证的方式；
- 用户代号和密码的最大字节数以及组成字符的允许范围；
- 是否对 CTRL-C 等特殊键有反应，从而搜集到额外的信息；
- 系统标示信息，信息是否会出现变化以及信息类型。

根据对这些因素相关信息的搜集，就可以对服务器实施攻击渗透。根据以上因素，也可以确认服务器的攻击难度，服务器攻击难度分为以下 5 个级别：

第一级，具有容易猜到的进程使用的密码。

第二级，单一认证，无尝试次数限制。此类系统只有一个密码或 ID，且调制解调器在多次尝试失败后不会断开连接。

第三级，单一认证，有尝试次数限制。此类系统只有一个密码或 ID，但调制解调器在预设的尝试次数失败后会断开连接。

第四级，双重认证，无尝试次数限制。此类系统有两种认证机制。如需要同时确认用户名和密码，调制解调器在多次尝试失败后不会断开连接。

第五级，双重认证，有尝试次数限制。此类系统有两种认证机制。调制解调器在预设的尝试次数失败后会断开连接。

级别越高，攻击的难度越大，脚本的处理也就越敏感。对于属于第一级的拨号访问设备，基本上可以通过手工完成猜测过程。根据设备的类型，使用系统默认或其他方式对获得的用户名、密码进行尝试，可以顺利地进入系统。

对于属于第二级的设备，获取访问权所需要的主要是密码。而由于连接尝试没有次数限制，因此可以通过字典方式的蛮力攻击进行密码猜测。第三级的设备与上一级相比攻击的时间相对较多，主要的区别就是在经过一定的猜测尝试后要进行挂起的处理，再重新拨打尝试。对第四级和第五级的设备的攻击，要输入的信息更多一些，因此其敏感性更高，也更容易犯错。所花的时间也要高出许多。

（3）VPN 攻击

由于电话网络的稳定性和普及性，拨号访问在很长一段时间内还会是重要的访问方式。然而技术界不断创新的前沿阵地早已揭示了将来的远程访问机制，那就是 VPN 虚拟专用网。VPN 技术在最近几年蓬勃发展，并稳步进入了公用和私用网络体系。虽然 VPN 相当注重连接的安全性，但在实际生活当中，仍不乏 VPN 网络被成功攻破的事例。

例如，对于微软公司 PPTP 实现，就有着很多的攻击工具。微软公司 PPTP 协议的漏洞主要体现在以下几个方面：

① 微软公司的安全认证协议 MS CHAP 依赖于强度很低的传统加密函数 LanManager 散列算法。

② 用于加密网络数据的会话密钥的种子数据是根据用户提供的密码生成的，从而潜在地把实际的密钥位长度降到了声明的 40 位或 128 位之下。

③ 会话加密算法使用对称 RC4 算法，在发送和接收双向会话中密钥被重用，削弱了算法的强度，使得会话容易遭受常见的加密攻击。

④ 协商和管理连接的控制通道完全未经认证，易遭受拒绝服务型攻击和欺骗攻击。

⑤ 只加密了数据有效负载，从而允许窃听者从控制通道分组中获得许多有用的信息。

（4）防范措施

对于拨号攻击的防范主要是对企业中使用的拨号访问设备进行管理，包括对拨号线路进行清点，消除未经授权的拨号连接；同时将拨号服务集中，并隐蔽线路的号码，包括不公开相关的信息，拨号服务号码不在企业公布的电话号码范围以及相关端局范围内；确保拨号设备的物理安全性，提升拨入的认证要求，同时不显示标识信息并对连接操作日志进行定期的分析。当然，除了这些技术上的防范方法，还需要企业在管理上对访问情况有严格的策略，防止访问的随意性和不可控性。

2．针对防火墙的攻击

现在，防火墙已被公认为企业网络安全防护的基本设备。市场上主要有两类防火墙：应用代理和分组过滤网关。尽管一般认为应用代理比分组过滤网关安全，但应用代理的限制特性和对性能的影响却使得它的适用场合局限于从 Internet 上其他位置外来的分组流动，而不是从企业内部服务器外出的分组流动。而分组过滤网关以及更为先进的全状态分组过滤网关能在许多具有高性能要求的较大机构中较好地运行。

防火墙自开始部署以来，已保护无数的网络躲过恶意的攻击行为，然而它们还远远不是保障网络安全的灵丹妙药。市场上每个防火墙产品几乎每年都有安全脆弱点被发现。更糟糕的是，大多数防火墙往往配置不当，且没有人进行及时的维护和监管，失去了对现代攻击进行防护的能力。

由于防火墙在开发和使用中存在种种的缺陷，因此攻击者可以利用这些有利的因素，对安置防火墙的企业发动攻击。由于现在的一些错误心理，认为只要安上了防火墙就可以保证企业的安全，攻击者可以轻易地进入到"柔软的网络中心"，进行肆意的破坏而不被及时发觉。

需要指出的是，现实世界中，要想绕过配置得当的防火墙极为困难。然而使用 traceroute、nmap 之类的信息搜集工具，攻击者可以发现或推断出经由目标站点的路由器和防火墙的访问通路，并确定防火墙的类型。当前发现的许多脆弱点，原因在于防火墙的错误配置及缺乏有效的管理和维护，这两点一旦被加以利用，所导致的后果将会是毁灭性的。

（1）防火墙的确定

几乎每种防火墙都会发出独特的电子"气味"。即凭借端口扫描、标识获取等方式，攻击者能够有效地确定目标网络上几乎每个防火墙的类型、版本甚至所配置的规则。一旦确认了目标网络的防火墙，攻击者就能够确认防火墙的脆弱点，并利用这些漏洞对目标网络进行渗透。

查找防火墙最简便的方法就是对特定的默认端口执行扫描。市场上一些防火墙使用简单的端口扫描就会显露原形。例如，CheckPoint 的著名防火墙 Firewall-1 监听 256、257 和 258 端口上的 TCP 连接，Microsoft 的 ProxyServer 则通常在 1080 和 1745 端口上监听 TCP 连接。这样，只要利用端口扫描工具对网段中的相关端口进行扫描，就可以轻易确认防火墙的类型。

另一种寻找防火墙的方式是使用 traceroute 这样的路由跟踪工具。检查到达目标主机的路径上每一跳的具体地址和基本名称属性。通常到达目标之前的最后一跳是防火墙的概率很大。当然，如果目标存在不对过期分组进行响应的路由器或防火墙，那么这种寻找很难达到效果，一般需要在获取路径信息后，进行进一步的分析检测，确认最后一跳是否是防火墙。

扫描防火墙有助于寻找防火墙，甚至确认防火墙的类型。但大多数的防火墙并没有打开默认端口进行监听，因此还需要其他的一些定位防火墙的方法。与很多的应用服务相类似，许多的防火墙在连接的时候都会声明自己的防火墙功能以及类型和版本，这在代理性质的防火墙中更为普遍。通过了解这些标识信息，攻击者就能够发掘出大量已知的漏洞或常见的错误配置。

例如，在 21 号端口上使用 Netcat 连接一台怀疑是防火墙的主机时，可以看到如下的信息：

```
C:\\>nc-v-n192.168.51.12921
(UNKNOWN)\[192.168.21.129\]21(?)open
220SecureGatewayFTPserverready
```

其中，"SecureGatewayFTPserverready"是老式 RagleRaptor 防火墙的特征标志。为了进一步确认，连接其 23 号端口：

```
C:\\>nc-v-n192.168.51.12923
(UNKNOWN)\[192.168.21.129\]23(?)open
EagleSecureGateway
Hostname:
```

从以上内容就可以进一步证明该防火墙的类型。同时也可以初步确认，这个防火墙没有经过很严格的安全管理。

如果以上的方法都无法确认防火墙的信息，那么攻击者需要使用很高级的技术查找防火墙的信息。通过探测目标并留意到达目标所经历的路径，攻击者可以推断出防火墙和配置规则。例如，可以用 nmap 工具对目标主机进行扫描，获知哪些端口是打开的，哪些端口是关闭的，以及哪些端口被阻塞。通过对这些信息的分析，可以得到关于防火墙配置的大量素材。

对于一个配置不慎的防火墙来说，攻击者可以通过各种分析和扫描工具检查到它的存在以及具体的类型和配置信息。通过这些信息的搜集，攻击者可以查阅手头的资料，找到可以利用的漏洞或逻辑后门透过或绕开防火墙，进入企业内部。

（2）源端口扫描

传统的分组过滤防火墙存在一个很大的缺陷，即不能维持状态信息。由于无法维持状态，防火墙也就不能分辨出连接是源于防火墙外还是内。这样对部分类型的连接就无法有效地控制。例如，对于提供 FTP 服务的网络，为了允许 FTP 数据通道通过防火墙，需要防火墙允许 20 号端口与内部网络高数值端口的连接。这样，如果防火墙不能维护状态信息，就无法追踪一个 TCP 连接与另一个连接的关系，这样，所有从 20 号端口到内部网络高数据端口的连接都允许有效地不加阻挡地通过。

对于这种传统的分组过滤防火墙，可以利用这一弱点攻击防火墙后面脆弱的系统。利用端口重定向工具，可以将远端口设为 20，从而透过防火墙进行漏洞的挖掘工作。

（3）分组过滤防火墙攻击

分组过滤防火墙主要依赖于 ACL 规则确定各个分组是否有权出入内部网络。大多数情况下，这些 ACL 规则是精心设计的，难以绕过。但对于防火墙来说，难免存在不严格的 ACL 规则，允许某些类型的分组不受约束地通过。例如，企业希望自己的 ISP 提供 DNS 服务。相关的规则就可能设为"允许来自 53 号 TCP 源端口的所有活动"，这就是一个很不严格的规则，它将可能允许攻击者从外部扫描整个目标网络。只要攻击者伪装成 53 号端口通信，就可以顺利地透过防火墙进入到企业网络内部，进行扫描和肆意的破坏。

通常，这种规则应设定为"允许来自 ISP 的 DNS 服务器的源和目的 TCP 端口号均为 53 的活动"。这样就可以避免由于允许范围的扩大而造成攻击的可能性。

除了精心定制规则以外，对于部分防火墙，它们都有着默认打开的端口。例如，CheckPoint 提供默认打开着的端口，包括 DNS 查找（53 号 UDP 端口）、DNS 区域传送（53 号 TCP 端口）和 RIP（520 号 UDP 端口）。通过这些默认端口的分组数据一般不会进行日志记录。如果攻击者确认了防火墙的类型，就可以用伪装默认端口的方法有效地绕过所设置的防火墙规则。攻击者首先设法在网络内部安装后门程序，这一般可以利用社会工程学中的种种欺骗手段实现。之后，攻击者就可以利用这些默认的端口与后门程序进行通信，进而在完全没有安全记录的情况下实施对整个内部网络的攻击。

（4）应用代理的攻击

与分组过滤防火墙相比，应用代理的弱点较少。一旦加强了防火墙的安全并实施稳固的代理规则，代理防火墙是难以绕过的。但是，在实际的运行中，对应用代理的错误配置并不少见。

在使用某些较早的 UNIX 代理时，管理员通常会忘记限制本地访问。尽管内部用户访问 Internet 时存在认证要求，但他们却有可能获取到防火墙本身的本地访问权限。如果可以进行本地登录，防火墙本身的安全性就成了更大的问题。以前面在防火墙扫描中提到的 eagle 防火墙为例，在 hostname 中输入 localhost 并使用密码攻击技术，入侵者就有可能获得防火墙的本地访问权限。之后，根据操作系统的弱点进行攻击，入侵者获取 root 用户的权限并进一步控制整个防火墙。

一些应用代理服务器的安全性可能很高，建立了强壮的访问控制规则，但很多时候，系统管理员会忽略禁止外部连接通过该代理的访问权限。由于没有对代理访问进行认证，外部攻击者可能会将这些代理服务器作为发起攻击的跳板，隐藏自己的行踪。

举例来说，对于目前很流行的 WinGate 代理防火墙软件，它的默认参数包含很多的弱点，包括文件认证的 Telnet、SOCKS 和 Web。如果管理员只是简单地安装并且不进行安全性的配置，那么，这个代理软件会被攻击者利用作为攻击的跳板。在网络上，有着大量的诸如此类的代理防火墙，给安全管理员追踪可能的入侵行为带来了很大的困难。对于 WinGate 来说，默认的参数甚至允许用户通过管理端口远程查看系统的文件。这样就给 WinGate 系统本身带来了极大的漏洞，入侵者只需要连接 WinGate 的管理端口，就可以顺利浏览系统中的所有文件，获取系统中存放的用于认证的用户名和密码。

3．网络拒绝服务攻击

破坏一个网络或系统的运作往往比真正取得它们的访问权限容易得多，现在不断出现的具有强破坏性的种种拒绝服务（DoS）攻击就说明了这一点。像 TCP/IP 之类的网络互联协议是按照在开放和彼此信任的群体中使用来设计的，在当前的现实环境中却表现出内在的缺陷。此外，许多操作系统和网络设备的网络协议栈也存在缺陷，从而削弱了它们抵抗 DoS 攻击的能力。

DoS 攻击威胁了大范围的网络服务，它不仅造成了服务的中断，部分攻击还会造成系统的完全崩溃甚至设备的损毁，是目前最具有危险性的攻击。

（1）DoS 攻击类型

DoS 攻击从攻击目的和手段上主要分为以下一些类型，它们以不同的方式对目标网络造成破坏。

① 带宽耗用 DoS 攻击。最危险的 DoS 攻击是带宽耗用攻击。它的本质就是攻击者消耗掉通达某个网络的所有可用的带宽。这种攻击可以发生在局域网上，不过更常见的是攻击者远程消耗资源。为了达到这一目的，一种方法是攻击者通过使用更多的带宽造成受害者网络的拥塞。对于拥有 100 Mbit/s 带宽网络的攻击者来说，对于 T1 连接的站点进行攻击可以完全填塞目标站点的网络链路。另一种方法是攻击者通过征用多个站点集中拥塞受害者的网络连接来放大 DoS 攻击效果。这样带宽受限的攻击者就能够轻易地汇集相当高的带宽，成功地实现对目标站点的完全堵塞。

② 资源衰竭 DoS 攻击。资源衰竭攻击与带宽耗用攻击的差异在于前者集中于系统资源而不是网络资源的消耗。一般来说，它涉及诸如 CPU 利用率、内存、文件系统和系统进程总数之类系统资源的消耗。攻击者往往拥有一定数量系统资源的合法访问权。之后，攻击者会滥用这种访问权消耗额外的资源，这样，系统或合法用户被剥夺了原来享有的资源，造成系统崩溃或可利用资源耗尽。

③ 编程缺陷 DoS 攻击。部分 DoS 攻击并不需要发送大量的数据包来进行攻击。编程缺陷攻击就是利用应用程序、操作系统等在处理异常条件时的逻辑错误实施的 DoS 攻击。攻击者通常向目标系统发送精心设计的畸形分组来试图导致服务的失效和系统的崩溃。

④ 基于路由的 DoS 攻击。在基于路由的 DoS 攻击中，攻击者操纵路由表项以拒绝向合法系统或网络提供服务。诸如路由信息协议和边界网关协议之类较早版本的路由协议没有或只有很弱的认证机制。这就给攻击者变换合法路径提供了良好的前提，往往通过假冒源 IP 地址就能创建 DoS 攻击。这种攻击的后果是受害者网络的分组或者经由攻击者的网络路由，或者被路由到不存在的黑洞网络上。

⑤ 基于 DNS 的 DoS 攻击。基于 DNS 的攻击与基于路由的 DoS 攻击类似。大多数的 DNS 攻击涉及欺骗受害者的域名服务器高速缓存虚假的地址信息。这样，当用户请求某 DNS 服务器执行查找请求的时候，攻击者就达到了把它们重定向到自己喜欢的站点上的效果。

（2）DoS 攻击手段

一些 DoS 攻击可以影响许多类型的系统，将系统的网络带宽或资源耗尽。这些攻击的常用要素是协议操纵。如果诸如 ICMP 这样的协议被操纵用于攻击目的，它就有能力同时影响许多系统。DoS 攻击主要有以下攻击手段。

① Smurf 攻击。Smurf 攻击是一种最令人害怕的 DoS 攻击。该攻击向一个网络上的多个系统发送定向广播的 ping 请求，这些系统接着对请求做出响应，造成了攻击数据的放大。Smurf 攻击通常需要至少三个角色：攻击者、放大网络和受害者。攻击者向放大网络的广播地址发送源地址，伪造成受害者系统的 ICMP 回射请求分组。放大网络中的各个主机相继向受害者系统发出响应。如果攻击者给一个拥有 100 个会对广播 ping 请求做出响应的系统的放大网络发出 ICMP 分组，它的 DoS 攻击效果就放大了 100 倍。这样，大量的 ICMP 分组发送给受害者系统，造成网络带宽的耗尽。

② SYN 洪泛。在 Smurf 攻击流行前，SYN 洪泛一度是最具有破坏性的 DoS 攻击。从原理上讲，主要是利用 TCP 连接的三次握手过程中的资源不平衡性。发动 SYN 攻击时，攻击者会发送一个从系统 A 到系统 B 的 SYN 分组，不过他用一个不存在的系统伪装源地址。系统 B 试图发送 SYN/ACK 分组到这个欺骗地址。由于响应的系统并不存在，因此 B 系统就无法收到响应的 RST 分组或 ACK 分组，直到连接超时。由于连接队列的容量通常很小，攻击者通常只需要 10 秒钟发送若干 SYN 分组就能够完全禁止某个特定的端口，造成相对应的服务无法对正常的请求进行响应。

这种攻击非常具有破坏性。首先，它成功地引发 SYN 洪泛只需要很小的带宽。其次，由于攻击者对 SYN 分组的源地址进行伪装，而使得 SYN 洪泛成了隐蔽的攻击，查找发起者变得非常困难。

③ PTR 记录欺诈。递归的功能允许 DNS 服务器处理不是自己所服务区域的解析请求。当某个 DNS 服务器接收到一个不是自己所服务区域的查询请求时，它将把该请求间接传送给所请求区域的权威性 DNS 服务器。从这个权威性服务器接收到响应后，最初的 DNS 服务器把该响应发回给请求方。对于脆弱的 BIND 版本，攻击者利用 DNS 递归的功能，产生虚假的高速缓存 DNS 信息。该攻击称为 PTR 记录欺诈，它发掘的是从 IP 地址映射到主机名称过程中的漏洞。通过将主机名称映射到其他的 IP 地址或不存在的 IP 地址，用户就无法正确地获得需要的服务，达到拒绝服务的目的。

（3）DDoS 攻击

在 2000 年 2 月，出现了分布式的拒绝服务（DDoS）攻击，多个著名的网站受到了这种攻击，造成了不可估量的损失。DDoS 攻击的第一步是瞄准并获得尽可能多的系统管理员访问权。这种相当危险的任务通常是用客户化的攻击脚本来指定脆弱的系统。一旦获得了对系统的访问权，攻击者会将 DDoS 软件上传并运行，大多数的 DDoS 服务器程序运行的方式是监听发起攻击的指令。这样攻击者只需将需要的软件上传到尽可能多的受损系统上，然后等待适当的时机发起攻击命令即可。

TFN 攻击是第一个公开的 UNIX 分布式拒绝服务攻击。TFN 有客户端和服务器端组件，允许攻击者将服务器程序安装至远程的系统上，然后在客户端上使用简单的命令，就可以发起完成分布式拒绝服务攻击。

这种 DDoS 攻击工具更进一步，它将主控与被控之间的通信进行了加密，躲避入侵检测系统的检测。同时它还可以用 rcp 命令在需要时升级服务器组件，进行新的 DDoS 攻击。

7.4 入侵检测原理

7.4.1 入侵检测概念

入侵检测作为其他经典手段的补充和加强，是任何一个安全系统中不可或缺的最后一道防线。攻击检测可以分为两种方法：被动、非在线地发现和实时、在线地发现计算机网络系统中的攻击者。从大量非法入侵或计算机盗窃案例可以清晰地看到，计算机系统的最基本防线"存取控制"或"访问控制"，在许多场合并不是防止外界非法入侵和防止内部用户攻击的绝对无懈可击的屏障。大量攻击成功的案例是由于系统内部人员不恰当地或恶意地滥用特权而导致的。入侵检测则类似于治安巡逻队，专门注重于发现形迹可疑者，信息系统的攻击者很有可能通过了城门的身份检查，或者爬越了城墙而混入城中，这时要想进一步加强信息系统的安全强度，就需要增派一支巡逻队，专门负责检查在城市中鬼鬼祟祟行动可疑的人员。

对于信息系统安全强度而言，联机或在线的攻击检测是比较理想的，能够在案发现场及时发现攻击行为，有利于及时采取对抗措施，使损失降低到最低限度。同时也为抓获攻击犯罪分子提供有力的证据。但是，联机的或在线的攻击检测系统所需的系统资源几乎随着系统内部活动数量的增长呈几何级数增长。

入侵检测最早是由 James Anderson 于 1980 年提出来的，其定义是：对潜在的有预谋的未经授权的访问信息、操作信息，以及致使系统不可靠、不稳定或无法使用的企图的检测和监视。从该定义可以看出，入侵检测对安全保护采取的是一种积极、主动的防御策略，而传统的安全技术都是一些消极、被动的保护措施。因为，如果入侵者一旦攻破了由传统安全技术所设置的保护屏障，这些技术将完全失去作用，对系统不再提供保护，而入侵者则对系统可以进行肆无忌惮的操作，当然包括一些很有破坏性的操作。对于这些，传统的安全技术是无能为力的。但是入侵检测技术则不同，它对进入系统的访问者（包括入侵者）能进行实时的监视和检测，一旦发现访问者对系统进行非法的操作（这时访问者成了入侵者），就会向系统管理员发出警报或者自动截断与入侵者的连接，这样就会大大提高系统的完全性。所以对入侵检测技术研究是非常有必要的，并且它也是一种全新理念的网络（系统）防护技术。

入侵检测是对传统安全产品的合理补充，帮助系统对付网络攻击，扩展了系统管理员的安全管理能力（包括安全审计、监视、进攻识别和响应），提高了信息安全基础结构的完整性。它从计算机网络系统中的若干关键点收集信息，并分析这些信息，看看网络中是否有违反安全策略的行为和遭到袭击的迹象。入侵检测被认为是防火墙之后的第二道安全闸门，在不影响网络性能的情况下能对网络进行监测，从而提供对内部攻击、外部攻击和误操作的实时保护。这些都通过它执行以下任务来实现：

（1）监视、分析用户及系统活动；

（2）系统构造和弱点的审计；

（3）识别反映已知进攻的活动模式并向相关人士报警；

（4）异常行为模式的统计分析；

（5）评估重要系统和数据文件的完整性；

（6）操作系统的审计跟踪管理，并识别用户违反安全策略的行为。

入侵检测是网络安全的一个重要环节。在动态的计算机系统安全理论模型——PPDR 模型中，PPDR 是 Policy（策略）、Protection（防护）、Detection（检测）和 Response（响应）的缩写，特点是动态性和基于时间的特性，如图 7-2 所示。

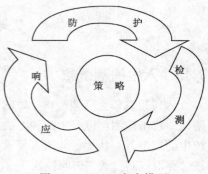

图 7-2　PPDR 安全模型

PPDR 模型阐述了这样一个结论：安全的目标实际上就是尽可能地增大保护时间，尽量减少检测时间和响应时间。入侵检测技术（Intrusion Detection）就是实现 PPDR 模型中"D"部分的主要技术手段。因此，从技术手段上分析，入侵检测可以看作是实现 PPDR 模型的承前启后的关键环节。

对一个成功的入侵检测系统来讲，它不但可使系统管理员时刻了解网络系统（包括程序、文件和硬件设备等）的任何变更，还能给网络安全策略的制定提供指南。更为重要的一点是，它应该管理、配置简单，从而使非专业人员非常容易地获得网络安全。而且，入侵检测的规模还应根据网络威胁、系统构造和安全需求的改变而改变。入侵检测系统在发现入侵后，会及时做出响应，包括切断网络连接、记录事件和报警等。

7.4.2　入侵检测的分类

入侵检测可以根据入侵检测原理、系统特征和体系结构来分类。

1. 根据检测原理分类

根据系统所采用的检测方法不同，可将 IDS 分为三类：异常检测系统、滥用检测系统、混合检测系统。

（1）异常检测系统。在异常检测系统中，观察到的不是已知的入侵行为，而是所研究的通信过程中的异常现象，它通过检测系统的行为或使用情况的变化来完成。在建立该模型之前，首先必须建立统计概率模型，明确所观察对象的正常情况，然后决定在何种程度上将一个行为标为"异常"，并做出具体决策。

异常检测系统只能识别出那些与正常过程有较大偏差的行为，而无法知道具体的入侵情况。由于对各种网络环境的适应性不强，且缺乏精确的判定准则，异常检测经常会出现虚警情况。

（2）滥用检测系统。在滥用检测系统中，入侵过程模型及其在被观察系统中留下的踪迹是决策的基础，所以可事先定义某些特征的行为是非法的，然后将观察对象与之进行比较，以做出判别。

滥用检测系统基于已知的系统缺陷和入侵模式，故又称特征检测系统。它能够准确地检测到某些特征的攻击，但却过度依赖事先定义好的安全策略，所以无法检测系统未知的攻击行为，从而产生漏警。

（3）混合检测系统。近几年来，混合检测系统日益受到人们的重视。这类检测系统在做出决策之前，既分析系统的正常行为，又观察可疑的入侵行为，所以判断更全面、更准确、更可靠。它通常根据系统的正常数据流背景来检测入侵行为，因而也有人称其为"启发式特征检测系统"。

2．根据系统特征分类

作为一个完整的系统，IDS 显然不仅仅只包括检测模块，它的许多系统特性非常值得研究。

（1）检测时间。有些系统以实时或近乎实时的方式检测入侵活动，而另一些系统在处理审计数据时则存在一定的延时。一般的实时系统可以对历史审计数据进行离线操作，系统就能够根据以前保存的数据重建过去发生的重要安全事件。

（2）数据处理的粒度。有些系统采用了连续处理的方式，而另一些系统则在特定的时间间隔内对数据进行批处理操作，这就涉及处理粒度的问题。它跟检测时间有一定关系，但两者并不完全一样，一个系统可能在相当长的时延内进行连续数据处理，也可以实时地处理少量的批处理数据。

（3）审计数据来源。数据来源主要有两种：网络数据和基于主机的安全日志文件。后者包括操作系统的内核日志、应用程序日志、网络设备（如路由器和防火墙）日志等。

（4）入侵检测响应方式。入侵检测响应方式分为主动响应和被动响应。被动响应型系统只会发出告警通知，将发生的不正常情况报告给管理员，它本身并不试图降低所造成的破坏，更不会主动地对攻击者采取反击行动。主动响应系统可以分为以下两类：

① 对被攻击系统实施控制的系统。它通过调整被攻击系统的状态，阻止或减轻攻击影响，例如断开网络连接、增加安全日志、杀死可疑进程等。

② 对攻击系统实施控制的系统。这种系统多被军方所重视和采用。

目前，主动响应系统还比较少，即使做出主动响应，一般也都是断开可疑攻击的网络连接，或是阻塞可疑的系统调用，若失败，则终止该进程。但由于系统暴露于拒绝服务攻击下，这种防御一般也难以实施。

（5）互操作性。不同的 IDS 运行的操作系统平台往往不一样，其数据来源、通信机制、消息格式也不尽相同，一个 IDS 与其他 IDS 或其他安全产品之间的互操作性是衡量其先进与否的一个重要标志。

3．根据体系结构分类

按照系统的体系结构，IDS 可分为集中式、等级式和协作式三种。

（1）集中式。集中式结构的 IDS 可能有多个分布于不同主机上的审计程序，但只有一个中央入侵检测服务器。审计程序把当地收集到的数据踪迹发送给中央服务器进行分析处理。但这种结构的 IDS 在可伸缩性、可配置性方面存在致命缺陷：第一，随着网络规模的增加，主机审计程序和服务器之间传送的数据量就会骤增，导致网络性能大大降低；第二，系统安全性脆弱，一旦中央服务器出现故障，整个系统就会陷入瘫痪；第三，根据各个主机不同需求配置服务器也非常复杂。

（2）等级式。等级式结构的 IDS 用来监控大型网络，它定义了若干个分等级的监控区，每个 IDS 负责一个区，每一级 IDS 只负责所监控区的分析，然后将当地的分析结果传送给上一级 IDS。这种结构仍存有两个问题：第一，当网络拓扑结构改变时，区域分析结果的汇总机制也需要做相应的调整；第二，这种结构的 IDS 最后还是要把各地收集到的结果传送到最高级的检测服务器进行全局分析，所以系统的安全性并没有实质性的改进。

（3）协作式。协作式结构的 IDS 是将中央检测服务器的任务分配给多个基于主机的 IDS，这些 IDS 不分等级，各司其职，负责监控当地主机的某些活动。所以，其可伸缩性、安全性都得到了显著的提高，但维护成本却高了很多，并且增加了所监控主机的工作负荷，如通信机制、审计开销、踪迹分析等。

7.4.3 入侵检测的步骤

一个完整的入侵检测过程包括三个阶段：信息收集、数据分析、入侵响应。

1．信息收集

入侵检测的第一步是信息收集，内容包括系统、网络、数据及用户活动的状态和行为。

而且，需要在计算机网络系统中的若干不同关键点（不同网段和不同主机）收集信息，这除了尽可能扩大检测范围的因素外，还有一个重要的因素就是从一个源来的信息有可能看不出疑点，但从几个源来的信息的不一致性却是可疑行为或入侵的最好标识。入侵检测利用的信息一般来自以下四个方面。

（1）系统和网络日志文件。黑客经常在系统日志文件中留下他们的踪迹，因此，充分利用系统和网络日志文件信息是检测入侵的必要条件。日志中包含发生在系统和网络上的不寻常和不期望活动的证据，这些证据可以指出有人正在入侵或已成功入侵了系统。通过查看日志文件，能够发现成功的入侵或入侵企图，并很快地启动相应的应急响应程序。日志文件中记录了各种行为类型，每种类型又包含不同的信息，例如记录"用户活动"类型的日志，就包含登录、用户 ID 改变、用户对文件的访问、授权和认证信息等内容。很显然，对用户活动来讲，不正常的或不期望的行为就是重复登录失败、登录到不期望的位置以及非授权的企图访问重要文件等。

（2）目录和文件中的不期望的改变。网络环境中的文件系统包含很多软件和数据文件，然而包含重要信息的文件和私有数据文件经常是黑客修改或破坏的目标。目录和文件中的不期望的改变（包括修改、创建和删除），特别是那些正常情况下限制访问的，很可能就是一种入侵产生的指示和信号。黑客经常替换、修改和破坏他们获得访问权的系统上的文件，同时为了隐藏系统中他们的表现及活动痕迹，都会尽力去替换系统程序或修改系统日志文件。

（3）程序执行中的不期望行为。网络系统上的程序执行一般包括操作系统、网络服务、用户启动的程序和特定目的的应用，例如数据库服务器。每个在系统上执行的程序由一到多个进程来实现。每个进程执行在具有不同权限的环境中，这种环境控制着进程可访问的系统资源、程序和数据文件等。一个进程的执行行为由它运行时执行的操作来表现，操作执行的方式不同，它利用的系统资源也就不同。操作包括计算、文件传输、设备和其他进程，以及与网络间其他进程的通信。

一个进程出现了不期望的行为可能表明黑客正在入侵该用户的系统。黑客可能会将程序或服务的运行分解，从而导致它失败，或者是以非用户或管理员意图的方式操作。

（4）物理形式的入侵信息。物理形式的入侵信息包括两个方面的内容：一是未授权地对网络硬件进行连接；二是对物理资源的未授权访问。

黑客会想方设法去突破网络的周边防卫，如果他们能够在物理上访问内部网，就能安装他们自己的设备和软件，从而知道网上的由用户加上去的不安全（未授权）设备，然后利用这些设备访问网络。例如，用户在家里可能安装 Modem 以访问远程办公室，与此同时，黑客正在利用自动工具来识别在公共电话线上的 Modem，如果拨号的访问流量经过了这些自动工具，那么拨号访问就成了威胁网络安全的后门，黑客就会利用这个后门来访问内部网，从而越过了内部网络原有的防护措施，然后捕获网络流量，进而攻击其他系统，并偷取敏感的私有信息等。

2．数据分析

对上述四类收集到的有关系统、网络、数据及用户活动的状态和行为等信息，一般可通过三种技术手段对其进行分析：模式匹配、统计分析和完整性分析。其中前两种方法用于实时的入侵检测，而完整性分析则用于事后分析。

（1）模式匹配。模式匹配就是将收集到的信息与已知的网络入侵和系统误用模式数据库进行比较，从而发现违背安全策略的行为。该过程可以很简单（如通过字符串匹配以寻找一个简单的条目或指令），也可以很复杂（如利用正规的数学表达式来表示安全状态的变化）。一般来讲，一种进攻模式可以用一个过程（如执行一条指令）或一个输出（如获得权限）来表示。该方法的一大优点是只需收集相关的数据集合，显著减少了系统负担，且技术已相当成熟。它与病毒防火墙采用的方法一样，检测准确率和效率都相当高。但是，该方法存在的弱点是需要不断的升级以对付不断出现的黑客攻击手法，不能检测到从未出现过的黑客攻击手段。

（2）统计分析。统计分析方法首先给系统对象（如用户、文件、目录和设备等）创建一个统计描述，统计正常使用时的一些测量属性（如访问次数、操作失败次数和延时等）。测量属性的平均值将被用来与网络、系统的行为进行比较，任何观察值在正常值范围之外时，就认为有入侵发生。

例如，统计分析可能标识一个不正常行为，因为它会发现一个在晚八点至早六点不登录的账户却在凌晨两点试图登录。其优点是可检测到未知的入侵和更为复杂的入侵，缺点是误报、漏报率高，且不适应用户正常行为的突然改变。具体的统计分析方法如基于专家系统的、基于模型推理的和基于神经网络的分析方法，目前正处于研究热点和迅速发展之中。

（3）完整性分析。完整性分析主要关注某个文件或对象是否被更改，这经常包括文件和目录的内容及属性，它在发现被更改的、被特洛伊化的应用程序方面特别有效。完整性分析利用强有力的加密机制（称为消息摘要函数，如 MD5），能识别哪怕是微小的变化。其优点是不管模式匹配方法和统计分析方法能否发现入侵，只要是成功的攻击导致了文件或其他对象的任何改变，它都能够发现。缺点是一般以批处理方式实现，不用于实时响应。尽管如此，完整性分析方法还应该是网络安全产品的必要手段之一。例如，可以在每一天的某个特定时间内开启完整性分析模块，对网络系统进行全面的扫描检查。

3．入侵响应

在数据分析发现入侵迹象后，入侵检测系统的下一步工作就是响应。目前的入侵检测系统一般采取下列响应：

（1）将分析结果记录在日志文件中，并产生相应的报告。

（2）触发警报，如在系统管理员的桌面上产生一个告警标志位，向系统管理员发送传呼或电子邮件等。

（3）修改入侵检测系统或目标系统，如终止进程、切断攻击者的网络连接或更改防火墙配置等。

计算机犯罪是 21 世纪破坏性最大的一类犯罪，要打击和防范这种犯罪，并对计算机犯罪有效起诉。在当前的司法实践中，由于司法人员缺乏计算机专业知识，甚至对于已经发现的计算机犯罪案件，往往因为"证据不足"而前功尽弃。因此，计算机取证是对计算机犯罪有效起诉的关键保障。

7.4.4　入侵检测模型

最早的入侵检测模型是由 Dorothy Denning 于 1987 年提出的，该模型虽然与具体系统和具体输入无关，但是对此后的大部分实用系统都有很大的借鉴价值。图 7-3 表示了该通用模型的体系结构。

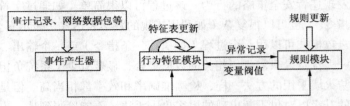

图 7-3　入侵检测通用模型的体系结构

在该模型中，事件产生器可根据具体应用环境而有所不同，一般来自审计记录、网络数据包以及其他可视行为，这些事件构成了入侵检测的基础。行为特征表是整个检测系统的核心，它包含了用于计算用户行为特征的所有变量，这些变量可根据具体采用的统计方法及事件记录中的具体动作模式而定义，并根据匹配上的记录数据更新变量值。如果有统计变量的值达到了异常程度，行为特征表将产生异常记录，并采取一定的措施。规则模块可以由系统安全策略、入侵模式等组成，它一方面为判断是否入侵提供参考机制，另一方面可根据事件记录、异常记录以及有效日期等控制并更新其他模块的状态。在具体实现上，规则的选择与更新可能不尽相同，但一般地，行为特征模块执行基于行为的检测，而规则模块执行基于知识的检测。

1．异常检测原理

从图 7-4 可以看出，异常检测原理根据假设攻击与正常的（合法的）活动有很大的差异来识别攻击。异常检测首先收集一段时期正常操作活动的历史记录，再建立代表用户、主机或网络连接的正常行为轮廓，然后收集事件数据并使用一些不同的方法来决定所检测到的事件活动是否偏离了正常行为模式。基于异常检测原理的入侵检测方法和技术有以下几种方法：

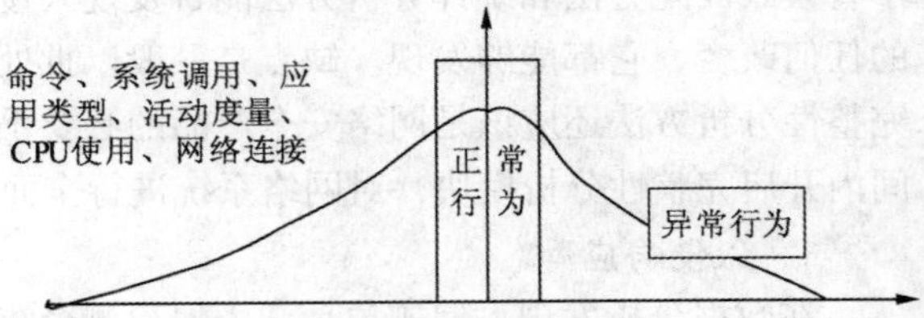

（1）统计异常检测方法；

（2）特征选择异常检测方法；

（3）基于贝叶斯推理异常检测方法；

（4）基于贝叶斯网络异常检测方法；

（5）基于模式预测异常检测方法。

图 7-4　异常检测原理

其中比较成熟的方法是统计异常检测方法和特征选择异常检测方法，目前，已经有根据这两种方法开发而成的软件产品面市，其他的方法目前还都停留在理论研究阶段。

2．误用检测原理

该原理是指根据已经知道的入侵方式来检测入侵。入侵者常常利用系统和应用软件中的弱点或漏洞来攻击系统，而这些弱点或漏洞可以编成一些模式，如果入侵者的攻击方式恰好

计算机通信网络安全

与检测系统模式库中的某种方式匹配，则认为入侵即被检测到了，如图 7-5 所示。

基于误用检测原理的入侵检测方法和技术主要有以下几种：

（1）基于条件的概率误用检测方法；

（2）基于专家系统误用检测方法；

（3）基于状态迁移分析误用检测方法；

（4）基于键盘监控误用检测方法；

（5）基于模型误用检测方法。

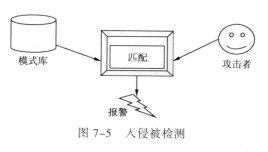

图 7-5 入侵被检测

7.5 入侵检测方法

7.5.1 基于概率统计的检测

基于概率统计的检测技术是在异常入侵检测中最常用的技术，它是对用户历史行为建立模型。根据该模型，当发现有可疑的用户行为发生时保持跟踪，并监视和记录该用户的行为。这种方法的优越性在于它应用了成熟的概率统计理论；缺点是由于用户的行为非常复杂，因而要想准确地匹配一个用户的历史行为非常困难，易造成系统误报、错报和漏报；定义入侵阈值比较困难，阈值高则误检率提高，阈值低则漏检率增高。

SRI（Standford Research Institute）研制开发的 IDES（Intrusion Detection Expert System）是一个典型的实时检测系统。IDES 系统能根据用户以前的历史行为，生成每个用户的历史行为记录库，并能自适应地学习被检测系统中每个用户的行为习惯，当某个用户改变其行为习惯时，这种异常就被检测出来。这种系统具有固有的弱点，比如，用户的行为非常复杂，因而要想准确地匹配一个用户的历史行为和当前行为是非常困难的。这种方法的一些假设是不准确或不贴切的，容易造成系统误报或错报、漏报。

在这种实现方法中，检测器首先根据用户对象的动作为每一个用户都建立一个用户特征表，通过比较当前特征和已存储的以前特征，判断是否有异常行为。用户特征表需要根据审计记录情况而不断地加以更新。在 SRI 的 IDES 中给出了一个特征简表的结构：<变量名，行为描述，例外情况，资源使用，时间周期，变量类型，阈值，主体，客体，值>，其中变量名、主体、客体唯一确定了每个特征简表，特征值由系统根据审计数据周期地产生。这个特征值是所有有悖于用户特征的异常程度值的函数。

这种方法的优越性在于能应用成熟的概率统计理论，不足之处在于：

（1）统计检测对于事件发生的次序不敏感，完全依靠统计理论可能会漏掉那些利用彼此相关联事件的入侵行为；

（2）定义判断入侵的阈值比较困难，阈值太高则误检率提高，阈值太低则漏检率增高。

7.5.2 基于神经网络的检测

基于神经网络的检测技术的基本思想是用一系列信息单元训练神经单元，在给定一定的输入后，就可能预测出输出。它是对基于概率统计的检测技术的改进，主要克服了传统的统计分析技术的一些问题：

（1）难以表达变量之间的非线性关系。

（2）难以建立确切的统计分布。统计方法基本上是依赖对用户行为的主观假设，如偏差的高斯分布，错发警报常由这些假设所导致。

（3）难以实施方法的普遍性。适用于某一类用户的检测措施一般无法适用于另一类用户。

（4）实现方法比较昂贵。基于统计的算法对不同类型的用户不具有自适应性，算法比较复杂庞大，算法实现上昂贵，而神经网络技术实现的代价较小。

（5）系统臃肿，难以剪裁。由于网络系统是具有大量用户的计算机系统，要保留大量的用户行为信息，使得系统臃肿，难以剪裁。基于神经网络的技术能把实时检测到的信息有效地加以处理，做出攻击可行性的判断。

基于神经网络的模块，当前命令和刚过去的 W 个命令组成了网络的输入，其中 W 是神经网络预测下一个命令时所包含的过去命令集的大小。根据用户代表性命令序列训练网络后，该网络就形成了相应的用户特征表。网络对下一事件的预测错误率在一定程度上反映了用户行为的异常程度。这种方法的优点在于能够更好地处理原始数据的随机特性，即不需要对这些数据作任何统计假设并有较好的抗干扰能力；缺点是网络的拓扑结构以及各元素的权值很难确定，命令窗口的 W 大小也很难选取。窗口太大，网络降低效率；窗口太小，网络输出不好。

目前，神经网络技术提出了对基于传统统计技术的攻击检测方法的改进方向，但尚不十分成熟，所以传统的统计方法仍继续发挥作用，也仍然能为发现用户的异常行为提供相当有参考价值的信息。

7.5.3 基于专家系统的检测

安全检测工作自动化的另外一个值得重视的研究方向就是基于专家系统的攻击检测技术，即根据安全专家对可疑行为的分析经验来形成一套推理规则，然后再在此基础上建立相应的专家系统。由此专家系统对所涉及的攻击操作自动进行分析工作。

所谓专家系统是基于一套由专家经验事先定义的规则的推理系统。例如，在数分钟之内有某个用户连续进行登录且失败超过三次就可以被认为是一种攻击行为。类似的规则在统计系统似乎也有，同时要注意的是基于规则的专家系统或推理系统也有其局限性，因为作为这类系统的基础的推理规则一般都是根据已知的安全漏洞进行安排和策划的，而对系统的最危险的威胁则主要是来自未知的安全漏洞。

实现基于规则的专家系统是一个知识工程问题，而且其功能应当能够随着经验的积累而利用其自学习能力进行规则的扩充和修正。当然这样的能力需要在专家的指导和参与下才能实现，否则可能会导致较多的错报现象。一方面，推理机制使得系统面对一些新的行为现象时可能具备一定的应对能力（即有可能会发现一些新的安全漏洞）；另一方面，攻击行为也可能不会触发任何一个规则，从而被检测到。专家系统对历史数据的依赖性总的来说比基于统计技术的审计系统较少，因此系统的适应性比较强，可以较灵活地适应广谱的安全策略和检测需求。但是迄今为止，推理系统和谓词演算的可计算问题离成熟解决还有一定的距离。

在具体实现过程中，专家系统主要面临的问题：

（1）全面性问题。很难从各种入侵手段中抽象出全面的规则化知识。

（2）效率问题。需要处理的数据量过大，而且在大型系统上，很难获得实时连续的审计数据。

7.5.4　基于模型推理的攻击检测技术

攻击者在攻击一个系统时往往采用一定的行为程序，如猜测口令的程序，这种行为程序构成了某种具有一定行为特征的模型，根据这种模型所代表的攻击意图的行为特征，可以实时地检测出恶意的攻击企图，虽然攻击者并不一定都是恶意的。用基于模型的推理方法，人们能够为某些行为建立特定的模型，从而能够监视具有特定行为特征的某些活动。根据假设的攻击脚本，这种系统就能检测出非法的用户行为。一般为了准确判断，要为不同的攻击者和不同的系统建立特定的攻击脚本。

当有证据表明某种特定的攻击模型发生时，系统应收集其他证据来证实或者否定攻击的真实，既要不能漏报攻击对信息系统造成实际损害，又要尽可能地避免错报。

当然，上述的几种方法都不能彻底地解决攻击检测问题，所以最好是综合地利用各种手段强化计算机信息系统的安全程序以增加攻击成功的难度，同时根据系统本身特点辅助以较适合的攻击检测手段。

7.5.5　基于免疫的检测

基于免疫的检测技术是运用自然免疫系统的某些特性到网络安全系统中，使整个系统具有适应性、自我调节性、可扩展性。人的免疫系统成功地保护人体不受各种抗原和组织的侵害，这个重要的特性吸引了许多计算机安全专家和人工智能专家。通过学习免疫专家的研究成果，计算机专家提出了计算机免疫系统。在许多传统的网络安全系统中，每个目标都将它的系统日志和收集到的信息传送给相应的服务器，由服务器分析整个日志和信息，判断是否发生了入侵。基于免疫的入侵检测系统运用计算免疫的多层性、分布性、多样性等特性设置动态代理，实时分层检测和响应机制。

7.5.6　入侵检测的新技术

数据挖掘技术被 Wenke.lee 用在了入侵检测中。用数据挖掘程序处理搜集到的审计数据，为各种入侵行为和正常操作建立精确的行为模式，这个过程是一个自动的过程，不需要人工分析和编码入侵模式。移动代理用于入侵检测中，具有能在主机间动态迁移、一定的智能性、与平台无关性、分布的灵活性、低网络数据流量和多代理合作特性。移动代理技术适用于大规模信息搜集和动态处理，在入侵检测系统中采用该技术，可以提高入侵检测系统的性能和整体功能。

入侵防护系统（IPS）是企业下一代安全系统的大趋势。它不仅可进行检测，还能在攻击造成损坏前阻断它们，从而将 IDS 提升到一个新水平。IDS 和 IPS 的明显区别在于：IPS 阻断了病毒，而 IDS 则在病毒爆发后进行病毒清除工作。McAfee 公司认为，一个理想的入侵防护解决方案应该包括以下八大特点：

（1）主动、实时预防攻击；

（2）补丁等待保护；

（3）保护每个重要的服务器；

（4）签名和行为规则；

（5）深层防护；

（6）可管理性；

（7）可扩展性；

（8）经验证的防护技术。

7.5.7 其他相关问题

为了防止过多的不相干信息的干扰，用于安全目的的攻击检测系统在审计系统之外，还要配备适合系统安全策略的信息采集器或过滤器。同时，除了依靠来自审计子系统的信息，还应当充分利用来自其他信息源的信息。在某些系统内可以在不同的层次进行审计跟踪。如有些系统的安全机制中采用三级审计跟踪，包括审计操作系统核心调用行为的、审计用户和操作系统界面级行为的和审计应用程序内部行为的。

另一个重要问题是决定攻击检测系统的运行场所。为了提高攻击检测系统的运行效率，可以安排在与被监视系统独立的计算机上执行审计跟踪分析和攻击性检测，这样做既有效率方面的优点，也有安全方面的优点。因为监视系统的响应时间对被监测系统的运行完全没有负面影响，也不会因为其他安全有关的因素而受到影响。

总之，为了有效地利用审计系统提供的信息，通过攻击检测措施防范攻击威胁，计算机安全系统应当根据系统的具体条件选择适用的主要攻击检测方法并且有机地融合其他可选用的攻击检测方法。同时应当清醒地认识到，任何一种攻击检测措施都不能视为一劳永逸的，必须配备有效的管理和组织措施。

对于安全技术和机制的要求将越来越高。这种需求也刺激着攻击检测技术和其理论研究的进展，还将促进实际安全产品的进一步发展。

7.6　入侵检测系统

入侵检测通过对计算机网络或计算机系统中的若干关键点收集信息并进行分析，从中发现网络或系统中是否有违反安全策略的行为和被攻击的迹象。进行入侵检测的软件与硬件的组合就是入侵检测系统。

入侵检测系统执行的主要任务包括：监视、分析用户及系统活动；审计系统构造和弱点；识别、反映已知进攻的活动模式，向相关人士报警；统计分析异常行为模式；评估重要系统和数据文件的完整性；审计、跟踪管理操作系统，识别用户违反安全策略的行为。入侵检测一般分为三个步骤，依次为信息收集、数据分析、响应（被动响应和主动响应）。

（1）信息收集的内容包括系统、网络、数据及用户活动的状态和行为。入侵检测利用的信息一般来自系统日志、目录以及文件中的异常改变、程序执行中的异常行为及物理形式的入侵信息四个方面。

（2）数据分析是入侵检测的核心，它首先构建分析器，把收集到的信息经过预处理，建立一个行为分析引擎或模型，然后向模型中植入时间数据，在知识库中保存植入数据的模型。数据分析一般通过模式匹配、统计分析和完整性分析三种手段进行。前两种方法用于实时入侵检测，而完整性分析则用于事后分析。数据分析采用五种统计模型进行：操作模型、方差、多元模型、马尔可夫过程模型、时间序列分析。统计分析的最大优点是可以学习用户的使用习惯。

（3）入侵检测系统在发现入侵后会及时做出响应，包括切断网络连接、记录事件和报警等。响应一般分为主动响应（阻止攻击或影响从而改变攻击的进程）和被动响应（报告和记录所检测出的问题）两种类型。主动响应由用户驱动或系统本身自动执行，可对入侵者采取行动（如断开连接）、修正系统环境或收集有用信息；被动响应则包括告警和通知、简单网络管理协议（SNMP）陷阱和插件等。另外，还可以按策略配置响应，可分别采取立即、紧急、适时、本地的长期和全局的长期等行动。

7.6.1　IDS 在网络中的位置

当实际使用检测系统的时候，首先面临的问题就是决定应该在系统的什么位置安装检测和分析入侵行为用的感应器（Sensor）或检测引擎（Engine）。对于基于主机的 IDS，一般来说直接将检测代理安装在受监控的主机系统上。对于基于网络 IDS，情况稍微复杂，下面以常见的网络拓扑结构来分析 IDS 检测引擎应该位于网络中的哪些位置（见图 7–6）。

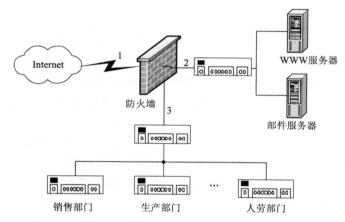

图 7–6 IDS 检测引擎在网络中的位置

位置 1：IDS 位于防火墙外侧的非系统信任域，它将负责检测来自外部的所有入侵企图（这可能产生大量的报告）。通过分析这些攻击来帮助我们完善系统并决定要不要在系统内部部署 IDS。对于一个配置合理的防火墙来说，这些攻击不会带来严重的问题，因为只有进入内部网络的攻击才会对系统造成真正的损失。

位置 2：很多站点都把对外提供服务的服务器单独放在一个隔离的区域，通常称为 DMZ 非军事化区。在此放置一个检测引擎是非常必要的，因为这里提供的很多服务都是黑客乐于攻击的目标。

位置 3：这里应该是最重要、最应该放置检测引擎的地方。对于那些已经透过系统边缘防护，进入内部网络准备进行恶意攻击的黑客，这里正是利用 IDS 系统及时发现并做出反应的最佳时机和地点。

7.6.2　入侵检测系统的构成

一个入侵检测系统的功能结构如图 7–7 所示，它至少包含事件提取、入侵分析、入侵响应和远程管理四部分功能。

（1）事件提取功能负责提取与被保护系统相关的运行数据或记录，并负责对数据进行简单的过滤。

（2）入侵分析的任务就是在提取到的运行数据中找出入侵的痕迹，将授权的正常访问行为和非授权的不正常访问行为区分开，分析出入侵行为并对入侵者进行定位。

（3）入侵响应功能在分析出入侵行为后被触发，根据入侵行为产生响应。

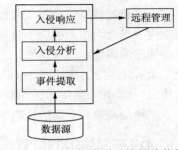

图 7-7　一个入侵检测系统的功能结构

（4）由于单个入侵检测系统的检测能力和检测范围的限制，入侵检测系统一般采用分布监视集中管理的结构，多个检测单元运行于网络中的各个网段或系统上，通过远程管理功能在一台管理站点上实现统一的管理和监控。

7.6.3　入侵检测系统的分类

1．从数据来源看，入侵检测系统有三种基本结构

（1）基于网络的入侵检测系统（Network Intrusion Detection System，NIDS）数据来源于网络上的数据流。NIDS能够截获网络中的数据包，提取其特征并与知识库中已知的攻击签名相比较，从而达到检测的目的。其优点是侦测速度快、隐蔽性好，不容易受到攻击、对主机资源消耗少；缺点是有些攻击是由服务器的键盘发出的，不经过网络，因而无法识别，误报率较高。

（2）基于主机的入侵检测系统（Host Intrusion Detection System，HIDS）数据来源于主机系统，通常是系统日志和审计记录。HIDS通过对系统日志和审计记录的不断监控和分析来发现攻击后的误操作。优点是针对不同操作系统捕获应用层入侵，误报少；缺点是依赖于主机及其审计子系统，实时性差。

（3）采用上述两种数据来源的分布式入侵检测系统（Distributed Intrusion Detection System，DIDS）能够同时分析来自主机系统审计日志和网络数据流的入侵检测系统，一般为分布式结构，由多个部件组成。DIDS可以从多个主机获取数据也可以从网络传输取得数据，克服了单一的HIDS、NIDS的不足。

2．从检测的策略来看，入侵检测模型主要有三种

（1）滥用检测（Misuse Detection）就是将收集到的信息与已知的网络入侵和系统误用模式数据库进行比较，从而发现违背安全策略的行为。该方法的优点是只需收集相关的数据集合，可显著减少系统负担，且技术已相当成熟。该方法存在的弱点是需要不断的升级以对付不断出现的黑客攻击手法，不能检测到从未出现过的黑客攻击手段。

（2）异常检测（Abnormal Detection）首先给系统对象（如用户、文件、目录和设备等）创建一个统计描述、统计正常使用时的一些测量属性（如访问次数、操作失败次数和延时等）。测量属性的平均值将被用来与网络、系统的行为进行比较，任何观察值在正常值范围之外时，就认为有入侵发生。其优点是可检测到未知的入侵和更为复杂的入侵；缺点是误报、漏报率高，且不适应用户正常行为的突然改变。

（3）完整性分析（Integrality Analysis）主要关注某个文件或对象是否被更改，这经常包括文件和目录的内容及属性，它在发现被更改的、被特洛伊化的应用程序方面特别有效。其优点是只要成功的攻击导致了文件或其他对象的任何改变，它都能够发现； 缺点是一般以批处理方式实现，不易于实时响应。

7.6.4 入侵检测系统的结构

1．基于主机的入侵检测系统

基于主机的入侵检测出现在 20 世纪 80 年代初期，那时网络还没有今天这样普遍、复杂，且网络之间也没有完全连通。其检测的主要目标主要是主机系统和系统本地用户。检测原理是根据主机的审计数据和系统日志发现可疑事件，检测系统可以运行在被检测的主机或单独的主机上，基本过程如图 7-8 所示。

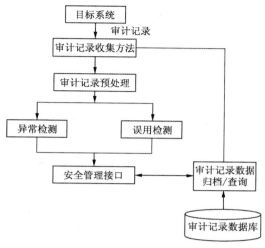

图 7-8　基于主机的入侵检测

在这一较为简单的环境里，检查可疑行为的检验记录是很常见的操作。由于入侵在当时是相当少见的，在对攻击的事后分析就可以防止今后的攻击。

现在的基于主机的入侵检测系统保留了一种有力的工具，以理解以前的攻击形式，并选择合适的方法去抵御未来的攻击。基于主机的 IDS 仍使用验证记录，但自动化程度大大提高，并发展了精密的可迅速做出响应的检测技术。通常，基于主机的 IDS 可监测系统、事件和 Windows NT 下的安全记录及 UNIX 环境下的系统记录。当有文件发生变化时，IDS 将新的记录条目与攻击标记相比较，看它们是否匹配，如果匹配，系统就会向管理员报警并向别的目标报告，以采取措施。

基于主机的入侵检测系统有以下优点：

（1）监视特定的系统活动。基于主机的 IDS 监视用户和访问文件的活动，包括文件访问、改变文件权限，试图建立新的可执行文件或者试图访问特殊的设备。例如，基于主机的 IDS 可以监督所有用户的登录及下网情况，以及每位用户在连接到网络以后的行为。对于基于网络的系统要做到这种程度是非常困难的。

基于主机技术还可监视只有管理员才能实施的非正常行为。操作系统记录了任何有关用户账号的增加、删除、更改的情况，改动一旦发生，基于主机的 IDS 就能检测到这种不适当的改动。基于主机的 IDS 还可审计能影响系统记录的校验措施的改变。

最后，基于主机的系统可以监视主要系统文件和可执行文件的改变。系统能够查出那些欲改写重要系统文件或者安装特洛伊木马或后门的尝试并将它们中断。而基于网络的系统有时会查不到这些行为。

（2）非常适用于被加密的和交换的环境。既然基于主机的系统驻留在网络中的各种主机上，那么，它们可以克服基于网络的入侵检测系统在交换和加密环境中所面临的一些困难。由于在大的交换网络中确定 IDS 的最佳位置和网络覆盖非常困难，因此基于主机的检测驻留在关键主机上则避免了这一难题。

根据加密驻留在协议栈中的位置，它可能让基于网络的 IDS 无法检测到某些攻击。基于主机的 IDS 并不具有这个限制。因为当操作系统（因而也包括了基于主机的 IDS）收到到来的通信时，数据序列已经被解密了。

（3）近实时的检测和应答。尽管基于主机的检测并不提供真正实时的应答，但新的基于主机的检测技术已经能够提供近实时的检测和应答。早期的系统主要使用一个过程来定时检查日志文件的状态和内容，而许多现在的基于主机的系统在任何日志文件发生变化时都可以从操作系统及时接收一个中断，这样就大大减少了攻击识别和应答之间的时间。

（4）不需要额外的硬件。基于主机的检测驻留在现有的网络基础设施上，其包括文件服务器、Web 服务器和其他的共享资源等。这样就减少了基于主机的 IDS 的实施成本，因为不需要增加新的硬件，所以也就减少了以后维护和管理这些硬件设备的负担。

2．基于网络的入侵检测系统

随着计算机网络技术的发展，单独依靠主机审计入侵检测难以适应网络安全需求。在这种情况下，人们提出了基于网络入侵检测系统的体系结构，这种检测系统根据网络流量、网络数据包和协议来分析检测入侵，其基本过程如图 7-9 所示。

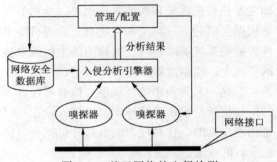

图 7-9　基于网络的入侵检测

基于网络的入侵检测系统使用原始网络包作为数据源。基于网络的 IDS 通常利用一个运行在随机模式下的网络适配器来实时监视并分析通过网络的所有通信业务。它的攻击辨识模块通常采用四种常用技术来识别攻击标志：

（1）模式、表达式或字节匹配；

（2）频率或穿越阈值；

（3）低级事件的相关性；

（4）统计学意义上的非常规现象检测。

一旦检测到攻击行为，IDS 的响应模块就提供多种选项，以通知、报警并对攻击采取相应的反应。

基于网络的入侵检测系统主要有以下优点：

（1）拥有成本低。基于网络的 IDS 允许部署在一个或多个关键访问点来检查所有经过的网络通信。因此，基于网络的 IDS 系统并不需要在各种各样的主机上进行安装，大大减少了安全和管理的复杂性。

（2）攻击者转移证据困难。基于网络的 IDS 使用活动的网络通信进行实时攻击检测，因此攻击者无法转移证据，被检测系统捕获的数据不仅包括攻击方法，而且包括对识别和指控入侵者十分有用的信息。

（3）实时检测和响应。一旦发生恶意访问或攻击，基于网络的 IDS 检测可以随时发现它们，因此能够很快地做出反应。如对于黑客使用 TCP 启动基于网络的拒绝服务攻击（DoS），IDS 系统可以通过发送一个 TCP reset 来立即终止这个攻击，这样就可以避免目标主机遭受破坏或崩溃。这种实时性使得系统可以根据预先定义的参数迅速采取相应的行动，从而将入侵活动对系统的破坏降到最低。

（4）能够检测未成功的攻击企图。一个放在防火墙外面的基于网络的 IDS 可以检测到旨在利用防火墙后面的资源的攻击，尽管防火墙本身可能会拒绝这些攻击企图。基于主机的系统并不能发现未能到达受防火墙保护的主机的攻击企图，而这些信息对于评估和改进安全策略是十分重要的。

（5）操作系统独立。基于网络的 IDS 并不依赖主机的操作系统作为检测资源，而基于主机的系统需要特定的操作系统才能发挥作用。

3．分布式入侵检测系统

（1）系统的弱点或漏洞分散在网络中各个主机上，这些弱点有可能被入侵者一起用来攻击网络，而依靠唯一的主机或网络，IDS 不会发现入侵行为。

（2）入侵行为不再是单一的行为，而是表现出相互协作入侵的特点。例如分布式拒绝服务攻击（DDoS）。

（3）入侵检测所依靠的数据来源分散化，收集原始检测数据变得困难。例如，交换型网络使得监听网络数据包受到限制。

（4）网络速度传输加快，网络的流量大，集中处理原始的数据方式往往造成检测瓶颈，从而导致漏检。基于上述情况，分布式入侵检测系统便应运而生。分布式 IDS 系统通常由数据采集构件、通信传输构件、入侵检测分析构件、应急处理构件和管理构件组成，如图 7-10 所示。这些构件可根据不同情形组合，例如数据采集构件和通信传输构件组合就产生出新的构件，这些新的构件能完成数据采集和传输的双重任务。所有的这些构件组合起来就变成了一个入侵检测系统。各构件的功能如下：

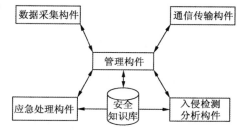

图 7-10　分布式入侵检测系统的构件

（1）数据采集构件。收集检测使用的数据，可驻留在网络中的主机上或安装在网络中的监测点。数据采集构件需要通信传输构件的协作，将收集的信息传送到入侵检测分析构件去处理。

（2）通信传输构件。传递检测的结果、处理原始的数据和控制命令，一般需要和其他构件协作完成通信功能。

（3）入侵检测分析构件。依据检测的数据，采用检测算法，对数据进行误用分析和异常分析，产生检测结果、报警和应急信号。

（4）应急处理构件。按入侵检测的结果和主机、网络的实际情况，做出决策判断，对入侵行为进行响应。

（5）用户管理构件。管理其他构件的配置，产生入侵总体报告，提供用户和其他构件的管理接口，图形化工具或者可视化的界面，供用户查询、配置入侵检测系统情况等。

采用分布式结构的 IDS 目前成为研究的热点，较早系统有 DIDS 和 CSM。DIDS（Distributed Intrusion Detection System）是典型的分布式结构。其目标是既能检测网络入侵行为，又能检测主机的入侵行为。

7.6.5　入侵检测系统的测试

入侵检测系统的测试评估非常困难，涉及操作系统、网络环境、工具、软件、硬件和数据库等技术方面的问题。由于入侵检测技术太新，因此，商业的 IDS 新产品周期更新非常快。市场化的 IDS 产品很少去说明如何发现入侵者和日常运行所需要的工作及维护量。同时，IDS 厂商考虑到商业利益，也会隐藏检测算法、签名的工作机制，因此，判断 IDS 检测的准确性只有依靠黑箱法测试。另外，测试需要构建复杂的网络环境和测试用例。由于入侵情况的不断变化，IDS 系统也需要维护多种不同类型的信息（如正常和异常的用户、系统和进程行为、可疑的通信量模式字符串、对各种攻击行为的响应信息等），才能保证系统在一定时期内发挥有效的作用。

1．入侵检测系统的测试评估的内容

（1）能保证自身的安全和其他系统一样，入侵检测系统本身也往往存在安全漏洞。如果查询 bugtraq 的邮件列表，诸如 Axent NetProwler、NFR、ISS Realsecure 等知名产品都有漏洞被发觉出来。若对入侵检测系统攻击成功，则直接导致其报警失灵，入侵者在其后的行为将无法被记录。因此入侵检测系统必须首先保证自己的安全性。

（2）运行与维护系统的开销。较少的资源消耗，不影响被保护主机或网络的正常运行。

（3）入侵检测系统报警准确率。误报和漏报的情况尽量少。

（4）网络入侵检测系统负载能力以及可支持的网络类型。根据网络入侵检测系统所部署的网络环境不同其要求也不同。如果在 512 KB 或 2 MB 专线上部署网络入侵检测系统，则不需要高速的入侵检测引擎，而在负荷较高的环境中，性能是一个非常重要的指标。网络入侵检测系统是非常消耗资源的，但很少有厂商公布自己的 pps（packet per second）参数。

（5）支持的入侵特征数。

（6）是否支持 IP 碎片重组。在入侵检测中，分析单个的数据包会导致许多误报和漏报，IP 碎片的重组可以提高检测的精确度。而且，IP 碎片是网络攻击中常用的方法，因此，IP 碎片的重组还可以检测利用 IP 碎片的攻击。IP 碎片重组的评测标准有三个性能参数：能重组的最大 IP 分片数；能同时重组的 IP 包数；能进行重组的最大 IP 数据包的长度。

（7）是否支持 TCP 流重组。TCP 流重组是为了对完整的网络对话进行分析，它是网络入侵检测系统对应用层进行分析的基础。如检查邮件内容、附件，检查 FTP 传输的数据，禁止访问有害网站、判断非法 HTTP 请求等。

从上面的列举可以看出，IDS 的评估涉及入侵识别能力、资源使用情况、强力测试反应等几个主要问题。入侵识别能力是指 IDS 区分入侵和正常行为的能力。资源使用情况是指 IDS 消耗多少计算机系统资源，以便将这些测试的结果作为 IDS 运行所需的环境条件。强力测试反应是指 IDS 在特定的条件下所受影响的反应，如负载加重情形下 IDS 的运行行为。

2．功能测试

功能测试出来的数据能够反映出 IDS 的攻击检测、报告、审计、报警等能力。

（1）攻击识别。以 TCP/IP 协议攻击识别为例，可以分成以下几种：

① 协议包头攻击分析的能力。IDS 系统能够识别与 IP 包头相关的攻击能力。常见的这种攻击类型如 LAND 攻击。其攻击方式是通过构造源地址、目的地址、源端口、目的端口都相同的 IP 包发送，这样导致 IP 协议栈产生 progressive loop 而崩溃。

② 重装攻击分析的能力。IDS 能够重装多个 IP 包的分段并从中发现攻击的能力。常见的重装攻击是 Teardrop 和 Ping of Death。Teardrop 通过发送多个分段的 IP 包而使得当重装包时，包的数据部分越界，进而引起协议和系统不可用。Ping of Death 是 ICMP 包以多个分段包（碎片）发送，而当重装时，数据部分大于 65 535 B，从而超出 TCP/IP 协议所规定的范围，引起 TCP/IP 协议栈崩溃。

③ 数据驱动攻击分析能力。IDS 具有分析 IP 包的数据内容。例如 HTTP 的 Phf 攻击。

Phf 是一个 CGI 程序，允许在 Web 服务器上运行。由于 Phf 处理复杂服务请求程序的漏洞，使得攻击者可以执行特定的命令，攻击者因此可以获取敏感的信息或者危及 Web 服务器的使用。

（2）具有抗攻击性

可以抵御拒绝服务攻击。对于某一时间内的重复攻击，IDS 能够识别并抑制不必要的报警。

（3）过滤的能力

IDS 中的过滤器可方便设置规则以根据需要过滤掉原始的数据信息，例如网络上数据包和审计文件记录。一般要求 IDS 过滤器具有下面的能力。

① 可以修改或调整；
② 创建简单的字符规则；
③ 使用脚本工具创建复杂的规则。

（4）报警

报警机制是 IDS 必要的功能，例如发送入侵警报信号和应急处理机制。

（5）日志

① 保存日志的数据能力；
② 按特定的需求说明，日志内容可以选取。

（6）报告

① 产生入侵行为报告；
② 提供查询报告；
③ 创建和保存报告。

3．性能测试

性能测试是在各种不同的环境下，检验 IDS 的承受强度，主要指标有下面几点。

（1）IDS 引擎的吞吐量。IDS 在预先不加载攻击标签情况下，处理原始检测数据的能力。

（2）包的重装。测试的目的就是评估 IDS 的包的重装能力。例如，为了测试这个指标，可通过 Ping of Death 攻击，IDS 的入侵标签库只有单一的 Ping of Death 标签，这是用来测试 IDS 的响应情况。

（3）过滤的效率。测试的目标就是评估 IDS 在攻击的情况下，过滤器的接收、处理和报警的效率。这种测试可以用 LAND 攻击的基本包头为引导，这种包的特性是源地址等于目标地址。

4．产品可用性测试

评估系统的用户界面的可用性、完整性和扩充性。支持多个平台操作系统，容易使用且稳定。

7.7　计算机取证

7.7.1　计算机取证概述

1．计算机取证的定义

计算机取证（Computer Forensics）由 International Association of Computer Specialists（IACS）

于 1991 年在美国举行的国际计算机专家会议上首次提出。计算机取证也称数字取证、电子取证，是指对计算机入侵、破坏、欺诈、攻击等犯罪行为，利用计算机软硬件技术，按照符合法律规范的方式，对能够为法庭所接受的、足够可靠和有说服性的、存在于计算机及相关外设和网络中的电子证据的识别、获取、传输、保存、分析和提交认证的过程。

计算机取证学是计算机科学、法学和刑事侦查学的交叉学科。取证的目的是找出入侵者（或入侵的机器），并解释入侵的过程。取证的实质是一个详细扫描计算机系统以及重建入侵事件的过程。

2．计算机证据

计算机证据的概念目前在国内外均没有达成一致意见，常见的说法有计算机证据（Computer Evidence）、电子证据（Electronic Evidence）、数字证据（Digital Evidence）这几种。

计算机证据的表现形式具有如下特性：

（1）高科技性。计算机证据的生成、存储、传输必须借助于计算机软硬件技术、网络技术及相关高科技设备。

（2）存储形式多样性。计算机证据以文本、图形、图像、动画、音频、视频等多种信息形式存储于计算机硬盘、软盘、光盘、磁带等设备及介质中，其生成和还原都离不开相关的计算机等电子设备。

（3）客观实在易变性。计算机证据一经生成，必然会在计算机系统、网络系统中留下相关的痕迹或记录，并被保存于系统日志、安全日志，或第三方软件形成的日志中，客观、真实地记录案件事实情况。但由于计算机数字信息存储、传输不连续、离散，容易被截取、监听、剪接、删除，同时还可能由于计算机系统、网络系统物理的原因，造成其变化且难有痕迹可寻。

（4）存在的广域性。网络犯罪现场范围一般由犯罪嫌疑人使用网络的大小而决定，小至一间办公室内的局域网，大到遍布全球的互联网。

（5）计算机证据可以记录在计算机系统中，还可以存储在其他类似的电子记录系统之中。例如，数码照相机所拍摄的照片是以数字的形式存储在相机的记忆卡之中的。

3．计算机取证的分类和证据来源

按照取证的时间的不同，计算机取证主要可以分为实时取证和事后取证。按照取证时刻潜在证据的特性，计算机取证可分为静态取证和动态取证。由于计算机系统和网络数据流在证据特性上的差异，计算机取证可以分为基于主机的取证和基于网络的取证。

基于主机的证据主要包括操作系统审计跟踪、系统日志文件、应用日志、备份介质、入侵者残存物（如程序、进程）、Swap File、临时文件、Slack Space、系统缓冲区、文件的电子特征（如 MAC Times）、可恢复的数据、加密及隐藏的文件、系统时间、打印机及其他设备的内存等。

基于网络的证据主要有 Firewall 日志、IDS 日志、Proxy 日志、Http Server 日志、I&A 系统、访问控制系统、Router 日志、核心 Dump、其他网络工具和取证分析系统产生的记录及日志信息等。

4．计算机取证原则

司法机关对计算机网络犯罪进行侦查取证、审查起诉、审判定罪时，只有严格遵循计算机取证的原则才能保证司法活动合法、高效、公正。计算机取证的基本原则主要有以下几种：

（1）关联性原则。分析计算机数据或信息与案件事实有无关联，关联程度如何，是否是实质性关联，其中附属信息与系统环境往往要相互结合才能与案件事实发生实质性关联。

确定能够证明案件事实的计算机证据、附属信息证据和系统环境证据，并排除相互之间的矛盾。因此，根据案件当事人与计算机证据的关联，可以决定计算机证据的可采性。

（2）合法性原则。违反法定程序取得的证据应予排除。我国刑诉法第四十三条规定："审判、检察、侦查人员必须依照法定程序，收集能够证实犯罪嫌疑人、被告人有罪或无罪、犯罪情节轻重的各种证据。严禁刑讯逼供和以威胁、引诱、欺骗以及其他非法的方法收集证据。"根据《电子签名法》第五条规定："符合下列条件的数据电文，视为满足法律、法规规定的原件形式要求：①能够有效地表现所载内容并可供随时调取查用；②能够可靠地保证自最终形成时起，内容保持完整、未被更改。

但是，在数据电文上增加背书以及数据交换储存和显示过程中发生的形式不影响数据电文的完整性。"除非有相反证据，否则法官应当有理由相信基于 CA 认证体系下的电子数据都是真实的，有数字签名并通过其验证的文档也都是真实的。

（3）客观性原则。考察计算机证据在生成、存储、传输过程有无剪接、删改、替换的情况，其内容是否前后一致、通顺，符合逻辑。在诉讼活动中采纳某一证据形式时，应当既考虑该证据生成过程的可靠程度如何（考虑这一证据的表现形式是否被伪造、变造或剪辑、删改过），还要考虑证据与持有人的关系。在证据被正式提交给法庭时，必须能够说明在证据从最初的获取状态到在法庭上出现状态之间的任何变化。

7.7.2 计算机取证的步骤

计算机取证分为 6 个步骤：计算机取证现场的确定、计算机取证现场的保护、计算机取证现场的勘查、计算机取证、计算机证据鉴定、制作计算机证据鉴定报告。

1．计算机取证现场的确定

计算机取证现场保护的好坏，对于收集犯罪证据、认定犯罪事实、及时破案有重要影响。

计算机犯罪作案范围大，可以不受地域限制，小则可能是一台个人计算机或网络终端，大则可以是拥有数百台计算机设备的计算中心、一幢大楼，甚至是因特网。因此确定计算机取证现场一般采用以下方法：

（1）破坏计算机系统硬件的案件，现场就是计算机本身及其所在空间。

（2）从分析犯罪嫌疑人的作案动机、手段、计算机专业知识水平、知识程度等着手，分析可能的作案人和作案用的计算机，进而确定作案现场。

（3）根据计算机信息系统的系统日志或审计记录等记载内容发现犯罪现场。

（4）根据不同案件的种类、性质、作案手段等来确定犯罪现场。

（5）以发现问题的计算机为中心，向联网的其他地点、设备辐射，结合有关案件的情况来确定犯罪现场。

（6）除了黑客入侵案件，计算机犯罪的作案人员大多都是内部人员，因此可以以受害单位的计算机工作人员、有关业务人员为重点开展调查，通过由事到人，再由人到现场的方法，来确定犯罪现场。

2．计算机取证现场的保护

计算机证据很容易销毁或变更，所以犯罪现场一经确定，必须迅速加以保护。采取保护的方法有以下几种：

（1）封锁所有可疑的犯罪现场，包括文件柜、工作台、计算机工作室和进出路线，对可疑物品痕迹、系统的各种连接等可先拍照、录像记录，并注意保护现场，不要急于提取证据。

（2）封锁系统所涉及的区域，对网络经过的不安全区域要加以关注。对于网络系统，封锁和控制的重点是服务器和特定的客户机。

（3）查封所有涉案物品，如 U 盘、硬盘、磁盘、磁带机、CD-ROM 等存储设备及存储介质。

（4）重点保护好系统日志、应用软件备份和数据备份，以备审计和对比、分析及恢复系统之需要。

（5）如有必要，可先在保密的情况下，复制机内可能与犯罪有关的所有信息资料，特别是系统日志等，然后让原使用者继续进行日常操作。这样既可以避免罪犯毁灭证据，也便于通过分析数据的变化来了解犯罪活动情况，发现犯罪证据，利于维护发案单位的利益。

3．计算机取证现场的勘查

"勘查"是司法机关依法对犯罪现场观察、勘验和检查，以了解案件发生的情况，收集有关证据的活动。计算机犯罪现场的一般勘查方法如下：

（1）研究案情，观察、巡视现场，确定中心现场和勘查范围。

（2）根据现场环境和案情，确定勘查顺序。一般以计算机为中心向外围勘查，对于比较大的现场可采用分片、分区的办法同时进行。

（3）用照相、录像、绘图、笔录等方法将原始现场"固定"下来。对显示器屏幕上的图像、文字也要用照相、录像的方法及时取证。拍照屏幕显示内容时，照相机速度应为 1/30 s 或更低，光圈为 5.6 或 8，不要用闪光灯。

（4）在确保不破坏计算机内部信息的前提下，寻找可能与犯罪有关的可疑痕迹物证，如手印、足迹、工具痕迹、墨水等痕迹，系统手册、运行记录、打印资料等文件，磁盘、磁带、光盘和 U 盘等存储器件。

4．计算机取证

计算机证据的取证规则、取证方式都有别于传统证据，计算机证据的一般取证方式是指计算机证据在未经伪饰、修改、破坏等情形下进行的取证。计算机取证主要的方式有以下几种：

（1）打印。对案件在文字内容上有证明意义的情况下，可以直接采取将有关内容打印在纸张上的方式进行取证。打印后，可以按照提取书证的方法予以保管、固定，并注明打印的时间、数据信息在计算机中的位置。如果是普通操作人员进行的打印，则应当采取措施监督打印过程，防止操作人员实施修改、删除等行为。

（2）克隆。克隆是将计算机文件克隆到专用的克隆设备中。克隆之后，应当及时检查克隆的质量，防止因方式不当等原因而导致的克隆不成功。取证后，注明提取的时间，并封闭取回。

（3）拍照、摄像。如果该证据具有视听资料的证据意义，则可以采用拍照、摄像的方法进行证据的提取和固定，以便全面、充分地反映证据的证明作用。同时对取证全程进行拍照、摄像，还具有增加证明力、防止翻供的作用。如对操作计算机的步骤，包括计算机型号、打开计算机和进入网页的程序以及对计算机中出现的内容进行复制等全过程进行了现场监督，在现场监督和记录的同时，对现场情况进行拍照。

（4）查封、扣押。为了防止有关当事人对涉及案件的证据材料、物件进行损毁、破坏，可对通过上述几种方式导出的证据进行查封、扣押。查封、扣押措施必须相当审慎，以免对原用户或其他合法客户的正常工作造成侵害。

（5）制作计算机取证法律文书。该文书一般包括对取证证据种类、方式、过程、内容等的全部情况所进行的记录。

（6）勘查和取证结束后，勘查人员、取证人员和见证人员必须在计算机取证法律文书上签字。

5．计算机证据鉴定

计算机证据鉴定是指基于客观、科学的技术原理对计算机证据、程序代码、电子设备及相关的文字资料进行技术分析，就计算机证据的来源、特征、传播途径、传播范围或程序的来源、功能，电子设备的功能，嫌疑人的特征、行为、动机以及行为后果等出具定量或定性的分析结论。

为查明案件事实，保证计算机证据鉴定结论的客观性、关联性和合法性，必须依据《刑事诉讼法》《民事诉讼法》《行政诉讼法》及其他法律、法规的有关规定进行计算机证据鉴定。计算机证据鉴定有两种：一种是由在司法机关注册的计算机证据鉴定机构进行，这是一种独立的第三方中介机构；另一种是由市以上公安机关的网监技术部门负责，要根据案件的性质、管辖和进程来确定相应的鉴定机构和部门，必要时，可聘请有专门知识的人协助鉴定。计算机证据鉴定必须由相关部门考核认可、具有计算机证据鉴定经验的专业技术人员担任。

计算机证据鉴定至少必须由两名或两名以上鉴定人员参与。计算机证据鉴定过程中使用的分析软件和硬件所依赖的技术必须符合科学原理。

计算机证据鉴定的步骤如下：

（1）根据案情的特点，制作详细的计算机证据鉴定计划，以便有方法、有步骤地对计算机证据进行鉴定。

（2）制作克隆，使用克隆件来进行计算机证据鉴定，注意加上数字签名和 MD5 效验，以证明原始的计算机证据没有被改变，并且整个鉴定过程可以重现。

（3）证据分析过程中不得故意篡改存储媒介中的数据，对于可能造成数据变化的操作需要记录鉴定人员实施的操作以及可能造成的影响。

（4）扫描文件类型，通过对比各类文件的特征，将各类文件分类，以便搜索案件线索，特别要注意那些隐藏和改变属性存储的文件，里面往往有关键和敏感的信息。

（5）注意分析系统日志、注册表和上网历史记录等重要文件。

（6）一些重要的文件可能已经被设置了密码，需要对密码进行解密。可以选用相应的解除密码软件，也可以用手工的方法破解，这需要了解各类文件的结构和特性，熟悉各种工具软件。

（7）恢复被删除的数据，在数据残留区寻找有价值的文件碎片，对硬盘反格式化等，寻找案件线索的蛛丝马迹。

（8）进行专业测试分析。计算机证据有时涉及专业领域，如金融、房地产、进出口、医疗等，可以会同有关领域专家对提取的资料进行专业测试分析，对证据进行提取固定。

（9）进行关联分析。即将犯罪嫌疑人和相关朋友/亲戚的文件、电话号码、生日、口令密码、电子邮件用户名、银行账号、QQ 号、网名等进行关联分析，这对于案件的突破和扩大战果往往会产生意想不到的效果。例如，从心理学和行为学的观点来看，一般的人往往只会使用两个密码：一个是核心密码，用于银行账号、信用卡等；另一个是一般密码，用于玩游戏、QQ 等，再多的密码他自己也记不住。

6．制作计算机证据鉴定报告

制作计算机证据鉴定报告，即要对证据提取、证据分析、综合评判等每个程序做详细、客观的审计记录。证据部分只提交作为证据的数据，包括从存储媒介和其他电子设备中提取的计算机证据、分析生成的计算机证据及其相关的描述信息。对能够转换成书面文件并可以直观理解的数据必须尽量转换为书面文件，将其作为鉴定报告的文本附件。对不宜转换为书面文件或无法直观理解的数据以计算机证据的形式提交，将其作为鉴定报告的附件。制作《计算机证据清单》，描述文本附件和计算机证据相关信息。从存储媒介中直接提取的计算机证据必须描述该数据在原存储媒介中的存储位置、提取过程、方法及其含义。分析生成的数据必须描述生成该数据的过程、方法及其含义。

鉴定报告必须附上《计算机证据委托鉴定登记表》复印件和相关的材料。鉴定报告至少由两名鉴定人签名，注明技术职称，并加盖骑缝章。签名盖章的鉴定人必须承担当庭作证义务。鉴定结束后，应将鉴定报告连同送检物品一并发还给送检单位。有研究价值、需要留做资料的，应征得送检单位同意，并商定留用的时限和保管、销毁的责任。委托鉴定单位或个人认为鉴定结论不确切或者有错误，可以提请鉴定单位补充鉴定或重新鉴定。需要重新鉴定的，应当送交原始鉴定物品、数据以及原鉴定报告，并说明重新鉴定的原因和要求。重新鉴定应当另外指派或聘请鉴定人，或另外委托其他鉴定单位重新鉴定，必要时，还可以聘请有关专家进行联合鉴定。

7.7.3　计算机取证技术的内容

计算机取证技术主要包括计算机证据获取技术、计算机证据分析技术、计算机证据保存技术和计算机证据提交技术等 4 类技术。

1．计算机证据获取技术

常见的计算机证据获取技术包括：对计算机系统和文件的安全获取技术，避免对原始介质进行任何破坏和干扰；对数据和软件的安全搜集技术；对磁盘或其他存储介质的安全无损伤备份技术；对已删除文件的恢复、重建技术；对磁盘空间、未分配空间和自由空间中包含的信息的发掘技术；对交换文件、缓存文件、临时文件中包含的信息的复原技术；计算机在某一特定时刻活动内存中的数据的搜集技术；网络流动数据的获取技术等。

2．计算机证据分析技术

计算机证据分析技术是指在已经获取的数据流或信息流中寻找、匹配关键词或关键短语，是目前的主要数据分析技术，具体包括：文件属性分析技术；文件数字摘要分析技术；日志分析技术；根据已经获得的文件或数据的用词、语法和写作（编程）风格，推断出其可能的作者的分析技术；发掘同一事件的不同证据间的联系的分析技术；关键字分析技术，数据解密技术；密码破译技术；对电子介质中的被保护信息的强行访问技术等。

3．计算机证据保存技术

计算机证据保存技术是指在数据安全传输到取证系统以后，就对机器和网络进行物理隔离，以防止受到来自外部的攻击，同时应该对获得的数据进行数据加密，防止来自内部人员的非法篡改和删除。

4．计算机证据提交技术

计算机证据提交技术是指以法庭可以接受的证据形式将所获取的计算机证据形成司法报告并以书面的形式给出相应的鉴定文档，最终提交给法庭作为呈堂证供。计算机证据提交技术包括文档自动生成技术、数据统计技术、关联性分析技术和专家系统技术等。

7.7.4 计算机取证的困难性

有些情况下，计算机取证工作无法获取或很难获取有效证据，就是覆盖、删除或者隐藏证据，相关技术有可能被入侵者用来反取证。目前，反取证的技术包括三类：数据擦除、数据隐藏和数据加密。

数据擦除是阻止取证调查人员获取、分析犯罪证据的最有效的方法，用一些毫无意义的、随机产生的"0""1"字符串序列来覆盖介质上面的数据，使取证调查人员无法获取有用的信息。例如 Linux 环境下 srm 在删除文件时能将文件内容全部清空。

数据隐藏主要是阻止调查取证人员在取证分析阶段获取有说服力的证据的数据。实现数据隐藏的方法有很多，简单的方法主要有：数据加密、更改文件的扩展名（例如，某人不想让别人看到其 Word 文档里的内容，那么他可以将文件的扩展名从.doc 改为.jpg），隐藏文件夹（Linux 环境下 SteelthDisk 软件能隐藏计算机上所有的文件和文件夹，同时能删除所有在线 Internet 访问记录）以及改变系统的运行环境（系统环境改变之后，系统会给出假的关于数据内容和活动的信息，从而实现数据隐藏目的）等。复杂的可采用第 8 章介绍的隐写术、数字水印、信息隐藏技术等。

数据加密是用一定的加密算法对数据进行加密，使明文变为密文。一个例子就是在 DoS 攻击中对控制流进行加密。一些分布式拒绝服务（DDoS）工具允许控制者使用加密数据控制那些目标计算机。BO2000 也对控制流进行了加密以试图躲过入侵检测软件。黑客也可能利用 Root Kit（系统后门、木马程序等），避开系统日志或者利用窃取的密码冒充其他用户登录。

在研究计算机取证技术时，有必要注意计算机取证的困难性，一方面可以了解入侵者有哪些常用手段用来掩盖甚至擦除入侵痕迹；另一方面可以在了解这些手段的基础上，开发出更加有效、实用的计算机取证工具。

7.8 蜜 罐

蜜罐（Honeypot）是一种其价值在于被探测、攻击、破坏的系统，是一种我们可以监视观察攻击者行为的系统。蜜罐的设计目的是将攻击者的注意从更有价值的系统引开，以及为了提供对网络入侵的及时预警。蜜罐是一个资源，它的价值在于它会受到攻击或威胁，这意味着一个蜜罐希望受到探测、攻击和潜在地被利用。蜜罐并不修正任何问题，它们仅为我们提供额外的、有价值的信息。蜜罐是收集情报的系统，是一个用来观测黑客如何探测并最终入侵系统的系统；也意味着包含一些并不威胁系统（部门）机密的数据或应用程序，但对黑客来说却具有很大的诱惑及捕杀能力的一个系统。

7.8.1 蜜罐的关键技术

蜜罐系统的主要技术有网络欺骗技术、数据控制技术、数据收集技术、报警技术和入侵行为重定向技术等。

1．网络欺骗技术

为了使蜜罐对入侵者更具有吸引力，就要采用各种欺骗手段，例如在欺骗主机上模拟一些操作系统或各种漏洞、在一台计算机上模拟整个网络、在系统中产生仿真网络流量等。

通过这些方法，使蜜罐更像一个真实的工作系统，诱骗入侵者上当。

2．数据控制技术

数据控制就是对黑客的行为进行牵制，规定他们能做或不能做某些事情。当系统被侵害时，应该保证蜜罐不会对其他的系统造成危害。一个系统一旦被入侵成功，黑客往往会请求建立因特网连接，如传回工具包、建立 IRC 连接或发送 E-mail 等。为此，要在不让入侵者产生怀疑的前提下，保证入侵者不能用入侵成功的系统作为跳板来攻击其他的非蜜罐系统。

3．数据收集技术

数据收集技术是设置蜜罐的另一项技术挑战，蜜罐监控者只要记录下进、出系统的每个数据包，就能够对黑客的所作所为一清二楚。蜜罐本身上面的日志文件也是很好的数据来源，但日志文件很容易被攻击者删除，所以通常的办法就是让蜜罐向在同一网络上但防御机制较完善的远程系统日志服务器发送日志备份。

4．报警技术

要避免入侵检测系统产生大量的警报，因为这些警报中有很多是试探行为，并没有实现真正的攻击，所以报警系统需要不断升级，需要增强与其他安全工具和网管系统的集成能力。

5．入侵行为重定向技术

所有的监控操作必须被控制，这就是说如果 IDS 或嗅探器检测到某个访问可能是攻击行为，不是禁止，而是将此数据复制一份，同时将入侵行为重定向到预先配置好的蜜罐机器上，这样就不会攻击到人们要保护的真正的资源，这就要求诱骗环境和真实环境之间切换不但要快而且要真实再现。

7.8.2 蜜罐的分类

蜜罐可以从应用层面和技术层面进行分类。

1．从应用层面上分

蜜罐从应用层面上可分为产品型蜜罐和研究型蜜罐。

（1）产品型蜜罐

产品型蜜罐指由网络安全厂商开发的商用蜜罐，一般用来作为诱饵把黑客的攻击尽可能长时间地捆绑在蜜罐上，赢得时间保护实际网络环境，有时也用来收集证据作为起诉黑客的依据，但这种应用在法律方面仍然具有争议。

（2）研究型蜜罐

主要应用于研究，吸引攻击，搜集信息，探测新型攻击和新型黑客工具，了解黑客和黑客团体的背景、目的、活动规律等，在编写新的特征库、发现系统漏洞、分析分布式拒绝服务攻击等方面是很有价值的。

2．从技术层面上分

蜜罐从技术层面上可分为低交互蜜罐、中交互蜜罐和高交互蜜罐。

蜜罐的交互程度（Level of Involvement）指攻击者与蜜罐相互作用的程度。

（1）低交互蜜罐。低交互蜜罐只是运行于现有系统上的一个仿真服务，在特定的端口监听记录所有进入的数据包，提供少量的交互功能，黑客只能在仿真服务预设的范围内动作。低交互蜜罐上没有真正的操作系统和服务，结构简单、部署容易、风险低，所能收集的信息也是有限的。

（2）中交互蜜罐。中交互蜜罐也不提供真实的操作系统，而是应用脚本或小程序来模拟服务行为，提供的功能主要取决于脚本。在不同的端口进行监听，通过更多和更复杂的互动，让攻击者产生是一个真正操作系统的错觉，能够收集更多数据。开发中交互蜜罐，要确保在模拟服务和漏洞时并不产生新的真实漏洞，而给黑客渗透和攻击真实系统的机会。

（3）高交互蜜罐。高交互蜜罐由真实的操作系统来构建，提供给黑客的是真实的系统和服务。给黑客提供一个真实的操作系统，可以学习黑客运行的全部动作，获得大量的有用信息，包括完全不了解的新的网络攻击方式。正因为高交互蜜罐提供了完全开放的系统给黑客，也就带来了更高的风险，即黑客可能通过这个开放的系统去攻击其他的系统。

7.8.3　蜜网

蜜网（Honeynet）是一个网络系统，而并非某台单一的主机，这一网络系统是隐藏在防火墙后面的，所有进出的数据都受到关注、捕获及控制。这些被捕获的数据可供我们研究分析入侵者们使用的工具、方法及动机。

蜜罐物理上是一个单独的机器，可以运行多个虚拟操作系统。控制外出的流量通常是不可能的，因为通信会直接流动到网络上。限制外出通信流的唯一的可能性是使用一个初级的防火墙。这样一个更复杂的环境通常称之为蜜网。

一个蜜罐并不需要一个特定的支撑环境，因为它是一个没有特殊要求的标准服务器。一个蜜罐可以放置在一个服务器可以放置的任何地方。在一个蜜罐（或多个蜜罐）前面放置一个防火墙，减少了蜜罐的风险，同时可以控制网络流量和进出的连接，而且可以使所有蜜罐在一个集中的位置实现日志功能，从而使记录网络数据流量容易得多。被捕获的数据并不需要放置在蜜罐自身上，这就消除了攻击者检测到该数据的风险。

设计一个有效的蜜网，要考虑以下四个关键因素：①有效地收集尽可能多的入侵者信息及攻击行为数据；②收集到的信息能存放在安全的地方；③信息的收集过程不被入侵者发觉；④蜜网中的计算机不能被入侵者作为攻击蜜网外的计算机的跳板。

首先要把 Honeynet 设置成一个末节网络（Stub Network），在出口处放置一个防火墙就可以捕获所有进出网络的数据包，在蜜网内部安全的地方放置一个入侵检测系统，它的功能是捕获网内的所有信息。同时，设置一台日志服务器（Log Server），用于把蜜网中机器的系统日志做实时备份，从而得知任一时刻蜜网中的计算机系统内部所发生的事情。

为了使防火墙和入侵检测系统对入侵者透明，可以把入侵检测系统放在防火墙的停火区，再在防火墙和蜜网之间加上一个路由器；在防火墙处给蜜网中的主机开设 5 至 15 个活动连接，还有在路由器处设置访问控制表。基于以上观点，蜜网的设计方案如图 7-11 所示。

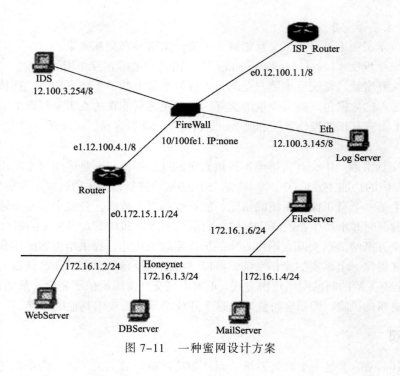

图 7-11　一种蜜网设计方案

习　题

1. 描述以下术语的含义:

病毒、黑客、入侵检测、日志、PPDR、异常检测系统、滥用检测系统、电子证据、密网、入侵响应。

2. 根据入侵检测原理，入侵检测技术可以分为几类?

3. 入侵检测方法的作用是什么?

4. 简述计算机取证技术的内容。

5. 试阐述蜜罐在网络中的位置及其优、缺点。

6. 入侵检测利用的信息有哪些?

7. 为什么说，即使在使用了现有的安全工具和机制的情况下，网络的安全仍然存在很大隐患?

8. 简述对一个入侵检测系统进行测试的步骤。

第 **8** 章 网络信息保护

网络信息保护技术的目标是保证网络信息的可用性，是在网络信息系统能够正常运行的前提下，增强网络信息本身防御攻击和破坏的能力。本章介绍保障传输的信息和存储的信息的可用性、保护数字产品的版权问题，以及信息被破坏后的恢复技术。具体包括信息隐藏、盲签名、数字水印、数据库的数据备份与数据恢复。

8.1 网络信息保护概述

8.1.1 网络信息保护的重要性

信息资源是网络信息系统的核心，这些共享的信息资源既要面对必需的可用性需求，又要面对被篡改、损坏和被窃取的威胁。数字产品的无失真复制的特点，造成版权保护和管理方面的漏洞，给信息拥有者的合法权益造成了潜在的威胁。另一方面，敏感信息的传输和存储中免遭破坏则是许多政府部门、企业和个人十分关心的问题。党政机关和军事部门的涉密文件和资料、工业上正在研制的新产品造型、尖端科学研究数据与图像、电子商务过程中在网上交换的信息（如电子合同书）、电子出版物的版权信息等，如何保证这些信息在网络传输时和系统存储时免遭破坏，显得非常重要。

为了保护网络信息的可用性，通常采用两种方法，一种是将机密信息隐藏起来，使非授权者无法得知机密信息的存在，如隐写术、信息隐藏、数字水印、隐通道和匿名通信等。一种是将信息进行数据备份，若信息被破坏，则可以从备份中恢复。

8.1.2 网络版权保护技术

近年来，随着计算机和通信网技术的发展与普及，数字音像制品及其他电子出版物的传播和交易变得越来越便捷，但随之而来的侵权盗版活动也呈现日益猖獗之势。原因是数字产品被无差别地大量复制是轻而易举的事情，如果没有有效的技术措施来阻止这个势头，必将严重阻碍电子出版行业乃至计算机软件业的发展。

为了打击盗版犯罪，一方面要通过立法来加强对知识产权的保护，另一方面必须要有先进的技术手段来保障法律的实施。水印技术以其特有的优势，引起了人们的好奇和关注。人们首先想到的就是在数字产品中藏入版权信息和产品序列号，某件数字产品中的版权信息表示版权的所有者，它可以作为侵权诉讼中的证据，而与每件产品编选配的唯一的产品序列号可以用来识别购买者，从而为追查盗版者提供线索。

早期，采用软件狗等附加硬件装置来保护软件的版权，防止非法复制使用。但也给合法用户带来了麻烦。现在出现了一些新的方法。

1. 数据锁定

出版商从降低成本的角度出发，可以把多个软件或电子出版物集成到一张光盘上出售，盘上所有的内容均被分别进行加密锁定，不同的用户买到的均是相同的光盘，每个用户只需付款买他所需内容的相应密钥，即可利用该密钥对所需内容解除锁定，而其余不需要的内容仍处于锁定状态，用户是看不到的。这样，拥有相同光盘的不同用户，由于购买了不同的密钥，便可各取所需地得到光盘上相应的内容，这为用户和商家都提供了极大的便利。同理，在 Internet 上数据锁定可以应用于 FTP（文件传送协议）服务器或一个 Web 站点上的大量数据，付费用户可以利用特定的密钥对所需要的内容解除锁定。但随之而来的问题是，解除锁定后存于硬盘上的数据便可以被共享、复制，因此，仅仅依靠使用数据锁定技术还无法阻止加密锁定的数据被非法扩散。

密码在数据锁定技术中扮演着重要的角色，如果能做到破译密码的代价高于被保护数据的价值，那么我们就有理由认为数据锁定技术能够使出版商的利益得到可靠的保护。

2. 隐匿标记

隐匿标记是一种在某文件中嵌入某种视觉不可区分的特定的标记信息，但通过特定的方法可以测定出该文件具有特定信息。例如利用文字间距的变化可以嵌入隐匿标记。因为一个文件中文字的字间距、行间距的细小改变人们很难觉察到，把这些间距精心改变后可以隐藏某种编码的标记信息以识别版权所有者，而文件中的文字内容无须做任何改动。

现在的激光打印机具有很高的解析度，可以控制字符使之发生微小的位移，人眼对字间距、行间距的微小差别并不十分敏感，而现在的扫描仪能够成功地检测到这一微小的位移。我们用扫描仪可以发高分辨率获得印刷品的图像，并通过适当的解码算法找到其中的隐匿标记。

在 20 世纪 80 年代的英国，有过关于隐匿标记的一个典型应用实例。当时的英国首相撒切尔夫人发现政府的机密文件屡屡被泄露出去，这使她大为光火。为了查出泄露机密文件的内阁大臣，她使用了上述这种利用文字间隔嵌入隐匿标记的方法，在发给不同人的文件中嵌入不同的隐匿标记，虽然表面看文件的内容是相同的，但字间距经过精心的编码处理，使得每一份文件中都隐藏着唯一的序列号，不久那个不忠的大臣就被发现并受到了应有的惩罚。

3. 数字水印

数字水印是镶嵌在数据中并且不影响合法使用的具有可鉴别性的数据。它一般应当具有不可察觉性、抗擦除性、稳健性和可解码性。改变图像中的像素点可以嵌入数字水印信息，在一个很大的宿主文件中嵌入的隐匿信息越少就越难以被察觉。带宽和不可察觉性之间可以根据不同的应用背景取得合理的折中。

为了保护版权，可以在数字视频内容中嵌入水印信号。如果制定某种标准，可以使数字视频播放机能够鉴别到水印，一旦发现在可写光盘上有"不许拷贝"的水印，表明这是一张经非法拷贝的光盘，因而拒绝播放。还可以使用数字视频拷贝机检测水印信息，如果发现"不许拷贝"的水印，就不去复制相应内容。对于一些需要严格控制数量和流通范围的数字媒体，可通过该技术在其中嵌入数字水印，加以控制。

数字水印能够用于静态数字图像（彩色或灰度级的）、数字音频、数字视频的版权保护，推而广之，可以保护各种多媒体产品，为它们做上特殊的标记。数字水印以其他信号为载体（即嵌入其他信号中），数字水印的加入不会干扰被它所保护的数据，载体信号受到嵌入其中的水印信号的影响非常小，一般是通过改变数字视频或数字音像数据的最低有效位或噪声部分（因为数字化信息——数字化电视节目、摄像机摄取的图像等均含有本底噪声，有用信号和本底噪声一起能够被计算机系统高保真地存储和传输）来加入水印信息，以使人眼（耳）根本无法察觉。水印不改变其载体数据量的大小。一幅照片数字化后生成的数字图像，噪声部分占全部信息的 5%～10%，由于嵌入的水印数据不易与原始信息数字化过程中引入的噪声区别开来，因此，嵌入处理的安全性很强。数字水印必须具有难以被破坏和伪造的特性，它能够唯一确定地表示数字产品的版权所有者。盗版者无法去除水印，水印具有在滤波、噪声干扰、裁剪和有失真压缩（如 JPEG、MPEG）下的稳健性，因而能够抵御各种有意的攻击。数字水印一般是由伪随机数发生器、置乱器和混合系统产生的。人们通常讲的数字水印都是稳健型数字水印，与稳健型水印性质不同的另一类水印是脆弱数字水印，它与稳健性特征相反，具有较强的敏感性，且检测阈值低，可用于识别敌手对信息的恶意篡改，用于保证信息的完整性。

正因为数字水印在版权保护方面是一种很有前途的技术，对它的攻击也是不可避免的。目前数字水印方面的工作是希望找到一种公钥密码体制的技术方法，任何人都可以鉴别，但只有版权所有者可以嵌入，与之相关的问题是要建立复杂的水印公证体系。

8.1.3　保密通信中的信息保护技术

1. 信息隐藏

信息隐藏也被称为"信息隐匿"或"信息隐形"。一般认为，信息隐藏是信息安全研究领域与密码技术紧密相关的一大分支。信息隐藏和信息加密都是为了保护秘密信息的存储和传输，使之免遭敌手的破坏和攻击，但两者之间有着显著的区别。加密实际上是进行一种变换，将一段明文变成一段非合法接收者无法理解的密文。由于密文是一串乱码，攻击者监视着信道的通信，一旦截获到乱码，就可以利用已有的对各种密码体制的攻击方法进行破译了。而信息隐藏则试图掩盖信息存在的这一事实，秘密信息被嵌入表面上看起来无害的宿主信息中，攻击者无法直观地判断其所监视的信息中是否含有秘密信息，换句话说，含有隐匿信息的宿主信息不会引起别人的注意和怀疑。信息隐藏的目的是使敌人不知道哪里有秘密，它隐藏了信息的存在形式，使得敌人无法确切地知道是否有秘密消息的存在。随着计算机软硬件技术的发展，密码的破译能力越来越强，这迫使人们对加密算法的强度提出越来越高的要求。由于密码术利用随机性来对抗密码攻击，而密文的随机性同时也暴露了消息的重要性，即使密码的强度足以使得攻击者无法破译密文，但是攻击者通常有足够的手段进行破坏，从而使得消息无法接收或者接收到虚假的消息。密文容易引起攻击者的注意是密码学的一个显著缺点。信息隐藏掩盖了信息存在的事实，这就好比隐形飞机不能被雷达探测到，从而避免了被袭击的危险。众所周知，密码的不可破译度是靠不断增加密钥的长度来提高的，然而随着计算机计算能力的迅速增长，密码的安全始终面临着新的挑战。如今令人欣喜的是，信息隐藏技术的出现和发展，为信息安全的研究和应用拓展了一个新的领域。而且，由于近年来各国政府出于国家安全方面的考虑，对密码的使用场合及密码强度都做了严格的限制，这就更加激发了人们对信息隐藏技术研究的热情。

将密码学与信息隐藏相结合，就可以同时保证信息本身的安全和信息传递过程的安全。

2．密写

密写（Steganography）是信息隐藏的一个分支。物理上的最典型的方法是利用化学药水的密写。另一种方法是用一个特制的模板套在文字上，无关的内容被遮住，仅留下秘密信息。这与所谓的"藏头诗"在道理上是相同的。严格说来，这种方法是通过编码的手段实现信息的隐藏，与隐写是有区别的。

现代数字密写技术可以理解为数字信息上的隐写，它是物理密写方法的数字仿真。其基本原理是利用人在听觉、视觉系统分辨率上的限制，以数字媒体信息为载体，将秘密信息隐藏于其中，从而掩盖秘密信息的存在。

数字密写和数字水印的共同点是在载体中嵌入信息，但它们在载体中嵌入信息的目的却是不同的。另外，数字密写按重要性程度依次强调安全性、嵌入容量和稳健性，而数字水印强调的顺序是稳健性、安全性和嵌入容量。数字密写和数字水印都可以用图 8-1 的模型来表示。

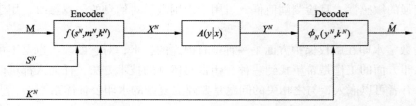

图 8-1　数字密写与数字水印系统模型

图 8-1 中，M 为嵌入信息，即将要被潜入到载体中的信息；K^N 为在嵌入过程中使用的密钥，这与加密技术中的密钥有相似之处；S^N 为载体信息，表示将用来隐藏重要信息的信息，可以是图像，文本和语音，等等；X^N 为含有嵌入信息的载体；Y^N 为遭受各种攻击之后在接收到的作品。

3．数字签名中的阈下信道

阈下信道是一种典型的信息隐藏技术。阈下信道的概念是 Gustavus J Simmons 于 1978 年在美国圣地亚国家实验室（Sandia National Labs）提出的，之后他又做了大量的研究工作。阈下信道（又称潜信道）是指在公开（Overt）信道中所建立的一种实现隐蔽通信的信道，这是一种隐蔽（Covert）的信道。

经典密码体制中不存在阈下信道。分组密码（例如 DES 加密方案）中也不存在阈下信道，因为与明文块（长度为 64 bit）相对应的密文块（长度为 64 bit）的大小是相同的。如果存在阈下信道，则一个明文块要对应多个不同的密文块，而事实上在 DES（数据加密标准）方案中明文块、密文块是一一对应的。但在大多数基于公钥体制的数字签名方案中，明文 m 与数字签名 $S(m)$ 不是一一对应的，这是由于会话密钥具有可选择性，从而对同一个消息可产生多个数字签名，即对每个 m 可以有多个 $S(m)$。但这并不影响对签名的验证，即对于多个不同的签名，只要私钥相同，则验证者可以通过计算 $S^{-1}(S(m))=m$ 来验证签名的有效性，这就为阈下信道的存在提供了条件，阈下接收方可以根据这些不同的数字签名获取公开接收方无法得到的阈下信息。研究表明，绝大多数数字签名方案都可包含阈下信道的通信，其最大特点是阈下信息包含于数字签名之中，但对数字签名和验证的过程无任何影响，这正是其隐蔽性所在。即使监视者知道要寻找的内容，也无法发现信道的使用和获取正在传送的阈下消息，因为阈下信道的特性决定了其安全保密性要么是无条件的，要么是计算上不可破的。

在 ElGamal 数字签名体制中，消息及其相应的签名可用三元组($M;r$，s)或($H(M)$；r，s)表示。如果 $H(M)$、r 和 s 的长度均接近于 n bit，则整个三元组长度就只比消息的长度增加 $2n$ bit，其中 n bit 用于提供对签名的安全保护（防窜改、防伪造、防移植等，伪造成功率为 2^{-n}），另外的 n bit 则可用于构造阈下信道。如果发方降低一些保密度，还可以加大阈下信道的容量。一般而言，在阈下收方无能力伪造发方签名的情况下，阈下收方或发方（或双方）的计算复杂性将随阈下比特数的增加而呈指数级增长。

阈下信道在国家安全方面的应用价值很大。如果采用全球性标准，那么世界上任何地方的用户检查点都能即时检查出数字证件上的信息完整性，并能确定持证人是否合法持证人。将来可以在数字签名的数字证件中建立阈下信道，把持证人是否为恐怖主义分子、毒品贩、走私犯或重罪犯等情况告诉发证国的海关人员，以及向金融机构、商业实体透露持证人的信用评价、支付史等情况，而仅检查公开信息的人是无法看到此类阈下信息的，持证人自己也无法获得和修改这些阈下信息。

4．Internet 上的匿名连接

在网络通信中，跟踪敌手的数据包，进行业务量分析，以及判断谁和谁在通信，也是收集谍报信息的一个重要来源，而采用隐匿通信的技术就是为了保护通信信道不被别人窃听和进行业务量分析，这种技术提供一种基于 TCP/IP 协议的匿名连接，从数据流中除去用户的标识信息，即用该技术建立连接时，并不是直接连到目的机器的相应的数据库，而是通过多层代理服务器，层层传递后到达目的地址，每层路由器只能识别临近的一层路由器，第一层路由器对本次连接进行多层加密，以后每经过一层路由器，除去一层加密，最后到达的是明文，这样每层路由器处理的数据都不同，使敌手无法跟踪。连接终止后，各层路由器清除信息。这有点类似于地下工作者的单线联络，每个人只知道与前后哪两个人接头，而对自己所传的消息最初从哪儿来、最终到哪儿去一概不知。从应用的角度讲，比如你在网上购物，却不想让中途窃听者知道你买了什么东西，或者你访问某个站点，却不想让别人知道你是谁，就可以用这种技术。这种技术可用于有线电话网、卫星电话网等，它不但适用于军用，而且适用于商用，还可广泛用于 E-mail、Web 浏览及远程注册等。

近年来，利用网络进行各种犯罪活动的案件逐年增加，政府情报部门在查找犯罪线索方面扮演着重要的角色。网上信息收发的"隐私权"（或者说匿名性、不可追踪性）问题也一直是人们所关注的，与此相矛盾的是情报部门所要求的透明性（或者说可追踪性）。

Internet 上的保密通信和数字产品版权保护方面的强烈需求，已成为信息隐藏技术研究的强大推动力。在国家安全和军事领域，信息隐藏技术的应用前景也不可估量。早在 20 世纪 80 年代初，美苏冷战时期，信息隐匿技术就曾被美国军方所利用，然而如果犯罪分子利用这些技术从事破坏活动，就会给社会安定埋下很大的隐患。由此可见，信息隐藏技术是一把名副其实的双刃剑。

8.1.4　数字签名过程中的信息保护技术

在因特网上购买商品或服务，要向供应商（由银行）付款，顾客发出包含有他的银行账

号或别的重要信息的付款报文，由收款者做出（电子）签名才能生效，但账号之类的信息又不宜泄露给签名者，以保证安全。这种情况，就要使用盲签名方案(Blind Signature Scheme)。盲签名技术适应于电子选举、数字货币协议中。

8.1.5 数据备份技术

因为系统的周边环境充满了无数的不确定性因素，使数据安全随时遭受极大威胁。于是，数据恢复的重要性更加凸现出来。现代商业对数据的渴求已经到了"分秒必争"的地步，因而数据恢复也演化到实时的需求。大多数用户都希望在信息丢失前，系统就能自动地对数据进行保护，同时还不影响正在进行的操作。备份只是一种手段，备份的目的是为了防止数据灾难，缩短停机时间，保证数据安全。其中，磁带机提供了经济有效的备份，它能够以 10%～20%的投资，实现 100%的可靠性。

备份可以通过拷贝来进行，但不能简单地用拷贝来代替备份。实际上，备份等于拷贝加管理，数据备份技术能实现可计划性以及自动化，以及历史记录的保存和日志记录。在海量数据情况下，如果不对数据进行管理，则会陷入数据汪洋之中。也不能用双机、磁盘阵列、镜像等系统冗余替代数据备份。需要指出的是，系统冗余保证了业务的连续性和系统的高可用性，系统冗余不能替代数据备份，因为它避免不了人为破坏、恶意攻击、病毒、天灾人祸，只有备份才能保证数据的万无一失。也不能只备份数据文件。在这样的条件下，一旦系统崩溃，那么，恢复时就要——重新安装操作系统、重新安装所有的应用程序，需要相当长的时间才能恢复所有的数据，在时间等于金钱的后 WTO 时代，你的客户能够忍受吗？因此，正确的方法是对网络系统进行全部备份。

8.2 信息隐藏技术

8.2.1 信息隐藏技术的发展

所谓信息隐藏，就是在某种载体中嵌入数据，不让他人发现。载体可以是任何一种多媒体数据，如音频、视频、图像，甚至文本、数据等，被隐藏的信息也可以是任何形式（全部作为比特流）。自从 1992 年国际上正式提出信息隐形性研究以来，信息隐藏技术得到了广泛的关注和应用。

信息隐藏技术的研究有两个目标：一是尽可能多地将信息隐藏在公开消息之中，尽可能不让对手发现任何破绽；二是尽可能地发现和破坏对手利用信息隐藏技术隐藏在公开消息中的机密信息。

现代信息隐藏技术是由古老的隐写术（Steganography）发展而来的，隐写术一词来源于希腊语，其对应的英文意思是"Covered writing"。隐写术的应用实例可以追溯到非常久远的年代。被人们誉为历史学之父的古希腊历史学家希罗多德（Herodotus），在其著作中讲述了这样一则故事：一个名叫 Histaieus 的人筹划着与他的朋友合伙发起叛乱，里应外合，以便推翻波斯人的统治。他找来一位忠诚的奴隶，剃光其头发并把消息文刺在头皮上，等到头发又长起来了，把这人派出去送"信"，最后叛乱成功了。

历史上诸如此类的隐写方法还有多种。17 世纪，英国的 Wilkins（1614—1672）是资料记载中最早使用隐写墨水进行秘密通信的人，在 20 世纪的两次世界大战中德国间谍都使用过隐写墨水。早期的隐写墨水是由易于获得的有机物（例如牛奶、果汁或尿）制成，加热后颜色就会变暗从而显现出来。后来随着化学工业的发展，在第一次世界大战中人们制造出了复杂的化合物做成隐写墨水和显影剂。在中国古代，人们曾经使用挖有若干小孔的纸模板盖在信件上，从中取出秘密传递的消息，而信件的全文则是为打掩护用的。现代又发明了很多方法用于信息隐藏：高分辨率缩微胶片、扩频通信、流星余迹散射通信、语义编码（Semagram）等。其中，扩频通信和流星余迹散射通信多用于军事上，使敌手难以检测和干扰通信信号；语义编码是指用非文字的东西来表示文字消息的内容，例如把手表指针拧到不同的位置可表示不同的含义，用图画、乐谱等都可以进行语义编码。

上述各种隐藏消息的手段都有一个共同的特点，就是为了不引起人们的注意和怀疑。下面介绍的现代信息隐藏技术主要是研究基于计算机系统的各种手段和方法。

8.2.2　信息隐藏的概念

信息隐藏的目的在于把机密信息隐藏于可以公开的信息载体之中，信息载体可以是任何一种多媒体数据，如音频、视频、图像，甚至文本数据等，被隐藏的机密信息也可以是任何形式。一个很自然的要求是，信息隐藏后能够防止第三方从信息载体中获取或检测出机密信息。1983 年，Simmons 把隐蔽通信问题表述为"囚犯问题"。在该模型中，囚犯 Alice 和 Bob 被关押在监狱的不同牢房里，他们准备越狱，故需通过一种隐蔽的方式交换信息，但他们之间的通信必须通过狱警 Willie 的检查。因此，他们必须找到一种办法，可以将秘密的信息隐藏在普通的信息里：在不引起看守者怀疑的情况下，在看似正常的信息中，传递他们之间的秘密信息。

囚犯问题根据 Willie 的反应方式分为被动狱警问题、主动狱警问题及恶意狱警问题 3 种。

（1）被动狱警问题：狱警 Willie 只检查他们之间传递的信息有没有可疑的地方，一旦发现有可疑信息甚至是非法信息通过，就会立即做出相应的反应。

（2）主动狱警问题：狱警 Willie 在不破坏公开信息的前提下，故意去修改一些可能隐藏有机密信息的地方，以达到破坏可能的机密信息的目的。比如，对于文本数据，他可能会把其中一些词句用相近的同义词来代替，而不改变通信的内容。

（3）恶意狱警问题：狱警 Willie 可能彻底改变通信囚犯的信息，或者伪装成一个囚犯，隐藏伪造的机密信息，发给另外的囚犯。在这种条件下，囚犯可能就会上当，他的真实想法就会暴露无遗。对这种情况，囚犯是无能为力的。不过现实生活中，这种恶意破坏通信内容的行为一般是不允许的，有诱骗嫌疑。目前的研究工作重点是针对主动狱警问题。

假设 A 打算秘密传递一些信息给 B，A 需要从一个随机消息源中随机选取一个无关紧要的消息 C，当这个消息公开传递时，不会引起人们的怀疑，称这个消息为载体对象（Cover Message）C；把秘密信息（Secret Message）M 隐藏到载体对象 C 中，此时，载体对象 C 就变为伪装对象 C'。载体对象 C 是正常的，不会引起人们的怀疑，伪装对象 C' 与载体对象 C 无论从感官（比如感受图像、视频的视觉和感受声音、音频的听觉）上，还是从计算机的分析上，都不可能把它们区分开来，而且对伪装对象 C' 的正常处理，不应破坏隐藏的秘密信息。

这样，就实现了信息的隐蔽传输。秘密信息的嵌入过程可能需要密钥，也可能不需要密钥，为了区别于加密的密钥，信息隐藏的密钥称为伪装密钥 k。信息隐藏涉及两个算法：信息嵌入算法和信息提取算法，如图 8-2 所示。

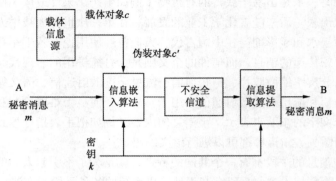

图 8-2　信息隐藏的原理框图

实现信息隐藏的基本要求：

（1）载体对象是正常的，不会引起怀疑。

（2）伪装对象与载体对象无法区分，无论从感观上，还是从计算机的分析上。

（3）信息隐藏的安全性取决于第三方有没有能力将载体对象和伪装对象区别开来。

（4）对伪装对象的正常处理，不应破坏隐藏的信息。

8.2.3　信息隐藏的特性

与传统的加密方式不同的是，信息隐藏的目的在于保证隐藏数据不被未授权的第三方探知和侵犯，保证隐藏的信息在经历各种环境变故和操作之后不受破坏。因此，信息隐藏技术必须考虑正常的信息操作造成的威胁，使秘密信息对正常的数据操作，如通常的信号变换或数据压缩等操作具有免疫能力。

根据信息隐藏的目的和技术要求，它存在以下 5 个特性：

（1）安全性（Security）。衡量一个信息隐藏系统的安全性，要从系统自身算法的安全性和可能受到的攻击两方面来进行分析。攻破一个信息隐藏系统可分为 3 个层次：证明隐藏信息的存在、提取隐藏信息和破坏隐藏信息。如果一个攻击者能够证明一个隐藏信息的存在，那么这个系统就已经不安全了。

安全性是指信息隐藏算法有较强的抗攻击能力，它能够承受一定的人为的攻击而使隐藏信息不会被破坏。

（2）稳健性（Robustness）。除了主动攻击者对伪装对象的破坏以外，伪装对象在传递过程中也可能受到非恶意的修改，如图像传输时，为了适应信息的带宽，需要对图像进行压缩编码，还可能会对图像进行平滑、滤波和变换处理，声音的滤波，多媒体信号的格式转换等。这些正常的处理，都有可能导致隐藏信息的丢失。信息隐藏系统的稳健性是指抗拒因伪装对象的某种改动而导致隐藏信息丢失的能力。所谓改动，包括传输过程中的信道噪声、滤波操作、重采样、有损编码压缩、D/A 或 A/D 转换等。

（3）不可检测性（Undetectability）。不可检测性是指伪装对象与载体对象具有一致的特性，如具有一致的统计噪声分布，使非法拦截者无法判断是否有隐蔽信息。

（4）透明性（Invisibility）。透明性是指利用人类视觉系统或听觉系统属性，经过一系列隐藏处理，目标数据必须没有明显的降质现象，而隐藏的数据无法被看见或听见。

（5）自恢复性（Self recovery）。经过一些操作或变换后，可能使原图产生较大的破坏，如果只从留下的片段数据，仍能恢复隐藏信号，而且恢复过程不需要宿主信号，这就是所谓的自恢复性。

8.2.4 多媒体信息隐藏原理

信息隐藏的思想，就是利用以数字信号处理理论（图像信号处理、音频信号处理、视频信号处理等）、人类感知理论（视觉理论、听觉理论）、现代通信技术、密码技术等为代表的伪装式信息隐藏方法来研究信息的保密和安全问题。信息隐藏的原理如图 8-2 所示。

根据载体的不同，信息隐藏可以分为图像、视频、音频、文本和其他各类数据的信息隐藏。在不同的载体中，信息隐藏的方法有所不同，需要根据载体的特征，选择合适的隐藏算法。比如，图像、视频和音频中的信息隐藏，利用了人的感官对于这些载体的冗余度来隐藏信息；而文本或其他各类数据，需要从另外一些角度来设计隐藏方案。

因此，一种很自然的想法是用秘密信息替代伪装载体中的冗余部分，替换技术是最直观的一种隐藏算法，也称为空间域算法。除此之外，对图像进行变换也是信息隐藏常用的一种手段，称为变换域算法。下面通过例子来说明图像中可以用来隐藏信息的地方。信息隐藏的可能性来自于多媒体的数据冗余。从听、视觉科学和信号处理的角度，信息隐藏可以视为在强背景（原始图像、语音、视频等）下叠加一个弱信号（隐藏的信息）。由于人的听觉系统（HAS）和视觉系统（HVS）分辨率受到一定的限制，只要叠加的弱信号的幅度低于 HAS/HVS 的对比度门限，HAS/HVS 就无法感知到信号的存在。因此，通过对原始图像、语音和视频做有限的改变，就有可能在不改变听、视觉效果的情况下嵌入一些信息，图 8-3 为多媒体信息隐藏的原理框图。

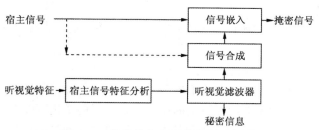

图 8-3　多媒体信息隐藏的原理框图

设 F 和 F' 分别代表原始宿主信号和隐藏信息后的掩密信号，W 为待隐藏信息，则信息隐藏过程可以表示为：

$$F' = F + f(F, W) \tag{8-1}$$

常用的三种信息潜入公式如下：

$$v'_i = v_i + \alpha x_i \tag{8-2}$$

$$v'_i = v_i(1 + \alpha x_i) \tag{8-3}$$

$$v'_i = v_i + \alpha |v_i| x_i \tag{8-4}$$

当隐藏信息是由 "0" "1" 构成的二进制序列时，上式可以修正为

$$v_i' = \begin{cases} v_i + \alpha \\ v_i - \alpha \end{cases} \quad\quad (8-5)$$

或

$$v_i' = \begin{cases} v_i(1+\alpha) \\ v_i(1-\alpha) \end{cases} \quad\quad (8-6)$$

其中 v_i 和 v_i' 分别表示原始宿主信号和隐藏信息后的掩密信号（或从中提取的特征）的值，x_i 为待嵌入分量，$0 \leqslant i < K$，α 为拉伸因子。α 越大，嵌入的信号幅度越大，稳健性越好而不可感知性变差；反之，不可感知性好而稳健性下降。

式（8-2）、式（8-3）和式（8-4）的应用场合有所不同，对结果也有不同影响。在式（8-2）中，隐藏信号与宿主信号无关。根据 HAS/HVS 的对比度特性，通常认为信号（或从中提取的特征）的值越大，允许改变的裕度越大。从这个意义上，式（8-3）和式（8-4）要更合理些，特别是当 v_i 变化范围较大时。实际应用中，式（8-3）和式（8-4）也被用得更多些。但在一些常用的正交变换下，宿主信号的能量被集中到少数变换系数上而大部分系数的值很小，这时，如果需要利用较多的系数来隐藏数据，采用式（8-2）更加合理些。另外，为了实现盲检测，应该应用式（8-2）和式（8-4）。式（8-3）中，由于 v_i 和 x_i 符号改变的随机性，无法实现盲检测。

8.2.5　信息隐藏的基本方法

根据隐藏数据嵌入域的不同，信息隐藏算法主要可分为两类：时域、空域的方法和变换域的方法。时域、空域是分别针对语音信号和图像信号，两者在数据嵌入原理上没有根本区别。不失一般性，本书将以对应图像的空域方法为例。

1．空域信息隐藏方法

空域的方法是指在图像和视频的空域上进行信息隐藏。通过直接改变宿主图像/视频某些像素的值来嵌入信息。

（1）基于替换 LSB 的空域信息隐藏方法

基于空域的信息隐藏方法中，替换 LSB（Least Significant Bits）位平面的方法是最简单和最典型的一种。由于图像通常都存在一定的噪声，对 LSB 的变化可以为噪声所掩盖，这是替换 LSB 来隐藏信息的依据。改变 LSB 主要的考虑是不重要数据的调整对原始图像的视觉效果影响较小。在该方法中，图像部分像素（载体像素）的最低一个或多个位平面的值被隐藏数据所代替。即载体像素的 LSB 平面先被设置为"0"，然后根据要隐藏的数据改变为"1"或不变，以此达到隐藏数据的目的。方法可以描述如下：

令 $\{f_1, f_2, \cdots, f_n\}$ 为从原始宿主图像中选择来作为隐藏信息载体的像素集合，$\{b_1, b_2, \cdots, b_n | b_i \{1, 0\}\}$ 为待隐藏的信息，则嵌入过程为

$$c^1\{f_i\} \leftarrow b_i \quad\quad (8-7)$$

式中，算子 $c^1\{\bullet\}$ 取载体像素的最低 1 位。

上述替换过程也可以扩展到替换载体像素的最低 p 位：

$$c^{1\sim p}\{f_i\} \leftarrow b_{(i-1)p+1}b_{(i-1)p+2}\cdots b_{ip} \qquad (8\text{-}8)$$

检测隐藏数据时，根据替换的位数，从载体像素中抽取 LSB，然后依据替换的顺序进行排列，就得到隐藏数据。

（2）LSB 存在的问题

替换 LSB 的隐藏方法需要解决两个问题：

① 载体像素的选择。载体像素的选择应考虑隐藏数据的秘密性。在最简单的情况下，可以选择图像的所有像素来隐藏数据，载体像素从图像的第一个像素开始。当然，这种选择方式秘密性不强。一个改进的措施是变化起始像素。更好的办法是采用一个密钥控制一个随机序列来选择载体像素。通信双方使用一个事先约定的密钥 k 来生成一个长度为 n 的随机数序列 $\{k_1, k_2, \cdots, k_n\}$，于是像素集合 $\{f_{k_1}, f_{k_1+k_2}, \cdots, f_{k_1+k_2+\cdots+k_n}\}$ 被选择作为载体像素。换言之，隐藏信息的嵌入位置是随机选择的。这种方法称为随机间隔法，具有较高的秘密性。由于被修改的像素和没有修改的像素集合之间的划分没有规律，它的另一个优点是难以用统计的方法来判断一个图像是否隐藏着信息。为了利用 HVS 的特性，减少 LSB 替换对不可感知性的影响，载体像素也可以根据局部邻域的情况自适应选择。

② LSB 替换。替换要考虑的问题包括：替换几位，替换哪些位。替换几位是由载体的大小和隐藏信息的数据量决定的，但需要满足不可感知性的限制。此外，当替换多于 1 bit 时，利用统计的方法检测隐藏数据的可能性将提高。换言之，信息伪装的作用将随之降低。通常，空域里的替换应限制在 3 bit 内。替换载体像素哪些位，将影响到隐藏信息的稳健性和掩密图像的保真度。替换位数越高，对抗加性噪声的稳健性越好，但掩密图像失真越大；反之亦然。统计分析表明，替换位数提高一位，掩密图像的 PSNR 值下降约 6 dB。

（3）LSB 方法的优缺点

基于替换 LSB 的隐藏方法具有如下优缺点：

① 具有很大的信息隐藏容量。根据对掩密图像保真度的不同要求，基于替换 LSB 的隐藏方法的隐藏容量可以为 1～3 bit/pixe（1 比特/像素）。这样的信息隐藏容量是其他算法难以比拟的，可以满足许多应用场合的要求。

② 计算简单。在空域中替换载体像素的 LSB，计算十分简单。即使采用随机间隔法以提高秘密性，其计算量也比变换域的信息隐藏方法明显要小。这也是替换 LSB 方法的一个显著优点。

③ 掩密图像失真较小。在每个像素隐藏 1 bit 时，掩密图像可以保证很高的视觉质量。即使达到 2 bit/pixel 的隐藏量，掩密图像仍可以保证很高的保真度。

④ 隐藏数据的稳健性较差。从替换 LSB 方法的原理可以看到，在采用密钥对载体像素的选择进行控制的情况下，要检测和破译隐藏信息有一定的难度。然而，由于最低有效位的数据最有可能在常见的信号处理过程中被丢掉，因此稳健性差。对隐藏数据的破坏性攻击也比较容易。

（4）其他空域信息隐藏方法

另一种典型的空域信息隐藏方法是 Bender 等人提出的直接扩展频谱信息隐藏算法 Patchwork。该算法只是试图回答是否有水印存在的问题，因而实际隐藏的只是 1 bit 的信息。Patchwork 的主要缺点是稳健性不好。例如，将掩密图像平移一个像素，将无法检测到水印。

调色板是一个长度为 N 的颜色表。在基于调色板的彩色图像中，图像的颜色仅限于某个特定色彩空间中的一个子集。与通常的 RGB 彩色图像直接保存实际彩色分量值的做法不同，在调色板图像中，图像数据保存的是每个像素的颜色索引 i，i 对应调色板中的一个颜色向量 c_i。如果调色板长度 N 不太大，调色板图像的数据量要远小于 RGB 图像。

调色板图像中的信息隐藏，可以用两种方法实现：

① 采用转换 LSB 的方式操作调色板。由于对颜色向量 c_i 的轻微改变可以不引起 HVS 的察觉。这种方法的缺点是隐藏信息不具有稳健性。

② 改变图像数据以隐藏信息。值得注意的是，由于调色板中相邻位置对应的颜色不一定具有视觉的相似性。即对于不同的 i，c_i 和 c_{i+1} 不一定代表相近的两种颜色。因此简单的替换 LSB 的方式不可行。处理的办法是采用某种距离准则，对调色板进行排序，使调色板中的两个相邻颜色向量 c_i 和 c_{i+1} 具有相似的颜色感觉，然后替换 LSB。

Schyndel R G Van 等人利用一个扩展的 m 序列作为水印并把它嵌入到图像每行像素的 LSB 中。其主要缺点是抗 JPEG 压缩的稳健性不好，且由于所有像素的 LSB 都改变和利用 m 序列而易受攻击。Wolfgang 等在此基础上做了改进，把 m 序列扩展成二维，并运用互相关函数改进了检测过程，从而提高了稳健性。Fleet 把 LSB 方法应用于彩色图像。Bruyndoncky 等提出了一个基于空域分块的方法，通过改进块均值来嵌入水印。Nikolaidis 等根据一个二进制伪随机序列，把图像中的所有像素分为两个子集，改变其中一个子集的像素来嵌入水印。

2．变换域信息隐藏

（1）变换域信息隐藏方法

在这类算法中，对原始宿主信号进行某种正交变换，然后通过改变某些变换系数来隐藏信息。变换域信息隐藏过程如图 8-4 所示。

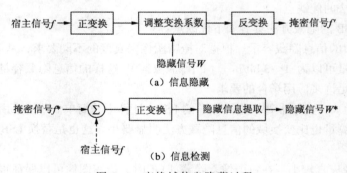

图 8-4　变换域信息隐藏过程

与空域信息隐藏方法一样，变换域也可以隐藏可检测的信息和可读的信息。信息的嵌入方法如式（8-2）至式（8-6）所示。

变换域信息隐藏方法的主要步骤如下：

● 应用 DCT、DWT、DFT 等方法将原始宿主信号变换到频率空间。

● 在变换域选择系数来改变以隐藏信息。

● 产生一个伪随机序列 i。该序列可以用来调制隐藏的信息以增加隐藏信息的秘密性并且使最终潜入宿主信号的隐藏数据具有类似噪声的统计特性。在采用随机序列作为水印的情况下，该序列可以直接作为隐藏的水应。

- 根据一定的规则或公式改变所选择的变换系数。
- 进行反变换以得到掩密信号。

用于隐藏信息的变换系数的选择，直接影响隐藏信息的稳健性和检测方法。可以有如下几种选择的方法：

① 选择某些感觉上最重要的系数。这种方法的理由是感觉上重要的分量是信号的主要成分，携带较多的能量。在掩密信号有一定失真的情况下，仍能保留主要成分，作为隐藏信息载体，有利于提高隐藏信息的稳健性。这种方法的典型例子是 Cox 等提出的 NEC 水印模式。

② 依据宿主信号的尺寸，选择某些位于固定频带的系数。Langelaar 等把水印嵌入频率的高频系数中。这种做法的考虑与空域 LSB 的方法类似：高频系数的改变对感觉效果影响较小，因而不可感知性容易得到满足。然而，由于信号的高频分量容易在常规的信号处理过程中（如数据压缩、低通滤波等）丢失。为了在不可感知性和稳健性中取得折中，另一个典型的系数选择方法是选择中频系数。

③ 频率跳频（Frequency Hopping）。这种方法是采用一个密钥来控制变换系数的选择。通常选择的系数并不连续。其优点是保证隐藏信息的变换系数位置的秘密性，从而提高对抗恶意攻击的能力。

（2）变换域信息隐藏方法的比较

变换域的方法在近来以至今后，都是信息隐藏算法的主流。尽管存在众多的变换方法，但在信息隐藏中，常用的只有 DFT、DCT、DWT 和 Fourier-Mellin 变换。

采用 DFT 具有如下优点：

① 利用 DFT 的几何不变性，提高隐藏信息抗几何攻击的能力。由于 DFT 幅度系数的平移不变性，可以对抗空域的平移；尽管 DFT 本身不具有旋转不变性，但结合 LPM 变化，引出了 Fourier-Mellin 变换，可以有效对抗旋转和缩放。由于抗几何变换是信息隐藏研究中一个极具挑战性的问题，DFT 的这一特性，是十分有用的。

② 采用 DFT 变换，有助于把信息隐藏在相位中。从图像的可理解性角度，相位信息比振幅信息更重要。把信息隐藏在相位中，有利于提高隐藏信息的稳健性。

DFT 的缺点在于：DFT 的频谱是复数，计算不太方便；DFT 与数据压缩国际标准不兼容，应用受到限制。

应用 DFT 要注意的问题是 DFT 幅度系数的对称性。在修改 DFT 系数时，应保证这一特性不变。即应同时修改处于对称位置的两个系数。

DCT 由于频谱是实数，且具有较好的能量聚集，在图像和视频压缩国际标准中占有重要位置。出于这一原因，DCT 也被广泛地应用于信息隐藏。其主要缺点是隐藏信息抗几何变换性能较差。

近几年来，由于良好的空间——频率分解特性（更符合 HVS 的特点），DWT 越来越广泛地应用于图像处理。JPEG2000 以 DWT 代替 DCT 即是一个典型的例子。由于压缩标准兼容是信息隐藏算法考虑的一个重要因素，并且便于实现多分辨率检测，信息隐藏中应用 DWT 越来越多。DWT 的主要问题与 DCT 相似，本身不具有几何不变性。

（3）变换域信息隐藏方法的优缺点

与空域/时域的方法相比，变换域的方法具有如下优点：

① 变换域中嵌入的信号能量可以较均匀地分布到空域/时域的所有像素上，有利于保证

不可见性。

② 在变换域，HVS/HAS 的某些特性（如频率特性）可以更方便地结合到嵌入过程中，有利于稳健性能的提高。

③ 变换域的方法可以与国际数据压缩标准兼容，从而便于实现在压缩域内的信息隐藏算法。

变换域方法的主要缺点如下：

① 一般来说，隐藏信息量比空域方法低。

② 计算量大于空域方法。

③ 在正交变换/反变换计算过程中，由于数据格式的转换，通常会造成信息的丢失。这将等效为一次轻微程度的攻击。对于隐藏量较大的情况，这是不利的。

8.2.6　信息隐藏协议

一个典型的隐秘通信模型如图 8-5 所示。用户 A 选择一个宿主信号作为载体，通过信息隐藏系统把秘密信息潜入到载体信号中，形成可以公开的掩密信号，然后通过公共信道（准确地讲，是不安全信道）传送给用户 B。B 应用一个与隐藏相反的过程将秘密信息从可能失真的掩密信号中解调出来。掩密信号在传输中将可能遭遇非法用户 C 的侦听和破译。

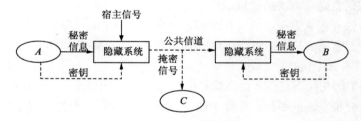

图 8-5　隐秘通信模型

信息隐藏协议一般分为三类：无密钥信息隐藏、私钥信息隐藏、公钥信息隐藏。

1．无密钥信息隐藏

在无密钥信息隐藏中，信息隐藏系统不需要预先交换一些密钥信息（如密钥），信息的隐藏和提取按照事先设计好的算法和过程进行。

无密钥信息隐藏过程和提取过程可以描述为如下映射：

隐藏过程：　　　　　　　　　　$E{:}C{\oplus}M{\rightarrow}S$

提取过程：　　　　　　　　　　$D{:}S{\rightarrow}M$

其中 C、M 和 S 分别为宿主信号集合、秘密信号集合和掩密信号集合的元素。

对嵌入过程的要求是 S 和 C 在感觉上是相同的。理论上，S 和 C 的感觉相同可以用一个相似性函数来描述。

相似性函数的定义如下：

设 C 是一个非空集合，一个函数 $\mathrm{sim}{:}C^2{\rightarrow}(-\infty，1)$ 称为 C 上的相似性函数，若满足：

$$\mathrm{sim}(x,y)=\begin{cases}=1 & x=y \\ <1 & x\neq y\end{cases}\qquad（8-9）$$

则 sim 称为 C 上的相似性函数。

当 C 为数字载体集合时，两个信号之间的相互关系可用来定义为相似性函数。所以，绝

大多数实用的信息隐藏系统都要努力实现这样的条件，即对所有 $c \in C$ 和 $m \in M$，都有

$$\text{sim}(c,\ E(c,\ \ m)) \approx 1$$

以前未被使用过的载体对发送者来讲应该是保密的（也就是说，攻击者不能获得秘密通信的载体）。比如，发送者可以通过录音或扫描技术来制作载体。对每一次通信过程，载体是随机选择的。比随机选择一个载体更好的方法是，发送者可以浏览未被使用过的载体数据库，并从中选择一个，使得嵌入过程对它的修改最小。这样的选择过程可以通过相似性函数 sim 来进行。在编码阶段，发送者选择一个载体 c 使之满足性质：

$$c = \max_{x \in C} \text{sim}\big(x, E(x, m)\big) \tag{8-10}$$

这样就达到一个最佳的隐藏效果，即同样条件下的最大安全性。

某些隐藏方法将传统密码学和信息伪装技术结合到一起，即发送者在嵌入信息之前对信息进行加密处理。这种结合过程增加了整个通信过程的安全性，因为攻击者很难检测到嵌入在载体中的密文。但是对于强健的隐藏系统来说，并不需要预先进行加密处理。

由于信息隐藏的常用宿主载体为图像、语音和视频，这类非结构信号的相似性难以表达。在实际应用中，通常用 $PSNR$（或 SNR）来表示。

总之，伪装性是信息隐藏系统安全的主要保证，宿主载体信号的选择需要着重考虑掩密信号的伪装性，以保证通信双方 A 和 B 在交换秘密信息的过程中不引起 C 的注意和怀疑。无密钥信息隐藏系统的安全性完全由隐藏和提取算法的秘密性来保证。换言之，C 只要拥有提取算法，就可以提取 A 和 B 之间交换的秘密信息。同样，C 如果有隐藏算法，还可以冒充 A 和 B 发送假消息。

无密钥信息隐藏系统的安全性原则存在两个方面的问题：

① 违背了 A.Kerckhoffs 提出的密码系统的设计准则：数据的安全性应该依赖于密钥，而不是密码算法的保密。尽管信息隐藏学和密码学是不同的学科，但密码学长期以来的许多经验是值得借鉴的。通过算法的保密来保证信息隐藏系统的安全，在实际上是不可靠的。在不需要公开隐藏算法的情况下，算法的保密也只能作为增强隐藏信息秘密性的手段之一，而不是作为基本保证。

② 在信息隐藏系统成为工业标准并被广泛应用时，保密算法是不可能做到的。

2．私钥信息隐藏

私钥信息隐藏系统类似于私钥密码系统。在隐藏和提取信息时，需要用到一个事先约定的密钥。不知道这个密钥，任何人都无法从掩密信号中提取隐藏的信息。

私钥信息隐藏过程和提取过程可以描述为如下映射：

隐藏过程： $E_K: C \oplus M \oplus K \rightarrow S$

提取过程： $D_K: S \oplus K \rightarrow M$

有了密钥，信息隐藏系统可以遵守类似商用密码算法的原则，即信息隐藏算法的程序和步骤应该公开。系统的安全性仅依赖于所使用的密钥。

私钥信息隐藏系统需要密钥的交换。与密码学类似，密钥的交换需要通过一个安全信道来传递。这在一定程度上降低了隐蔽通信的作用。

3．公钥信息隐藏

类似与密码学的公钥密码技术，公钥信息隐藏系统不需要密钥的交换。在公钥信息隐藏

系统中，存在两个密钥：一个私钥和一个公钥。公钥用于信息隐藏过程，而私钥用来从掩密信号中提取隐藏信息。

公钥信息隐藏过程和提取过程可以描述为如下映射：

隐藏过程：$\qquad\qquad\qquad\qquad E_{K1}: C \oplus M \oplus K_1 \to S$

提取过程：$\qquad\qquad\qquad\qquad D_{K2}: S \oplus K_2 \to M$

公钥信息隐藏系统可以通过公钥密码技术来实现：应用公钥密码系统产生密文，再通过信息隐藏系统将密文嵌入到宿主信号中。

在图 8-5 的模型中，A 用 B 的公钥 K_1 加密待传递的秘密信息，加密后的数据具有足够的随机特性。然后，A 把加密信息隐藏后通过一个可能不安全的信道传递给 B。在 B 不知道宿主信号的情况下，B 事先无法知道接收到的信号是否含有隐藏信息。但他可以尝试提取可能的隐藏信息并用私钥 K_2 解密。如果确实有 A 传递过来的信息，那么，解密后的信息是可读的有意义信息。否则，解密得到的是杂乱无章的随机数据。

对于非法用户 C，其也和 B 一样，无法确定截获到的信号是否含有隐藏的秘密信息。由于隐藏算法的可公开性，C 可以尝试提取可能的隐藏数据。然而，由于缺少私钥 K_2，即使 C 提取到 A 传递给 B 的隐藏数据，他也无法最终得到秘密信息，除非 C 破译了加密系统。

8.2.7 信息隐藏的应用

信息隐藏应用研究包括信息隐藏算法设计和信息隐藏分析算法设计两个方面，这两方面的研究相互对立、相互依存、共同发展。建立安全的信息隐藏系统需要做到"知己知彼"，好的信息隐藏算法的出现，促使人们探索对它的攻击以验证其安全性，而信息隐藏分析与攻击的技术成果对信息隐藏算法的深入研究会起到更大的促进和推动作用。信息隐藏的方法是多种多样的，对于不同的信息隐藏算法会有不同的检测手段和攻击方法。攻防双方的相互竞争是推动信息隐藏发展的原动力。

1. 信息隐藏的攻击类型

信息隐藏的目标是隐藏秘密信息的存在，避免第三方发现秘密信息传输的事实。如果传输过程引起了第三方的怀疑，第三方会根据需要破坏或修改传输的秘密信息，隐藏秘密信息的存在的目标就不能达到。因此，对信息隐密的攻击就是发现秘密信息及使之无效的技术，如图 8-6 所示。

信息隐藏检测攻击主要分两种，一种是主动攻击，另一种是被动攻击。主动攻击的目标是破坏或篡改传输的秘密信息，被动攻击的目标是检测到秘密信息存在。我们重点研究针对隐密的攻击，所以主要研究信息隐藏的发现性检测。这是信息隐藏攻击的基础，如果不能检测到秘密信息存在，攻击就失去了目标。

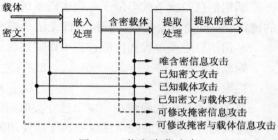

图 8-6 信息隐藏攻击

被动攻击，攻击者只监听存储所攻击的信息，不能修改所攻击的载体，这种攻击以发现受攻击载体是否含有秘密信息为目的，被动攻击包括以下 4 种：

① 唯含密载体攻击：对信息隐藏攻击时，只有含密载体信息可用于分析。这是当前最常

见的一种隐密分析方式，主要用于秘密信息存在性的检测。

② 已知载体攻击：对信息隐藏攻击时，可以得到隐密信息的"原始"载体信息，可利用"原始"的载体信息和隐密信息进行对比，从而得出所分析的隐密载体对象中是否含有秘密信息的结论。

③ 已知密文攻击：在有些时候，攻击者已经知道信息隐藏可能要隐藏的密文，此时要分析受攻击载体是否隐藏了这个密文。所要知道的是，即使拥有了隐藏的消息，这种攻击也是很困难的，其难度甚至等同于唯隐密信息攻击。

④ 已知密文与载体攻击：攻击者不但知道要隐藏的密文，并且还知道原始载体，在这种条件下实施的攻击就是已知密文载体攻击。

主动攻击，这类攻击者具有更强的能力，它不但可以存储分析受攻击载体，还可以修改受攻击载体，以达到消除、篡改所携带秘密信息的目的。主动攻击包括以下两种：

① 可修改含密信息攻击：攻击者通过修改含密载体，达到破坏或篡改秘密信息的目的。这种攻击有两个层次，一是只是破坏秘密信息，终止信息隐藏的信息传递，二是通过分析攻破信息隐藏算法，篡改秘密信息，欺骗信息隐藏的收信者或秘密信息的使用者。

② 可修改载体信息与含密载体的攻击：这种攻击方法对信息隐藏嵌入端使用的原始载体信息也可进行控制，使秘密信息的消除与篡改变的容易。

信息隐密技术要重点考虑被动攻击，尽量不让攻击者发现秘密通信的存在，保护通信的隐蔽性。数字水印技术应重点考虑主动攻击，尽量不让攻击者破坏或篡改嵌入的隐藏信息，以保护载体的各种权益。

主动攻击根据所用的技术和手法不同，又划分为许多种方法：删除攻击、几何变形攻击、解密攻击、协议攻击和伪造攻击。它们都是利用信号处理的手法，在一定失真约束条件下，实现消除与篡改嵌入信息的目的。

2. 针对信息隐藏攻击的规避策略

信息隐藏是一个包含攻防两方面的科学，随着信息隐藏分析的发展，信息隐藏研究者对这些分析方法也进行了深入的研究，提出了具体的规避策略，实现了抵抗各种攻击的信息隐藏新方法。比如，最典型的基于主流媒体的 JPEG 信息隐藏方法就经历了 F3-F4-F5 算法变迁，这就是分析算法推动隐藏算法发展的具体实例。

在设计具体的数据嵌入算法时，一般要考虑嵌入位置、嵌入数据域、嵌入方法、嵌入强度等要素。设 s 有秘密信息的载体信号，c 为原始载体信号，m 为密文信号，实际应用中比较有代表性的数据嵌入算法有：数据线性位修改、非线性数据位修改、数据位替换等等，还有一些其他的修改调制方法，比如比较修改法、特征嵌入法、扩频嵌入法等，大都是通过调整区域数据的某些特征量使其满足嵌入要求，也属非线性数据位修改的变种。

最初的信息隐藏实现一般用替代法实现，这样方法嵌入简单，提取准确，只要找到合适的嵌入点就能实现主观不可感知。但随着这种方法的普及，针对替代法的信息隐藏分析算法开始出现，人们开始通过调整修改方法来增强算法的对抗能力。

现在有很多信息隐藏算法就是用加减修改取代了替代修改，其对抗能力就相对增强。这是因为简单替代相对而言使嵌入的信号和载体信号没有很好地融合，含密载体相对明显地体现出密文的特性，而加减修改使嵌入信息信号与载体信号融合较好，嵌入的痕迹就不那么明显。非线性修改的采用也是基于这个道理，但算法相对复杂。

另外一种规避策略就是减少修改。一般的检测方法主要是通过检测修改痕迹来实现的。修改越少，成功检测的概率就越小，这显而易见。常用的减少修改方法有两种，一种是用高效的编码修改方法进行嵌入（如矩阵编码）。另一种是减小修改的幅度，比如扩频嵌入，这是一种将窄带的密文信号在宽频带上扩展，可以通过用宽带信号，如白噪声，对窄带信号进行调制来实现。频带扩展之后，任一频率上密文信号的能量都很低，因而不易被测出，也不易被感觉到。

第三种规避策略就是挑选合适的嵌入点，考虑嵌入位置或嵌入数据域的选取，这是信息隐藏的精髓，具体的算法是充分利用视觉冗余进行自适应嵌入实现的，尽量多地发现潜在的嵌入点，一部分嵌入点用来携带秘密信息，另一部分嵌入点用来进行抵消嵌入痕迹的补偿修改。该方法以牺牲一定容量来换取安全性的提高。

当前信息隐藏安全性研究的模式，多是分析信息隐藏检测技术的基础上，针对信息隐藏检测技术提出了相应的规避策略实现的。这种实现只是一个短期行为。随着信息隐藏分析技术的不断发展，信息隐藏算法也得不断更新。设计安全的信息隐藏技术应该寻找更一般的方法，从原理上进行安全性考虑，这就需要进行安全的信息隐藏范式的研究。

3．信息隐藏系统的理论安全性

虽然攻破一个信息隐藏系统的工作由检测隐藏的信息、提取隐藏的信息和破坏隐藏的信息三部分组成，但是如果其中一个能够证明秘密信息的存在性，则该系统就已经不安全了。在开发一个正式的信息隐藏安全模型中，我们应该假设攻击者具有无限的计算能力，并且也乐于对系统进行各种类型的攻击。如果攻击者仍然不能确定他的假设"一个秘密信息嵌入在一个载体中"是否正确，则该系统理论上是安全的。

（1）绝对安全性

Cachin 从信息论的角度给出了信息隐藏系统安全性的一个正式定义。其主要思想涉及载体的选择，而载体被看作是一个具有概率分布为 P_C 的随机变量 C，秘密信息的嵌入过程看作是定义在 C 上的函数。设 P_E 是 $E(c,m,k)$ 的概率分布，其中 $E(c,m,k)$ 是由信息隐藏系统产生的所有伪装对象的集合。

如果一个载体 c 根本不用作伪装对象，则 $P_E(c)=0$。为了计算，必须给出集合 K 与 M 上的概率分布。利用定义在集合 Q 上的两个分布 P_1 和 P_2 之间的条件熵 $D(P_1\|P_2)$ 的定义：

条件熵的定义如下：

$$D\left(P_1\|P_2\right) = \sum_{q\in Q} P_1\left(q\right)\log_2\frac{P_1\left(q\right)}{P_2\left(q\right)} \qquad (8-11)$$

这个条件熵用来度量当真实概率分布为 P_1 而假设概率分布为 P_2 时的无效性，它可以度量嵌入过程对概率分布 P_C 的影响。特别地，我们根据 $D(P_C\|P_E)$ 来定义一个信息隐藏系统的安全性。

绝对安全性的定义如下：

设 Σ 是一个信息隐藏系统，P_E 是通过发送信道的伪装对象的概率分布，P_C 是 C 的概率分布，若有：$D(P_C\|P_E) \le \varepsilon$，则称 Σ 抵御被动攻击是 ε——安全的。若有 $\varepsilon=0$，则称 Σ 是绝对安全的。

因为当且仅当两个概率分布相同时 $D(P_C\|P_E)=0$，于是我们可以得出结论：如果一个信息隐藏系统嵌入一个秘密信息到载体作品中去的过程不改变 C 的概率分布，则该系统在理论上是绝对安全的。

（2）检测秘密信息

一个被动攻击者为了判断载体 c 中是否含有秘密消息，这可公式化为一个假设检验的问题。定义假设检验函数：$f: C\to\{0,1\}$。$f(c)=1$ 表示 c 含有秘密图像；$f(c)=0$ 表示 c 不含有秘密信息。

载体在不安全的信道上经过时，可以利用该函数对它们进行归类。利用该函数进行归类时可能产生两种类型的错误。载体中含有秘密信息而没有检测到秘密信息，称为第二类弃真错误（也称为漏警）；从不含有秘密消息的载体中检测出秘密信息，称为第一类纳伪错误（也称为虚警）。实用的信息隐藏系统应该尽量使被动攻击者犯第二类错误的概率 β 最大。一个理想的信息隐藏系统应该有 $\beta=1$。一个绝对安全的信息隐藏系统具有这种特性。关于秘密信息的检测有下面重要结果：

定理 设 Σ 是一个对付被动攻击者为 ε——安全的信息隐藏系统，则攻击者检测不到隐藏信息的概率 β 和攻击者错误地检测出不含有隐藏信息的载体含有隐藏信息的概率 α 满足关系式：$d(\alpha, \beta) \leqslant \varepsilon$。其中 $d(\alpha, \beta)$ 按下式定义：

$$d(\alpha, \beta) = \alpha \log_2 \frac{\alpha}{1-\beta} + (1-\alpha) \log_2 \frac{1-\alpha}{\beta} \qquad (8-11)$$

特别地，若 $\alpha=0$，则 $\beta \geqslant 2^{-\varepsilon}$。定理的证明利用条件熵的性质，即确定型处理不会增加两个概率分布之间的熵。

4．信息隐藏算法的安全性

安全的信息隐藏算法必须具有如下特征：

① 算法可以公开，隐藏过程需要一个密钥。只有拥有密钥才可能检测和提取隐藏信息。

② 掩密信号具有足够好的伪装性，除了密钥拥有者，其他任何人无法从感觉上或通过计算得到有助于判断秘密信息存在与否的依据。

③ 非法用户无法通过已知的隐藏信息内容，判断和检测其他隐藏的信息。

④ 在没有密钥的情况下，在计算上检测和提取隐藏信息是不可行的。

8.2.8 信息隐藏算法举例

以下介绍一个在图像中进行信息隐藏的算法。

一幅图像可看成是由许多像素组成的一个大矩阵，在进行图像压缩时，为降低对存储器的要求，人们通常把它分成许多小块，例如以 8×8 个像素为一块，并用矩阵表示，然后分别对每一个图像块进行处理。与 JPEG 中的 DCT 一样，JPEG 2000 中的 DWT 也需要图像的样本数据关于 0 对称分布。在小波变换中，由于小波变换中使用的基函数的长度是可变的，一般无须把输入图像进行分块，以避免产生"块效应"。为便于理解小波变换，还是从一个小的图像块入手，并且使用 Haar 小波对图像进行变换。

假设有一幅灰度图像，其中的一个图像块用矩阵表示为

$$A = \begin{pmatrix} 64 & 2 & 3 & 61 & 60 & 6 & 7 & 57 \\ 9 & 55 & 54 & 12 & 13 & 51 & 50 & 16 \\ 17 & 47 & 46 & 20 & 21 & 43 & 42 & 24 \\ 40 & 26 & 27 & 37 & 36 & 30 & 31 & 33 \\ 32 & 34 & 35 & 29 & 28 & 38 & 39 & 25 \\ 41 & 23 & 22 & 44 & 45 & 19 & 18 & 48 \\ 49 & 15 & 14 & 52 & 53 & 11 & 10 & 56 \\ 8 & 58 & 59 & 5 & 4 & 62 & 63 & 1 \end{pmatrix}$$

一个图像块是一个二维的数据阵列，可以先对阵列的每一行进行一维小波变换，然后再

对行变换之后的阵列的每一列进行一维小波变换，变换后的结果如下：

$$A_{RC} = \begin{pmatrix} 32.5 & 0 & 0 & 0 & 0 & 0 & 0 & 0 \\ 0 & 0 & 0 & 0 & 0 & 0 & 0 & 0 \\ 0 & 0 & 0 & 0 & 4 & -4 & 4 & -4 \\ 0 & 0 & 0 & 0 & 4 & -4 & 4 & -4 \\ 0 & 0 & 0.5 & 0.5 & 27 & -25 & 23 & -21 \\ 0 & 0 & -0.5 & -0.5 & -11 & 9 & -7 & 5 \\ 0 & 0 & 0.5 & 0.5 & -5 & 7 & -9 & 11 \\ 0 & 0 & -0.5 & -0.5 & 21 & -23 & 25 & -27 \end{pmatrix}$$

左上角的元素表示整个图像块的像素值的平均值，其余是该图像块的细节系数。

如果从矩阵中去掉表示图像的某些细节系数，事实证明重构的图像质量仍然可以接受。具体做法是设置一个阈值，例如的细节系数 $\delta \leqslant 5$ 就把它当作"0"看待，这样经过变换之后的上面的矩阵就变成

$$A_{\delta} = \begin{pmatrix} 32.5 & 0 & 0 & 0 & 0 & 0 & 0 & 0 \\ 0 & 0 & 0 & 0 & 0 & 0 & 0 & 0 \\ 0 & 0 & 0 & 0 & 0 & 0 & 0 & 0 \\ 0 & 0 & 0 & 0 & 0 & 0 & 0 & 0 \\ 0 & 0 & 0 & 0 & 27 & -25 & 23 & -21 \\ 0 & 0 & 0 & 0 & -11 & 9 & -7 & 0 \\ 0 & 0 & 0 & 0 & 0 & 7 & -9 & 11 \\ 0 & 0 & 0 & 0 & 21 & -23 & 25 & -27 \end{pmatrix}$$

一般说来，图像小波系数有下面两个特性：

① DWT 系数的绝对值越大，其对应的直方图中的值就越小，即出现的频率越低。

② 随着 DWT 系数的绝对值的升高，其出现次数下降的幅度减小。

为了提高 DWT 图像中密写信息的安全性，基本思路是在嵌入秘密信息的同时几乎不改变原始图像的 DWT 系数直方图。该方案遵循如下两条原则：

① 由于人的视觉对低频分量比较敏感，所以左上角表示整个图像块的像素值的平均值的 DWT 不负载秘密信息。DWT 系数中有很大一部分系数为 0，如果在密写时修改这些系数会大大减少 0 的数量，引起分析者的怀疑，所以值为 0 的 DWT 系数不用于负载秘密信息。也就是说，秘密信息仅嵌入在非 0 的非低频 DWT 系数上，并且每个系数用来负载 1 bit 秘密数据。另外，为了增强嵌入信息的抗压缩性并保证图像修改后的质量，我们选择两个阈值 δ 和 θ，满足 $0 < \delta < \theta$，且其中 δ 用来抵抗压缩编码，θ 用来调节图像嵌入后的视觉质量。只有绝对值大于 δ 而小于 θ 的 DWT 系数用于负载 1 bit 秘密数据。如矩阵 A_{δ} 所示，只有右下角的非零细节系数才用来负载秘密信息。

② 量化或采用整数 DWT 变换，DWT 系数都是整数，用正奇数、负偶数($\cdots -6,-4,-2,1,3,5,\cdots$)代表秘密信息 1，用负奇数、正偶数($\cdots,-5,-3,-1,2,4,6,\cdots$)代表秘密信息 0。

具体密写方法如下：

首先统计原始图像中用于负载秘密信息的 DWT 系数直方图。对位于不同频率位置的 DWT 系数分别统计直方图，记这些直方图分别为：$H_{-\theta}, \cdots H_{-\delta-1}, H_{-\delta}, H_{\delta}, H_{\delta+1}, \cdots, H_{\theta}$

每个频率位置的 DWT 系数的个数记为 $h_{\pm(\delta+i)}, i \in \{0,1,2,\cdots,(\theta-\delta)\}$。这些统计数据在密写后应该几乎没有变化。

将秘密信息逐比特地对应于非零非低频 DWT 系数，如果原始系数代表的信息与欲嵌入的秘密比特按照原则②对应的规则相同，那么就无须做任何改动；如果不同，则需要修改 DWT 系数。设每个频率位置上 DWT 系数中需要改动的个数为 $w_{\pm(\delta+i)}$，由于秘密信息往往经过加密，可以看作 0、1 随机分布的比特流，所以 DWT 系数需要改动的概率为 1/2，即

$$w_{\pm(\delta+i)} = \frac{1}{2} h_{\pm(\delta+i)}, 0 < \delta < \theta, i \in \left\{0,1,2,\cdots,(\theta-\delta)\right\}$$

修改 DWT 系数时将其加 1 或减 1 都可以完成嵌入秘密比特的操作，例外情况是原始系数为 δ 时要修改到 $\delta+1$ 或 $\delta+2$，原始系数为 $\delta+\theta$ 时要修改到 $\delta+\theta-1$ 或 $\delta+\theta-2$，同理，对原始值为 $-\delta$ 和 $-\delta-\theta$ 的系数也做同样处理。设 $w_{\pm(\delta+i)}$ 个需要改动的 DWT 系数中有 $u_{\pm(\delta+i)}$ 个向负向调整，$v_{\pm(\delta+i)}$ 个向正向调整，由于调整而新产生的每个频率位置上的 DWT 系数的个数记为 $w'_{\pm(\delta+i)}$，则有

$$w_{\pm(\delta+i)} = u_{\pm(\delta+i)} + v_{\pm(\delta+i)}, 0 \leqslant \delta < \theta, i \in \left\{1,2\cdots(\theta-\delta-1)\right\}$$

$$w_{\delta} = v_{(\delta+1)} + v_{(\delta+2)}$$

$$w_{-\delta} = u_{-(\delta+1)} + u_{-(\delta+2)}$$

$$w_{\theta} = u_{(\theta-1)} + u_{(\theta-2)}$$

$$w_{-\theta} = v_{-(\theta-1)} + v_{-(\theta-2)}$$

$$w'_{\pm(\delta+i)} = u_{\pm(\delta+i+1)} + v_{\pm(\delta+i-1)}, 0 \leqslant \delta < \theta, i \in \left\{1,2\cdots(\theta-\delta-1)\right\}$$

$$w'_{\delta} = u_{(\delta+1)}$$
$$w'_{-\delta} = v_{-(\delta+1)}$$
$$w'_{\theta} = v_{(\theta-1)}$$
$$w'_{-\theta} = u_{-(\theta-1)}$$

$$w'_{(\delta+2)} = u_{(\delta+3)} + v_{(\delta+1)} + v_{\delta}$$
$$w'_{-(\delta+2)} = u_{-(\delta+3)} + v_{-(\delta+1)} + u_{-\delta}$$

$$w'_{(\theta-2)} = v_{(\theta-3)} + u_{(\delta-1)} + u_{\theta}$$
$$w'_{-(\theta-2)} = u_{-(\theta-3)} + v_{-(\delta-1)} + v_{-\theta}$$

我们希望密写后 DWT 系数直方图没有变化，也就是说对每个频率位置，找到合适的 $u_{\pm(\delta+i)}$

和 $\nu_{\pm(\delta+i)}$，使 $w_{\pm(\delta+i)}$ 与 $w'_{\pm(\delta+i)}$ 尽可能相等。这里我们考虑在一个区间 $[\delta,\theta]$ 进行迭代计算，嵌入信息流可以看作伪随机比特流，所以 DWT 系数需要改动的概率为 1/2，即

$$w'_\delta = \frac{1}{2}\delta \ , \ w'_{\delta+1} = \frac{1}{2}\delta + \frac{1}{2} \ , \ \cdots , \ w'_\theta = \frac{1}{2}\theta$$

满足条件的 DWT 系数逐个进行密写。当原始系数代表的信息与欲嵌入的秘密比特相同时，无须做任何处理；如果不同，则按下面的方法进行调整：

（1）先统计 DWT 系数值在区间 $[\delta,\theta]$ 内的系数的直方图，记下每个系数值的统计个数为 $h_{\pm(\delta+i)}$，$i \in \{0,1,2,\cdots,(\theta-\delta)\}$，按照嵌入规则完成每一个 DWT 系数的调整嵌入一个秘密比特，然后更新前一阶段的系数直方图统计数据；并用 $s_{(\delta+i)}$，$t_{(\delta+i)}$ 分别表示 DWT 系数值为 $\delta+i$ 的系数已经向负向调整、正向调整的个数。若满足 $\frac{u_{\delta+i}}{u_{\delta+i}+v_{\delta+i}} - 0.05 \leqslant \frac{s_{\delta+i}}{s_{\delta+i}+t_{\delta+i}} \leqslant \frac{u_{\delta+i}}{u_{\delta+i}+v_{\delta+i}} + 0.05$，则 DWT 系数以概率 $\frac{u_{\delta+i}}{u_{\delta+i}+v_{\delta+i}}$ 向负向调整，以概率 $\frac{v_{\delta+i}}{u_{\delta+i}+v_{\delta+i}}$ 向正向调整。

（2）若 $\frac{s_{\delta+i}}{s_{\delta+i}+t_{\delta+i}} > \frac{u_{\delta+i}}{u_{\delta+i}+v_{\delta+i}} + 0.05$，将当前 DWT 系数向正向调整；若 $\frac{s_{\delta+i}}{s_{\delta+i}+t_{\delta+i}} < \frac{u_{\delta+i}}{u_{\delta+i}+v_{\delta+i}} - 0.05$，将当前 DWT 系数向负向调整。

（3）转向步骤(1)，更新 $h_{\pm(\delta+i)}$，$i \in \{0,1,2,\cdots,(\theta-\delta)\}$，$s_{(\delta+i)}$，$t_{(\delta+i)}$，以便对下一个 DWT 系数进行调整。直至嵌入所有秘密信息或用尽所有满足要求的 DWT 系数。

在上述过程中，步骤（1）的目的是在最初嵌入时随机调整以嵌入数据，步骤（2）的目的是维持原有的 DWT 系数直方图。同理，区间 $[-\theta,-\delta]$ 之间的系数也可以按上述方法调整。

尽管信息嵌入过程略为复杂，但提取过程非常简单。将含密图像的满足条件的 DWT 系数取出，然后判断系数的奇偶性和正负性，正奇数、负偶数代表秘密比特 1；负奇数、正偶数则代表秘密比特 0。

8.3　盲签名技术

一般数字签名中，总是要先知道文件内容而后才签署，这正是通常所需要的。但有时需要某人对一个文件签名，但又不让他知道文件内容，称此为盲签名（Blind Signature），盲签名的概念是由 Chaum 在 1983 最先提出的，签名者对其所签消息的内容是盲的，或者说对其所签消息提供者的身份是盲的。在选举投票和数字货币协议中将会碰到这类要求。

利用盲变换可以实现盲签名的过程，如图 8-7 所示。

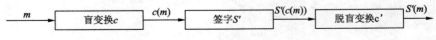

图 8-7　盲签名框图

所谓盲变换，就是将要隐藏的文件放进信封里，而脱盲变换就是打开信封。当文件在信封时，任何人都不能读它。对文件的签名就是通过在信封里放一张复写纸，当签名者在信封上签名时，他的签名便透过复写纸签到了文件上。

Chaum 曾提出第一个实现盲签名的算法，他采用了 RSA 算法。令 B 的公钥为 e，秘密钥为 d，模为 n。

（1）A 要对消息 m 进行盲签名，选 $1 < k < m$，做

$$t=mk^e \bmod n \rightarrow B$$

（2）B 对 t 签名， $t^d=(mk^e)^d \bmod n \rightarrow A$。

（3）A 计算 $S=t^d/k \bmod n$ 得 $S=m^d \bmod n$。

这是 B 对 m 按 RSA 体制的签名。

证明： $t^d=(mk^e)^d=m^dk \bmod n \Rightarrow t^d/k=m^d k/k=m^d \bmod n$。

盲签名是根据电子商务具体的应用需要而产生的一种签名应用。当需要某人对一个文件签名，而又不让他知道文件的内容，这时就需要盲签名。一般用于电子货币和电子选举中。盲签名方案可以分为：盲消息签名，盲参数签名，弱盲签名，强盲签名等。

8.3.1　盲消息签名

在盲消息签名方案中，签名者仅对盲消息 m' 签名，并不知道真实消息 m 的具体内容。这类签名的特征是：sig(m)=sig(m′)或 sig(m)含 sig(m′)中的部分数据。因此，只要签名者保留关于盲消息 m' 的签名，便可确认自己关于 m 的签名。

可以看出，在上述盲消息签名方案中 Alice 将 Bob 关于 m′ 的签名数据作为其对 m 的签名，即 sig(m)=sig(m′)。所以，只要 Bob 保留 sig(m′). 便可将 sig(m)与 Sig(m′)相联系。为了保证真实消息 m 对签名者保密，盲因子尽量不要重复使用。

因为盲因子 k 是随机选取。所以，对一般的消息 m 而言，不存在盲因子 k，使 m′(m′=mk mod p-1)有意义，否则，Alice 将一次从 Bob 处获得两个有效签名 sig(m)和 Sig(m′)，从而使得两个不同的消息对应相同的签名。这一点也是签名人 Bob 最不愿看到的。

盲消息签名方案在电子商务中一般不用于构造电子货币支付系统，因为它不保障货币持有者的匿名性。

8.3.2　盲参数签名

在盲参数签名方案中，签名者知道所签消息 m 的具体内容。按照签名协议的设计，签名收方可改变原签名数据，即改变 sig(m)而得到新的签名，但又不影响对新签名的验证。因此，签名者虽然签了名，却不知道用于改变签名数据的具体安全参数。

验证方程：

在上述盲参数签名方案中，m 对签名者并不保密。当 Alice 对 sig(m)做了变化之后，(m, r，s)和(m，r′，s′)的验证方程仍然相同。盲参数签名方案的这些性质可用于电子商务系统 CA 中心，为交易双方颁发口令。任何人虽然可验证口令的正确性，但包括 CA 在内谁也不知变化后的口令。

在实际应用中，用户的身份码 ID 相当于 m，它对口令产生部门并不保密。用户从管理部门为自己产生的非秘密口令得到秘密口令的方法，就是将(ID,r,s)转化为(ID,r′,s′)。这种秘密口令并不影响计算机系统对用户身份进行的认证。另外，利用盲参数签名方案还可以构造代理签名机制中的授权人和代理签名人之间的授权方程，以用于多层 CA 机制中证书的签发及电子支票和电子货币的签发。

8.3.3　弱盲签名

在弱盲签名方案中，签名者仅知 sig(m')，而不知 sig(m)。如果签名者保留 sig(m')及其他有关数据，待 sig(m)公开后，签名者可以找出 sig(m')和 sig(m)的内在联系，从而达到对消息 m 拥有者的追踪。

盲消息签名方案与弱盲签名方案的不同之处在于，后者不仅将消息 m 做了盲化，而且对签名 sig(m')做了变化，但两种方案都未能摆脱签名者将 sig(m)和 sig(m')相联系的特性，只是后者的隐蔽性更大一些。由此可以看出，弱盲签名方案与盲消息签名方案的实际应用较为类似。

8.3.4　强盲签名

在强盲签名方案中，签名者仅知 sig(m')，而不知 sig(m)。即使签名者保留 sig(m')及其他有关数据，仍难以找出 sig(m)和 sig(m')之间的内在联系，不可能对消息 m 的拥有者进行追踪。

强盲签名方案是目前性能最好的一个盲签名方案，电子商务中使用的许多数字货币系统和电子投票系统的设计都采用了这种技术。

8.3.5　盲签名方案的应用举例

B 是一位仲裁人，A 要 B 签署一个文件，但不想让他知道所签的是什么，而 B 并不关心所签的内容，他只是要确保在需要时可以对此进行仲裁。可通过下述协议实现。

（1）A 取一文件并以一随机值乘之，称此随机值为盲因子。

（2）A 将此盲文件送给 B。

（3）B 对盲文件签名。

（4）A 以盲因子除之，得到 B 对原文件的签名。

若签名函数和乘法函数是可换的，则上述作法成立。否则要采用其他方法(而不是乘法)修改原文件。

安全性讨论：B 可以欺诈吗？是否可以获取有关文件的信息？若盲因子完全随机，则可保证 B 不能由（2）中所看到的盲文件得出原文件的信息。即使 B 将（3）中所签盲文件复制，他也不能（对任何人）证明在此协议中所签的真正文件，而只是知道其签名成立，并可证实其签名。即使他签了 100 万个文件，也无从得到所签文件的信息。

以美国为例，反间谍组织的成员的身份必须保密，甚至连反间谍机构也不知道他是谁。反间机构的领导要给每个成员一个签名的文件，文件上注明：持此签署文件人（将成员的掩蔽名字写于此）有充分外交豁免权。每个成员都有他自己的掩蔽名单。成员们不想将他们的掩蔽名单送给反间谍机构，敌人也可能会破坏反间谍机构的计算机。另一方面，反间机构也不会对成员给他的任何文件都进行盲签名，例如，一个聪明的成员可能用"成员（名字）已退休，并每年发给 100 万退休金"进行消息代换后，请总统先生签名。此情况下，盲签名可能有用。

假定每个成员可有 10 个可能的掩护名字，他们可以自行选用，别人不知道。假定成员们并不关心在那个掩护名字下他们得到了外交豁免，并假定机构的计算机为 Agency's Intelligent Computing Engine，简记为 ALICE。则可利用下述协议实现。

协议：

（1）每个成员准备 10 份文件，各用不同的掩护名字，以得到外交豁免权。

（2）成员以不同的盲因子盲化每个文件。

（3）成员将 10 个盲文件送给 ALICE。

（4）ALICE 随机选择 9 个，并询问成员每个文件的盲因子。

（5）成员将适当的盲因子送给 ALICE。

（6）ALICE 从 9 个文件中移去盲因子，确信其正确性。

（7）ALICE 将所签署 10 个文件送给成员。

（8）成员移去盲因子，并读出他的新掩护名字："The Crimson Streak"，在该名字下的这份签署的文件给了他外交豁免权。

这一协议在抗反间成员欺诈上是安全的，他必须知道哪个文件不被检验才可进行欺诈，其机会只有 10%。（当然他可以送更多的文件）ALICE 对所签第 10 个文件比较有信心，虽然未曾检验。这具有盲签性，保存了所有匿名性。

反间成员可能会按下述方法进行欺诈，他生成两个不同的文件，ALICE 只愿签其中之一，B 找两个不同的盲因子将每个文件变成同样的盲文件。这样若 ALICE 要求检验文件，B 将原文件的盲因子给他；若 ALICE 不要求看文件并签名，则可用盲因子转换成另一蓄意制造的文件。以特殊的数学算法可以将两个盲文件做得几乎一样，显然，这仅在理论上是可能的。

8.4　数字水印技术

8.4.1　数字水印概述

日常生活中为了鉴别纸币的真伪，人们通常将纸币对着光源，会发现真的纸币中有清晰的图像信息显示出来，这就是我们熟悉的"水印"。之所以采用水印技术是因为水印有其独特的性质：第一，水印是一种几乎不可见的印记，必须放置于特定环境下才能被看到，不影响物品的使用；第二，水印的制作和复制比较复杂，需要特殊的工艺和材料，而且印刷品上的水印很难被去掉。因此水印也常被应用于诸如支票、证书、护照、发票等重要印刷品中，长期以来判定印刷品真伪的一个重要手段就是检验它是否包含水印。

现今数字时代的到来，多媒体数字世界丰富多彩，数字产品几乎影响到每一个人的日常生活。如何保护这些与我们息息相关的数字产品，如版权保护、信息安全、数据认证以及访问控制等，被日益重视及变得迫切需要了。借鉴普通水印的含义和功用，人们采用类似的概念保护诸如数字图像、数字音乐这样的多媒体数据，因此就产生了"数字水印"的概念。所谓"数字水印"是往多媒体数据中添加的某些数字信息，比如在数码相片中添加摄制者的信息，在数字影碟中添加电影公司的信息，等等。与普通水印的特性类似，数字水印在多媒体数据中（如数码相片）也几乎是不可见的，也很难被破坏掉。因此数字水印在今天的计算机和互联网时代大有可为。

数字水印的定义：数字水印是永久镶嵌在其他数据（宿主数据）中具有可鉴别性的数字信号或模式，并且不影响宿主数据的可用性。

数字作品的特点：无失真复制、传播，易修改，易发表。

数字作品的版权保护需要：确定、鉴别作者的版权声明，追踪盗版，拷贝保护。

用于版权保护的数字水印：将版权所有者的信息，嵌入在要保护的数字多媒体作品中，从而防止其他团体对该作品宣称拥有版权。

用于盗版跟踪的数字指纹：同一个作品被不同用户买去，售出时不仅嵌入了版权所有者信息，而且还嵌入了购买者信息，如果市场上发现盗版，可以识别盗版者。

用于拷贝保护的数字水印：水印与作品的使用工具相结合（如软硬件播放器等），使得盗版的作品无法使用。

数字水印的主要特征如下：

不可感知性（Imperceptible）：包括视觉上的不可见性和水印算法的不可推断性。

稳健性（Robustness）：嵌入水印必须难以被一般算法清除。也就是说多媒体信息中的水印能够抵抗各种对数据的破坏，如 A/D 转换、D/A 转换、重量化、滤波、平滑、有失真压缩及旋转、平移、缩放、分割等几何变换和恶意的攻击等。

可证明性：指对嵌有水印信息的图像，可以通过水印检测器证明嵌入水印的存在。

自恢复性：指含水印的图像在经受一系列攻击后（图像可能有较大的破坏），水印信息也经过了各种操作或变换。但可以通过一定的算法从剩余的图像片段中恢复出水印信息，而不需要整个原始图像的特性。

安全性：数字水印系统使用一个或多个密钥以确保安全，防止修改和擦除。同时若与密码学进行有机的结合，对数据可起到双重加密作用。

数字水印三要素：水印本身的结构（包括版权所有者、合法使用者等具体信息，伪随机序列，图标）、水印嵌入算法、水印检测算法。

8.4.2 数字水印加载和检测流程

数字水印加载和检测流程如图 8-8 所示。

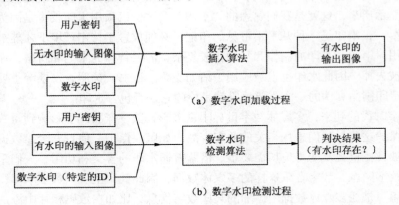

图 8-8　数字水印加载和检测流程

数字水印的分类方式：从载体上分类、从外观上分类、从加载方式上分类、从检测方法上分类、从水印特性上分类、从使用目的上分类。

（1）从载体上分类

图像水印：图像是使用最多的一种多媒体数据，也是经常引起版权纠纷的一类载体。其包括彩色/灰度图像，卡通，设计图，二值图像（徽标、文字）等

视频水印：保护视频产品和节目制作者的合法利益。

音频水印：保护 MP3 、CD、广播电台的节目内容等。

软件水印：是镶嵌在软件中的一些模块或数据，通过它们证明该软件的版权所有者和合法使用者等信息。

文档水印：确定文档数据的所有者。

（2）从外观上分类

可见水印（可察觉水印）：如电视节目上的半透明标识，其目的在于明确标识版权，防止非法使用，虽然降低了资料的商业价值，却无损于所有者的使用。

不可见水印（不可察觉水印）：水印在视觉上不可见，目的是为了将来起诉非法使用者。不可见水印往往用在商业用的高质量图像上，而且往往配合数据解密技术一同使用

（3）从加载方式上分类

空间域水印：LSB 方法，拼凑方法，文档结构微调方法。

变换域水印：DCT 变换，小波变换，傅里叶变换，Fourier-Mellin 变换或其他变换。

（4）从检测方法上分类

私有水印（非盲水印）：水印检测时需要原始载体。

公开水印（盲水印）：水印检测时无需原始载体。

（5）从水印特性上分类

健壮性数字水印：要求水印能够经受各种常用的操作，包括无意的或恶意的处理。只要载体信号没有被破坏到不可使用的程度，都应该能够检测出水印信息 。

脆弱性数字水印：要求水印对载体的变化很敏感，根据水印的状态来判断数据是否被篡改过。特点：载体数据经过很微小的处理后，水印就会被改变或毁掉。主要用于完整性保护。与稳健性水印的要求相反。

（6）从使用目的上分类

版权标识水印：基于数据源的水印，水印信息标识作者、所有者、发行者等，并携带有版权保护信息和认证信息，用于发生版权纠纷时的版权认证，还可用于隐藏标识、防拷贝。

数字指纹水印：基于数据目的的水印。包含关于产品的版权信息，以及购买者的个人信息，可以用于防止数字产品的非法拷贝和非法传播

数字水印的性能评价：透明性、稳健性、容量。

8.4.3 数字水印的应用

目前，数字水印技术的应用大体上可以分为版权保护、数字指纹、认证和完整性校验、内容标识和隐藏标识、使用控制、内容保护、安全不可见通信等几个方面。

最早提出数字水印的概念与方法是为了进行多媒体数据的版权保护。随着计算机和互联网的发展，越来越多的艺术作品、发明或创意都开始以多媒体数据的形式表达，比如用数码照相机摄影，用数字影院看电影，用 MP3 播放器听音乐，用计算机画画，等等。所有活动所涉及的多媒体数据都蕴含了大量价值不菲的信息。与作者创作这些多媒体数据所花费的艰辛相比，篡改、伪造、复制和非法发布原创作品在信息时代变成了一件轻而易举的事情。任何人都可以轻而易举地创建多媒体数据的拷贝，与原始数据比较，复制出的多媒体数据不会有任何质量上的损失，即可以完整地"克隆"多媒体数据。因此如何保护这些数据上附加的"知识产权"是一个亟待解决的问题。那么数字水印则正好是解决这类"版权问题"的有效手段。比如以前的画家用印章或签名标识作品的作者，那么今天他可以通过数字水印将自己的名字

添加到作品中来完成著作权的标识。同样，音像公司也可以把公司的名字、标志等信息添加到出版的磁带、CD碟片中。这样通过跟踪多媒体数据中的数字水印信息来保护多媒体数据的版权。当数字水印应用于版权保护时，其潜在的应用市场有：电子商务、在线（或离线）分发多媒体内容，以及大规模的广播服务。潜在的用户则有：数字产品的创造者和提供者；电子商务和图像软件的供应商；数字图像、视频摄录机、数字照相机和DVD的制造者等。

为了避免数字产品被非法复制和散发，作者可在其每个产品拷贝中分别嵌入不同的水印（称为数字指纹）。如果发现了未经授权的拷贝，则通过检索指纹来追踪其来源。在此类应用中，水印必须是不可见的，而且能抵抗恶意的擦除、伪造及合谋攻击等。

除了在版权保护方面的应用，数字水印技术在文档（印刷品、电子文档等）的真伪认证上面也有很大的用途，例如对政府部门签发的红头文件，文件认证的传统方法是鉴别文件的纸张、印章或钢印是否符合规范和标准，缺点是无论纸张、印章或钢印都容易被伪造。特别是印章，虽然政府部门对印章的管理和制作有严格规定，但社会上还是有所谓"一个萝卜刻一个章"的说法。这说明传统方法有着极不完善的地方。使用数字水印技术则可以有效解决这个问题。以数字水印作为信息载体，将某些信息添加到红头文件中，使得文件不仅有印章或钢印，而且有难以察觉的数字水印信息，从而大大增加了文件被伪造的难度。将数字水印信息添加到文档中，也意味着某些信息可以在文档中被写入两次。例如，护照持有人的名字在护照中被明显印刷出来，也可以在头像中作为数字水印被隐藏起来，如果某人想通过更换头像来伪造一份护照，那么通过扫描护照就有可能检测出隐藏在头像中的水印信息与打印在护照上的姓名不符，从而发现被伪造的护照。

尽管数字产品的认证可通过传统的密码技术来完成，但利用数字水印来进行认证和完整性校验的优点在于，认证同内容是密不可分的，因此简化了处理过程。当对插入了水印的数字内容进行检验时，必须用唯一的与数据内容相关的密钥提取出水印，然后通过检验提取出的水印完整性来检验数字内容的完整性。数字水印在认证方面的应用主要集中在电子商务和多媒体产品分发至终端用户等领域。

内容标识和隐藏标识：此类应用中，插入的水印信息构成一个注释，提供有关数字产品内容的进一步信息。数字水印可用于隐藏标识和标签，可在医学、制图、多媒体索引和基于内容的检索等领域得到应用。

使用控制：在特定的应用系统中，多媒体内容需要特殊的硬件来拷贝和观看使用，插入水印来标识允许的拷贝数，每拷贝一份，进行拷贝的硬件会修改水印内容，将允许的拷贝数减一，以防止大规模的盗版。

内容保护：在一些特定应用中，数字产品的所有者可能会希望要出售的数字产品能被公开自由地预览，以尽可能多地招徕潜在的顾客，但也需要防止这些预览的内容被他人用于商业目的，因此，这些预览内容被自动加上可见的但同样难以除去的水印。此外数字水印还用来做多媒体数据的访问控制和复制控制。比如CD数据盘中秘密的数字水印信息可以有条件地控制什么样的人可以访问该CD盘中的内容。目前DVD已经普及，有很多大公司开始研究如何应用数字水印系统改进DVD的访问与复制控制。

通过以上的介绍，我们可以发现这样一个特点，数字水印与它所保护的媒体内容或版权拥有者密切相关，而其他信息隐藏技术只关心被藏信息的隐蔽性。数字水印通常可看作是一对多的通信，而其他信息隐藏技术往往是一对一的通信。

8.5 数据库安全技术

数据库的安全性是指数据库的任何部分都不允许受到恶意侵害，或未经授权的存取与修改。数据库是网络信息系统的核心部分，有价值的数据资源都存放在其中，这些共享的数据资源既要面对必需的可用性需求，又要面对被篡改、损坏和被窃取的威胁。

8.5.1 数据库安全概述

数据库系统是计算机技术的一个重要分支，从 20 世纪 60 年代后期开始发展。虽然起步较晚，但几十年来已经形成为一门新兴学科，应用涉及面很广，几乎所有领域都要用到数据库。

数据库，形象上讲就是若干数据的集合体。这些数据存在于计算机的外存储器上，而且不是杂乱无章地排列的。数据库数据量庞大、用户访问频繁，有些数据具有保密性，因此数据库要由数据库管理系统（DBMS）进行科学的组织和管理，以确保数据库的安全性和完整性。

通常，数据库的破坏来自下列四个方面：

（1）系统故障；

（2）并发所引起的数据的不一致；

（3）转入或更新数据库的数据有错误，更新事务时未遵守保持数据库一致的原则；

（4）人为的破坏，例如数据被非法访问，甚至被篡改或破坏。

面对数据库的安全威胁，必须采取有效安全措施。这些措施可分为两个方面，即支持数据库的操作系统和同属于系统软件的 DBMS。DBMS 的安全使用特性有以下几点要求。

1．多用户

网络系统上的数据库是提供给多个用户访问的。这意味着对数据库的任何管理操作，其中包括备份，都会影响到用户的工作效率，而且不仅是一个用户而是多个用户的工作效率。

2．高可靠性

网络系统数据库有一个特性是高可靠性。因为，多用户的数据库要求具有较长的被访问和更新的时间，以完成成批任务处理或为其他时区的用户提供访问。

3．频繁的更新

数据库系统由于是多用户的，对其操作的频率以每秒计远远大于文件服务器。

4．文件大

数据库文件经常有几百千字节甚至几吉字节。另外，数据库一般比文件有更多需要备份的数据和更短的用于备份的时间。另外，如果备份操作超过了备份窗口还会导致用户访问和系统性能方面的更多的问题，因为这时数据库要对更多的请求进行响应。

8.5.2 数据库安全系统特性

1．数据独立性

数据独立于应用程序之外。理论上数据库系统的数据独立性分为以下两种。

（1）物理独立性。数据库的物理结构的变化不影响数据库的应用结构，从而也就不能影响其相应的应用程序。这里的物理结构是指数据库的物理位置、物理设备等。

（2）逻辑独立性。数据库逻辑结构的变化不会影响用户的应用程序，数据类型的修改、增加，改变各表之间的联系都不会导致应用程序的修改。

2．数据安全性

比较完整的数据库对数据安全性采取以下措施。

（1）将数据库中需要保护的部分与其他部分相隔离。

（2）使用授权规则。

（3）将数据加密，以密码的形式存于数据库内。

3．数据的完整性

通常表明数据在可靠性与准确性上是可信赖的，同时也意味着数据有可能是无效的或不完整的。数据完整性包括数据的正确性、有效性和一致性。

4．并发控制

如果数据库应用要实现多用户共享数据，就可能在同一时刻多个用户要存取数据，这种事件称为并发事件。当一个用户取出数据进行修改，在修改存入数据库之前如有其他用户再取此数据，那么读出的数据就是不正确的。这时就需要对这种并发操作施行控制，排除和避免这种错误的发生，保证数据的正确性。

5．故障恢复

当数据库系统运行时出现物理或逻辑上的错误、系统能尽快恢复正常，这就是数据库系统的故障恢复功能。

8.5.3　数据库管理系统的安全

数据库管理系统（Database Management System，DBMS）是一个专门负责数据库管理和维护的计算机软件系统。它是数据库系统的核心，对数据库系统的功能和性能有着决定性影响。DBMS 的主要职能为：

（1）有正确的编译功能，能正确执行规定的操作；

（2）能正确执行数据库命令；

（3）保证数据的安全性、完整性，能抵御一定程度的物理破坏，能维护和提交数据库内容；

（4）能识别用户，分配授权和进行访问控制，包括身份识别和验证；

（5）顺利执行数据库访问，保证网络通信功能。

数据库系统的数据管理员全面地管理和控制数据库系统，包括以下一些职责。

（1）决定数据库的信息内容和结构。

（2）决定数据库的存储结构和存取策略。

（3）定义数据的安全性要求和完整性约束条件。

（4）DBA 的重要职责是确保数据库的安全性和完整性。不同用户对数据库的存取权限、数据的保密级别和完整性约束条件也应由 DBA 负责决定。

（5）监督和控制数据库的使用和运行。

（6）数据库系统的改进和重组。

8.5.4　数据库安全的威胁

发现威胁数据库安全的因素和检查相应措施是数据库安全性的一个问题的两个方面，两者缺一不可。

对数据库构成的威胁主要有篡改、损坏和窃取三种情况。

1．篡改

所谓的篡改指的是对数据库中的数据未经授权进行修改，使其失去原来的真实性。篡改是因人为因素而产生的。一般来说，产生这种人为篡改的原因主要的有如下几种。

（1）个人利益驱动；

（2）隐藏证据；

（3）恶作剧；

（4）无知。

2．损坏

网络系统中数据的真正丢失是数据库安全性所面对的一个威胁。其表现的形式是：表和整个数据库部分或全部被删除、移走或破坏。产生损坏的原因主要有破坏、恶作剧和病毒。

3．窃取

窃取一般是对敏感数据的，窃取的手法除了将数据复制到软盘之类的可移动的介质上外，也可以把数据打印后取走。导致窃取的原因有如下几种：

（1）商业间谍；

（2）不满和要离开的员工；

（3）被窃的数据可能比想象中的更有价值。

8.5.5 数据库的数据保护

1．数据库的故障类型

数据库的故障是指从保护安全的角度出发，数据库系统中会发生的各种故障。这些故障主要包括：事务内部的故障、系统故障、介质故障，以及计算机病毒与黑客等。

事务（Transaction）是指并发控制的单位，它是一个操作序列。在这个序列中的所有操作只有两种行为，要么全都执行，要么全都不执行。因此，事务是一个不可分割的单位。事务以 COMMIT 语句提交给数据库，以 ROLLBACK 作为对已经完成的操作撤销。

事务内部的故障多发生于数据的不一致性，主要表现为以下几种。

（1）丢失修改；

（2）不能重复读；

（3）"脏"数据的读出，即不正确数据的读出。

系统故障又称软故障，是指系统突然停止运行时造成的数据库故障。如 CPU 故障、突然断电和操作系统故障，这些故障不会破坏数据库，但会影响正在运行的所有事务，因为数据库缓冲区中的内容会全部丢失，运行的事务非正常终止，从而造成数据库处于一种不正确的状态。这种故障对于一个需要不停运行的数据库来讲损失是不可估量的。

介质故障又称硬故障，主要指外存故障。例如：磁盘磁头碰撞，瞬时的强磁场干扰。这类故障会破坏数据库或部分数据库，并影响正在使用数据库的所有事务。

病毒是一种计算机程序，它的功能在于破坏计算机中的数据，使计算机处于一种不正确的状态，妨碍计算机用户的使用。而且病毒具有自我繁殖的能力，传播速度很快。有些病毒一旦发作就会马上摧毁系统。

黑客的危害要比计算机病毒更大。黑客往往是一些精通计算机网络和软硬件的计算机操作者，他们利用一些非法手段取得计算机的授权，非法却又随心所欲地读取甚至修改其他计算机数据，造成巨大的损失。

2．数据库的数据保护

数据库保护主要是指数据库的安全性、完整性、并发控制和数据库恢复。

（1）数据库的安全性

安全性问题是所有计算机系统共有的问题，并不是数据库系统特有的，但由于数据库系统数据量庞大且多用户存取，安全性问题就显得尤其突出。由于安全性的问题可分为系统问题与人为问题，所以一方面我们可以从法律、政策、伦理、道德等方面控制约束人们对数据库的安全使用，另一方面可以从物理设备、操作系统等方面加强保护，保证数据库的安全。另外，还可以从数据库本身实现数据库的安全性保护。

① 用户标识和认证（见图 8-9）。通过核对用户的名字或身份，决定该用户对系统的使用权。数据库系统不允许一个未经授权的用户对数据库进行操作。

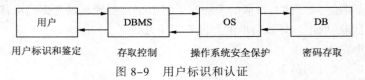

图 8-9　用户标识和认证

当用户登录时，系统用一张用户口令表来鉴别用户身份。另外一种标识鉴定的方法是用户不用标识自己，系统提供相应的口令表，这个口令表是系统给出一个随机数，用户按照某个特定的过程或函数进行计算后给出结果值，系统同样按照这个过程或函数对随机数进行计算，如果与用户输入的相等则证明此用户为合法用户，可以再接着为用户分配权限。否则，系统认为此用户根本不是合法用户，拒绝进入数据库系统。

② 存取控制。对于存取权限的定义称为授权。这些定义经过编译后存储在数据字典中。每当用户发出数据库的操作请求后，DBMS 查找数据字典，根据用户权限进行合法权检查。若用户的操作请求超出了定义的权限，系统就拒绝此操作。授权编译程序和合法权检查机制一起组成了安全性子系统。

数据库系统中，不同的用户对象有着不同的操作权力。对数据库的操作权限一般包括查询权、记录的修改权、索引的建立权和数据库的创建权。应把这些权力按一定的规则授予用户，以保证用户的操作在自己的权限范围之内。

③ 数据分级。有些数据库系统对安全性的处理是把数据分级。这种方案为每一个数据对象（文件、记录或字段等）赋予一定的保密级。例如：绝密级、机密级、秘密级和公用级。对于用户，也分成类似的级别，系统便可规定两条规则：

第一条：用户Ⅰ只能直看比他级别低的或同级的数据；

第二条：用户Ⅰ只能修改和他同级的数据。

在第二条中，用户Ⅰ显然不能修改比他级别高的数据，但同时他也不能修改比他级别低的数据。如果用户Ⅰ要修改比他级别低的数据，那么首先要降低用户Ⅰ的级别或提高数据的级别使得两者之间的级别相等。

数据分级法是一种独立于值的一种简单的控制方式。它的优点是系统能执行"信息流控制"。

④ 数据加密。为了更好地保证数据的安全性，可用密码存储口令、数据，对远程终端信息用密码传输防止中途非法截获等。我们把原始数据称为明文，用加密算法对明文进行加密。

加密算法输入的是明文和密钥，输出的是密文。加密算法可以公开，但加密一定是保密的。密文对于不知道加密钥的人来说是不易解密的。

"明钥加密法"可以随意使用加密算法和加密钥，但相应的解密钥是保密的。因此明钥法有两个密钥，一个用于加密，一个用于解密。而且解密钥不能从加密钥推出。即便有人能进行数据加密，如果不授权解密，他几乎不可能解密。

（2）数据的完整性

数据的完整性主要是指防止数据库中存在不符合语义的数据，防止错误信息的输入和输出。数据完整性包括数据的正确性、有效性和一致性。

实现对数据的完整性约束要求系统有定义完整性约束条件的功能和检查完整性约束条件的方法。

数据库中的所有数据都必须满足自己的完整性约束条件，这些约束包括以下几种。

① 数据类型与值域的约束；

② 关键字约束；

③ 数据联系的约束。

（3）数据库并发控制

目前，多数数据库都是大型多用户数据库，所以数据库中的数据资源必须是共享的。为了充分利用数据库资源，应允许多个用户并行操作数据库。数据库必须能对这种并行操作进行控制，即并发控制，以保证数据在不同的用户使用时的一致性。

8.5.6 数据库备份与恢复

数据库的失效往往导致一个机构的瘫痪，然而，任何一个数据库系统总不可能不发生故障。数据库系统对付故障有两种办法：其一是尽可能提高系统的可靠性；另一种办法是在系统发出故障后，把数据库恢复至原来的状态。仅仅有第一点是远远不够的，必须有第二种办法，即必须有数据库发生故障后恢复到原状态的技术。

目前，备份的趋势是实现无人值守的自动化备份、可管理性、灾难性恢复，这三点正是针对系统的高效率、数据与业务的高可用性而增强的。

1. 数据库备份的评估

数据库系统如果发生故障可能会导致数据的丢失，要恢复丢失的数据，必须对数据库系统作备份。在此之前，对数据库的备份作一个全面的评估是很有必要的。

（1）备份方案的评估。对数据库备份方案的评估主要指的是在制定数据库备份方案之前必须对下列问题进行分析，在分析的基础上做出评估。包括：备份所需的费用的评估和技术评估。

两种不同状态处的更新如图 8-10 所示。

（a）更新发生在已被复制区　　　　（b）更新发生在未备份区

图 8-10　两种不同状态处的更新

（2）数据库备份的类型。常用的数据库备份的方法有冷备份、热备份和逻辑备份三种。

冷备份的思想是关闭数据库系统，在没有任何用户对它进行访问的情况下备份。这种方法在保持数据的完整性方面是最好的一种。

冷备份通常在系统无人使用的时候进行。冷备份的最好办法之一是建立一个批处理文件，该文件在指定的时间先关闭数据库，然后对数据库文件进行备份，最后再启动数据库。

数据库正在运行时所进行的备份称为热备份。数据库的热备份依赖于系统的日志文件。在备份进行时，日志文件将需要作更新或更改的指令"堆起来"，并不是真正将任何数据写入数据库记录。当这些被更新的业务被堆起来时，数据库实际上并未被更新，因此，数据库能被完整地备份。

所谓的逻辑备份是使用软件技术从数据库中提取数据并将结果写入一个输出文件。该输出文件不是一个数据库表，而是表中的所有数据的映像。

2．数据库备份的性能

数据库备份的性能可以用被复制到磁带上的数据的数据量和进行该项工作所花的时间两个参数来说明。提高数据库备份性能的方法有如下几种。

（1）升级数据库管理系统。

（2）使用更快的备份设备。

（3）备份到磁盘上。磁盘可以是处于同一系统上的，也可以是 LAN 的另一个系统上的。

（4）使用本地备份设备。使用此方法时应保证连接的 SCSI 接口适配卡能承担高速扩展数据传输。

（5）使用分区备份。直接从磁盘分区读取数据，而不是使用文件系统 API 调用。这种办法可加快备份的执行。

3．系统和网络完整性

（1）服务器保护。保护服务器的办法包括：①电力调节，以保证能使服务器运行足够长的时间以完成数据库的备份；②环境管理，应将服务器置于有空调的房间，通风口和管理应保持干净，并定期检查和清理；③服务器所在房间应加强安全管理；④做好服务器中硬件的更换工作，从而提高服务器中硬件的可靠性；⑤尽量使用辅助服务器以提供实时故障的跨越功能；⑥通过映像技术或其他任何形式进行复制以便提供某种程度的容错功能。

（2）客户机的保护。对客户机的保护可以从如下几个方面进行：①电力调节，保证客户机正常运行所需的电力供应；②配置后备电源，确保电力供应中断之后客户机能持续运行直至文件被保存和完成业务；③定期更换客户机或工作站的硬件。

（3）网络连接。网络连接是处于服务器与工作站或客户机之间的线缆、集线器、路由器或其他类似的设备。为此，线缆的安装应具有专业水平，且用的配件应保证质量，还需配有网络管理工具监测通过网络连接的数据传输。

4．制定备份的策略

备份主要考虑以下的几个因素：

（1）备份周期是按月、周、天还是小时。

（2）使用冷备份还是热备份。

（3）使用增量备份还是全部备份，或者两者同时使用。（增量备份只备份自上次备份后的所有更新的数据，全部备份是完整备份数据库中所有数据。）

（4）使用什么介质进行备份，备份到磁盘还是磁带。

（5）是人工备份还是设计一个程序定期自动备份。

（6）备份介质的存放是否防窃、防磁、防火。

5．备份方案的选择

目前，市场上磁带机数据备份技术的主要技术包括 3 种，分别是 DAT、DLT 及 LTO 技术。

（1）DAT 技术。DAT（Digital Audio Tape）技术又称数码音频磁带技术，最初是由 HP 与 SONY 共同开发出来的。这种技术以螺旋扫描记录（Helical Scan Recording）为基础，将数据转化为数字后再存储下来。DAT 在非常合理的价位提供高质量的数据保护。在信息存储领域里，DAT 一直是被极为广泛应用的技术，而且种种迹象表明，DAT 的这种优势还将继续保持下去。这种技术大受欢迎的原因在于它具有很高的性能价格比。以 HP DAT 技术为例：首先，在性能方面，这种技术生产出的磁带机平均无故障工作时间已达到 300 000 h；在可靠性方面，它所具有的即写即读功能能在数据被写入之后马上进行检测，这不仅确保了数据的可靠性，而且还节省了大量时间。第二，这种技术的磁带机种类繁多，能够满足绝大部分网络系统备份的需要。第三，这种技术所具有的硬件数据压缩功能大大加快备份速度，而且压缩后的数据安全性更高。第四，由于这种技术在全世界都被广泛应用，所以在全世界都可以得到这种技术产品的持续供货与良好的售后服务。第五，DAT 技术产品的价格格外吸引人。这种价格上的优势不仅在磁带机上，在磁带上也得到充分体现。

（2）DLT 技术。DLT（Digital Linear Tape）又称数码线性磁带技术。DLT 技术采用单轴 1/2 英寸磁带仓，以纵向曲线性记录法为基础。DLT 产品定位于中、高级的服务器市场与磁带库应用系统。目前 DLT 驱动器的容量从 10 GB 到 35 GB 不等，数据传送速度相应由 1.25MB/s 至 5MB/s。

（3）LTO 技术。LTO（Linear Tape Open）即线性磁带开放协议，是由 HP、IBM、Seagate 这三家厂商在 1997 年 11 月联合制定的，其结合了线性多通道、双向磁带格式的优点，基于服务系统、硬件数据压缩、优化的磁道面和高效率纠错技术，来提高磁带的能力和性能。LTO 技术是一种"开放格式"的技术，上述三家厂商将生产许可开放给存储介质、磁带机的生产商，使不同厂商的产品能更好地进行兼容，这意味着用户将拥有多项产品和介质。开放性还带来更多的发明创新，使产品的价格下降，用户受益。同时，LTO 还特别规定，由第三方进行每年一次的兼容测试，以确保产品的延续性更好。目前，LTO 具有两种存储格式：高速开放磁带格式即 Ultrium 和快速访问开放磁带格式 Accelis，定制两种格式是因为并不是所有的用户都要求相同的特性和功能性。一些应用程序强调重点在"读"，要求快速的数据访问速度。而另一些应用程序则重点在于"写"，要求最高的磁带存储能力。

针对不同的应用环境与需求，需要采用相应的备份方案。HP 将用户需求分为三个不同的层次，其备份产品分为磁带机、自动加载磁带机以及磁带库。

（1）中小企业：磁带机与单键灾难恢复

任何企业、任何一个信息系统，都可能会发生灾难，但如何保证灾难的影响能够轻轻一点就消除呢？对于中小企业来说，HP Storage Works DAT、SDLT/DLT、Ultrium 磁带机产品加上 HP 单键灾难恢复技术（OBDR）是一个不错的选择，可以用于灾难恢复及数据传递等。

利用该技术，一旦系统出现故障，IT 管理人员可以直接从磁带机上引导整个系统，同时将数据完整地恢复出来，无须重新安装操作系统和应用程序，使用极为简便。利用 OBDR，自动在每次备份时自动生成，在灾难恢复时无须软件或 CD，而且只需要少量的时间，只需要少量的技术知识，从单一介质上恢复。与常规的灾难性恢复方案相比，HP 单键灾难恢复方案让以往需要四步的工作简化为两步，而且操作人员可以完全不懂计算机管理。管理人员只需要更换硬件，然后以 DR 方式启动，只需要按一个键，系统就能整个自动恢复。单键灾难恢复方案的特点是高可靠性、速度快、最易实现性及具有无人值守的备份功能。

（2）中型数据备份技术应用：自动加载磁带机，无人值守的备份

自动加载磁带机是备份市场的未来发展的重点产品。HP 的自动加载磁带机可以实现单服务器和多服务器的自动备份，是中小企业以及部门进行存储备份的理想工具。HP 自动加载磁带机从磁带技术上分为 DAT、DLT、LTO 等技术，分别针对办公室服务器备份、工作组/本地网络备份及远程网络备份，全面提高了硬件管理效率，并提供了有效机架空间，满足了用户更高的容量要求。

以 HP StorageWorks SSL1016 Ultrium 460 自动加载磁带机为例，它是一种体积小巧、具有高度可管理性的产品，在一个 2U 机箱中提供了磁带库的特性和 3.2 TB 的本机容量。同时，它能够提供强大的自动备份和恢复功能，适用于容灾系统；而基于网络的管理允许对许多地点进行集中管理。值得一提的是，它以自动加载磁带机的价格提供带库的特性。

（3）大型数据库备份：磁带库+DP 软件

对于大型企业来说，HP 磁带库加上 HP OpenView Storage Data Protector 5.1 软件，将为数据提供百分百的备份保险。其中，HP Storage Works MSL 5000 系列磁带库为中档和部门级的企业提供全面的备份和恢复解决方案。HP StorageWorks ESL 9000 系列磁带库为高端企业客户的关键任务数据存储需求提供了高度可靠的备份和恢复解决方案。

ESL9000 系列磁带库是直接 SCSI 和 SAN 环境的理想选择，在它紧凑的覆盖区域内提供了组件级冗余、高可用性及企业级容量。它们提供了独特投资保护，那就是多单元可伸缩性和一个 PCI 底板，以便将来进行功能扩展。ESL 9000 系列磁带库简化了对备份和恢复活动的管理，同时在数据保护需求中具有独特的价值。

6. 数据库的恢复

恢复也称为重载或重入，是指当磁盘损坏或数据库崩溃时，通过转储或卸载的备份重新安装数据库的过程。

（1）恢复技术的种类。恢复技术大致可以分为如下三种：①单纯以备份为基础的恢复技术：周期性地把磁盘上的数据库复制或转储到磁带上。②以备份和运行日志为基础的恢复技术：系统运行日志用于记录数据库运行的情况，一般包括三个内容：前像（Before Image，BI）、后像（After Image，AI）和事务状态。所谓的前像是指数据库被一个事务更新时，所涉及的物理块更新后的影像，它以物理块为单位。前像在恢复中所起的作用是帮助数据库恢复更新前的状态，即撤销更新，这种操作称为撤销（Undo）。后像恰好与前像相反，它是当数据库被某一事务更新时，所涉及的物理块更新前的影像，其单位和前像一样以物理块为单位。后像的作用是帮助数据库恢复到更新后的状态，相当于重做一次更新。这种操作在恢复技术中称为重做（Redo）。每个事务有两种可能的结果：一是事务提交后结束，这说明事务已成功执行，事务对数据库的更新能被其他事务访问。另一种结果是事务失败，需要消除事务对数据库的影响，对这种事务的处理称为卷回（Rollback）。基于备份和日志为基础的这种恢复技术，当数据库失效时，可取出最近的备份，然后根据日志的记录，对未提交的事务用前像卷回，这

称为后恢复（Backward Recovery）；对已提交的事务，必要时用后像重做，称向前恢复（Forward Recovery）。 这种恢复技术的缺点是，由于需要保持一个运行的记录，既花费较大的存储空间，又影响到数据库正常工作的性能。它的优点可使数据库恢复到最近的一致状态。大多数数据库管理系统也都支持这种恢复技术。③基于多备份恢复技术。多备份恢复技术的前提是每一个备份必须具有独立的失效模式（Independent Failure Mode），这样可以利用这些备份互为备份，用于恢复。所谓独立失效模式是指各个备份不至于因同一故障而一起失效。获得独立失效模式的一个重要的要素是各备份的支持环境尽可能地独立，其中包括不共用电源、磁盘、控制器以及 CPU 等。在部分可靠要求比较高的系统中，采用磁盘镜像技术，即数据库以双备份的形式存放在二个独立的磁盘系统中，为了使失效模式独立，两个磁盘系统有各自的控制器和 CPU，但彼此可以相互切换。在读数时，可以选读其中任一磁盘；在写数据时，两个磁盘都写入同样的内容，当一个磁盘中的数据丢失时，可用另一个磁盘的数据来恢复。

（2）恢复的办法。数据库的恢复大致有如下的办法：①周期性地对整个数据库进行转储，把它复制到备份介质中（如磁带中），作为后备副本，以备恢复之用。转储通常又可分为静态转储和动态转储。静态转储是指转储期间不允许（或不存在）对数据库进行任何存取、修改活动，而动态转储是指在存储期间允许对数据库进行存取或修改。②对数据库的每次修改，都记下修改前后的值，写入"运行日志"中。它与后备副本结合，可有效地恢复数据库。

（3）利用日志文件恢复事务 ①登记日志文件（Logging）。事务运行过程中，系统把事务开始、事务结束（包括 Commit 和 Rollback）以及对数据库的插入、删除、修改等每一个操作作为一个登记记录（Log 记录）存放到日志文件中。 ②事务恢复。③利用转储和日志文件。

当数据库本身被破坏时（如硬盘故障和病毒破坏）可重装转储的后备副本，然后运行日志文件，执行事务恢复，这样就可以重建数据库。

（4）易地更新恢复技术。每个关系有一个页表，页表中每一项是一个指针，指向关系中的每一页（块）。当更新时，旧页保留不变，另找一个新页写入新的内容。在提交时，把页表的指针从旧页指向新页，即更新页表的指针。旧页实际上起到了前像的作用。由于存储介质可能发生故障，后像还是需要的。旧页又称影页（Shadow）。

7. 失效的类型及恢复的对策

如果备份由于不可抗拒的因素而损坏，那么，以上所述的恢复方法将无能为力。

（1）事务失效（Transaction Failure）

事务失效发生在事务提交之前，事务一旦提交，即使要撤销也不可能了。造成事务失效的原因有：①事务无法执行而自行中止；②操作失误或改变主意而要求撤销事务；③由于系统调度上的原因而中止某些事务的执行。

对事务失效采取如下措施予以恢复：①消息管理丢弃该事务的消息队列；②如果需要可进行撤销；③从活动事务表（Active Transaction List）中删除该事务的事务标识，释放该事务占用的资源。

（2）系统失效。这里所指的系统包括操作系统和数据库管理系统。系统失效是指系统崩溃，必须重新启动系统，内存中的数据可能丢失，而数据库中的数据未遭破坏。发生系统失效的原因有：①掉电；②除数据库存储介质外的硬、软件故障；③重新启动操作系统和数据库管理系统；④恢复数据库至一致状态时，对未提交的事务进行了 Undo 操作，对已提交的事务进行了 Redo 的操作。

（3）介质失效（Media Failure）。介质失效指磁盘发生故障，数据库受损，例如划盘，磁头破损等。现代的 DBMS 对介质失效一般都提供恢复数据库至最近状态的措施，具体过程如下：①修复系统，必要时更换磁盘；②如果系统崩溃，则重新启动系统；③加载最近的备份；④用运行日志中的后像重做，取最近备份以后提交的所有事务。

习　题

1. 描述以下术语的含义：
信息隐藏、盲签名、数字水印、数据备份、数据恢复、阈下信道。

2. 信息隐藏的基本方法有哪些？各有何优缺点？

3. 盲消息签名与盲参数签名有哪些不同？

4. 简述数字水印的检测过程？

5. 简述常用数据库的备份方法。

6. 简述介质失效后，恢复的一般步骤。

第 **9** 章 网络设备安全

　　网络设备安全旨在保证网络中各种硬件设备的正常运行。本章介绍网络设备安全的有关技术，主要有保证网络设备运行环境的物理安全及网络设备配置安全的技术，包括交换机的安全配置技术、路由器的安全配置技术、操作系统的安全配置技术及 Web 服务器的安全配置和管理技术。通过以上深入的分析和一些实用的技术手段，来提供网络设备的抗攻击性和安全性。本章还将介绍可信计算平台的概念和方法，以构建真正安全的网络设备。

9.1　网络设备安全概述

　　从网络资源方面来看，网络面临的安全威胁大体可分为两种：一是对网络数据的威胁；二是对网络设备的威胁。网络设备的安全也是通信网络安全的一个重要部分。除了网络设备运行的环境需要得到安全保证以外，网络设备的配置、网络设备的管理也是保证网络设备安全不可或缺的因素。

9.1.1　网络设备安全的基本概念

　　网络设备包括主机（服务器、工作站、PC）和网络设施（交换机、路由器等）。网络设备的安全始终是通信网络安全的一个重要方面，攻击者往往通过损坏网络中的设备来破坏网络的运行，或者控制网络中设备来扩大已有的破坏。要实现通信网络的安全，不能不考虑网络中所有设备的安全。

　　网络设备的安全通常是指物理安全，物理安全是保护通信网络设备、设施及其他介质等硬件免遭地震、水灾、火灾等环境事故，以及人为操作失误和各种计算机犯罪行为导致破坏的过程。

　　网络设备安全有关的几个因素如下：

　　（1）网络的使用者和操作者；

　　（2）网络外部接口是网上黑客攻击的主要途径；

　　（3）网络连接是网络安全的又一个薄弱环节；

　　（4）主机和网络站点是内部人员攻击的主要目标；

　　（5）网络交换设备、控制设备、网络管理设备等更是攻击的重要目标，这些设备是网络的中心，破坏这些设备可以使整个网络瘫痪。

如果设备本身存在安全上的脆弱性，往往会成为攻击目标。设备的安全脆弱性包括：

（1）提供不必要的网络服务，提高了攻击者的攻击机会；

（2）存在不安全的配置，带来不必要的安全隐患；

（3）不适当的访问控制；

（4）存在系统软件上的安全漏洞；

（5）物理上没有安全存放，遭受临近攻击（Close-in Attack）。

对网络设备进行安全加固可以减少攻击者的攻击成功的机会。针对上述安全弱点，可采用如下的设备安全加固技术建议：

（1）禁用不必要的网络服务；

（2）修改不安全的配置；

（3）利用最小权限原则严格对设备的访问控制；

（4）及时对系统进行软件升级；

（5）提供符合安全要求的物理保护环境。

9.1.2 设备安全问题

服务器是常用的网络设备，这里以服务器的安全为例说明设备安全问题常常被忽视。服务器往往采用众多的网络安全设备，比如防火墙、入侵检测系统等进行保护，但却忽略了服务器运行的物理环境的安全。物理环境主要是指服务器托管机房的设施状况，包括通风系统、电源系统、防雷防火系统以及机房的温度、湿度条件等。这些因素会影响到服务器的寿命和所有数据的安全。

还有一些容易忽略的小细节影响服务器的安全。有些机房提供专门的机柜存放服务器，而有些机房只提供机架。所谓机柜，就是类似于家里的橱柜那样的铁柜子，前后有门，里面有放服务器的拖架和电源、风扇等，服务器放进去后即把门锁上，只有机房的管理人员才有钥匙打开。而机架就是一个个铁架子，开放式的，服务器上架时只要把它插到拖架里去即可。这两种环境对服务器的物理安全来说有着很大差别，显而易见，放在机柜里的服务器要安全得多。

如果服务器放在开放式机架上，那就意味着，任何人都可以接触到这些服务器。别人如果能直接操作，还有什么安全性可言？例如：很多 Windows 服务器采用终端服务进行管理，在一个机架式的机房里，你可以随便把显示器接在哪台服务器上。如果你碰巧遇到某台机器的管理员或使用者正通过终端使用这台机器，那么他的操作你可以一览无余。甚至，你可以把键盘接上去，把他"Kill off"，然后完全控制这台机器。当然，这种事情比较少见，但不意味着不可发生。

另外，很多 UNIX 系统的管理员在离开机房时，没有把 root 或其他账号的 shell 从键盘退出，这样你只要把键盘和显示器接上去，就完全可以获取 这个 shell 的权限。这可比远程攻击获取系统权限容易得太多。

服务器的安全除了以上的网络安全以外，还有操作系统的安全和服务软件的安全，操作系统的安全和服务软件的安全将在 9.5 节讨论。

9.2 物 理 安 全

物理安全是整个通信网络系统安全的前提，是保护计算机通信网络设备、设施及其他媒体免遭地震、水灾、火灾等环境事故、人为操作失误或人为损坏导致被破坏的过程。

物理安全主要考虑的问题是环境、场地和设备硬件的安全及物理访问控制和应急处置计划等。物理安全措施主要包括：安全制度、数据备份、辐射防护、屏幕口令保护、隐藏销毁、状态检测、报警确认、应急恢复、机房管理、运行管理、安全组织和人事管理等手段。

9.2.1 机房安全技术

机房安全技术涵盖的范围非常广泛，机房从里到外，从设备设施到管理制度都属于机房安全技术研究的范围。包括计算机机房的安全保卫技术，计算机机房的温度、湿度等环境条件保持技术，计算机机房的用电安全技术和计算机机房安全管理技术等。

机房的安全等级分为 A 类、B 类和 C 类三个基本类别。A 类：对计算机机房的安全有严格的要求，有完善的计算机机房安全措施。B 类：对计算机机房的安全有较严格的要求，有较完善的计算机机房安全措施。C 类：对计算机机房的安全有基本的要求，有基本的计算机机房安全措施。

1．机房的安全要求

减少无关人员进入机房的机会是计算机机房设计时首先要考虑的问题。计算机机房在选址时应避免靠近公共区域，避免窗户邻街。计算机机房最好不要安排在底层或顶层，在较大的楼层内，计算机机房应靠近楼层的一边安排布局。保证所有进出计算机机房的人都必须在管理人员的监控之下。

2．机房的防盗要求

对机房内重要的设备和存储媒体应采取严格的防盗措施。机房防盗措施主要包括：光纤电缆防盗系统。特殊标签防盗系统。视频监视防盗系统。

3．机房的三度要求

温度、湿度和洁净度并称为三度。为使机房内的三度达到规定的要求，空调系统、去湿机、除尘器是必不可少的设备。重要的计算机系统安放处还应配备专用的空调系统，它比公用的空调系统在加湿、除尘等方面有更高的要求。

4．防静电措施

不同物体间的相互摩擦、接触就会产生静电。计算机系统的 CPU、ROM、RAM 等关键部件大都采用 MOS 工艺的大规模集成电路，对静电极为敏感，容易因静电而损坏。

防静电措施主要有：机房的内装修材料采用乙烯材料。机房内安装防静电地板，并将地板和设备接地。机房内的重要操作台应有接地平板。工作人员的服装和鞋最好用低阻值的材料制作。机房内应保持一定湿度。

5．接地与防雷

接地与防雷是保护计算机网络系统和工作场所安全的重要安全措施。

接地是指整个计算机通信网络系统中各处电位均以大地电位为零参考电位。接地可以为计算机系统的数字电路提供一个稳定的 0V 参考电位，从而可以保证设备和人身的安全，同时也是防止电磁信息泄漏的有效手段。地线种类可分为：保护地、直流地、屏蔽地、静电地、雷击地。

计算机房的接地系统是指计算机系统本身和场地的各种地线系统的设计和具体实施。接地系统可分为：各自独立的接地系统，交、直流分开的接地系统，共地接地系统，直流地、保护地共用地线系统。建筑物内共地系统。

接地体的埋设是接地系统好坏的关键。通常使用的接地体有：地桩、水平栅网、金属板、建筑物基础钢筋等。

防雷，是指通过组成拦截、疏导最后泄放入地的一体化系统方式以防止由直击雷或雷电的电磁脉冲对建筑物本身或其内部设备造成损害的防护技术。机房的防雷措施：机房外部防雷应使用接闪器、引下线和接地装置，吸引雷电流，并为其泄放提供一条低阻值通道。机房内部防雷主要采取屏蔽、等电位连接、合理布线或防闪器、过电压保护等技术措施以及拦截、屏蔽、均压、分流、接地等方法，达到防雷的目的。机房的设备本身也应有避雷装置和设施。

6．机房的防火、防水措施

机房内应有防火、防水措施。如机房内应有火灾、水灾自动报警系统，如果机房上层有用水设施须加防水层；机房内应放置适用于计算机机房的灭火器，并建立应急计划和防火制度等。

与机房安全相关的国家标准主要有：GB/T 2887—2011《计算机场地通用规范》；GB 50174—2008：《电子信息系统机房设计规范》；GB/T 9361—2011《计算站场地安全要求》。

计算机机房建设应遵循国标 GB/T 2887—2011《计算机场地通用规范》和 GB/T 9361—2011《计算站场地安全要求》，满足防火、防磁、防水、防盗、防电击、防虫害等要求，并配备相应的设备。

9.2.2　通信线路安全

屏蔽式双绞线的抗干扰能力更强，且要求必须配有支持屏蔽功能的连接器件和要求介质有良好的接地（最好多处接地），对于干扰严重的区域应使用屏蔽式双绞线，并将其放在金属管内以增强抗干扰能力。

光纤是超长距离和高容量传输系统最有效的途径，从传输特性等分析，无论何种光纤都有传输频带宽、速率高、传输损耗低、传输距离远、抗雷电和电磁的干扰性好保密性好，不易被窃听或被截获数据、传输的误码率很低，可靠性高，体积小和重量轻等特点。与双绞线或同轴电缆不同的是光纤不辐射能量，能够有效地阻止窃听。

（1）电缆加压技术。通信电缆密封在塑料套管中，并在线缆的两端充气加压。线上连接了带有报警器的监视器，用来测量压力。如果压力下降，则意味电缆可能被破坏了，技术人员还可以进一步检测出破坏点的位置，以便及时进行修复。

（2）光纤通信技术。光纤通信线曾被认为是不可搭线窃听的。光纤没有电磁辐射，所以也不能用电磁感应窃密。但是光纤的最大长度有限制，长于这一长度的光纤系统必须定期地放大（复制）信号。完成这一操作的设备（复制器）是光纤通信系统的安全薄弱环节。

（3）Modem 通信安全。当允许用户通过拨号连接到 Modem 访问计算机网络系统时，要确保 Modem 的电话号码不被列于电话簿上。

如果可能，安装一个局域 PBX，并且必须输入一个与 Modem 相关联的扩展号码，就可有效提高系统的安全性。

9.2.3 硬件设备安全

1．硬件设备的维护和管理

计算机网络系统的硬件设备一般价格昂贵，一旦被损坏而又不能及时修复，可能会产生严重的后果。因此，必须加强对计算机网络系统硬件设备的使用管理，坚持做好硬件设备的日常维护和保养工作。

（1）硬件设备的使用管理

严格按硬件设备的操作使用规程进行操作。

建立设备使用情况日志，并登记使用过程。

建立硬件设备故障情况登记表。

坚持对设备进行例行维护和保养，并指定专人负责。

（2）常用硬件设备的维护和保养

常用硬件设备的维护和保养包括：主机、显示器、软盘、软驱、打印机、硬盘的维护保养；网络设备如 Hub、交换机、路由器、Modem、RJ–45 接头、网络线缆等的维护保养；还要定期检查供电系统的各种保护装置及地线是否正常。

2．电磁兼容和电磁辐射的防护

（1）电磁兼容和电磁辐射

电磁兼容性就是电子设备或系统在一定的电磁环境下互相兼顾、相容的能力。

计算机网络系统的各种电子设备在工作时都不可避免地会向外辐射电磁波，同时也会受到其他电子设备的电磁波干扰，当电磁干扰达到一定的程度就会影响设备的正常工作。

电磁干扰可通过电磁辐射和传导两条途径影响电子设备的工作。

电子设备辐射的电磁波通过电路耦合到另一台电子设备中引起干扰；

通过连接的导线、电源线、信号线等耦合而引起相互之间的干扰。

（2）电磁辐射防护的措施

对传导发射的防护主要采取对电源线和信号线加装性能良好的滤波器，减小传输阻抗和导线间的交叉耦合；

对辐射的防护措施可分为以下两种：第一种是采用各种电磁屏蔽措施；第二种是干扰的防护措施。

3．信息存储媒体的安全管理

计算机网络系统的信息要存储在某种媒体上，常用的存储媒体有：硬盘、磁盘、磁带、打印纸、光盘等，要做好对它们的安全管理。

9.2.4 电源系统安全

计算机和网络主干设备对交流电源的质量要求十分严格，对交流电的电压和频率，对电源波形的正弦性，对三相电源的对称性，对供电的连续性、可靠性、稳定性和抗干扰性等各项指标，都要求保持在允许偏差范围内。机房的供配电系统设计既要满足设备自身运转的要求，又要满足网络应用的要求，必须做到保证网络系统运行的可靠性，保证设备的设计寿命，保证信息安全，保证机房人员的工作环境。

1．国内外关于电源的相关标准

电源系统电压的波动、浪涌电流和突然断电等意外情况的发生还可能引起计算机系统存储信息的丢失、存储设备的损坏等情况的发生，电源系统的安全是计算机网络系统物理安全的一个重要组成部分。国内外关于电源的相关标准主要有：

直流电源的相关标准：IEC 478.1—1974《直流输出稳定电源术语》、IEC 478.2—1986《直流输出稳定电源额定值和性能》、IEC 478.3—1989《直流输出稳定电源传导电磁干扰的基准电平和测量》、IEC 478.4—1976《直流输出稳定电源除射频干扰外的试验方法》、IEC 478.5—1993《直流输出稳定电源电抗性近场磁场分量的测量》。

交流电源的相关标准：国际电工委员会（IEC）于 1980 年颁布了 IEC 686—1980《交流输出稳定电源》。1994 年，原电子工业部颁布了电子行业标准 SJ/T 10541—1994《抗干扰型交流稳压电源通用技术条件》和 SJ/T 10542—1994《抗干扰型交流稳压电源测试方法》。

GB/T 2887—2011 和 GB/T 9361—2011 中也对机房安全供电做了明确的要求。国标 GB/T 2887—2011 将供电方式分为了三类：一类供电：需建立不间断供电系统。二类供电：需建立带备用的供电系统。三类供电：按一般用户供电考虑。GB/T 9361—2011 中也对机房安全供电的要求。

2．室内电源设备的安全

（1）电力能源的可靠供应。

（2）电源对用电设备安全的潜在威胁：脉动与噪声，电磁干扰。

9.3　交换机安全防范技术

交换机作为局域网信息交换的主要设备，特别是核心交换机和汇聚交换机承载着极高的数据流量，在突发异常数据或攻击时，极易造成负载过重或宕机现象。为了尽可能抑制攻击带来的影响，减轻交换机的负载，使局域网稳定运行，交换机厂商在交换机上应用了一些安全防范技术，网络管理人员应该根据不同的设备型号，有效地启用和配置这些技术，净化局域网环境。利用交换机的流量控制功能，可以把流经端口的异常流量限制在一定的范围内。

9.3.1　流量控制技术

流量控制技术把流经端口的异常流量限制在一定的范围内。许多交换机具有基于端口的流量控制功能，能够实现风暴控制、端口保护和端口安全。流量控制功能用于交换机与交换机之间在发生拥塞时通知对方暂时停止发送数据包，以避免报文丢失。不过，交换机的流量控制功能只能对经过端口的各类流量进行简单的速率限制，将广播、组播的异常流量限制在一定的范围内，而无法区分哪些是正常流量，哪些是异常流量。同时，如何设定一个合适的阈值也比较困难。

1．广播风暴控制技术

网卡或其他网络接口损坏、环路、人为干扰破坏、黑客工具、病毒传播，都可能引起广播风暴，交换机会把大量的广播帧转发到每个端口上，这会极大地消耗链路带宽和硬件资源。广播风暴抑制可以限制广播流量的大小，对超过设定值的广播流量进行丢弃处理。可以通过设置以太网端口或 VLAN 的广播风暴抑制比，从而有效地抑制广播风暴，避免网络拥塞。

（1）广播风暴抑制比

在 Cisco Catalyst Switch 以太网端口配置模式下使用以下命令限制端口上允许通过的广播流量的大小：

```
int XX
storm-control broadcast level 20.00

switch#sh storm
Interface  Filter State   Level    Current
---------  -------------  -------  -------
Fa1/0/1    Forwarding     20.00%   0.00%
```

（2）为 VLAN 指定广播风暴抑制比

也可以使用上面的命令设置 VLAN 允许通过的广播流量的大小。默认情况下，系统所有 VLAN 不做广播风暴抑制，即 broadcast level 值为 100%。

2．MAC 地址控制技术

可以通过 MAC 地址绑定来控制网络的流量，来抑制 MAC 攻击。网卡的 MAC 地址通常是唯一确定的，采用 IP－MAC 地址解析技术来防止 IP 地址的盗用，建立一个 IP 地址与 MAC 地址的对应表，然后查询此表，只有 IP-MAC 地址对合法注册的机器才能得到正确的 ARP 应答。

（1）MAC 地址与端口绑定

```
Switch#conf t
Switch(config)#int f0/1
Switch(config-if)#switchport mode access
! 指定端口模式
Switch(config-if)#switchport port-security mac-address 00-90-F5-10-79-C1
! 配置 MAC 地址
Switch(config-if)#switchport port-security maximum 1
! 限制此端口允许通过的 MAC 地址数为 1
Switch(config-if)#switchport port-security violation shutdown
! 当发现与上述配置不符时，端口 down 掉
```

（2）通过 MAC 地址来限制端口流量

下面的配置允许某 trunk 口最多通过 100 个 MAC 地址。

```
Switch#conf t
Switch(config)#int f0/1
Switch(config-if)#switchport trunk encapsulation dot1q
! 配置端口模式为 trunk
Switch(config-if)#switchport mode trunk
! 允许此端口通过的最大 MAC 地址数目为 100
Switch(config-if)#switchport port-security maximum 100
! 当主机 MAC 地址数目超过 100 时，交换机继续工作，但来自新的主机的数据帧将丢失
Switch(config-if)#switchport port-security violation protect
```

（3）根据 MAC 地址来拒绝流量

下面的配置则是根据 MAC 地址来拒绝流量。

```
Switch#conf t
! 在相应的 Vlan 丢弃流量
Switch(config)#mac-address-table static 00-90-F5-10-79-C1 vlan 2 drop
```

```
Switch#conf t
! 在相应的接口丢弃流量
Switch(config)#mac-address-table static 00-90-F5-10-79-C1 vlan 2 int f0/1
```
此配置在 Catalyst 交换机中只能对单播流量进行过滤，对于多播流量则无效。

3. 配置 802.1x 身份认证

802.1x 身份验证协议可以基于端口来对用户身份进行认证。当用户的数据流量企图通过配置了 802.1x 协议的端口时，必须对其进行身份的验证，合法则允许其访问网络。这样的做的优点是可以对内网的用户进行认证，并且简化配置。

下面的配置 AAA 认证所使用的为本地的用户名和密码。

```
Switch#conf t
Switch(config)#aaa new-model
! 启用 AAA 认证
Switch(config)#aaa authentication dot1x default local
! 全局启用 802.1x 协议认证，并使用本地用户名与密码
Switch(config)#int range f0/1 -24
Switch(config-if-range)#dot1x port-control auto
! 在所有的接口上启用 802.1x 身份验证
```

9.3.2 访问控制列表技术

如果需要交换机对报文做更进一步的控制，可以采用访问控制列表（Access Control List，ACL）。访问控制列表通过对网络资源进行访问输入和输出控制，确保网络设备不被非法访问或被用作攻击跳板。ACL 是一张规则表，交换机按照顺序执行这些规则，并且处理每一个进入端口的数据包。每条规则根据数据包的属性（如源地址、目的地址和协议）确定转发还是丢弃该数据包。由于规则是按照一定顺序处理的，因此每条规则的相对位置对于确定允许和不允许什么样的数据包通过网络至关重要。

ACL 主要有以下三方面的功能：

（1）限制网络流量、提高网络性能。ACL 可以根据数据包的协议，指定某种类型的数据包的优先级。

（2）提供网络访问的基本安全手段。ACL 允许某一主机访问资源，而禁止另一主机访问同样的资源。

（3）在交换机接口处，决定那种类型的通信流量被转发，那种通信类型的流量被阻塞。例如，允许网络的 E-mail 被通过，而阻止 FTP 通信。

ACL 的访问规则主要有以下三种：

（1）标准访问控制列表。根据三层源 IP 制定规则，对数据包进行相应的分析处理。可限制某些 IP 的访问流量。

（2）扩展访问控制列表。根据源 IP、目的 IP、使用的 TCP 或 UDP 端口号、报文优先级等数据包的属性信息制定分类规则，对数据包进行相应的处理。可控制某方面应用的访问。

（3）基于端口和 VLAN 的访问控制列表，可对交换机的具体对应端口或整个 VLAN 进行访问控制。

1. 利用标准 ACL 控制网络访问

标准访问控制列表检查数据包的源地址，从而允许或拒绝基于网络、子网或主机 IP 地址

的所有通信流量通过交换机的出口。

通过配置 ACL 对登录用户进行过滤控制，可以在进行口令认证之前将一些恶意或者不合法的连接请求过滤掉，保证设备的安全。标准 ACL 的配置语句为

```
Switch#access-list access-list-number（1～99）
{permit|deny}{anyA|source[source-wildcard-mask]}{any|destination[desti
nation-mask]}
```

例　允许 192.168.3.0 网络上的主机进行访问：

```
Switch#access-list 1 permit 192.168.3.0 0.0.0.255
```

例　禁止 172.10.0.0 网络上的主机访问：

Switch#access-list 2 deny 172.10.0.0 0.0.255.255

例　允许所有 IP 的访问：

```
Switch#access-list 1 permit 0.0.0.0 255.255.255.255
```

例　禁止 192.168.1.33 主机的通信：

```
Switch#access-list 3 deny 192.168.1.33 0.0.0.0
```

上面的 0.0.0.255 和 0.0.255.255 等为 32 位的反掩码，0 表示"检查相应的位"，1 表示"不检查相应的位"。如表示 33.0.0.0 这个网段，使用通配符掩码应为 0.255.255.255。

2．利用扩展 ACL 控制网络访问

扩展访问控制列表既检查数据包的源地址，也检查数据包的目的地址，还检查数据包的特定协议类型、端口号等。扩展访问控制列表更具有灵活性和可扩充性，即可以对同一地址允许使用某些协议通信流量通过，而拒绝使用其他协议的流量通过，可灵活多变的设计 ACL 的测试条件。

扩展 ACL 的完全命令格式如下：

```
Switch#access-list access-list-number(100～199) {permit|deny} protocol
{any|source[source-mask]}{any|destination[destination-ask]}[port-number]
```

例　拒绝交换机所连的子网 192.168.3.0 ping 通另一子网 192.168.4.0：

```
Switch#access-list 100 deny icmp 192.168.3.0 0.0.0.255 192.168.4.0
0.0.0.255
```

例　阻止子网 192.168.5.0 访问 Internet（www 服务）而允许其他子网访问：

```
Switch#access-list 101 deny tcp 192.168.5.0 0.0.0.255 any www
```

或写为：

```
Switch#access-list 101 deny tcp 192.168.5.0 0.0.0.255 any 80
```

例　允许从 192.168.6.0 通过交换机发送 E-mail，而拒绝所有其他来源的通信：

```
Switch#access-list 101 permit tcp 192.168.6.0 0.0.0.255 any smtp
```

3．基于端口和 VLAN 的 ACL 访问控制

标准访问控制列表和扩展访问控制列表的访问控制规则都是基于交换机的，如果仅对交换机的某一端口进行控制，则可把这个端口加入到上述规则中。

配置语句为

```
Switch# acess-list port <port-id><groupid>
```

例　对交换机的端口 4，拒绝来自 192.168.3.0 网段上的信息，配置如下：

```
Switch# acess-list 1 deny 192.168.3.0 0.0.0.255
```

```
Switch# acess-list port 4 1
! 把端口 4 加入到规则 1 中
```

基于 VLAN 的访问控制列表是基于 VLAN 设置简单的访问规则，也设置流量控制，来允许（Permit）或拒绝（Deny）交换机转发一个 VLAN 的数据包。配置语句：

```
Switch#acess-list vlan <vlan-id> [deny|permit]
```

例 拒绝转发 vlan2 中的数据：

```
Switch# access-list vlan2 deny
```

4. 显示访问控制列表

可通过显示命令来检查已建立的访问控制列表，即

```
Switch# show access-list
```

例 显示 ACL 列表：

```
Switch# show access-list
! 显示 ACL 列表
ACL Status: Enable // ACL 状态 允许
Standard IP access list:    //IP 访问列表
GroupId 1 deny srcIp 192.168.3.0 any Active    //禁止 192.168.3.0 的网络访问
GroupId 2 permit any any Active //允许其他网络访问
```

若要取消已建立的访问控制列表，可用如下命令格式：

```
Switch# no access-list access-list-number
```

例 取消访问列表 1：

```
Switch# no access-list 1
```

基于以上的 ACL 多种不同的设置方法，可实现对网络安全的一般控制，使三层交换机作为网络通信出入口的重要控制点，发挥其应有的作用。而正确地配置 ACL 访问控制列表实质将部分起到防火墙的作用，特别对于来自内部网络的攻击防范上有着外部专用防火墙所无法实现的功能，可大大提升局域网的安全性能。

9.4 路由器安全

路由器在每个网络中起到关键的作用，如果某路由器被破坏或者某路由被成功的欺骗，网络的完整性将受到严重的破坏。如果使用路由的主机没有使用加密通信那就更为严重，因为这样的主机被控制的话，路由器面临的威胁有：将路由器作为攻击平台；拒绝服务；截获明文传输配置信息等。

保护路由器安全需要：①禁止明文传输配置信息。②限制系统物理访问。③加强口令安全。④应用身份验证功能。⑤禁用不必要服务。⑥限制逻辑访问。⑦有限使用 ICMP 消息类型。⑧控制流量有限进入网络。⑨安全使用 Snmp/Telnet。

9.4.1 网络服务安全配置

思科的设备通过网络操作系统默认地提供一些服务。某些小的服务，如 echo（回波），chargen（字符发生器协议）和 discard（抛弃协议），特别是它们的 UDP 服务，很少用于合法的目的。但这些服务能够用来实施拒绝服务攻击和其他攻击。因此要永远禁用不必要的服务，

无论是路由器、服务器和工作站上的不必要的服务都要禁用。使用包过滤可以防止这些攻击。

1. **禁用不需要的服务**

利用 IP 地址欺骗控制其他主机，共同要求 Router 提供的某种服务，导致 Router 利用率升高。就可以实现 DDOS 攻击。

防范措施是关闭某些默认状态下开启的服务，以节省内存并防止安全破坏行为/攻击。

（1）禁止 CDP 协议。CDP（Cisco Discovery Protocol）协议造成设备信息的泄漏，建议禁止 CDP 协议，以禁止 CDP 发现邻近的 cisco 设备、型号和软件版本。

配置如下：

```
Router(config-t)#no cdp run
Router(config-t)#int s0
Router(config-if)#no cdp enable
```

如果使用 Works 2000 网管软件，则不需要此项操作。

（2）禁止其他的 TCP、UDP Small 服务。TCP、UDP Small 服务提供了 echo chargen、daytime 和 discard 功能。版本 11.3 以前的 IOS 默认是打开的，11.3 和以后版本是关闭的。

```
Router(Config)# no service tcp-small-servers
Router(Config)# no service udp-samll-servers
```

（3）禁止 Finger 服务。Finger 服务可以显示目前的用户的详细列表，包括位置，连接号，空闲时间等，端口号 79，默认是打开的。

```
Router(Config)# no ip finger
Router(Config)# no service finger
```

（4）建议禁止 HTTP Server 服务。HTTP Server 通过浏览器来进行修改配置，默认是打开的，安全漏洞很多，建议禁止 HTTP Server 服务。

```
Router(Config)# no ip http server
```

如果启用了 HTTP Server 服务则需要对其进行安全配置，设置用户名和密码并采用访问列表进行控制。例如：

```
Router(Config)# username BluShin privilege 10 G00dPa55w0rd
Router(Config)# ip http auth local
Router(Config)# no access-list 10
Router(Config)# access-list 10 permit 192.168.0.1
Router(Config)# access-list 10 deny any
Router(Config)# ip http access-class 10
Router(Config)# ip http serverRouter(Config)# exit
```

（5）禁止 Bootp Server 服务。该功能使得 Bootp Client 从 Bootp Server 上下载 IOS 软件。

```
Router(Config)# no ip bootp server
//禁止从网络启动和自动从网络下载初始配置文件
Router(Config)# no boot network
Router(Config)# no servic config
```

（6）禁止代理 ARP 服务。禁止默认启用的代理 ARP（ARP-Proxy），代理 ARP 使路由器处理不同网段的接口在同一网段一样，黑客可以通过该功能伪装信任的主机。

```
Router(Config)# no ip proxy-arp
```

或者

```
Router(Config-if)# no ip proxy-arp
```

（7）过滤进来的 ICMP 的重定向消息。因为黑客可使用 ICMP Unreachable Message 勾画出网络拓扑。因此要禁止 ICMP 协议的 IP Unreachables、Redirects、Mask Replies 等。可以过滤进来的 ICMP 的重定向消息，使得在正常情况下，一个路由器只发送重定向消息到它所在的网络的主机。

```
Router(Config-if)# no ip unreacheables
Router(Config-if)# no ip redirects
Router(Config-if)# no ip mask-reply1
```

（8）建议禁止 SNMP 协议服务。在禁止时必须删除一些 SNMP 服务的默认配置。或者需要访问列表来过滤。例如：

```
Router(Config)# no snmp-server community public Ro
Router(Config)# no snmp-server community admin RW
Router(Config)# no access-list 70
Router(Config)# access-list 70 deny any
Router(Config)# snmp-server community MoreHardPublic Ro 70
Router(Config)# no snmp-server enable traps
Router(Config)# no snmp-server system-shutdown
Router(Config)# no snmp-server trap-anth
Router(Config)# no snmp-serverRouter(Config)# end1
```

（9）如果没必要则禁止 WINS 和 DNS 服务。

```
Router(Config)# no ip domain-lookup
```

如果需要则需要配置：

```
Router(Config)# hostname Router
Router(Config)# ip name-server 202.102.134.961
```

（10）明确禁止不使用的端口。

```
Router(Config)# interface eth0/3
Router (config-if)# shutdown
Router (config-if)#no shutdown
```

2．关闭常见的病毒攻击端口

为加强病毒控制，在网络设备上预先定义访问控制列表，紧急情况下在网络设备上行线路端口上应用控制列表。病毒易攻击端口如表 9-1 所示。

表 9-1　病毒易攻击端口

端　口　号	病　毒　名　称
UDP 1434	SQL slammer 病毒利用此端口
TCP 135	W32 Blaster.Wom、W32/Lovsan.worm 病毒利用此端口
UDP 135	DCE endpoint resolution 端口，部分病毒利用此端口
TCP 137	NETBIOS Name Service 端口，部分病毒利用此端口
TCP 138	NETBIOS Datagram Service 端口，部分病毒利用此端口
TCP 139	NETBIOS Session Service 端口，部分病毒利用此端口
TCP 445	Lioten、Randon、WORM_DELODERA、W32/Deloder.A、W32hllw.Deloder、Sasser 等病毒利用此端口
UDP 138	METBIOS Datagram Service 端口，部分病毒利用此端口
TCP 4444	CrackDown、Prosiak、Swift Remote、AlexTrojan 等病毒利用此端口

关闭常见的病毒攻击端口的访问控制列表

```
Router(Config) # access-list 142 deny udp any any eq 1434
Router(Config) # access-list 142 deny tcp any any eq 135
Router(Config) # access-list 142 deny udp any any eq 135
Router(Config) # access-list 142 deny tcp any any eq 137
Router(Config) # access-list 142 deny tcp any any eq 138
Router(Config) # access-list 142 deny tcp any any eq 139
Router(Config) # access-list 142 deny tcp any any eq 445
Router(Config) # access-list 142 deny udp any any eq 138
Router(Config) # access-list 142 deny tcp any any eq 4444
```

紧急情况下在网络设备上行线路端口上应用控制列表：

```
Router(Config) # int 端口号 // 广域网上行线路
Router(Config-if) # ip access-group 142 in
```

9.4.2 路由协议安全配置

Cisco 路由器上可以配置静态路由、动态路由和默认路由三种路由。一般地，路由器查找路由的顺序为静态路由，动态路由，如果以上路由表中都没有合适的路由，则通过默认路由将数据包传输出去，可以综合使用三种路由。

路由协议安全配置主要指的是动态路由协议的安全配置。

1. IP 协议安全配置

IP 安全配置主要是为网络通信配置某种安全策略，它适用于任何启用 TCP/IP 的连接。

（1）禁止 IP 源路由。除非在特别要求情况下，应禁用 IP 源路由（IP Source Routing），防止路由欺骗。

```
Router(Config)# no ip source-route
```

（2）禁止 IP 直接广播。明确地禁止 IP 直接广播（IP Directed Broadcast），以防止来自外网的 ICMP–flooging 攻击和 smurf 攻击。该选项在 IOS 版本小于等于 12.0 默认是打开的，版本号大于 12.0 的 IOS 中该选项是关闭的。

禁止 IP 直接广播的配置如下：

```
Router(config-t)#int e0                 ！禁止 IP 源路由
Router(config-if)#no ip redirects       ！禁止 IP 直接广播
Router(config-if)#no ip directed-broadcast
！禁止代理 ARP
Router(config-if)#no ip proxy-arp
！禁止子网掩码响应
Router(config-if)#no ip mask-reply
Router(config-t)#int s0
Router(config-if)#no ip redirects
Router(config-if)#no ip directed-broadcast
Router(config-if)#no ip proxy-arp
！禁止子网掩码响应
Router(config-if)#no ip mask-reply
```

（3）禁止超网路由。超网路由（Classless routing）默认是打开的。应该禁止超网路由，而使用默认路由。

```
Router(Config)# no ip classless
```

2．OSPF 动态路由协议安全配置

在配置路由器和核心（或三层）交换机的动态路由协议时，只将网络设备之间的互连端口纳入动态路由域中，不要包含服务器、应用系统和部门 VLAN 的网关口，各 VLAN IP 网段应通过 Redistribute Connected 方式注入，还可以简化动态路由域的网络拓扑结构和设备的配置，从而提高动态路由收敛时间和网络运行效率。

配置命令格式如下：

```
Router(Config)# router ospf 188
 redistribute connected
Router(Config-router)# network 网络设备互连网段1 0.0.0.X area 子域
Router(Config-router)# network 网络设备互连网段2 0.0.0.X area 子域
```

3．启用 OSPF 路由协议的认证

```
Router(Config)# router ospf 100
Router(Config-router)# network 192.168.100.0 0.0.0.255 area 100
! 启用 MD5 认证
! area area-id authentication 启用认证，是明文密码认证
! area area-id authentication message-digest
Router(Config-router)# area 100 authentication message-digest
Router(Config)# exit
Router(Config)# interface eth0/1
! 启用 MD5 密钥 Key 为 routerospfkey
! ip ospf authentication-key key 启用认证密钥，但会是明文传输。
! ip ospf message-digest-key key-id(1-255) md5 key
Router(Config-if)# ip ospf message-digest-key 1 md5 routerospfkey
```

4．RIP 协议的认证

只有 RIP-v2 支持认证，RIP-1 不支持认证。建议启用 RIP-v2，并且采用 MD5 认证。普通认证同样是明文传输的。

```
Router(Config)# config terminal
! 启用设置密钥链
Router(Config)# key chain mykeychainname
Router(Config-keychain)# key 1
!设置密钥字串
Router(Config-leychain-key)# key-string MyFirstKeyString
Router(Config-keyschain)# key 2
Router(Config-keychain-key)# key-string MySecondKeyString

!启用 RIP-v2
Router(Config)# router rip
Router(Config-router)# version 2
Router(Config-router)# network 192.168.100.0
Router(Config)# interface eth0/1
! 采用 MD5 模式认证，并选择已配置的密钥链
Router(Config-if)# ip rip authentication mode md5
Router(Config-if)# ip rip anthentication key-chain mykeychainname
```

5．启用 passive-interface 命令

可以禁用一些不需要接收和转发路由信息的端口。建议对于不需要路由的端口，启用 passive-interface。但是，在 RIP 协议是只是禁止转发路由信息，并没有禁止接收。在 OSPF

协议中是禁止转发和接收路由信息。

```
! Rip 中，禁止端口 0/3 转发路由信息
Router(Config)# router Rip
Router(Config-router)# passive-interface eth0/3
!OSPF 中，禁止端口 0/3 接收和转发路由信息
Router(Config)# router ospf 100
Router(Config-router)# passive-interface eth0/3
```

6. 控制网络的垃圾信息流

启用访问列表过滤一些垃圾和恶意路由信息，控制网络的垃圾信息流。

```
Router(Config)# access-list 10 deny 192.168.1.0 0.0.0.255
Router(Config)# access-list 10 permit any
! 禁止路由器接收更新 192.168.1.0 网络的路由信息
Router(Config)# router ospf 100
Router(Config-router)# distribute-list 10 in
!禁止路由器转发传播 192.168.1.0 网络的路由信息
Router(Config)# router ospf 100
Router(Config-router)# distribute-list 10 out6
```

7. 启用逆向路径转发

使用 IP 逆向路径转发（Unicast Reverse-Path Verification）可防止 IP 地址欺骗。但它只能在启用 CEF 的路由器上使用。

在 WAN Router 上配置如下：

```
Router# config t
! 启用 CEF，防止小包利用 fast cache 转发算法带来的 Router 内存耗尽、CPU 利用率升高
Router(config-t)#ip cef
! 启用逆向路径转发
Router(config-t)#interface eth0/1
Router(config-if)# ip verify unicast reverse-path 101
Router(config-t)#access-list 101 permit ip any any log
```

注意：通过 log 日志可以看到内部网络中哪些用户试图进行 IP 地址欺骗。

8. IP 欺骗的简单防护

（1）防止外部进行对内部进行地址欺骗。可以配置访问列表防止外部进行对内部进行地址欺骗：

```
Router(config-t)#access-list 190 deny ip 130.9.0.0 0.0.255.255 any
Router(config-t)#access-list 190 permit ip any any
Router(config-t)#int s4/1/1.1
Router(config-if)# ip access-group 190 in
```

（2）防止内部对外部进行 IP 地址欺骗。可以配置访问列表防止内部对外部进行 IP 地址欺骗：

```
Router(config-t)#access-list 199 permit ip 130.9.0.0 0.0.255.255 any
Router(config-t)#int f4/1/0
Router(config-if)# ip access-group 199 in
```

（3）网络过滤。如过滤非公有地址访问内部网络。过滤自己内部网络地址等。

```
Router(Config)# access-list 100 deny ip 192.168.0.0 0.0.0.255 any log
! 过滤回环地址
```

```
Router(Config)# access-list 100 deny ip 125.0.0.0 0.255.255.255 any log
```
！过滤 RFC1918 *私有地址*
```
Router(Config)# access-list 100 deny ip 192.168.0.0 0.0.255.255 any log
Router(Config)# access-list 100 deny ip 172.16.0.0 0.15.255.255 any log
Router(Config)# access-list 100 deny ip 10.0.0.0 0.255.255.255 any log
```
！过滤 DHCP *自定义地址*(169.254.0.0/16)
```
Router(Config)# access-list 100 deny ip 169.254.0.0 0.0.255.255 any log
```
！过滤科学文档作者测试用地址(192.0.2.0/24)
```
Router(Config)# access-list 100 deny ip 192.0.2.0 0.0.0.255 any log
```
！过滤不用的组播地址(224.0.0.0/4)
```
Router(Config)# access-list 100 deny ip 224.0.0.0 15.255.255.255 any
Router(Config)# access-list 100 deny ip 20.20.20.0 0.0.0.255 any log
```
！过滤 Sun *公司的古老的测试地址*(20.20.20.0/24;204.152.64.0/23)
```
Router(Config)# access-list 100 deny ip 204.152.64.0 0.0.2.255 any log
```
！过滤全网络地址(0.0.0.0/8)
```
Router(Config)# access-list 100 deny ip 0.0.0.0 0.255.255.255 any log
```

（4）采用访问列表控制流出内部网络的地址。采用 ACL 控制流出内部网络的地址必须是内部网络的。例如：
```
Router(Config)# no access-list 101
Router(Config)# access-list 101 permit ip 192.168.0.0 0.0.0.255 any
Router(Config)# access-list 101 deny ip any any log
Router(Config)# interface eth 0/1
Router(Config-if)# description "internet Ethernet"
Router(Config-if)# ip address 192.168.0.254 255.255.255.0
Router(Config-if)# ip access-group 101 in
```

9．ICMP 协议的安全配置

可以允许流出的 ICMP 流中的 ECHO、Parameter Problem、Packet too big 和 TraceRoute 命令的使用。

！流出 ICMP 控制
```
Router(Config)# access-list 110 deny icmp any any echo log
Router(Config)# access-list 110 deny icmp any any redirect log
Router(Config)# access-list 110 deny icmp any any mask-request log
Router(Config)# access-list 110 permit icmp any any
```
禁止进入的 ICMP 流中的 ECHO、Redirect、Mask request，以及 TraceRoute 命令的探测。

！流入 ICMP 控制
```
Router(Config)# access-list 111 permit icmp any any echo
Router(Config)# access-list 111 permit icmp any any Parameter-problem
Router(Config)# access-list 111 permit icmp any any packet-too-big
Router(Config)# access-list 111 permit icmp any any source-quench
Router(Config)# access-list 111 deny icmp any any log
```
！流出 TraceRoute 控制
```
Router(Config)# access-list 112 deny udp any any range 33400 34400
```
！流入 TraceRoute 控制
```
Router(Config)# access-list 112 permit udp any any range 33400 34400
```

10．防范分布式拒绝服务攻击

可采用 ACL 跟踪分布式拒绝服务攻击，进行相应的防范。

！ The TRINOO DDoS system
```
Router(Config)# access-list 113 deny tcp any any eq 27665 log
```

```
Router(Config)# access-list 113 deny udp any any eq 31335 log
Router(Config)# access-list 113 deny udp any any eq 27444 log
! The Stacheldtraht DDoS system
Router(Config)# access-list 113 deny tcp any any eq 16660 log
Router(Config)# access-list 113 deny tcp any any eq 65000 log
! The TrinityV3 System
Router(Config)# access-list 113 deny tcp any any eq 33270 log
Router(Config)# access-list 113 deny tcp any any eq 39168 log
! The SubSeven DDoS system and some Variants
Router(Config)# access-list 113 deny tcp any any range 6711 6712 log
Router(Config)# access-list 113 deny tcp any any eq 6776 log
Router(Config)# access-list 113 deny tcp any any eq 6669 log
Router(Config)# access-list 113 deny tcp any any eq 2222 log
Router(Config)# access-list 113 deny tcp any any eq 7000 log
```

9.4.3 路由器其他安全配置

路由器其他安全配置主要有使用 SSH 远程登录、及时升级 IOS 软件和网络运行监视。

1．使用 SSH 远程登录

只有支持并带有 IPSec 特征集的 IOS 才支持 SSH。且 IOS12.0–IOS12.2 仅支持 SSH–V1。下面是配置 SSH 服务的例子：

```
Router(Config)# config t
Router(Config)# no access-list 22
Router(Config)# access-list 22 permit 192.168.0.22
Router(Config)# access-list deny any
Router(Config)# username BluShin privilege 10 G00dPa55w0rd
! 设置 SSH 的超时间隔和尝试登录次数
Router(Config)# ip ssh timeout 90
Router(Config)# ip ssh anthentication-retries 2
! 应用到具体接口
Router(Config)# line vty 0 4
Router(Config-line)# access-class 22 in
Router(Config-line)# transport input ssh
Router(Config-line)# login local
Router(Config-line)# exit
! 启用 SSH 服务，生成 RSA 密钥对
Router(Config)# crypto key generate rsa
The name for the keys will be: router.blushin.org
Choose the size of the key modulus in the range of 360 to 2048 for your
General Purpose Keys .Choosing a key modulus greater than 512 may take a
few minutes.
How many bits in the modulus[512]: 2048
Generating RSA Keys...
[OK]
```

2．及时升级 IOS 软件

如同其他网络操作系统一样，路由器操作系统也需要更新，以便纠正编程错误、软件瑕疵和缓存溢出的问题。要经常向路由器厂商查询当前的更新和操作系统的版本。及时升级 IOS 软件，并且要迅速地为 IOS 安装补丁。要严格认真地为 IOS 和路由器的配置文件进行安全备份。

配置文件的备份建议使用 FTP 代替 TFTP：

```
Router(Config)#ip ftp username Bush
Router(Config)#ip ftp password 4tppa55w0rd
Router#copy startup-config ftp:
```

3．网络运行监视

网络运行监视主要是配置日志服务器（Log Server）、时间服务及与用于带内管理的 ACL 等，便于进行安全审计。

（1）配置日志服务器

```
! 开启日志记录功能
Router(config-t)#logg on
! 172.16.0.10 是 cisco 网络设备日志服务器的 IP 地址
Router(config-t)#logg 172.16.0.10
! 设置捕获日志的级别
Router(config-t)#logg facility local6
```

!其中 172.16.0.10 是以 Windows 2000 Server 版的服务器作为 Cisco 网络设备日志服务器，在其上安装 3csyslog 软件。选择 anybody 即可用 3csyslog 查看 router 或 switch log：

```
Router(config)#logging 172.16.0.10
```

（2）配置网络时间协议 NTP 服务器

```
Router(Config) #clock timezone PST-8
! 设置时区
Router(Config) #ntp authenticate
! 启用 NTP 认证
Router(Config) #ntp authentication-key 1 md5 uadsf
! 设置 NTP 认证用的密码，使用 MD5 加密。需要和 ntp server 一致
Router(Config) #ntp trusted-key 1
! 可以信任的 Key
Router(Config) #ntp acess-group peer 98
! 设置 ntp 服务，只允许对端为符合 access-list 98 条件的主机
Router(Config) #ntp server 192.168.0.1 key 1
! 配置 ntp server, server 为 192.168.0.1，使用 1 号 key 作为密码
! 网络设备应通过统一的 NTP 服务器同步设备时钟
Router(Config) # ntp source loopback0
Router(Config) # ntp server 192.168.0.1
! 192.168.0.1 是时钟服务器 IP 地址
```

9.4.4　网络设备配置剖析器 Nipper

Nipper 0.12.1 是网络设备安全审核的一个小工具。

1．Nipper 概述

Nipper 是一个网络设备配置剖析器，它通过获得网络设备的配置文件，通过分析处理和剖析审查这个配置文件来评估网络设备的安全性，并提供一份详细的安全评估分析报告。它的优点是支持很多厂商的网络设备，可以以网页的形式输出安全评估分析报告。其缺点是不能进行在线扫描审查，只能获取配置文件然后进行安全评估。另一个缺点是其安全评估分析报告输出是英文的。

Nipper 命令格式：

```
nipper [Options]
```
一般命令选项：
```
--input=<file>
```
指定要剖析的网络设备配置文件. 如果是 CheckPoint 则需要指定配置文件夹
```
--output=<file> | --report=<file>
```
指定输出的审核报告文件
```
--version
```
显示软件版本信息

2. Nipper 使用实例

这个例子是审核一个文件名 IOS.Conf 的思科 IOS 路由器配置文件，并且输出的文件名为 report.html。

```
nipper --ios-router --input=ios.conf --output=report.html
```
Nipper 0.12.1 支持的网络设备平台如下：
```
CMD Option    Device  Type
================================================
--ios-switch Cisco IOS-based Switch
--ios-router Cisco IOS-based Router (default)
--ios-catalyst  Cisco IOS-based Catalyst
--pix          Cisco PIX-based Firewall
--asa          Cisco ASA-based Firewall
--fwsm      Cisco FWSM-based Router
--catos     Cisco CatOS-based Catalyst
--nmp       Cisco NMP-based Catalyst
--css          Cisco Content Services Switch
--screenos     Juniper NetScreen Firewall
--passport     Nortel Passport Device
--sonicos      SonicWall SonicOS Firewall
--fw1          CheckPoint Firewall-1 Firewall
```

高级选项：
```
--force
```
强制 Nipper 审查任何类型的配置文件
```
--location=<edge | internal>
Where is the device located.
--model=<device model>
```
指定网络设备模型平台，如 7200VXR 是表示思科的 7200VXR.
Nipper 支持输出的文件格式如下：
```
CMD Option  Report Format
--html  HTML (default)
--latex Latex
--text  Text
--xml   XML
```

9.5 服务器与操作系统安全

操作系统，是各种工作站、服务器上的基本软件。服务器的安全，首先是物理安全，然后是操作系统的安全和服务软件的安全。下面以 Windows 操作系统为例说明操作系统安全的问题，以 Web 服务器为例说明服务器软件系统安全的问题。

9.5.1　Windows 操作系统安全

作为操作系统，特别是网络操作系统，在设计中采用了一系列的安全技术，例如登录、访问控制、PKI 证书、加密的文件系统、防火墙，甚至还有杀毒软件。在设备安全方面，操作系统的安全主要是安全配置和安全管理。这里以 Windows 为例说明操作系统安全配置和安全管理。

（1）限制用户数量。去掉所有的测试账户、共享账号和普通部门账号等。用户组策略设置相应权限、并且经常检查系统的账号，删除已经不适用的账号。

在"计算机管理"中将 Guest 账号停止掉，任何时候不允许 Guest 账号登录系统。为了保险起见，最好给 Guest 账号加上一个复杂的密码，并且修改 Guest 账号属性，设置拒绝远程访问。

很多账号不利于管理员管理，而黑客在账号多的系统中可利用的账号也就更多，所以应合理规划系统中的账号分配。

取消默认系统账号。

（2）管理员账号设置。管理员不应该经常使用管理者的 Administrator 账号登录系统，这样有可能被一些能够察看 Winlogon 进程中密码的软件所窥探到，应该为自己建立普通账号来进行日常工作。

同时，为了防止管理员账号一旦被入侵者得到，拥有备份的管理员账号还可以有机会得到系统管理员权限，不过因此也带来了多个账号的潜在安全问题。

在 Windows 2000 系统中管理员 Administrator 账号是不能被停用的，这意味着攻击者可以一再尝试猜测此账户的密码。把管理员账户改名可以有效防止这一点。

不要将名称改为类似 Admin 之类，而是尽量将其伪装为普通用户。

在更改了管理员的名称后，可以建立一个 Administrator 的普通用户，将其权限设置为最低，并且加上一个 10 位以上的复杂密码，借此花费入侵者的大量时间，并且发现其入侵企图。这样的账号叫作陷阱账号。

（3）安全密码。安全密码的定义是：安全期内无法破解出来的密码就是安全密码，也就是说，就算获取到了密码文档，必须花费 42 天或者更长的时间才能破解出来（Windows 安全策略默认 42 天更改一次密码，如果设置了的话）。应强制使用强密码。

（4）屏幕保护/屏幕锁定密码。防止内部人员破坏服务器的一道屏障。在管理员离开时，自动加载。

（5）安全文件管理。使用 NTFS 分区。比起 FAT 文件系统，NTFS 文件系统可以提供权限设置、加密等更多的安全功能。

修改共享目录默认控制权限。将共享文件的权限从"Everyone"更改为"授权用户"，"Everyone"意味着任何有权进入网络的用户都能够访问这些共享文件。

消除默认安装目录。

（6）防病毒软件。Windows 操作系统没有附带杀毒软件，一个好的杀毒软件不仅能够杀除一些病毒程序，还可以查杀大量的木马和黑客工具。安装了杀毒软件，黑客使用那些著名的木马程序就毫无用武之地了。同时一定要注意经常升级病毒库。

（7）备份盘的安全。一旦系统资料被黑客破坏，备份盘将是恢复资料的唯一途径。备份完资料后，把备份盘放在安全的地方。不能把备份放置在当前服务器上，那样的话还不如不做备份。

（8）禁止不必要的服务。

（9）使用 IPSec 来控制端口访问。

（10）定期查看日志。日志文件有应用程序日志、安全日志、系统日志、DNS 等服务日志。应用程序日志、安全日志、系统日志、DNS 等服务日志的默认位置在系统安装目录的 system32\config 下。

日志文件保存目录详细描述如下：

安全日志文件：系统安装目录\system32\config\SecEvent.EVT。

系统日志文件：系统安装目录\system32\config\SysEvent.EVT。

应用程序日志文件：系统安装目录\system32\config\AppEvent.EVT。

FTP 日志默认位置：系统安装目录\system32\logfiles\msftpsvc1\日志文件。

WWW 日志默认位置：系统安装目录\system32\logfiles\w3svc1\日志文件。

定时（Scheduler）服务日志默认位置：系统安装目录\schedlgu.txt。

安全日志文件，系统日志文件，应用程序日志文件，这三个日志记录都是系统的一个称为 Event Log 的服务生成的，Event Log 的作用是记录程序和 Windows 发送的事件消息。

（11）经常访问微软升级程序站点，了解补丁的最新发布情况。

9.5.2　Web 服务器的安全

World Wide Web 称为万维网，简称 Web。它的基本结构是采用开放式的客户/服务器结构（Client/Server），分成服务器端、客户机及通信协议三个部分。建立安全的 Web 网站，要全盘考虑 Web 服务器的安全设计和实施，包括系统的安全需求等。根据对 Web 系统进行的安全评估，制定安全策略的基本原则和管理规定，对员工的安全培训，培养员工主动学习安全知识的意识和能力。

1. 明确安全需求

（1）主机系统的安全需求。网络的攻击者通常通过主机的访问来获取主机的访问权限，一旦攻击者突破了这个机制，就可以完成任意的操作。对某个计算机，通常是通过口令认证机制来实现的登录到计算机系统上。现在大部分个人计算机没有提供认证系统，也没有身份的概念，极其容易被获取系统的访问权限。因此，一个没有认证机制的 PC 是 Web 服务器最不安全的平台。所以，确保主机系统的认证机制，严密地设置及管理访问口令，是主机系统抵御威胁的有力保障。

（2）Web 服务器的安全需求。随着"开放系统"的发展和 Internet 知识的普及，获取使用简单、功能强大的系统安全攻击工具是非常容易的事情。在访问你的 Web 站点的用户中，不少技术高超的人，有足够的经验和工具来探视他们感兴趣的东西。另外，人员流动频繁的今天，"系统有关人员"也可能因为种种原因离开原来的岗位，系统的秘密也可能随之扩散。

对于 Web 服务器，最基本的性能要求是响应时间和吞吐量。响应时间通常以服务器在单位时间内最多允许的链接数来衡量，吞吐量则以单位时间内服务器传输到网络上的字节数来计算。

典型的功能需求有：提供静态页面和多种动态页面服务的能力、接受和处理用户信息的能力、提供站点搜索服务的能力、远程管理的能力。

典型的安全需求有：在已知的 Web 服务器（包括软硬件）漏洞中，针对该类型 Web 服务器的攻击最少；对服务器的管理操作只能由授权用户执行；拒绝通过 Web 访问 Web 服务器上不公开的内容；能够禁止内嵌在操作系统或 Web 服务器软件中的不必要的网络服务；有能力控制对各种形式的执行程序的访问；能对某些 Web 操作进行日志记录，以便与入侵检测和入侵企图分析；具有适当的容错功能。

2．合理配置

（1）理解配置主机操作系统。包括仅仅提供必要的服务；使用必要的辅助工具，简化主机的安全管理。

（2）合理配置 Web 服务器。

① 在 OS 中，以非特权用户而不是管理员身份运行 Web 服务器，如 Nobody、www、Daemon。

② 设置 Web 服务器访问控制。通过 IP 地址控制、子网域名来控制，未被允许的 IP 地址、IP 子网域发来的请求将被拒绝。

③ 通过用户名和口令限制。只有当远程用户输入正确的用户名和口令的时候，访问才能被正确响应。

④ 用公用密钥加密方法。对文件的访问请求和文件本身都将加密，以便只有预计的用户才能读取文件内容。对于数据的加密与传输，目前有 SSL，SHTTP。Netscape Navigator， Secure Mosaic，和 Microsoft Internet Explorer 等客户浏览器与 Netscape，Microsoft，IBM，Quarterdeck，OpenMarket 和 O'Reilly 等服务器产品采用 SSL 协议。

（3）设置 Web 服务器有关目录的权限。

① 服务器根目录下存放日志文件、配置文件等敏感信息，它们对系统的安全至关重要，不能让用户随意读取或删改。

② 服务器根目录下存放 CGI 脚本程序，用户对这些程序有执行权限，恶意用户有可能利用其中的漏洞进行越权操作，比如增、删、改。

③ 服务器根目录下的某些文件需要由 root 来写或者执行，如 Web 服务器需要 root 来启动，如果其他用户对 Web 服务器的执行程序有写权限，则该用户可以用其他代码替换掉 Web 服务器的执行程序，当 root 再次执行这个程序时，用户设定的代码将以 root 身份运行。

（4）谨慎组织 Web 服务器的内容。

（5）保护 Web 服务的安全。采用以下方法：

① 用防火墙保护网站，可以有效地对数据包进行过滤，是网站的第一道防线。

② 用入侵监测系统监测网络数据包，可以捕捉危险或有恶意的访问动作，并能按指定的规则，以记录、阻断、发警报等多种方式进行响应，既可以实时阻止入侵行为，又能够记录入侵行为以追查攻击者。

③ 正确配置 Web 服务器，跟踪并安装服务器软件的最新补丁。

④ 服务器软件只保留必要的功能，关闭不必要的诸如 FTP、SMTP 等公共服务，修改系统安装时设置的默认口令，使用足够安全的口令。

⑤ 远程管理服务器使用安全的方法如 SSH，避免运行使用明文传输口令的 Telnet、FTP 等程序。

⑥ 谨慎使用 CGI 程序和 ASP、PHP 脚本程序。

⑦ 使用网络安全检测产品对安全情况进行检测，发现并弥补安全隐患。

3．Web 服务器安全管理

① 服务器应当放置在安装了监视器的隔离房间内，并且监视器应当保留 15 天以内的录像记录。另外，机箱、键盘、抽屉等要上锁，以保证旁人即使在无人值守时也无法使用此计算机，钥匙要放在安全的地方。

② 限制在 Web 服务器开账户，定期删除一些断进程的用户。对在 Web 服务器上开的账户，在口令长度及定期更改方面做出要求，防止被盗用。

③ 尽量使 FTP、Mail 等服务器与之分开，去掉 FTP、Sendmail、TFTP、NIS、NFS、Finger、Netstat 等一些无关的应用。有些 Web 服务器把 Web 的文档目录与 FTP 目录指在同一目录时，应该注意不要把 FTP 的目录与 CGI-BIN 指定在一个目录之下。这样是为了防止一些用户利用 FTP 上在一些犹如 PERL 或 SH 之类程序并用 Web 的 CGI-BIN 去执行造成不良后果。

④ 在 Web 服务器上去掉一些绝对不用的 shell 等之类解释器，即当 cgi 的程序中没用到 perl 时，就尽量把 perl 在系统解释器中删除掉。

⑤ 定期查看服务器中的日志 logs 文件，分析一切可疑事件。在 errorlog 中出现 rm、login、/bin/perl、/bin/sh 等之类记录时，服务器可能有受到一些非法用户的入侵的尝试。

⑥ 设置好 Web 服务器上系统文件的权限和属性，对可让人访问的文档分配一个公用的组，如 www，并分配它只读的权利。把所有的 HTML 文件归属 WWW 组，由 Web 管理员管理 WWW 组。对于 WEB 的配置文件仅对 WEB 管理员有写的权利。

⑦ 通过限制许可访问用户 IP 或 DNS 例如，在 NCSA 中的 access.conf 中加上：

```
< Directory /full/path/to/directory >
  < Limit GET POST >
    order mutual-failure
    deny from all
    allow from 168.160.142. abc.net.cn
  < /Limit >
< /Directory >
```

这样只能是以域名为 abc.net.cn 或 IP 属于 168.160.142 的客户访问该 Web 服务器。对于 CERN 或 W3C 服务器可以这样在 httpd.conf 中加上：

```
Protection LOCAL-USERS {
GetMask @(*.capricorn.com, *.zoo.org, 18.157.0.5)
}
Protect /relative/path/to/directory/* LOCAL-USERS
```

4．安全管理 Web 服务器

（1）以安全的方式更新 Web 服务器（尽量在服务器本地操作）；

（2）进行必要的数据备份；

（3）定期对 Web 服务器进行安全检查和日志审计；

（4）冷静处理意外事件。

9.6　可　信　计　算

对于微机等网络设备来说，只有芯片、主板等硬件和 BIOS、操作系统等系统软件是安全的，才能保证微机是安全的，正是基于这样的思想，产生了可信计算的概念。可信计算是安全领域的一个新分支。采用可信计算可以构造可信的网络设备，可信的网络设备是可以安全使用的网络设备。

9.6.1　可信计算概念

所谓可信是指计算机系统所提供的服务是可靠的、可用的，信息和行为上是安全的。可信计算组织 TCG 用实体行为的预期性来定义可信：如果某实体的行为总是以预期的方式，朝着预期的目标，则该实体是可信的。

ISO/IEC 15408 标准定义可信为：参与计算的组件、操作或过程在任意的条件下是可预测的，并能够抵御病毒和物理干扰。

可信计算平台是能够提供可信计算服务的计算机软硬件实体，它能够提供系统的可靠性、可用性、信息和行为的安全性。也就是说，可信计算平台提供的服务是能被我们信任的。

信任包括值得信任（Worthy of Trust）和选择信任（Choose to Trust）。值得信任：采用物理保护以及其他技术在一定程度上保护计算平台不被敌手通过直接物理访问手段进行恶意操作。选择信任：依赖方（通常是远程的）可以信任在经过认证的且未被攻破的设备上进行的计算。

信任是一种二元关系，它可以是一对一、一对多（个体对群体）、多对一（群体对个体）或多对多（群体对群体）的。信任具有以下特点：①信任具有二重性，既具有主观性又具有客观性。②信任不一定具有对称性。③信任可度量，也就是说信任的程度可划分等级。信任的度量理论主要有：基于概率统计的可信模型，基于模糊数学的可信模型，基于主观逻辑、证据理论的可信模型，基于软件行为学的可信模型等。④信任可传递，但不绝对。⑤信任具有动态性，即信任与环境（上下文）和时间因素相关。

信任的获得方法主要有直接方法和间接方法。设 A 和 B 以前有过交往，则 A 对 B 的可信度可以通过考察 B 以往的表现来确定。称这种通过直接交往得到的信任值为直接信任值。设 A 和 B 以前没有任何交往，A 可以去询问一个与 B 比较熟悉的实体 C 来获得 B 的信任值，并且要求实体 C 与 B 有过直接的交往经验，以这种方法获得的信任值称为间接信任值，即 C 向 A 推荐的信任值。由间接方法，多个实体间的信任关系，构成了信任链。信任链中，都信任的实体被称之为信任根，或可信根。

通过信任根和信任链可以描述更大范围的信任。信任链是通过构建一个信任根，从信任根开始，一级认证一级，一级信任一级，从而把这种信任扩展到更大的范围。

9.6.2　可信计算机系统

从计算机系统的组成来看，我们通过可以信任的主板作为信任根，通过信任链来构建可信计算机系统。信任链是通过构建一个信任根，从信任根开始到硬件平台、到操作系统、再到应用，一级认证一级，一级信任一级，从而把这种信任扩展到整个计算机系统。

一个可信计算机系统包括：可信根（可以信任的主板）、可信硬件平台、可信操作系统、可信应用系统。

信任链之间的可信性通过可信测量来验证。可信测量、存储、报告机制（见图 9–1）是可信计算的另一个关键技术。可信计算平台对请求访问的实体进行可信测量，并存储测量结果，实体询问时由平台提供报告。

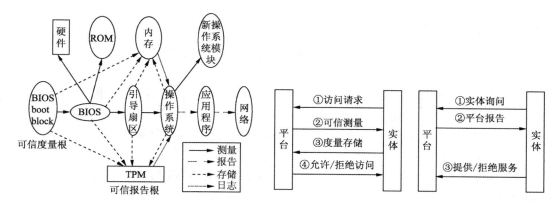

图 9-1 可信测量、存储、报告机制

9.6.3 可信软件栈

可信软件栈（TCG Software Stack，TSS）是可信计算平台上 TPM 的支撑软件，其结构如图 9-2 所示。TSS 的作用主要是为应用软件提供兼容异构可信平台模块的开发环境。

TSS 的结构可分为：内核层、系统服务层、用户程序层。内核层的核心软件是可信设备驱动 TDD 模块，它是直接驱动 TPM 的软件模块，由开发者和操作系统确定。系统服务层的核心软件是可信设备驱动库函数 TDDL 和可信计算服务 TCS 模块。用户程序层的核心软件是可信服务提供模块 TSP。TSP 是提供给应用的最高层的 API 函数。

有了 TSS 的支持，不同的应用都可以方便地使用 TPM 所提供的可信计算功能。

9.6.4 可信网络连接

可信网络连接（Trusted Network Connect，TNC）的目的是确保网络连接的可信性，其结构如图 9-3 所示。

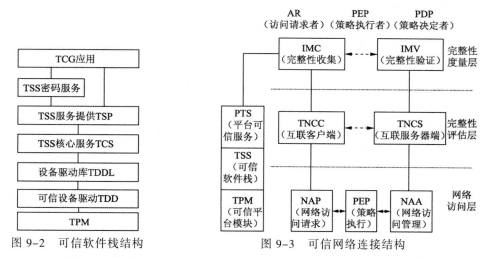

图 9-2 可信软件栈结构　　　图 9-3 可信网络连接结构

TNC 通过网络访问请求，搜集和验证请求者的完整性信息，依据一定的安全策略对这些信息进行评估，决定是否允许请求者与网络连接，从而确保网络连接的可信性。

9.6.5 可信计算的基本特征

一个计算机终端要实现可信计算，必须具备以下 4 个基本特征：

1．安全输入与输出

在主机与外围设备（如键盘、显示器）之间提供一条安全的通路，阻止程序访问其他程序中通过键盘输入或显示器输出的内容，有效区分物理上的当前用户和程序伪造的用户。这一特性能防止攻击者截取或控制合法用户的输入操作序列或输出屏幕状态。

2．存储器屏蔽

存储器屏蔽是由硬件阻止程序读写其他程序正在使用的存储器空间，即使操作系统也无法访问被屏蔽的存储器。

这一特性能防止攻击者获取合法用户在工作时的内存信息。

3．封闭存储

封闭存储是将私有信息用一个由软件和硬件共同生成的密钥加密后再存储到外部存储器中。被封闭的私有信息只有通过相同的软件和硬件的组合才能被读取。

这一特性使攻击者无法在其他终端上读取合法用户存储的文件。

4．远程证明

远程证明允许特定计算机上所运行程序的改变能被该计算机和其他计算机检测到。它通过硬件生成一个表明特定计算机上当前运行程序的证书来实现。

这一特性能防止攻击者在远程计算机上控制合法用户的计算机执行恶意程序。

可信计算的实际应用，主要是针对安全要求较高的场合，可信计算平台能够为用户提供更加有效的安全防护。

习　题

1. 简述以下术语的含义：

物理安全，广播风暴，电磁兼容性、可信计算。

2. 网络设备包括哪些设备？

3. 网络设备安全的目的是什么？

4. 简述网络设备安全与其他的网络安全技术的关系。

5. 简述交换机的配置与网络安全的关系？

6. 简述可信计算的基本特征。

第 ⑩ 章 网络安全工程应用

网络安全工程应用是指应用网络安全技术建设安全的网络信息系统。本章介绍网络安全工程的基本概念和信息系统建设的方法，从网络安全需求分析开始建设一个安全的网络信息系统的一般过程及其基本方法。

10.1 网络安全工程概述

10.1.1 网络安全工程的基本概念

所谓网络安全工程，是指将系统化的、规范化的、可度量的方法应用于网络安全信息系统的设计、实施和维护的过程。网络安全工程的目标是根据网络安全信息系统的设计、实施和维护有关的概念和客观规律，来设计和建造满足用户安全需求的计算机通信网络应用信息系统。

网络安全的目的是保护网络能正常运行。网络安全面临的威胁主要来自：系统的软硬件设备的功能失效；系统的软硬件设备的安全缺陷。一般而言，设备功能失效可以通过提高系统的可靠性来解决，良好的运行环境、设备冗余、负载均衡和备份等技术能够解决这类物理和工程的可靠性问题，经过认真科学的分析、深思熟虑的设计，以及全面严谨的测试能使系统具备足够高的可靠程度，使通信网络被破坏概率降到最小或被破坏的通信网络能接近完整地恢复。网络系统的安全缺陷，是计算机通信网络互连的固有特征，由于网络的资源和信息是被共享的，其必然有可能因人的恶意或偶然原因遭受破坏、更改或泄露。需要在要保护的通信网络与可能危害网络服务和信息（无意或恶意）的人之间设立实际和虚拟的屏障，限制网络资源和信息的访问自由度，达到降低信息安全风险的目标。网络可靠性问题和安全屏障问题都是网络系统设计的内容，为了便于分析问题，通常将系统可靠性问题放在网络系统结构设计中考虑，而将安全屏障问题放在网络系统安全设计中考虑。

网络安全设计的目标，从狭义上讲，是解决系统数据不受偶然的或者恶意的原因而遭受破坏、更改、泄密的问题，侧重于保护网络系统中的内部信息；从广义上讲，是解决网络信息的保密性、完整性、可用性、真实性和可控性的问题，除了考虑如何保护网络系统内部信息外，还要考虑网络系统与外部系统间交换信息的安全性及信息的合规性，外部系统包括互连的计算机网络、公用传输网络、人员等一切与本系统信息输入/输出相关的实体，保护的范围更为广泛。

采用 TCP/IP 体系结构的互联网已经成为企业、国家乃至全球的信息基础设施。设计、建造和测试基于 TCP/IP 技术的计算机网络安全信息系统是网络安全工程的任务。网络安全设计涉及的内容既有技术方面的问题，也有管理方面的内容，两方面相互补充，缺一不可。技术方面主要侧重于防范非法用户的攻击，管理方面则侧重于内部人为因素的管理。这个管理不仅包括一般意义上的规范使用者合法利用网络的管理制度，它还应该包含大量的保障安全技术发挥作用的管理制度。因为网络安全并不是单纯的技术问题，我们不能买到保证网络绝对安全的万能设备，也不能买到或者编写一段保证网络绝对安全的程序。这就是说，网络安全是一个需要人为干预的过程，而人为干预的作用大小取决于管理制度和落实制度的优劣。安全设备替代不了管理制度，如果没有一个定期安全审计制度和特征库维护制度，即使网络配置了技术最先进的防火墙、防范病毒、入侵检测等安全设施，由于新的攻击手法不断出现，网络的安全性就会变得越来越差。同样，如果没有一个用户口令管理制度，口令随意存放或长期不变更的话，网络信息访问权限安全将会形同虚设。在安全设计时，除了选择合适的安全技术外，还应根据采用的安全技术特征制定出相应的可操作的技术管理体系和规定。网络安全工程设计只是从工程实施角度解决防范非法用户攻击的问题，它不是网络安全设计的全部内容，只是网络安全设计的一个技术组成部分。

网络安全工程设计的主要困难之一是无法量化设计中提供的各种安全服务的效益，既无法确切知道这些安全防御屏障是否真正必要，又无法确切知道这些安全防御屏障是否真正有效。如同现实生活中的车辆投保一样，没投保的车辆也许什么事故都不曾发生；而投了保的车辆，因投保的险种不对，发生了事故却不能获得赔偿。这不像网络系统结构设计那样有个较客观的度量规则，比如设计了路由热备份，可以使网络传输中断故障概率降低百分之几。另一个主要困难是各种安全服务如何适应网络系统应用和网络安全环境的变化，已实施的安全防御屏障在今天是有效的，但随着黑客攻击技术的发展，以及网络体系结构的变化、软件的增删、服务项目的调整等原因，明天就未必有效。

由于网络安全工程设计存在着量化的困难和应变的困难，会经常出现两种极端的设计倾向，一种认为既然无法预知安全服务的效益，就忽视必要的安全工程设计，企图依赖于规章制度来规避信息安全风险，或者寄托于在网络应用阶段的事故发生后的"亡羊补牢"；另一种是抱着"有"比"没有"强的想法，在没有对具体的系统和环境进行充分的考察、分析、评估的情况下，为避免安全责任，不管效用如何，不计成本地配置各种安全服务设施。这两种倾向在网络建设过程中都会有反映，在建设规划时期，由于难以判断危险，而感到担心、恐惧和不确定，计划了不切实际的各种安全服务设施，但进入建设实施时期，经常因投资制约或与应用服务效率发生冲突时，大量被砍去的项目却是安全服务设施，网络安全的工程建设始终处于一种盲目的状态。

网络安全工程设计的指导思想应该是，将信息安全风险处于一种"可控"的状态，所谓"可控"是指积极地防御、高效地监测和有效地恢复等三个方面，"防""查""治"相结合的安全体系，任何杜绝网络系统所有安全漏洞的做法是不现实的。

网络安全工程的实现是根据已确立的网络系统信息安全体系结构，将支撑信息安全机制的各种安全服务功能，合理地作用在网络系统的各个安全需求分布点上，最终达到使风险值稳定、收敛且实现安全与风险的适度平衡。

网络安全已经成为网络信息系统须要面对的重要问题。从工程建设的角度来看，通信网络安全信息系统往往是一个大的信息系统的子系统，或者作为一个能保障网络信息安全的网络安全工程出现。通信网络信息系统的层次模型如图 10-1 所示。

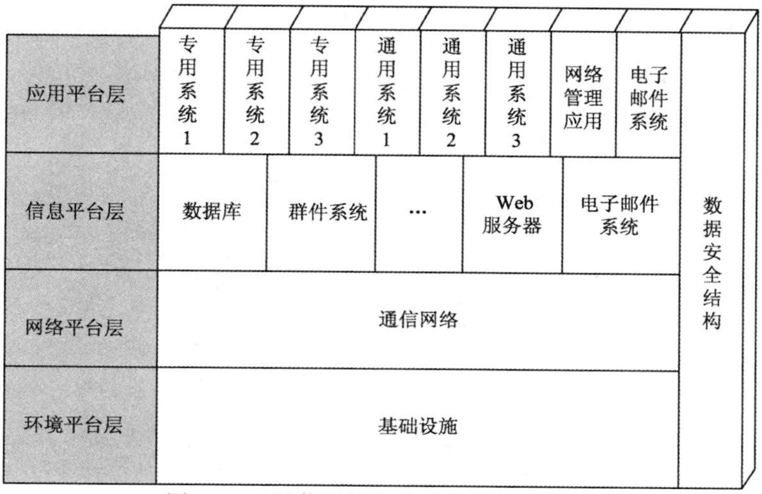

应用平台层	专用系统1	专用系统2	专用系统3	通用系统1	通用系统2	通用系统3	网络管理应用	电子邮件系统	数据安全结构
信息平台层	数据库	群件系统	...		Web服务器		电子邮件系统		
网络平台层	通信网络								
环境平台层	基础设施								

图 10-1　通信网络信息系统的层次模型

环境平台设计包括结构化布线系统、网络机房系统的设计和供电系统的设计等内容。网络平台目前一般应采用 TCP/IP 技术，在信息高度集中的场所建立局域网，采用子网互连结构的网络拓扑形式。

信息平台层主要是为标准因特网服务如 DNS、电子邮件、Web、FTP 等和特定网络服务如 P2P、视频服务、办公系统等提供支撑的数据库技术、群件技术、网管技术和分布式中间件等的集合。

应用程序层主要容纳各种网络应用系统，而这些网络应用程序则体现了网络系统的存在价值。应根据用户应用需求尽可能选用成熟的网络应用系统商品软件，如果无法找到满足需求的应用程序，则应考虑由自己或委托他人进行精心设计和实现。

网络安全的旨在保证网络系统中信息产生、处理、传输、存储过程中的机密性、鉴别、完整性和可用性、不可否认的软硬件措施，它可能贯穿于上述通信网络信息系统的每一个层次。各种安全服务的部署、各种安全机制的采用都需要科学合理的规划。

网络安全工程可定义为组织、管理网络安全信息系统规划、研究、制造、实验、使用的科学方法，即开发一个新的网络安全信息系统或者为已有网络系统工程增加安全保障的思想、方法、步骤、工具和技术。

网络安全工程是属于系统工程范畴。与信息系统开发的软件工程方法和系统集成方法联系紧密。

10.1.2　信息系统的开发方法

20 世纪 70 年代，为了对付软件危机，提出软件工程研究方法，先后出现了"螺旋式"（Spiral）、瀑布式（Waterfall）、增量式、生命周期法、新生命周期法（结构化分析方法）、原型法、仿真法、面向对象等。

开发设计方法有面向功能的，有面向数据的，有面向对象的，近年来又提出了基于工作流，基于规则等设计方法。

图 10-2 为网络安全信息系统生命周期的各阶段及开发工作步骤的划分。它由系统规划、系统分析、系统设计、系统实施、维护管理等五个阶段组成。

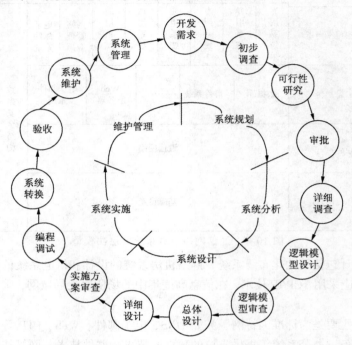

图 10-2 网络安全信息系统生命周期的各阶段及开发工作步骤的划分

网络系统的系统规划是系统开发的准备和总部署，是建设网络安全信息系统（网络安全信息系统平台）的先行工程，在工程开发中有着举足轻重的地位。系统规划内容：用户需求调查和分析、新系统规划设计、新系统实施的初步计划、系统开发可行性分析、系统开发的策略和分析。系统规划的任务就是从系统的全局需要和投资环境出发，在规划级上确定网络安全信息系统的总体结构方案，确定系统和应用项目的开发次序和时间安排；提出实现开发计划所需要的硬件、软件、技术人员、资金等资源，以及整修系统建设的概算；对系统的开发规划进行可行性分析，写出可行性分析报告，以便批准规划，指导实施，达到系统开发的总体目标。

在系统可行性报告被批准之后，系统开发工作就进入了系统分析阶段，这个阶段的最后成果是系统分析说明书，也有人称其为总体技术方案。系统分析任务是根据用户的要求和系统规划，确定新系统的逻辑模型。系统分析方法可分为两大类：一类以过程的特点分类；另一类以立足点或基础进行分类。以过程特点出发分类可分为结构化分析法和原型法两种。结构化分析是一种自上而下的方法，它是由全局出发，全面规划分析，然后再一步步设计实现。

原型法则是一开始不进行全局分析，直接进行一个系统的设计和实现，然后再不断改进扩充，成为全局系统。由系统的立足点出发的方法有：面向功能方法（Function Oriented，FO）；面向数据的方法（Data Oriented，DO）；面向对象的方法（Object Oriented，OO）。

在系统说明书被批准之后，新系统开发研制工作就进入了系统设计阶段。这一阶段的工作主要由系统设计员负责，并由系统施工人员参加，系统设计员必须以系统说明书为依据进行系统设计。

系统设计又称物理设计，其任务是根据新系统的逻辑模型建立新系统的物理模型，提出物理实现的具体手段。系统设计的优劣直接影响新系统的质量和经济效益。网络安全信息系统的评价在于以下七个方面：功能、安全、工作效率、工作质量、可靠性、可变更性和经济性。

系统的逻辑模型已经给定了系统的组成、拓扑结构和功能，因而系统设计一定要按照新系统的逻辑模型进行设计，满足新系统的功能要求；除此之外，设计人员要尽可能地发挥自己的聪明才智，以提高新系统其他几个方面的性能，也就是说，在保证实现所规定的安全保密等功能的前提下，尽可能地提高系统的工作效率、工作质量、可靠性、可变更性及经济性。

系统设计说明书被批准之后，新系统开发研制工作即进入了系统实施阶段。系统实施阶段是物理模型向可实际运行的物理系统转换的阶段。

为了保证研制工作的顺利进行，立项单位主要领导和业务人员要关心并参与研发工作。图 10-3 表示开发中的组织形式。

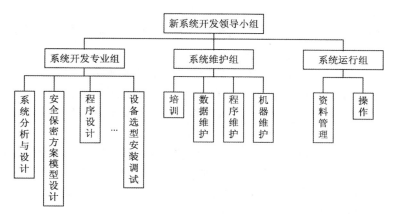

图 10-3　开发中的组织形式

在开发的各阶段中都要有用户的业务人员参加。在开发的前期需要大量有经验的用户业务人员配合系统分析人员搞好系统分析的工作。在开发的后期也需要大量业务人员配合系统的测试和转换工作。

10.1.3　系统集成方法

系统集成是一种目前常用的实现较复杂工程的方法，通过选购大量标准的系统组件，并可能自主开发部分关键组件后进行组装。不同的组件通过其标准接口进行互连互通，实现复杂系统的整体功能。

网络工程的系统集成模型如图 10-4 所示，从系统级开始，接着是用户需求分析、逻辑网络设计、物理网络设计和测试。

该模型支持带有反馈的循环，但将该模型视为严格线性关系可模型支持带有反能更易于处理。该模型从系统级开始，接着是用户需求分析、逻辑网络设计、物理网络设计和测试。网络设计者通常是采用系统集成方法来设计实现网络的，因此将该模型称为网络工程的系统集成模型。

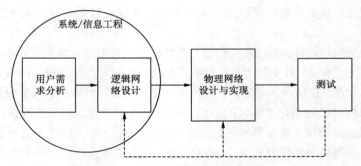

图 10-4　网络工程的系统集成模型

对于规模不同的网络，网络工程系统集成的过程差异很大。一个大型网络系统的集成过程需要从技术、管理和用户关系这三个关键因素的角度考虑：

（1）选择系统集成商或设备供货商：用户有可能以招标的方式选择系统集成商或设备供应商；用户对网络系统的意愿应体现在发布的招标文件中。网络系统集成商则以投标的方式来响应用户方招标。投标前，应与用户充分交流，现场勘察，进行用户需求分析，然后提出初步的技术方案……一旦中标，则需要与用户方签署合同。合同是网络系统集成商与用户方之间的一种商务活动契约，受法律保护。

（2）网络系统的需求分析，明确网络系统的需求，包括确定该网络系统要支持的业务、要完成的网络功能、要达到的性能、要达到的安全功能等。用户需求分析的 4 个方面：网络的应用目标、网络的应用约束、网络的通信特征、网络上具有的各种信息资源，对它们进行风险评估。

（3）逻辑网络设计：全面细致地勘察整个网络环境，重点放在网络系统部署和网络拓扑等细节设计方面。逻辑网络设计由网络设计师完成，确定以下问题：

① 是采用平面结构还是采用三层结构。

② 是采用虚拟专用网络还是独立子网。

③ 如何规划 IP 地址。

④ 采用何种选路协议。

⑤ 采用何种网络管理方案。

⑥ 设计相应的安全性策略，采用相应的安全产品，如防火墙系统、入侵检测系统、漏洞扫描系统、防病毒系统、数据备份系统和监测系统。

（4）物理网络设计：从结构化布线系统设计、网络机房系统设计、供电系统的设计、网络设备与安全设备选型等几个方面完成网络环境的设计。网络设备选型是指具体采用哪种网络技术、哪个厂商生产的哪个型号设备；网络安全设备选型，具体采用哪种防火墙系统、入侵检测系统、漏洞扫描系统、防病毒系统、数据备份系统和监测系统。

（5）系统安装与调试。

（6）系统测试与验收：加电并连接到服务器和网络上进行检查。系统测试的目的主要是检查网络系统是否达到了预定的设计目标，能否满足网络应用的性能需求，使用的技术和设备的选型是否合适。网络测试通常包括网络协议测试、布线系统测试、网络设备测试、网络系统测试、网络应用测试和网络安全测试等多个方面。

网络系统验收是用户正式认可系统集成商完成的网络工程的手续，用户要确认工程项目是否达到了设计要求，验收分为现场验收和文档验收。

（7）用户培训和系统维护：系统成功地安装后，集成商必须为用户提供必要的培训。培训的对象可分为网管人员、一般用户等。用户培训是系统进入日常运行的第一步，必须制订培训计划，可采用现场培训、指定地点培训等方式。

10.1.4　网络安全工程设计的一般步骤

做任何事都应遵循一定的先后次序，也就是所谓的"步骤"。像做网络安全工程这么庞大的系统工程，这个"步骤"就显得更加重要了，否则轻则效率不高，重则最终导致设计工作无法进行下去，因为整个工程没有一个严格的进程安排，各分项目之间彼此孤立，失去了系统性和严密性，这样设计出来的系统不可能是一个好的系统。

网络安全工程实施所采用的方法和过程与管理信息系统实施方法和过程完全相似。

第一步：调研安全需求。

网络安全系统的设计和实现必须根据具体的系统和环境，对所面临的来自网络内部和外部的各种安全风险的进行考察、分析、评估、检测（包括模拟攻击），特别是对需要保护的各类信息，确定网络系统存在的安全漏洞和安全威胁。

第二步：确立安全策略。

安全策略是网络安全系统设计的目标和原则，是网络安全工程的设计依据，安全策略要综合以下几个方面优化确定：

（1）根据应用环境和用户需求决定系统整体安全目标和性能指标，包括各个安全机制子系统的安全目标和性能指标。

（2）设定安全系统运行造成的负荷大小和影响范围（如网络通信时延、数据扩张等）。

（3.）提出网络管理人员进行控制、管理和配置时操作性的要求。

（4）安全服务的编程接口可扩展性的规定。

（5）用户界面的友好性的使用方便性的具体要求。

（6）投资总额和工程实施时间等。

第三步：建立安全模型。

安全模型指的是经分析和优化后，拟采用的安全系统逻辑方案，它虽然不同于实体结构方案，但它是下一步时行实体结构设计和实现的基础性指导文件。建立安全模型可以使复杂的问题简化，更好地解决与安全策略有关的问题。

第四步：工程的实施。

安全工程开发的最后一个阶段。所谓实施指的是将安全模型设计阶段的结果转换为可执行的实体方案，确定安全模型中的每个安全特性的协议、功能和接口，并加以实现和集成。在这个阶段会涉及大量的安全产品选型，选择合适的产品是影响系统的关键。

第五步：系统测试、评价与运行。

对安全系统进行功能、性能与可用性等到方面进行测试，确定安全工程是否符合安全策略。测试工作原则上应该由中立组织进行；测试方法要有一定的技术手段，保证科学、准确；测试标准应该采用国家标准或国际标准；测试范围是安全策略所规定的项目。

10.2　网络安全需求分析

10.2.1　网络安全工程设计原则

在进行网络安全需求分析前，要了解网络系统和网络安全工程的总体目标。总体目标反映了系统的全局需要和投资环境，在规划级上确定网络安全信息系统的总体要求，总体目标的规划具有长期性、战略性，而且是全面的，也包括了对管理层和操作层的考虑；安全模型要从总体考虑，要求全局优化而不是局部最优网络安全需求分析需要对全局和局部进行详细的调查分析。

尽管没有绝对安全的网络，但是，如果在网络方案设计之初就遵从一些合理的原则，那么相应网络系统的安全就更加有保障。设计时如考虑不全面，消极地将安全措施寄托在网络运行阶段"打补丁"，这种思路是相当危险的。从工程技术角度出发，在设计网络安全方案时，应该遵循以下原则：

（1）实用性原则。保证了网络系统的正常运行和合法用户操作活动，网络安全才有意义。网络的信息共享和信息安全是一对不可调和的矛盾：越安全就意味着使用越困难，一方面为方便信息资源的共享，要充分利用网络的服务特征，同时这种方便也带来了网络信息资源的安全漏洞；另一方面为健全和弥补系统缺陷的漏洞，会采取多种技术手段和管理措施，势必给系统的运行增加负担，给用户的使用造成麻烦。比如，在实时性要求很高的业务对安全连接的时延和安全处理的数据扩张有很大限制，如果安全连接和安全处理对系统 CPU、存储器、传输带宽等资源的占用过大，业务就无法正常运行。

（2）整体性原则。网络安全工程系统应该包括三种机制：安全防护机制、安全监测机制、安全恢复机制。它们各自完成不可替代的安全任务，并相互结合形成完整的网络安全体系。安全防护机制是根据具体系统存在的各种安全威胁和安全漏洞采取的相应防护屏障，避免非法入侵的进行，是一种事先防御手段；安全监测机制是监测系统的运行情况，及时发现对系统进行的各种攻击，随之调整防护机制制止此类攻击的进行，是一种事中防御手段；安全恢复机制是在安全防御机制失效，而监测机制没有及时发现的情况下，进行应急处理和信息的恢复，减少攻击造成的破坏程度，是一种事后防御手段。网络安全的工程设计要体现安全防护、监测和应急恢复的安全整体性，要求在网络被攻击时，少发生及不发生系统被破坏的情况，一旦发生破坏情况，应能很快地恢复网络信息中心的服务，降低损失。

（3）安全有价原则。在考虑网络安全问题的工程解决方案时，必须考虑性能价格的平衡。必须有的放矢，具体问题具体分析，把有限的经费花在刀刃上。不同的网络系统所要求的安全侧重点各不相同。例如，金融部门侧重于身份认证、审计、网络容错等功能。交通、民航侧重于网络容错等。

（4）适用性原则。安全工程设计中要充分考虑到"网络安全是个动态的过程"这一特征。为了适应网络服务环境变化和网络服务项目调整的情况，系统单元中所采用的安全服务子系统应能提供友好的可视化的易操作的管理功能，以便及时调整系统的防御屏障体系。

（5）"木桶原则"。强调对信息均衡，全面地进行安全防护，网络信息系统本身在物理上，操作上和管理上的种种漏洞构成了系统安全脆弱性，尤其是多用户网络系统自身的复杂性，信息资源共享利用的广泛性，存在着多种公开或隐蔽的渠道访问信息资源，攻击者必然在系统中不设防的渠道进行攻击，充分、全面、完整地对被保护信息的各种访问渠道进行安全漏洞和安全威胁分析是网络安全系统设计的必要条件。

（6）分层原则。网络系统中的信息必然存在不同级别，如不同信息的价值可分为极高、高、中、低等级别；不同信息的保密程度可分为绝密、机密、秘密、内部、公开；同一信息的用户操作权限可分成面向个人、面向群组或面向公众；子网络安全程度可划分成安全区域、非安全区域或高危区域；系统体系结构可分为应用层、应用支撑层、传输层、网络层等。针对不同级别或层次的安全对象，提供全面的、可选的安全体制，以满足各个级别或各层次的实际需求。

（7）简化原则。网络提供的服务和捆绑的协议越多，出现安全漏洞的可能性越大，简化网络服务功能，关闭工作任务以外所有的网络服务和网络协议是安全工程设计的重要守则，例如，网络业务不需要向用户提供 FTP 服务，就应该关闭服务器上 FTP 协议，以免用户启用 FTP 时，造成不必要的安全漏洞。在具体实施安全工程过程中，经常会发生体现了某一个原则，就会违背了另一个原则的情况，这就需要根据被保护的信息资源价值，可能的安全威胁和受攻击等风险等实际情况进行平衡性的调整。

10.2.2 网络系统的安全需求调查和分析

需求分析是在网络安全工程中用来获取和确定系统需求的过程，这里将系统需求分为网络功能需求和网络安全需求。网络功能需求描述了网络系统的行为、特性或属性，是在设计实现网络系统过程中对系统的约束。网络安全需求描述了网络信息安全服务、特性或属性，是在设计实现网络系统过程中对安全的约束。

需求分析是网络设计过程的基础。在一个项目的开发设计过程中，对用户、现有系统要进行多次调查、研究和分析，而在系统规划阶段其调查、分析仅仅是初步的，是全局性的，是粗略的。

如果是为已有网络信息系统提供安全保障，系统的初步调查应包括的内容：现行系统的基本构成、组成部分及工作原理，现行系统的总目标，现行系统的功能，现行系统存在的问题，特别是安全保密方面的问题。

如果是研发一个全新系统，首先要对新系统的业务和系统资源进行安全风险分析，然后进行网络功能需求和网络安全需求。安全风险分析内容：安全威胁发生的可能性（概率）分析、攻击者攻击可能性分析、系统脆弱性分析、用户风险分析、支持系统风险分析、残余风险分析、风险值计算。网络功能需求确定用户需要完成的应用工作及有效完成工作所需的网络服务和性能水平。网络安全需求分析包括按对信息的保护方式进行安全需求分析；按威胁危害来源进行安全需求分析。

1. 分析网络应用目标

网络系统或网络安全工程的总体目标是抽象的，对其的具体的了解一般通过以下三个方面：从企业高层管理者开始收集商业需求，收集用户群体需求，收集支持用户和用户应用的网络需求。

明确网络设计目标。典型网络设计目标包括：加强合作交流，共享重要数据资源；加强对分支机构或部属的调控能力；降低电信及网络成本，包括与语音、数据、视频等独立网络有关的开销。

明确网络设计项目范围。是设计新网络还是修改网络；网络规模：一个网段、一个局域网、一个广域网，还是远程网络或一个完整的企业网。

明确用户的网络应用。填写网络应用统计表。其格式见表 10-1。

表 10-1　网络应用统计表格式

应 用 名 称	应 用 类 型	是否新应用	重　　要	备　　注
办公邮件	电子邮件	否	非常重要	
政策法规库	文件共享/访问		重要	
会议系统	视频会议	是	不重要	中层以上领导

2．分析网络应用约束

除了分析业务目标和判断用户支持新应用的需求之外，业务约束对网络设计也有较大的影响。主要包括政策约束、预算约束、时间约束。

政策约束：与用户讨论他们的办公政策和技术发展路线，要与用户就协议、标准、供应商等方面的政策进行讨论，不要期待所有人都会拥护新项目。

预算约束：网络设计的一个共同目标就是控制网络预算，预算应包括设备采购、购买软件、维护和测试系统、培训工作人员以及设计和安装系统的费用等，还应考虑信息费用及可能的外包费用。

时间约束：项目进度表规定了项目最终期限和重要阶段，用户负责管理项目进度，但设计者必须确认就该日程表是否可行。

通过目标检查表确定是否了解用户的应用目标及所关心的事项，见表 10-2。

表 10-2　应用目标检查表

检 查 项 目	结　　果
对用户所处的产业及竞争情况做了研究	√
了解用户的公司结构	√

3．网络分析的技术指标

定量地分析网络性能，首先要确定网络性能的技术指标。有很多国际组织定义了网络性能技术指标，这些技术指标为我们设计网络提供了一条性能基线（Baseline）。

网络性能指标有两类：表示网络设备的性能指标的网元级指标；将网络看作一个整体，表示其端到端的性能指标的网络级指标。我们这里关注的是网络级的性能指标。

（1）时延：从网络的一端发送一个比特到网络的另一端接收到这个比特所经历的时间。

总时延=传播时延+发送时延+重传时延+分组交换时延+排队时延

≈传播时延+发送时延+排队时延

网络时延可分为往返时延（Round-trip Time，RTT）和 单向时延（One-way Latency，OWL），但要注意：$RTT \neq 2 \times OWL$。

（2）吞吐量：在单位时间内传输无差错数据的能力。吞吐量可针对某个特定连接或会话定义，也可以定义网络总的吞吐量。

容量（Capability）：数据通信设备发挥预定功能的能力，它经常用来描述通信信道或连接的能力。

网络负载 G：在单位时间内总共发送的平均帧数。

$$吞吐量：吞吐量 = G \times P[发送成功]$$

有效吞吐量：表示了应用层的吞吐量。

（3）网络丢包率（丢分组率）：在某时段内在两点间传输中丢失分组与总的分组发送量的比率，该指标是反映网络状况极为重要的指标。

无拥塞时路径丢包率为 0，轻度拥塞时丢包率为 1%～4%，严重拥塞时丢包率为 5%～15%，丢包的主要原因是路由器的缓存队列溢出。与丢包率相关的一个指标称为"差错率"，如误码率（BER）、误帧率，通常极小。

（4）时延抖动：分组的单向时延的变化。变化量应小于时延的 1%～2%，即对于平均时延为 200 ms 的分组，时延抖动不大于 4 ms。

有一些网络应用与时延波动有关，如果因网络突发引起时延抖动，就可能使得视频和音频的通信中断。

（5）路由即为一个特定的"结点 链路"集合，该集合是由路由器中的选路算法决定的选路算法决定分组所采用的路径（路由）。

（6）主要考虑瓶颈带宽和可用带宽。瓶颈带宽：两台主机之间路径上的最小带宽链路（瓶颈链路）的值。可用带宽：沿着该路径当时能够传输的最大带宽。

一些典型应用的带宽如下。PC 通信：14.4～50kbit/s；数字音频：1～2Mbit/s；压缩视频：2～10Mbit/s；文档备份：10～100Mbit/s；非压缩视频：1～2Gbit/s。

（7）响应时间：从服务请求发出到接收到相应响应所花费的时间，它经常用来特指客户机向主机交互地发出请求并得到响应信息所需要的时间。用户往往比较关心这个网络性能指标。

（8）利用率：指定设备在使用时所能发挥的最大能力。例如，网络检测工具表明某网段的利用率是 30%，这意味着有 30%的容量在使用中。在网络分析与设计中，通常考虑两种类型的利用率：CPU 利用率和链路利用率。

（9）网络效率：为产生所需的输出要求的系统开销。

网络效率明确了发送通信需要多大的系统开销，不论这些系统开销是否由冲突、差错、重定向或确认等原因所致。

提高网络性能的方法：尽可能提高 MAC 层允许的最大长度的帧，使用长帧要求链路具有较低的差错率。

（10）其他网络分析的技术指标。

① 可用性（Availability）：可用性是指网络或网络设备可用于执行预期任务的时间的总量（百分比）。

② 可扩展性（Scalablity）：网络技术或设备随着用户需求的增长而扩充的能力。

③ 安全性（Security）：总体目标是安全性问题不应干扰公司开展业务的能力。

④ 可管理性(Manageability)：每个用户都可能有其不同的网络可管理性目标，否则从FACPS 方面考虑。

⑤ 适应性（Adaptability）：在用户改变应用要求时网络的应变能力。

⑥ 可购买性（Purchasability）：基本目标是在给定财务成本的情况下，使通信量最大。

技术目标检查表见表 10-3；网络应用技术需求表见表 10-4。

表 10-3　技术目标检查表

项　　目	结　果
记录了用户今年、明年两年内关于扩展地点、用户、服务器/主机数量的计划	√
得知了部门服务器迁移到服务器场点或内部网络的计划	√
得知了有关实现与合作伙伴和其他公司通信的外部网络的计划	√
记录下网络可用性的运行时间百分比和/或 MTBF 以及 MTTR 目标	√
记录下共享网段上的最大平均网络利用率目标	√
记录下网络吞吐量目标	√
...	

表 10-4　网络应用技术需求表

应用名称	应用类型	是否为新应用	重要性	停机成本	可接受的 MTBF	可接受的 MTTR	吞吐量目标	时延必须小于	时延变化量必须小于	备注

4．分析网络流量和边界

（1）确定流量边界。首先要分析产生流量的应用特点和分布情况，因而需要搞清现有应用和新应用的用户组及数据存储方式。要将企业网分成易于管理的若干区域。这种划分往往与企业网的管理等级结构是一致的，在网络结构图上标注出工作组和数据存储方式的情况，定性地分析出网络流量的分布情况，辨别出逻辑网络边界和物理网络边界来，进而找出易于进行管理的域来。

（2）网络逻辑边界。能够根据使用一个或一组特定的应用程序的用户群来区分，或者根据虚拟局域网确定的工作组来区分。

（3）网络物理边界。可通过逐个连接来确定一个物理工作组。通过网络边界可以很容易地分割网络。

（4）分析网络通信流量特征。刻画流量特征包括辨别网络通信的源点和目的地、分析源点和目的地之间数据传输的方向和对称性。在某些应用中，流量是双向对称的，在另一些应用中，流量是双向非对称的：客户机发送少量的查询数据，而服务器则发送大量的数据；在广播式应用中，流量是单向非对称的。

测量现有网络的流量可以准确地掌握现有网络的通信流量，对通信流量进行分类，估计应用的通信负载，应用程序对象的近似长度，估计主干或广域网上的通信负载，掌握通信量分布表。

分析和确定当前网络通信量和未来网络容量需求的方法可以参考因特网流量当前的特征，估算网络流量及预测通信增长量，参数的估算无疑为网络设计提供了依据。

（5）绘制网络结构图。为了确定网络的基础结构特征，首先需要勾画出网络结构图，并标示出主要网络互连设备和网段位置。这包括记录主要设备和网段的名字与地址，以及识别寻址和命名的标准方法，同时要记录物理电缆的类型和长度及环境方面的约束条件。

网络结构图是现有网络结构的反映，或反映了上面对网络分析的结果，从而形成了网络设计的基本出发点。

可以用 Microsoft Visio 绘制网络图。包括逻辑网络图、物理网络图和目录服务图这三部分功能。逻辑网络图表示网络中的设备及其如何进行相互连接。物理网络图表示网络设备的物理连接方式，或其在特定地点（如服务器机房）的布置方式。利用 Microsoft Visio 的三种目录服务模板，可以设计新目录、创建现有目录的备用设计或创建对当前网络目录服务的更新或迁移的规划。

5．安全需求分析

（1）安全需求分析的工作

确定网络上的各类资源；针对网络资源，分别分析它们的安全性威胁，可能的威胁及网络资源安全的任何行为；分析安全性需求和折中方案。开发安全性方案，选择安全机制，设计用于检测、防止或从安全攻击中恢复的机制；定义安全策略；开发实现安全策略的过程。

要防止两种极端认识：对信息安全问题麻木不仁，不承认或逃避网络安全问题；盲目夸大信息可能遇到的威胁，如对一些无关紧要的数据采用极复杂的保护措施。解决任何网络安全的问题都是要付出代价；某些威胁需要投入大量精力来控制，另一些则相反。

（2）网络风险评估和管理

风险管理包括一些物质的、技术的、管理控制及过程活动的范畴，根据此范畴可得到合算的安全性解决方法。对计算机系统所受的偶然或故意的攻击，风险管理试图达到最有效的安全防护。

一个风险管理程序包括四个基本部分：风险评估（或风险分析）、安全防护选择、确认和鉴定、应急措施。

风险分析内容包括各种安全威胁发生的可能性（概率）分析，系统脆弱性分析，用户风险分析，支持系统风险分析，残余风险分析，风险值计算。风险分析的目的是帮助选择安全防护措施，将风险降到可接受的程度。

大多数风险分析的方法先都要对资产进行确认和评估；可分为定量（如货币的）的或定性（估计）的方法，都需要选择一系列节约费用的控制方法或安全防护方法，为网络资源提供必要级别的保护。网络资产可以包括网络主机，网络互连设备以及网络上的数据，以及知识产权、商业秘密和公司名誉。必须选择安全防护来减轻相应的威胁。

通常，将威胁减小到零并不合算。管理者决定可承受风险的级别，采用省钱的安全防护措施将损失减少到可接受的级别。安全防护的方法从以下方面考虑：减少威胁发生的可能性；减少威胁发生后造成的影响；威胁发生后的恢复。

确认和鉴定是进行计算机环境的风险管理的重要步骤。确认是指一种技术确认，用以证明为应用或计算机系统所选择的安全防护或控制是合适的，并且运行正常。鉴定是指对操作、安全性纠正或对某种行为终止的官方授权。

应急措施是指发生意外事件时，确保主系统连续处理事务的能力。

（3）分析安全性的折中方案

以保护该网的费用是否比恢复的费用要少。费用包括不动产、名誉、信誉和其他一些潜在财富，折中必须在安全性目标和可购买性、易用性、性能和可用性目标之间做出权衡。因为维护用户注册 IP 、口令和审计日志，增加了管理工作量。安全管理还会影响网络性能。

（4）开发安全方案

安全设计的第一步是开发安全方案。安全方案是一个总体文档，它指出一个机构怎样做才能满足安全性需求。计划详细说明了时间、人员和其他开发安全规则所需要的资源。安全方案应当参考网络拓扑结构，并包括一张它所提供的网络服务列表。

应当根据用户的应用目标和技术目标，帮助用户估计需要哪些服务。应当避免过度复杂的安全策略。一个重要方面是对参与实现网络安全性人员的认定。

安全策略是所有人员都必须遵守的规则，安全策略规定了用户、管理人员和技术人员保护技术和信息资源的义务，也指明了完成这些义务要通过的机制。开发安全策略是网络安全员和网络管理员的任务。他们应并广泛征求各方面的意见。网络安全的设计者应当与网络管理员密切合作，充分理解安全策略是如何影响网络设计的。

开发出了安全策略之后，由高层管理人员向所有人进行解释，并由相关人员认可。安全策略是一个不断变化的文档。

（5）选择网络安全机制

在网络安全工程设计中，用户的安全需求通过安全机制来实现。密码学是网络安全性机制的基础，但仅仅保证数据的机密性是不够的。例如安全通信所需要的特性有机密性、鉴别、报文完整性和不可否认性、可用性和访问控制。设计网络安全方案时，可能用到其中的一个构件或一些构件的组合：数据加密、数字签名、鉴别、报文完整性协议、密钥分发、公钥认证、访问控制、审计、防火墙、入侵检测、虚拟专用网 VPN、恶意软件防护等。

与因特网的连接应当采用一种多重安全机制来保证其安全性，包括火墙、入侵检测系统、审计、鉴别和授权，甚至物理安全性，提供公用信息的公用服务器如 Web 服务器和 FTP 服务器，可以允许无鉴别访问，但是其他的服务器一般都需要鉴别和授权机制，即使是公用服务器也应当放在非军事区中，用防火墙对其进行保护。对 Intranet 而言，拨号访问是造成系统安全威胁的重要原因。提高拨号访问安全性，应当综合采用防火墙技术、物理安全性、鉴别和授权机制、审计技术以及加密技术等。鉴别和授权是拨号访问安全性最重要的功能。在这种情况使用安全卡提供的一次性口令是最好的方法。对于远程用户和远程路由器，应使用询问握手鉴别协议鉴别（CHAP）。鉴别、授权和审计的另一个选择是远程鉴别拨入用户服务器（RADIUS）协议。

（6）数据备份和容错设计

如果我们通过有效而简单的数据备份，就能具有更强的数据恢复能力，很容易找回失去的数据；而如果有了坚实的容错手段，数据丢失也许就不会发生了。

容错是指系统在部分出现故障的情况下仍能提供正确功能的能力。

RAID 技术通过冗余具有可靠性和可用性方面的优势。RAID 分为几级，不同的级实现不同的可靠性，但是工作的基本思想是相同的，即用冗余来保证在个别驱动器故障的情况下，仍然维持数据的可访问性。

存储区域网络（SAN）是储存资料所要流通的网域。SAN 基于光纤信道，采用光纤通道（Fiber Channel）标准协议。

因特网数据中心（IDC）为因特网内容提供商（ICP）、企业、媒体和各类网站提供大规模、高质量、安全可靠的专业化服务器托管、空间租用、网络批发带宽以及动态服务器主页、电子商务等业务。数据中心在大型主机时代就已出现，那时是为了通过托管、外包或集中方式向企业提供大型主机的管理维护，以达到专业化管理和降低运行成本的目的。

通过网络技术、存储技术可以实现异地容灾系统。实现异地容灾两类方式：基于主机系统的数据复制、基于存储系统的远地镜像。

没有电力，网络就会瘫痪；电压过高或过低，网络设备就会损坏，特别是如果服务器遭受破坏，损失就可能难以估计。据统计，大量的计算机损坏是由电涌引起的。有几种设备能够保持电源的稳定供给：电涌抑制器、稳压电源、交流滤波器或不间断电源（UPS），UPS 通常能够提供上述几种设备的功能，因此得到了广泛的使用。

6．开发安全过程

开发安全过程实现安全策略。该过程定义了配置、登录、审计和维护的过程。安全过程是为端用户、网络管理员和安全管理员开发的。安全过程指出了如何处理偶发事件。如果检测到非法入侵，应当做什么以及与何人联系，需要安排用户和管理员对安全过程进行培训。

10.2.3　网络安全信息系统可行性研究报告

系统规划的最后阶段就是拟定网络安全信息系统（或者"网络安全信息系统平台"）的可行性研究报告，可行性研究报告有的叫系统规划报告，目前尚无一致的规范。但是，一般来说，可行性报告包括两大方面的内容：总体方案和可行性论证。一般内容有以下几点：

- 引言。
- 系统建设的背景、必要性和意义。
- 项目建设的安全目标。
- 项目安全风险及应对措施。
- 拟建系统的候选方案。
- 可行性论证。
- 开发计划。
- 资金概算及筹措。
- 论证结论。

10.3　企业网络安全工程总体方案设计

一份好的网络安全解决方案，应该包括技术、策略和管理三方面的内容。技术是关键，策略是核心，管理是保证。系统的安全配置，动态跟踪，人的有效管理，都要依据管理来约束和保证；而一个人的技术水平、思想行为和心理素质等都会影响到项目的质量。

10.3.1　企业网络的应用目标和安全需求

一个网络安全应用系统，为了网络的安全和信息的保密，一般分为内网（包括涉密内网和非涉密内网）、信息业务专网（包括涉密专网和非涉密专网）、外网（因特网或电信网）等多网拓扑。根据网络的规模和互连应用，企业网络的应用目标可以划分为四类。各类的应用目标和安全需求如下：

1．第一类

第一类是企业内部局域网，利用互联网进行电子邮件通信，企业开设简单的主页等，属于小规模站点的水平。企业信息系统的最大的威胁来自于病毒感染而引起的系统性能下降、由于病毒向外扩散而导致信用下降和来自外部的 Web 篡改行为等。

第一类最低要求：采用防病毒软件、收集病毒信息以及定期进行软件升级；注意对网络免费软件下载的管理和日常彻底检查病毒；防火墙的定期维护与管理；定期进行网络故障诊断、解析、服务器配置检查等日常的系统维护。

2．第二类

第二类是指企业基本建立完善的局域网系统，拥有并使用各种服务器，各种数据库联动运行。企业能够灵活利用互联网进行业务处理和客户服务，信息系统属于中等规模。

第二类的最低要求：通过浏览器和 Web 服务器之间的 SSL，对互联网通信实施加密保护；采用入侵监测系统和全天候入侵监视体制；灾难恢复对策措施，恢复训练和任务分担等。

3．第三类

第三类是指用户从远程通过 VPN 登录企业内部网络，与往来厂商之间使用 Extranet，以及企业职员使用移动通信设备，通过互联网来访问企业网络的内外结合的网络使用水平。

第三类的最低要求：为了信息数据的高度保密而作相应的加密处理；为了防止交易纠纷和事故而利用数字证书；为了防止越权操作而建立基于安全策略的访问控制等。

4．第四类

第四类是涉及产品供应等交易结算和进行银行之间结算等复杂的大规模电子商务应用平台。对于电子商务交易，必须注意对系统进行实时的入侵监视，对客户隐私、数据资源、用户数据操作的管理方针进行保护、防止网络欺诈行为的产生。

第四类的最低要求：通过电子认证确保信用基础；灵活利用可信赖的第三方认证中心；确认承诺服务水平的 SLA 内容；实施网络系统的高度安全对策、严格运用标准和定期监察等。

10.3.2　企业网络信息系统的风险

网络设施物理特性的安全风险，即物理安全风险包括：由于水灾、火灾、雷击、粉尘、静电等突发性事故和环境污染造成网络设施工作停滞；人为引起设备被盗、被毁或外界的电磁干扰使通信线路中断；电子、电力设备本身固有缺陷和弱点及所处环境容易在人员误操作或外界诱发下发生故障。

网络系统平台的安全风险：网络系统在设计实施不够完善；网络操作系统（Windows/UNIX/NetWare）的开发商都留有后门（Back Door）；内部人员不安全使用计算机造成口令失窃、文电丢失泄密；不同地区、不同部门在与外界进行邮件往来时存在病毒和黑客进入计算机的隐患；内外界对业务系统非授权访问；系统管理权限丧失；使用不当或外界攻击引起系统崩溃；网络病毒的传播；其他原因造成系统损坏；系统开发遗留的安全漏洞；安全软件的悖论；安全产品的安全问题。

应用系统威胁主要有：内外界对业务系统非授权访问离职者的报复，在职员工的威胁；系统管理权限丧失；使用不当或外界攻击引起系统崩溃；网络病毒的传播；其他原因造成系统损坏；系统开发遗留的安全漏洞；病毒的影响。

企业外联网的风险：

网上交易的安全风险：采用相似的名称和外观仿冒企业网站和服务器，用于骗取企业客户的数据信息；仿冒客户身份进行交易委托和查询；在网上传输的指令、数据有可能被截取、篡改、重发。

数据存储的安全风险：因内外因素造成数据库系统管理失控或破坏使用户的个人信息和业务数据；遭到偷窃、复制、泄密、丢失，并且无法得到恢复；网络病毒的传播或其他原因造成存储数据的丢失和损坏；网站发布的信息数据（包括产品、供 货、订购、交易信息）有可能被更改、删除，给企业带来损失。

10.3.3 企业信息安全解决方案

企业网络的安全体系涉及网络物理安全和系统安全的各个层面。通常应该从网络安全、操作系统、应用系统、交易安全、数据安全、安全服务和安全目标等方面寻求解决方案。按照安全策略的要求及风险分析的结果，整个企业网络安全措施应根据不同的行业特点，按照网络安全的整体构想来建立。

物理安全是整个计算机网络安全信息系统的前提，是保护计算机网络设备、设施以及其他媒体免遭地震、水灾、火灾等环境事故以及人为操作失误或错误和各种计算机犯罪行为导致的破坏过程。其内容包括：环境安全、设备安全、媒体安全。

系统安全主要关注网络系统、操作系统和应用系统三个层次。如图 10-5 所示，网络的各个层面都可能对系统安全构成威胁，通常，系统安全主要关注网络系统、操作系统、应用系统的安全，注重交易安全和数据安全。

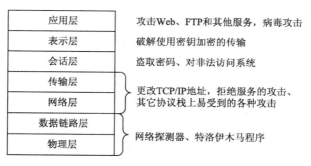

图 10-5 网络各个层可能对系统安全构成的威胁

采用技术和手段：冗余技术、网络隔离技术、访问控制技术、身份鉴别技术、加密技术、监控审计技术、安全评估技术。

网络系统方面，网络的开放性、无边界性和自由性是造成网络系统不安全的主要因素。解决方式：网络冗余、系统隔离、访问控制、身份鉴别、加密、安全检测、网络扫描。

操作系统是管理计算机资源的核心系统，负责信息发送，管理设备存储空间和各种系统资源的调度，它作为应用系统的软件平台具有通用性和易用性。操作系统安全性直接关系到应用系统的安全，操作系统安全分为应用安全和安全漏洞扫描。为了保证应用安全，面向应用选择可靠的操作系统并按正确的操作流程使用计算机系统，杜绝使用来历不明的软件，安装操作系统保护与恢复软件并作相应的备份。运行中，企业网络管理人员通过扫描操作系统，对扫描漏洞自动修补并形成报告，保护系统应用程序和数据免受盗用和破坏。

企业应用系统大体分为办公系统和业务系统，企业应用系统安全除采用通用的安全手段外主要根据企业自身经营及管理需求来开发。

交易安全与交易方式有关：通常有营业部柜台交易、电话交易、网上交易三种方式。前两种交易方式安全系数较高，而网上交易主要通过公网完成交易的全过程，由于公网的开放性和复杂性，使网上交易风险大大高于前者。需要制定交易安全标准、交易安全基础体系、交易安全的实现。

数据安全牵涉到数据库的安全和数据本身安全，针对两者应有相应的安全措施。企业的数据库一般采用具有一定安全级别的 Sybase 或 Oracle 大型分布式数据库以实现数据库安全。鉴于数据库的重要性，还应在此基础上开发一些安全措施，增加相应控件，对数据库分级管理并提供可靠的故障恢复机制，实现数据库的访问、存取、加密控制。实现方法：安全数据库系统、数据库保密系统、数据库扫描系统。数据安全指存储在数据库数据本身的安全，相应的保护措施有安装反病毒软件，建立可靠的数据备份与恢复系统，对客户的个人信息和交易数据按安全等级划分存储，某些重要数据甚至可以采取加密保护。

面对网络安全的脆弱性，除了运用先进的网络安全技术和安全系统外，完善的网络安全管理将是信息系统建设重要组成部分，许多不安全的因素恰恰反映在组织资源管理上，安全管理应该贯穿在安全的各个层次上。原则：多人负责原则、任期有限原则、职责分离原则。安全管理的实现：安全制度管理、安全目标管理、技术管理目标、资源管理目标、客户管理目标。

安全服务：建立网络安全保障体系不能仅仅依靠现有的安全机制和设备，更重要的是提供全方位的安全服务。完善的安全服务应包括全方位的安全咨询，整体系统安全的策划、设计，优质的工程实施、细致及时的售后服务和技术培训。此外，定期的网络安全风险评估，帮助客户制定特别事件应急响应方案扩充了安全服务的内涵。

安全目标：静态安全目标——包括整个企业信息系统的物理环境、系统硬软件结构和可用的信息资源，保证企业交易系统实体平台安全。动态安全目标——提升企业信息系统的安全软环境，包括安全管理、安全服务、安全思想意识和人员的安全专业素质。

10.4　电子政务系统的安全工程设计

10.4.1　电子政务系统的安全方案

1．系统安全设计的目标

电子政务系统对信息安全的要求较为严格，其主要实现的安全目标包括：信息的保密性、数据的完整性、用户身份的鉴别、数据原发者鉴别、数据原发者的不可抵赖性、合法用户的安全性等。

2．安全策略

解决电子政务中的安全问题，关键在于建立完善的安全管理体系。总体对策应以技术为核心，以管理为根本，以服务为保障。

（1）技术方面。应该加强核心技术的自主研发，尤其是操作系统技术和微处理芯片技术，无论是对国家信息安全基础设施还是对政务信息安全保障系统都是至关重要的。

（2）管理方面。可以通过安全评估、安全政策、安全标准、安全审计等四个环节来加以规范并进而实现有效的管理。

（3）在服务方面，主要是构建外部服务体系，包括相关法律支撑体系、安全咨询服务体系、应急响应体系、安全培训体系等。相关法律是从法制角度对政府信息化及其安全问题做出严格的规定；咨询服务体系是由第三方为政府机构提供技术解决方案、安全技术分析等；应急响应措施是在政务信息系统发生异常或遭到破坏时提供尽快解决问题，恢复正常的方法手段；安全培训体系主要包括安全意识与安全理念培训、安全基础知识培训、安全管理培训和专业安全技能培训等。

3．系统安全措施

（1）数据中心的物理安全。

（2）数据的保密性。

（3）数据的完整性。

（4）系统的可靠性。

（5）访问控制。

（6）身份认证。

（7）安全通道。

（8）防火墙。

10.4.2　系统分析与设计

1．系统分析

系统分析任务是根据用户的要求和系统规划，确定新系统的逻辑模型。这里的用户是政府有关工作人员、市民和客人。

（1）需求分析。系统分析阶段的最重要的任务之一就是用户需求分析，需要分析的第一项工作就是用户调查。详细调查内容如下：

信息安全业务调查：信息安全业务调查就是了解用户信息处理中有关安全的业务流程和需求，继承完善系统的安全需求，包括重新评估威胁；分析某一业务（比如认证鉴别、访问控制、信息加密、信息发送等）的处理流程，通常可用业务流程图来表示。业务流程图的符号和画法至今尚无统一的国际标准。

信息调查：信息调查是通过业务流程图了解各个安全业务活动中涉及的数据，特别是敏感数据；收集和整理各业务活动所涉及的原始数据和资料，标明敏感等级，并将收集到的资料登记造册，做一些记录，并存入"决策数据库"。

处理调查：处理调查是对安全业务流程图中各个处理环节具体的处理算法（或逻辑关系、安全保密处理的过程）进行调查，它是系统设计的重要依据。调查结果记在"处理过程调查表"上，并存入"决策数据库"。

（2）逻辑模型设计。逻辑模型设计包括硬件系统逻辑模型设计和软件逻辑模型设计。硬件系统逻辑模型的设计包括网络的拓扑结构设计，设备选型，布线系统设计；软件逻辑模型设计包括绘制数据流程图，编写数据字典，用结构化语言描述网络安全信息系统的逻辑模型。

（3）实施计划：对工作任务进行分解后，预计完成的进度，估计经费预算。

2．系统设计

系统设计又称物理设计，其任务是根据新系统的逻辑模型建立新系统的物理模型，提出物理实现的具体手段。系统设计的优劣直接影响新系统的质量和经济效益。网络安全信息系统的评价在于以下六个方面：功能、工作效率、工作质量、可靠性、可变更性和经济性。系统的逻辑模型已经给定了系统的组成、拓扑结构和功能，因而系统设计一定要按照新系统的逻辑模型进行设计，满足新系统的功能要求；除此之外，设计人员要尽可能地发挥自己的聪明才智，以提高新系统其他几个方面的性能，也就是说，在保证实现所规定的安全保密等功能的前提下，尽可能地提高系统的工作效率、工作质量、可靠性、可变更性及经济性。

系统设计阶段分为概要设计和详细设计。在概要设计中，重点应该设计程序结构，并确定所需要的数据结构和每个模块的功能。

系统详细设计包括系统软件详细设计和硬件详细设计两个部分。软件详细设计由系统功能模块设计、代码设计、输入/输出设计等部分组成。人机界面又称接口，是用户与计算机信息系统之间传递、交换信息的媒介，是用户使用计算机信息系统的综合操作环境，是用户与计算机信息系统进行交互的重要途径。所以人机界面的设计在信息系统设计中占有非常重要的地位。系统硬件详细设计就是设计和选择合适的系统硬件设备（用户 PC、服务器、交换机、路由器、安全设备等），以满足系统的功能和性能要求。

10.4.3　系统实施

系统实施阶段是物理模型向可实际运行的物理系统转换的阶段。系统实施阶段的任务有硬件准备、软件准备、密码算法准备、人员培训、系统的调试和转换。

（1）设备的选购与系统集成。系统经过概念级设计、逻辑级设计、物理级设计，对设备的名称功能、性能、指标、数量，以及系统的结构、组成、组织都已清楚，实施阶段就是按照前面的设计要求形成一个实际的物理系统。为此首要的工作就是采购设备，然后将购买的软硬件设备进行系统集成。网络安全信息系统工程中的非采购件硬件必须严格按照国家或部门有关规定，在设计与实现时综合考虑防电磁辐射、抗恶劣环境、防信息窃取等。网络安全信息系统工程的非采购件软件代码的编写是系统实施阶段的核心工作。关键问题在于：密码算法的设计与实现，信息系统中与密码交互的软件部分的设计与实现。

（2）测试。所谓测试就是在具有软硬件环境的测试平台上，用各种可能的数据和操作条件对新设计开发出来的硬件或程序进行试验，找出尽可能多的错误，经修改后使之符合设计要求。对于一个大系统，先单独进行硬件、程序和子程序模块测试，再进行程序联合测试，最后进行系统测试。测试有模块测试、联合测试、验收测试、系统测试四种类型。

（3）系统转换是指新系统替代旧系统的过程。转换工作包括旧系统的数据文件向新系统数据文件的转换，人员、设备、组织机构的改造和调整，有关资料和使用说明书移交给用户等。在进行系统转换任务之前，必须预先做好大量的准备工作，这样才能保证转换工作的顺利进行。包括：数据准备、文档准备、用户培训等。系统转换过程实际上是新旧系统交替过程，旧的系统被淘汰，新的系统投入使用。方式有：直接转换、平行运行方式、试运行方式、逐步方式。

（4）验收。物理系统实现后，在投入正常使用之前，或使用一段时间之后，要组织专家组对系统进行系统验收，又称系统评估，还有专家称其为项目鉴定。

10.4.4　网络安全管理与维护

新系统开始运行就是系统维护工作的开始，它一直运行到该系统被另一个新的系统取代为止。一般来说，系统维护费用占系统开发总费用相当大的比例。如果新系统的可变更性或可维护性好，就可以节省维护费用，减少维护工作量，延长系统的寿命。

1．系统维护

系统的维护的主要工作是程序的维护；机器、设备的维护；密钥、密钥的管理，保证系统的正常运行。

2．应急响应

在数据分析发现入侵迹象后，入侵检测系统的下一步工作就是响应。目前的入侵检测系统一般采取下列响应：

（1）将分析结果记录在日志文件中，并产生相应的报告。

（2）触发警报，如在系统管理员的桌面上产生一个告警标志位，向系统管理员发送传呼或电子邮件等。

（3）修改入侵检测系统或目标系统，如终止进程、切断攻击者的网络连接或更改防火墙配置等。

（4）其他工作需要人工完成。

在遭受网络攻击时，最坏的情况是做出草率的决定。为了避免这种情况，在这之前，我们应该把以下这些事情做好：

提前拟订一份应急响应计划；

如果资金允许，申请获得外部技术支持；

组建一个事故响应小组并为小组成员分配不同的责任；

建立和公开站点安全策略；

准备好大量空白磁带或者其他备份介质；

预先对环境进行文档化工作；

规定响应策略并定期进行响应过程审查；

开发一个有效的通信计划；

保存重要活动的日志；

保留系统配置变化的记录，并对允许变化的情况加强管理。

3．系统安全管理

高度重视安全管理，强调管理与技术相结合是保障系统安全最有效的方法。安全管理涉及的面很宽，有行政规章制度的，有法律法规的，还有各种安全保密的标准，包括组织管理、人事管理、技术管理等。

网络安全管理的技术内容主要有软件安全管理、设备安全管理、介质管理、密钥管理、防黑客。

软件安全管理包括操作系统、应用软件、数据库管理系统和原始数据、安全软件、工具软件等的采购、安装、使用、更新、维护及防病毒管理和网络安全扫描等。

设备安全管理包括设备的购置、使用、维修、保管等。

在网络安全信息系统中，介质的安全对信息的保密和防病毒起着十分重要的作用。

在网络安全信息系统中，密钥是密码保密的最为关键的因素，因而密钥是系统正常运行以后，最重要的管理内容。

防黑也是系统安全管理的重要工作，黑客的目的就是获取目标系统的非法访问，获得不该获得的访问权限；获取所需信息，包括科技情报、个人信息、金融账户、技术成果、系统信息等；篡改有关数据，篡改信息，达到非法目的；利用有关资源，包括利用这台机器的资源对其他目标进行攻击，发布虚假信息，占用存储空间。管理人员注意谁访问了重要的服务器和网络基础设施，确保把包含有价值信息的可移动设备和备份介质存放在安全的地方，这些设备和介质只有经过授权的职员才能拿到，适当地审查职员和承包人，限制未经授权人员的访问权。

4．网络安全信息系统的报废处置

当一个系统用维护手段不能达到目的，或维护费用过于昂贵，那么就要考虑研发新系统来代替现行系统。新系统开发成功，并投入正常运行后，原系统就要进行报废处置。

一般系统的报废处理要执行一系列的处理任务、行为和活动，以不影响组织的战略目标和正常工作。另外，还要考虑到报废的系统的一切功能能否再生利用，材料能否恢复利用，还包括其他一些必要的处置，处置过程要记录，要记入文档。

对于网络安全信息系统来说，除了上述任务外，还要确保报废处置不会为组织带来或增加安全风险。

系统报废处置后，要专门组织领导和专家进行一次报废处置的安全评估。

10.5　网络安全认证与评估

信息安全是一个涉及各方面利害关系甚深的敏感问题，大家都越来越强烈地关注这一问题，相应产品进入流通领域时将逐步实施强制性监督管理，即不通过认证不得销售和使用。从而把国家信息安全综合管理中的质量监督、技术控制和产品市场准入、用户采购使用等方面，更科学的规范起来。

10.5.1　网络安全测评认证标准

最早的安全评估标准是 1985 年由美国国防部正式公布的 DOD 5200.28 STD 可信计算机系统评估准则（Trusted Computer Systems Evaluation Criteria）[TCSEC,1985]（俗称橘皮书），该准则是世界公认的第一个计算机信息系统评估标准。

随后，不同的国家开始主动开发建立在 TCSEC 基础上的评估准则，这些准则更灵活、更适应 IT 技术的发展。

（1）可信计算机系统评估准则（TCSEC）

开始是作为军用标准，提出了美国在军用信息技术安全性方面的要求。其安全级别从高到低分为 A、B、C、D 四类，类内又分 A1、B1、B2、B3、C1、C2、D 七级。详细内容参见表 10-5。

（2）信息技术安全性评估准则（ITSEC）

ITSEC 作为多国安全评估标准的综合产物，适用于军队、政府和商业部门，它以超越 TCSEC 为目的，将安全概念分为"功能"与"保证"两部分。

表 10-5 美国在军用信息技术安全性方面的要求

类		级		特　　征	实　　例
符　　号	名　　称	符　　号	名　　称		
A	验证	A1	验证安全	形式化的高层次说明与验证 验证工具支持动态的安全分析 形式化的隐藏通道分析 非形式化的代码一致性证明	Honeywell SCOMP 军用计算机
B	强制	B3	安全域	安全内核 基准监控 安全机制与服务模块隔离 对进攻有较高的抵抗能力	GEMSCS APX86 操作系统
		B2	结构化保护	形式化模块 约束隐通道 面向安全的系统结构 对进攻有一般的抵抗能力	Honeywell Multics 操作系统
		B1	标志安全保护	强制访问控制 安全标志 与安全有关的缺陷排除	
C	选择	C1	控制访问保护	扩充的查账 重要主体的封装 添加式软件包	SKK ACF2 软件包
		C2	选择安全保护	选择访问控制 用户确认保护 协作用户操作保护	HP MPE 操作系统
D	最小	D	最小保护		

"功能"要求在测定上分 F1~F10 十级。F1~F5 对应于 TCSEC 的 D~A，F6~F10 增加了一些新概念。"保证"要求分为 6 级。具体内容参见表 10-6。

表 10-6 "保证"要求具体内容

功　　能	保　　证
F6:数据和程序的完整性	E1:测试
F7:系统可用性	E2:配置控制和可控交付
F8:数据通信完整性	E3:访问详细设计和源码
F9:数据通信保密性	E4:详细的脆弱性分析
F10:包括机密性和完整性的网络安全	E5:设计与源码明显对应
	E6:设计与源码在形式上一致

（3）信息技术安全性评估通用准则（CC）

信息技术安全性评估通用准则，通常简称通用准则（Common Criteria，CC），是评估信息技术产品和系统安全特性的基础准则。信息技术安全性评估通用准则主要思想源于 FC 和 ITSEC，吸收了 CTCPEC 和 ITSEC 的优点，采用分级，定义了分级的功能要求、保障要求和评测要求，是一个较全面的评估准则，1999 年成为国际标准，其发展如图 10-5 所示。中国从 1997 年开始组织有关单位跟踪 CC 发展,同时对 CC1.0 版进行研究。2001 年 3 月 8 日由中国国家质量技术监督局将 CC2.1 作为国家标准 GB/T 18336 正式颁布,并于 2001 年 12 月 1 日起正式实施,目前最新修订的标准是 GB/T 18336—2015。

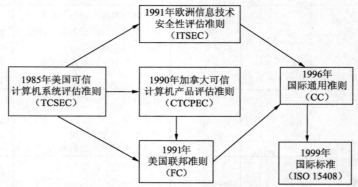

图 10-5 信息技术安全性评估通用准则的发展

整个标准 CC 包含 3 个部分:第 1 部分是"简介和一般模型"。第 2 部分是"安全功能要求"。第 3 部分是"安全保证要求"。各部分的作用见表 10-7 所示。

表 10-7 标准 CC

部 分	用 户	开 发 者	评 估 者
第 1 部分	用于了解背景信息和参考,PP 的指导性结构	用于了解背景信息,开发安全要求和形成 TOE 安全规范的参考	用于了解背景信息和参考,PP 和 ST 的指导性结构
第 2 部分	在阐明安全功能要求的描述时用作指导和参考	用于解释功能要求和生成 TOE 功能规范的参考	当确定 TOE 是否有效地符合声明的安全功能时,用作评估准则的强制性描述
第 3 部分	用于指导保证要求级别的确定	当解释保证要求描述和确定 TOE 的保证措施时,用作参考	当确定 TOE 的保证和评估 PP 和 ST 时,用作评估准则的强制描述

简介和一般模型部分是 CC 的总体简介,定义信息技术安全性评估的一般概念和原理,提出评估的一般模型,还提出若干结构。这些结构用于表达信息技术安全目的,选择和定义 IT 安全要求,以及书写产品和系统的高层次规范。

安全功能要求部分提出一系列功能组件,作为表达产品或系统安全功能要求的标准方法。此部分共列出 11 个类、66 个子类和 135 个功能组件。

安全保证要求部分提出一系列保证组件,作为表达产品或系统安全保证要求的标准方法。在此部列出 7 个保证类和 1 个保证维护类,还定义 PP 评估类和 ST 评估类。此外,该部分还定义评价产品或系统保证能力水平的一组尺度——7 个评估保证级,如表 10-8 所示。

表 10-8 评估保证级

评估保证级	保 证 级	功 能 描 述
评估保证级别 1	EAL1	功能测试
评估保证级别 3	EAL3	功能测试与校验
评估保证级别 2	EAL2	结构测试
评估保证级别 4	EAL4	系统地设计、测试和评审

评估保证级	保 证 级	功 能 描 述
评估保证级别 5	EAL5	半形式化设计和测试
评估保证级别 6	EAL6	半形式化验证的设计和测试
评估保证级别 7	EAL7	形式化验证的设计和测试

（4）CC 的应用

CC 的应用需要掌握以下 5 个关键概念：

① 评估对象（TOE）。用于安全性评估的信息技术产品、系统或子系统，如防火墙产品、计算机网络、密码模块等，以及相关的管理员指南、用户指南、设计方案等文档。

② 保护轮廓（PP）。PP 作为 CC 中最关键的概念，是安全性评估的依据。一个 PP 为一类 TOE 基于其应用环境定义一组安全要求，不管这些要求具体如何实现。PP 主要内容包括：需要保护的对象，对该类产品或系统的定性描述；确定安全环境，指明安全问题；TOE 的安全目的，对安全问题的相应对策；信息技术安全要求；基本原理，指明安全要求对安全目的、安全目的对安全环境是充分且必要的；附加的补充说明信息。

③ 安全目标（ST）。ST 源于 ITSEC，是安全性评估的基础。ST 开发是针对具体的 TOE 而言的，它包括：该 TOE 的安全目的；能够满足的安全需求；满足安全需求而提供的特定安全性技术要求和保证措施。

④ 组件（Component）。描述一组特定的安全要求，是可供 PP、ST 或包选取的最小安全要求集合，也说是将传统的安全要求分成不能再分的构件。在 CC 中，以"类_子类.组件号"的方式标识组件。

⑤ 包。组件依据某个特定关系的组合构成包。构建包的目的是定义那些公认有用的、对满足某个特定安全目的有效的安全要求。

10.5.2 信息安全测评认证体系

中国的信息安全测评认证体系，由三个层次的组织和功能构成，第一层次是国家信息安全测评认证管理委员会。这个管理委员会是一个跨部门的机构。代表国家有关信息产业和信息安全主管部门以及信息安全产品的供方、需方，对中国国家信息安全测评认证中心运作的独立性、测评认证活动的公正性、科学性和规范性进行监督管理。其主要职责是：制定、修订有关认证实施的方针、政策性文件；审批中国国家信息安全测评认证中心工作规划；审查拟开展认证产品目录并报经国务院产品质量监督行政主管部门批准实施；审批因现行标准不能满足认证需要时由认证中心设定的有关技术规范和补充技术要求；审批测评认证中心的外部检验机构和审核机构以及批准认证证书的撤销，受理有关投诉、申诉等。第二层次是国家信息安全测评认证中心。中心是由国家授权，依据有关标准和认证规范，根据特定的产品和信息系统的测试审核及评估结果，对相应产品，信息系统的安全性作出认证，并颁发证书的实体。第三层是若干个产品或信息系统的测评分支机构（实验室、分中心等），测评分支机构是经中心授权，国家认可，依据标准和测评规范，对有关产品和信息系统的安全性进行测试评估，向中心出具测评报告的技术组织。测评分支机构按不同区域、行业和技术专业设立。一个认证管理委员会，一个认证中心，若干个不同类型的测评分支机构共同构成国家信息安全测评认证的工作体系。其组织结构如图 10-6 所示。

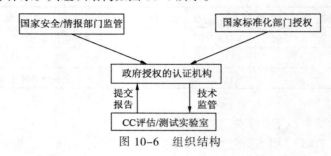

图 10-6　组织结构

信息安全测评认证体系如图 10-7 所示。

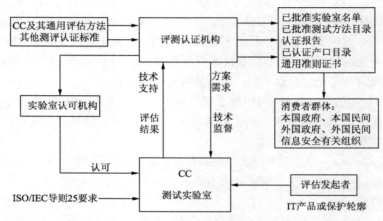

图 10-7　信息安全测评认证体系

中国国家信息安全测评认证中心（CNISTEC）是依据《中华人民共和国产品质量法》、《中华人民共和国产品质量认证管理条例》和国家有关信息安全管理的政策、法律、法规，按照国际通用准则建立的代表国家对信息安全产品、信息技术和信息系统安全性，以及信息安全服务实施公正性评价的技术职能机构。

CNISTEC 按照国家质量技术监督局发布的认证产品目录，依据有关标准和规范开展国家信息安全测评认证。一方面面向社会，面向产业和市场，对有关厂商和用户提供技术服务；另一方面，则是面向国家，为信息安全各主管部门进行有关行政管理、执法时提供技术支持。中国国家信息安全测评认证中心对外开展四种认证业务：

产品型式认证：对认证申请者送达的样品进行型式试验（测试评估），若符合标准要求，即予认证。获取证书后，认证中心再从市场和或工厂（车间）抽样，进行核查试验，即监督检验，同时对其质量体系进行监督性复查，若两方面都合格，即维持认证，否则取消认证。

产品认证：对认证申请者送达的样品进行型式试验（测试评估），同时对申请者的质量体系（即质量保证能力）进行检验、评审。这两方面都符合有关标准要求，则予以认证。获取证书后，认证中心再从市场和/或工厂（车间）抽样进行核查试验，即监督检验，同时对其质量体系进行监督性复查，若两方面都合格，即维持认证，否则取消认证。

信息系统安全认证：对认证申请者的信息系统设计方案和安全设计方案进行静态评估，对构成信息系统的物理网络及其有关产品进行认证（由产品生产商另行申请），对信息系统的运行和服务进行实际测试评估，对信息系统的管理和保障体系进行评估验证。上述四方面若均符合有关标准和规范要求，则予以认证。获得认证后，对上述四方面进行监督检验、监督检查，若监督检验、检查合格，则维持认证，否则取消认证。

信息安全服务认证：对认证申请者的技术、资源、法律、管理等方面的资质、能力和稳定性、可靠性进行评估，对其质量体系进行评审，若符合有关标准、规范，则予以认证，否则取消认证。

中国国家信息安全测评认证中心的认证准则如下：

（1）达到中心认证标准的产品或系统只是达到了国家规定的管理安全风险的能力，并不表明该产品完全消除了安全风险；

（2）中心的认证程序能够确保产品安全的风险降低到国家标准规定和公众可接受的水平；

（3）中心认证程序是一个动态的过程，中心将根据信息安全产品的技术发展和最终用户的使用要求，增加认证测试的难度；

（4）中心的认证准则和认证程序最终须经专家委员会和管理委员会审查批准。

习　题

1. 简述以下术语的含义：

网络安全需求、系统分析、系统设计、概要设计、详细设计、风险分析、信息安全测评、安全策略。

2. 为什么在进行网络安全需求分析前，要了解网络系统和网络安全工程的总体目标？

3. 从网络安全需求分析开始建设一个安全的网络信息系统的一般过程分为哪些阶段？

4. 实施计划包含哪些内容？为什么在系统分析阶段需要做网络信息系统的实施计划？

5. 国家信息安全测评认证中心对外开展哪些认证业务？

参 考 文 献

[1] 王育民，刘建伟. 通信网的安全：理论与技术[M]. 西安：西安电子科技大学出版社，2000.

[2] 冯登国. 计算机通信网络安全[M]. 北京：清华大学出版社，2001.

[3] 中国信息安全产品测评认证中心. 信息安全理论与技术[M]. 北京：人民邮电出版社，2004.

[4] SCHNEIER B. 应用密码学：协议、算法与 C 源程序[M]. 2 版. 北京：机械工业出版社，2000.

[5] 周学广. 信息安全学[M]. 2 版. 北京：机械工业出版社，2008.

[6] 赵泽茂，吕秋云，朱芳. 信息安全技术[M]. 西安：西安电子科技大学出版社，2010.

[7] 胡道元，闵京华. 网络安全[M]. 2 版. 北京：清华大学出版社，2008.

[8] 施荣华，王国才. 计算机网络技术与应用[M]. 北京：中国铁道出版社，2009.

[9] 卢开澄. 计算机密码学[M]. 4 版. 北京：清华大学出版社，1998.

[10] STALLINGSW. Network Security Essentials[M]. 4 版. 北京：清华大学出版社，2010.

[11] 杨义先. 数字水印基础教程[M]. 北京：人民邮电出版社，2007.